油气藏地质及开发工程国家重点实验室资助出版

油层特征对聚合物驱含水率的影响

李华斌　刘　露　著

科学出版社
北京

内 容 简 介

本书对聚合物进行了大量的室内试验并深入研究了聚合物驱油机理及渗流特征。在此基础上，利用数模软件Eclipse模拟油藏特征（非均质变异系数、韵律性等）和开发特征（井网、井距、段塞和油水黏度比等）对聚合物驱中含水率、聚合物溶液的影响，并详细分析上述因素对聚合物驱油效率的影响特征。研究表明，化学剂注入量、浓度、段塞尺寸、注采速度、注入时机和方式、布井方式以及工作制度等因素，对提高决策的科学性和获取尽可能高的经济效益等起到非常重要的作用。

本书适合于油气勘探、能源化工等领域的科研人员、工程技术人员阅读，也可作为相关专业高等院校师生的教学参考书。

图书在版编目(CIP)数据

油层特征对聚合物驱含水率的影响/李华斌，刘露著.北京：科学出版社，2013.11

ISBN 978-7-03-038974-9

Ⅰ.①油…　Ⅱ.①李…②刘…　Ⅲ.①油层-特征-影响-聚合物-化学驱油-含水率-研究　Ⅳ.①TE357.46

中国版本图书馆 CIP 数据核字 (2013) 第 253561 号

责任编辑：韩卫军 / 责任校对：王　翔
责任印制：邝志强 / 封面设计：墨创文化

科学出版社出版
北京东黄城根北街16号
邮政编码：100717
http://www.sciencep.com

四川煤田地质制图印刷厂印刷
科学出版社发行　各地新华书店经销

*

2014 年 1 月第　一　版　　开本：787×1092　1/16
2014 年 6 月第二次印刷　　印张：16 1/4
字数：400 千字

定价：97.00 元

前　　言

从20世纪50年代初，油田化学家及油藏工程师就开始进行大量的提高原油采收率（enhanced oil recovery，EOR，国内也称三次采油或强化采油）技术的室内研究、小型先导性矿场试验以及工业性推广应用。EOR主要包括聚合物驱、表面活性剂驱、碱水驱、泡沫驱、气体混相驱、气体非混相驱、蒸汽吞吐、蒸汽驱、微生物吞吐、微生物驱以及火烧油层等方法。

美国在1964年进行了第一次聚合物驱矿场试验，随后在1964～1969年实施了61个聚合物驱项目。1970～1985年共实施了183个聚合物驱项目，大多取得了明显的经济效益；苏联的阿尔兰油田，加拿大的Horsefly Lake油田、Rapdan油田，法国的Chaterenard油田，以及德国、阿曼等都进行了聚合物驱矿场试验，原油采收率提高了6%～17%。而我国自1972年在大庆油田开展小井距的聚合物驱试验以来，聚合物驱得到了迅速发展，特别在"八五"、"九五"期间，在聚合物驱室内研究、数值模拟技术、注入工艺以及动态监测技术等方面进行了大量的研究和试验，为聚合物驱进入工业化应用阶段奠定了基础。1987～1993年，大庆油田在非均质河流三角洲储层成功地进行了两次聚合物驱先导性试验，在这两次试验成功的基础上，大庆油田修建了一座年产5.7×10^4 t的聚合物生产厂，使聚合物驱提高采收率技术进入工业化应用阶段。目前，聚合物驱在大庆、胜利等油田已进入工业化应用阶段，大庆油田的聚合物驱已成为世界上最大的聚合物驱项目。

聚合物驱实际是一种将水溶性聚合物加入到水中来增加水相黏度、改善流度、提高聚合物溶液在油藏中的微观和宏观波及体积，克服和消除驱替相在油层中的指进现象，从而提高原油采出程度的新方法。经过五十多年的技术研究，聚合物驱从矿场推广到工业化应用，规模不断扩大，其技术也相对发展成熟。聚合物驱油技术虽然具有效果好、投入高的优势，但其风险也较高，是一项非常复杂的系统工程。所以掌握聚合物驱油机理、油藏特征、井网类型及井距对驱油效果的影响，对于优化注入方案、提高整体技术经济效果、降低技术经济风险具有重要理论价值和生产实际意义。此外，由于驱油过程的复杂性，仅凭经验、实验数据或矿场试验数据，难以全面了解驱油过程中出现的现象和动态反应特征。本书通过对聚合物分子结构及驱油机理的研究，利用数值模拟技术并结合油藏工程及室内研究成果，详细研究了影响聚合物驱油效果及开发特征的各种因素。

前　言

目　　录

第1章　三次采油方法概论

众所周知，对于一个指定的油田来说，采出的油量可由下式表示：

$$N_p = N_o \cdot E \cdot \eta = N_o \cdot E_v \cdot E_s \cdot \eta \tag{1-1}$$

其中，N_p 表示产出油量；N_o 表示原始地质储量；E 表示驱替相在油层中的波及系数，即纵向波及系数(E_v)和平面波及系数(E_s)的积($E_v \cdot E_s$)；η 表示驱油效率。

显然，对于特定的油田或油藏来说，地质储量 N_o 是定值。那么，要想最大限度地提高最终采油量，必须最大限度地提高油层的波及系数 E(或平面波及系数 E_s 和纵向波及系数 E_v)和驱油效率 η。可见，原油采收率的定义是采出的原油量与地下原油原始储量的比值。显然，在技术及经济条件可行和允许的条件下，最大限度地提高原油采收率既是油田开发的核心，又是对这种不可再生能源进行保护和合理利用，以及国民经济稳定健康发展的需要。

20 世纪 50 年代初，油田化学家及油藏工程师就开始进行大量的提高原油采收率(enhanced oil recovery，EOR，国内也称三次采油或强化采油)技术的室内研究、小型先导性矿场实验以及工业性推广应用。EOR 主要包括聚合物驱、表面活性剂驱、碱水驱、泡沫驱、气体混相驱、气体非混相驱、蒸汽吞吐、蒸汽驱、微生物吞吐、微生物驱和火烧油层等方法。

1.1　采油方法回顾

事实上，绝大多数油藏或油田在进入开发阶段后，一般都要经过利用油藏自身天然能量来开采原油，即一次采油阶段。其采油机理是：在相对较高的油层原始地层压力条件下，高压将流体(原油、地层水和气体)驱向生产井；随着油藏压力的降低，流体体积膨胀和岩石压缩作用将流体驱入生产井；当油层压力降低到原油饱和压力以下时，气体释放和膨胀作用也可以采出部分原油；如果油藏带有气顶，气顶膨胀和重力排驱也能使原油流入生产井；此外，如果油藏与水层连通，它还可以提供活跃或部分活跃的水驱；含水层的水侵既可以驱替岩石孔隙中的原油，也能弥补由于原油开采造成的压力降低。

从石油开采的早期到 20 世纪 30 年代，绝大多数油田的开发都是利用一次采油来进行开采的，一般采出程度只有 5%～20%。

为了进一步提高原油的采出程度，在一次采油进入开采经济极限后，在一口井或多口井中注入水和/或天然气来保持地层能量的方法称为二次采油。特别是水驱开发，是目前甚至以后相当长的时间内油田继续采用的廉价高效开采方法。注水开发具有注入工艺简单、廉价的优点。在对油层进行精细描述和剩余油分布研究基础上，还采取了分段分层注水的先进工艺和技术，进一步提高了水驱开发水平。即使如此，目前的水驱采出程度也只有20%～45%。也就是说，达到水驱经济极限后，仍然有55%以上的原油以残余油的方式残留于地下。

显然，在目前发现新油田越来越困难(或新油田的油层品位非常低)的条件下，开采这55%以上的残余油，是石油科技工作者永恒追求和奋斗的目标。因此，采用向油层注入可以产生物理和/或化学变化的流体的方法被提出，称为三次采油(tertiary recovery)或强化采油(enhanced oil recovery，EOR)。EOR包括聚合物驱、表面活性剂驱、碱水驱以及它们的复合驱、气体混相驱等方法。

留在地层中的原油有两种方式：一是喉道中注入大量流体仍然不能采出的原油，称为残余油，这部分原油通常是连续分布的；二是因油层非均质性而导致注入流体尚未波及进入而剩余的原油，称为剩余油，这部分原油也是连续分布的，但油层透镜体或局部不渗透遮挡处的原油在宏观上却是不连续的。

1.2 EOR的分类

从20世纪50年代开始，石油科技工作者就开始进行大量地使用EOR来提高采收率的室内基础理论和评价实验研究。EOR包括聚合物驱、表面活性剂驱、碱水驱、复合驱、泡沫驱、微生物吞吐、微生物驱、气体(天然气、CO_2或其他气体)混相驱和非混相驱、蒸汽吞吐、蒸汽驱以及火烧油层等。提高采收率的方法可以按机理和注入驱替剂进行分类(表1-1和表1-2)。

表1-1 按提高采收率机理分类

提高波及效率	聚合物驱 泡沫驱 复合驱 微生物采油
提高驱油效率	低浓度表面活性剂水驱 高浓度表面活性剂微乳液驱 碱水驱 复合驱 气体混相驱 微生物采油
降低原油黏度	热采 气体混相驱 气体非混相驱 微生物采油

表1-2　按人工注入驱油剂分类

化学驱		聚合物驱
		表面活性剂驱
		碱水驱
		复合驱
气体混相驱	按作用机理分	一次接触混相驱
		蒸发式多级接触混相驱
		凝析式多级接触混相驱
	按注入气体分	高压天然气(干气)驱
		富气驱
		CO_2驱
		烟道气驱
热采		蒸汽吞吐
		蒸汽驱
		火烧油层
微生物采油		

1.3　主要EOR方法驱油机理概述

由于EOR方法较多且机理复杂，本书只对聚合物驱、表面活性剂驱、气体混相驱、热力采油和微生物采油等机理进行描述和介绍。

1.3.1　化学驱

向油层中注入化学剂来改变驱替相性质、驱替相与原油的界面性质来提高原油采出程度的方法就是化学驱。化学驱通常包括聚合物驱、表面活性剂驱(胶束/聚合物驱、微乳液驱、活性水驱)、碱水驱以及两种化学剂(碱/聚合物、表面活性剂/聚合物二元复合驱)或三种化学剂(碱/表面活性剂/聚合物三元复合驱)的复合驱方法。

1.3.1.1　聚合物驱

聚合物驱实际上是一种将水溶性聚合物加入到水中来增加水相黏度、改善流度比的方法。在国外(如俄罗斯等)，有时将这种方法称为改善水驱，没有列入化学驱提高采收率的方法，但我国及大部分西方国家都将聚合物驱列为三次采油的化学驱方法。其驱油机理主要是提高水相黏度，改善流度比、提高聚合物溶液在油藏中的微观和宏观波及体积，克服和消除驱替相在油层中的指进现象，从而达到提高原油采出程度。目前广泛使用的聚合物有部分水解聚丙烯酰胺、黄原胶以及近几年研制和开发的缔合聚合物。当然，有科学家和研究人员认为聚合物的黏弹效应也可以提高驱油效率。

部分水解聚丙烯酰胺聚合物对地层水中的含盐量特别是二价的Ca^{2+}、Mg^{2+}含量以及油层温度十分敏感。随着矿化度和油层温度的增加，聚合物溶液的表观黏度急剧下降。此外，部分水解聚丙烯酰胺还存在着化学降解以及剪切降解等问题。这些都是对聚合物驱非常不利的因素。

黄原胶是通过微生物发酵生产得到的，对盐不敏感，适合于矿化度较高的油层。其缺点是容易发生微生物降解、热稳定性差以及价格过高，妨碍了它的大规模推广应用。

1.3.1.2　表面活性剂驱

表面活性剂驱提高采收率方法还可以再分为胶束驱、乳状液驱以及低界面张力的活性水驱。表面活性剂价格昂贵，用量较低，而活性水驱价格低，得到了广泛的推广和应用。由于本书主要提到的是低浓度表面活性剂水驱，因此其他表面活性剂驱在这里不再赘述。

1.3.1.3　碱水驱

碱水驱是20世纪20年代提出的驱油方法。其主要驱油机理是碱剂与原油中的有机酸反应，生成了具有表面活性的石油酸皂，降低了碱水与原油的界面张力。此外，由于碱水的特殊作用，还可使油层岩石润湿性发生反转，使原油与地层水产生乳化。同时还由于碱水在油层的流动过程中产生乳化夹带作用、聚并以及硬膜溶解等作用，因此可以提高原油采收率。显然，原油中有机酸的含量、地层水二价阳离子含量是影响和决定碱水驱成功与否的重要条件和关键因素。

但是，碱剂与岩石矿物发生化学和溶蚀反应可能对油层带来不同程度的伤害，同时不利于流度的控制，因此成功的范例不多。

1.3.1.4　复合驱

单一的聚合物驱、碱水驱以及表面活性剂驱各有优缺点，而复合驱是指将它们混合或联合使用，在功能和作用机理上优势互补，达到最佳驱油效果的方法。复合驱包括碱水/聚合物驱二元复合驱、表面活性剂/聚合物二元复合驱和碱/表面活性剂/聚合物三元复合驱等方法。

1. 碱剂在复合驱的作用

(1)降低油水界面张力。复合驱中碱剂降低油水界面张力的作用和机理与碱水驱中的基本相同。由于界面张力的降低，可以大幅度提高驱油效率。

(2)溶解坚硬的界面膜以及原油的乳化。大量的研究结果表明，水和部分油滴界面处存在坚硬的薄膜结构。沥青质、胶质和石蜡都是产生坚硬界面膜的组分。界面膜的存在使得油滴相互隔离、缩小孔喉、限制油滴在孔喉中的连续流动，而碱剂可以溶解这些膜，促使原油乳化和聚并。

(3)原油-岩石-地层水系统中岩石表面的润湿性改变。由于储集层的润湿性决定了残余油的分布特点，注入碱水后，它不仅可以与边界层中的表面活性组分发生反应、破坏边界层，而且可以改变矿物和岩石的表面特性，使岩石表面由亲油性向亲水性转化。

(4)提高驱油剂的波及效率。碱剂注入后，与地层水中的 Ca^{2+}、Mg^{2+} 发生反应生成沉淀，也可以和广泛存在的硅物质、岩石、铝硅酸盐矿物等经过长期作用形成含硅、铝元素的胶体或絮凝状物质，随着驱替液流动并在小孔喉处停下，堵塞喉道。这种现象的出现，虽然降低了岩石渗透率，但也改变了孔隙结构，可以提高复合体系的波及效率。

(5)降低价格昂贵的表面活性剂和聚合物在油层岩石上的吸附滞留量。在一定程度上起着牺牲剂的作用，大幅度提高表面活性剂和聚合物的有效利用率。

2.表面活性剂在复合驱的作用

表面活性剂的双亲结构决定了它的作用，即降低油水界面张力，降低毛管黏滞阻力，降低残余油滴的渗流阻力，达到活化残余油滴的作用，因此可大幅度提高驱油效率。当然，表面活性剂也有乳化原油、降低注入压力、改变润湿性等作用和机理。

3.聚合物在复合驱的作用

聚合物在复合体系中的主要作用是提高驱油体系的表观黏度。此外，聚合物还具有一定的黏弹效应，可以提高驱油效率。

1.3.2　气体混相驱

所谓混相就是指两种流体可以相互溶解，毛管压力和界面张力为零。

按混合方式的不同，混相驱可以分为一次接触混相、多次接触混相或动态混相。如果注入的气体可以与地层中的原油以任何比例直接混合且混合物为单相时，就是一次接触混相；若注入的气体与地层中原油接触时形成两相，但在气体与原油间可以进行组分间的质量交换，形成过渡带驱动相，过渡带流体组成在油和注入流体的组分范围内变化。由于这种过程重复进行，多次接触，因此称为多次接触混相或动态混相。

按照气体的不同，气体混相驱可以分为烃混相驱、二氧化碳混相驱以及惰性气体混相驱。

1.3.3　热力采油

所谓热力采油，就是利用热能量来降低原油黏度、蒸发油层中原油的采油方法。热力采油包括热物理驱油方式(如蒸汽采油)和热化学采油(如火烧油层)。

1.3.4　微生物采油

微生物采油就是利用微生物或细菌及其代谢产物对原油和地层产生作用，达到提高原油流动能力、改变液流方向，实现增产原油的目的。

1.4　提高油田最终采收率的必要性和紧迫性

1.4.1　油田储采不平衡的矛盾日益突出，稳产条件变差

我国原油产量持续高产稳产，很主要的一个原因就是有比较充足的物质资源基础，阶段可采储量的增长接近采出的油量，保持了油田储采比的相对稳定。“六五”期间，大庆油田主要通过老区以层系细分为目的的一次加密开发调整，使油田的可采储量得到了比较有效的增长。每打1口加密调整井，平均增加可采储量6.3×10^4t，全油田增加可采储量3.02×10^8t，同期采出油量2.65×10^8t，平均年储采平衡系数为1.14。“七五”期间，虽然一次加密调整井的效果有所降低，但每打1口加密调整井，平均增加

可采储量仍然可以达到 4.0×10^4 t。由于加大了工作量，可采储量增加了 2.82×10^8 t，与同期采油量 2.78×10^8 t 相比，储采平衡系数为 1.01，保持了储采平衡。“八五”期间，老区开发调整工作转向了二次加密调整，挖潜对象是剩余油高度分散的低渗透薄油层难采储量，可挖潜的储量丰度大大降低。每打 1 口加密调整井，平均增加的可采储量已经下降为 2.4×10^4 t。在此期间，虽然增加了不少工作量，但总共只增加了 2.41×10^8 t 的可采储量，而同期采出的原油为 2.79×10^8 t，两者之比为 0.86。由于采出油量大于新增的可采储量，储采不平衡使剩余可采储量逐年下降，由 1990 年的 7.60×10^8 t 下降到 1995 年的 7.20×10^8 t。“九五”及以后，油田老区加密调整余地主要是剩余的较差的二次加密调整井和开采条件更差的三次加密调整井，不仅技术难度大、成本高，而且单井增加的可采储量也大幅度下降，预计每打 1 口井，平均只能增加可采储量 1.0×10^4 t。按照目前的开采速度，今后随着开采程度的增加，每年采出油量大于新增可采储量的不平衡状态将进一步加剧，储采失衡的矛盾日益突出。

1.4.2 油田进入高含水开采后期，老井产量递减率加大

喇萨杏主力油田目前储量和产量分别占大庆油田总储量和总产量的 89.8%和 90.1%。1995 年年产量为 5.046×10^7 t，含水已达到 81.43%，有 44.4%的生产井含水大于全区平均含水，其含水达到 87.7%，年产水量占全区年产水量的 78.3%。如果这些老井要继续保持较高的产量水平，一是油田要大量产水，给地面系统的改造和扩建带来巨大的矛盾和压力，原油成本也要大幅度上升；二是老井多层高含水和大量出水使该阶段老井的生产能力不断下降，增产措施效果逐渐变差，从而造成大庆全油田的产量综合递减率逐渐加大，由“六五”期间的 5.46%增大到“九五”期间的 8.18%。大庆油田“六五”期间老井产量递减了 1.260×10^7 t，平均每年递减 2.52×10^6 t，年综合递减率 5.46%；“七五”期间，5 年综合递减 1.557×10^7 t，平均每年递减的油量增大到 3.114×10^6 t，年综合递减率增大到 6.45%；“八五”期间，5 年综合递减 1.775×10^7 t，平均每年递减的油量继续增大到 3.55×10^6 t，年综合递减率增大到 7.4%；“九五”期间，5 年综合递减 1.945×10^7 t，平均年递减油量 3.89×10^6 t，年综合递减率达到 8.18%。要弥补这样大的递减幅度，采用原来的补产措施是难以实现和达到的。

1.4.3 加密调整和外围“三低油田”开发效果变差，不能弥补老井产量递减

大庆油田开发实践表明，储采平衡是油田稳产的物质基础，同时做到每年新建产能还要略大于老井平均年综合递减油量，油田才能稳产。为弥补老井产量递减，大庆喇萨杏油田“七五”期间每年新建产能 3.30×10^6 t；“八五”期间，每年新建产能 3.332×10^6 t；“九五”及以后，弥补产量递减的二次、三次加密调整井，其对象是油田经过一次和二次加密调整后，剩余未动用或动用不好的差油层，主要是厚度薄、物性差，特别是以表外层为主的难采层。由于这些油层砂体窄小，形态不规则，分布零散，与中高渗透层的接触组合关系复杂，不仅难寻找、难判断是否水淹，而且难形成一套较完善的注采井网，难以和高含水层完全分开，挖潜的难度会更大，开采效果会更差。特别是大面积的三次加密工作将比一、二次加密复杂得多、困难得多，能形成的接替

能力较低，“九五”期间，每年新建产能仅 2.72×10^6 t。

外围油田“八五”期间已经将储量丰度(一般在 6×10^5 t/km^2)相对较高的区块优先投入开发。已探明未开发的油田均属渗透率低、储量丰度低(一般低于 5×10^5 t/km^2)、产量低和开发效益差的“三低”油田。这些油田在目前技术和经济条件下，很难投入开发，只有采取降投资、降成本的开发新技术，部分地区优选后才能动用。即使可以投入开发，可以形成接替的生产能力也较低。

1.4.4 外围勘探对象不断变差，剩余资源越来越少

大庆长垣外围新区勘探找油的难度越来越大，“七五”和“八五”找到的储量绝大多数为复杂岩性油藏，如特低渗透率层(低于 10×10^{-3} μm^2)或致密层(低于 1×10^{-3}～2×10^{-3} μm^2)，这些油层的渗透能力比老区要低很多。分析认为，大庆油田储量分布的主要地区是松辽盆地北部中浅层，这一领域的勘探已经进入了成熟阶段，主要勘探对象已经转为低孔隙度、低渗透率的薄砂岩层或泥质粉砂岩，剩余的预测储量和控制储量其品位越来越差，一般都不会比目前未开发的储量丰度高，开发利用更加困难。

因此，如何保持较高的产量规模并满足国家对原油的需求，已成为迫切需要研究和解决的突出问题。我国今后稳产的主力、挖潜的重点仍然是高含水的老油田。特别是老区高含水主力厚油层，综合含水虽然已经达到 90%以上，但水驱采收率只有 40%，还有较大的剩余地质储量残存在地下。因此，通过油田稳产技术研究，发展能大幅度提高高含水老区采收率的 EOR 新技术是未来实现长期高产的最佳途径。

第 2 章　化学驱油用主要化学剂

在复合驱中，另一个重要化学剂就是聚合物。聚合物的主要作用是增加注入水的表观黏度，改善油水流度比，提高碱/表面活性剂溶液(可提高驱油效率)在油层中的波及效率。

2.1　部分水解聚丙烯酰胺(HPAM)的化学结构

聚丙烯酰胺，特别是部分水解聚丙烯酰胺已经广泛地应用于石油工业，如钻井液、调剖、堵水、深部调驱、聚合物驱以及含聚合物的化学驱等。

部分水解聚丙烯酰胺是由部分水解的丙烯酰胺单体合成的直链聚合物。未水解的聚丙烯酰胺的分子结构式为

$$\text{+}CH_2\text{—}CHCO\text{—}NH_2]$$

水解后的聚丙烯酰胺的分子结构式为

$$\text{+}CH_2\text{—}CHCO\text{—}NH_2]_x\text{+}CH_2\text{—}CHCOO\text{—}H]_{n-x}$$

其对应的钠盐为

$$\text{+}CH_2\text{—}CHCO\text{—}NH_2]_x\text{+}CH_2\text{—}CHCOONa]_{n-x}$$

在同一个分子中，被水解的酰胺基物质的量占总酰胺基物质的量比就是水解度。水解度对聚合物的性能，如吸附、剪切和热稳定性等都非常重要。

HPAM 分子是柔性长链结构。在高分子化学中，有的被称为无规线团。事实上，聚丙烯酰胺不像黄原胶的螺旋结构那样，没有稳定的次级结构，即没有一定刚度。显然，HPAM 是一种聚电解质，因此与溶液中的离子会发生强烈反应。但是，由于它是长链柔性分子，溶液中的离子强度对分子的构像必然产生影响，甚至严重影响。图 2-1 给出了水溶液中离子强度(或矿化度)对 HPAM 分子构像影响示意图。

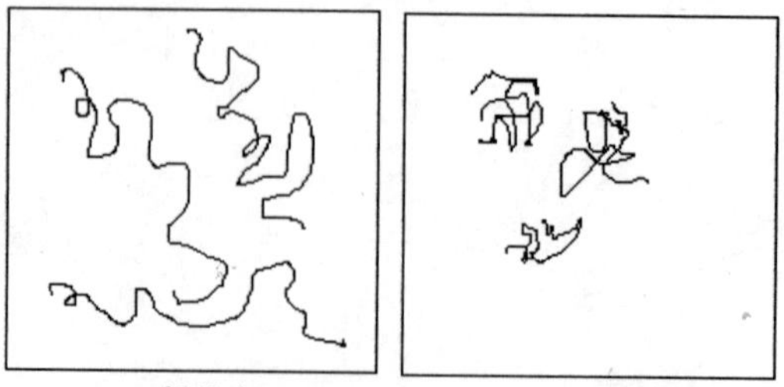

(1)低盐度　　　(2)高盐度

图 2-1　盐度对柔性 HPAM 分子构像影响示意图

事实上，任何一种聚丙烯酰胺的相对分子质量都可能不同。室内常用沉淀分级法

和小角激光光散射法(LALLS)联合测定分子质量的分布。图 2-2 是某 HPAM 的相对分子质量分布测定结果。

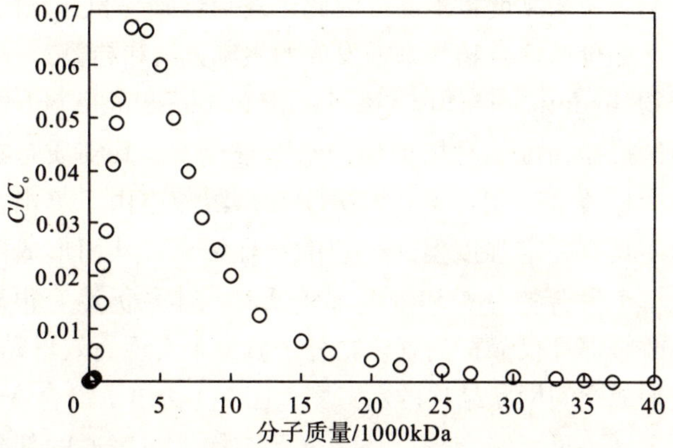

图 2-2　沉淀法和 LALLS 方法测定的 HPAM 的分子质量分布

由于油田实际生产的要求以及聚合物合成技术的进步，目前，聚丙烯酰胺的相对分子质量已经可以达到 2500×10^4，甚至 3000×10^4 以上。

2.2　黄原胶的化学结构

尽管 HPAM 的分子质量已经达到很高，在用量不高时溶液的表观黏度就可以满足油田使用要求，但当地层水矿化度较高和油层温度较高时，由于分子构像呈卷曲状态，溶液黏度仍然不高。因此，选择或研制开发刚性聚合物是一个重要途径。

黄原胶是用微生物黄单胞菌属茹菌素为原料生产的。其主链是由葡萄糖单体通过 β(1-4)配糖键合成类似于纤维素一样的链构成。其主链上相间的结构单元上所连接的侧链是黄原胶结构的重要特征。由三糖系列的甘露糖-葡糖醛酸-甘露糖组成。

X 射线衍射研究结果表明，黄原胶具有螺旋状的分子结构，其侧基沿着螺旋线折起来，从而形成刚性的柱状分子。因此，当水中的电解质浓度或温度增高时，在刚性作用下黄原胶分子不会像 HPAM 那样卷曲，导致溶液表观黏度降低。也就是说，生物聚合物在一定程度上具有抗温抗盐性。

由于生产工艺以及其他技术原因，黄原胶生物聚合物的生产成本较高。这在一定程度上影响了在油田上的大规模应用。

2.3　疏水缔合聚合物的化学结构及性质

2.3.1　疏水缔合聚合物的化学结构

从前面的介绍中可以看出，无论是合成的 HPAM 还是生物聚合物黄原胶，自身都存在一定问题：HPAM 在高温和高矿化度条件下，分子构像呈卷曲状态，溶液黏度大幅度降低。即使目前的合成技术有了长足进步，相对分子质量已经可以达到 2500×10^4

以上，甚至 3000×10^4以上，在一定程度上解决了抗温抗盐的问题，但仍然解决不了聚合物溶液高速流经井底炮眼时的强剪切作用，使长链大分子链段被剪切成若干小分子量的小链段，聚合物溶液的黏度也不高。因此，进一步研制和开发同时具有理想抗温、抗盐、抗剪切且经济廉价的聚合物是未来发展的主流方向和趋势。

疏水缔合聚合物(hydrophobically associating water-soluble polymer)，简称缔合聚合物，是目前理想的抗盐、抗温和抗剪切的新型聚合物。其实质是在部分水解聚丙烯酰胺分子链上引入少量疏水基团，聚合物分子在水溶液中由于静电、氢键或范德华力作用而在分子间产生具有一定强度但又可逆的物理缔合，从而形成巨大的三维立体网状空间结构。即使单个聚合物分子和浓度都较低时，体系仍然有很高的黏度，而不是像部分水解聚丙烯酰胺那样仅靠提高聚合物分子质量来实现高效增黏。图 2-3 给出了缔合聚合物在水溶液形成空间网状结构的示意图。图 2-4 给出了缔合聚合物在溶液中形成网状结构的实验结果。可见，缔合聚合物在分子结构上与普通的部分水解聚丙烯酰胺不同。

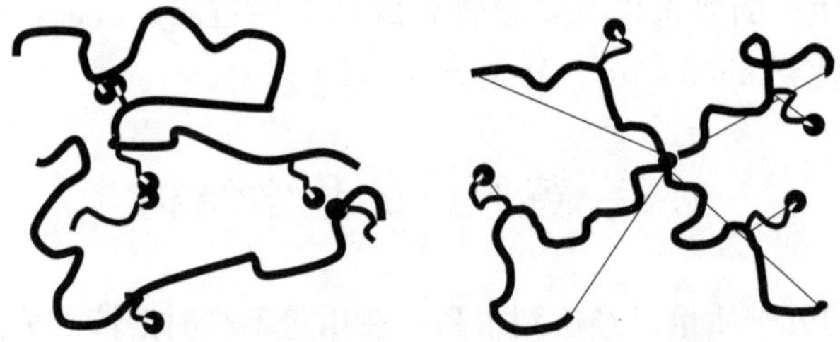

梳形缔合聚合物　　　　星形缔合聚合物

图 2-3　缔合聚合物分子在溶液形成的网状结构

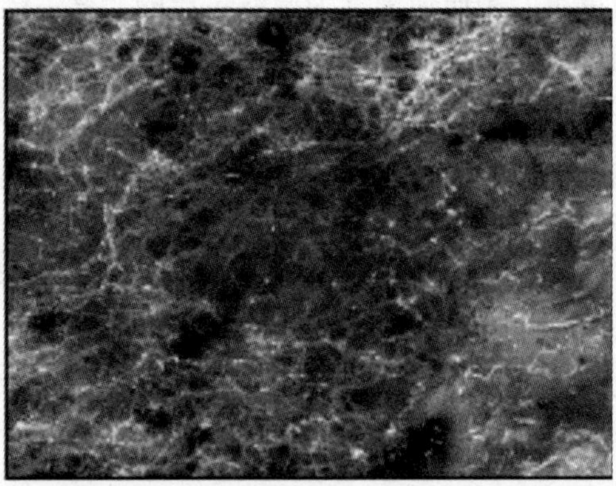

图 2-4　荧光显微镜、SEM 照片观测缔合聚合物在溶液中形成空间网状结构实验结果

也正是由于缔合聚合物分子结构的特殊性，其溶液性质如耐盐性、抗剪切性以及对驱油效果的影响与部分水解聚丙烯酰胺有明显区别。

2.3.2　缔合聚合物溶液的性质

2.3.2.1　临界缔合浓度

缔合聚合物由于其疏水基团的疏水作用而发生聚集，通过静电、氢键或范德华力作用使大分子链产生分子间具有一定强度但又可逆的物理缔合。其缔合形成的高级结构会增加黏度，从而提出了结构黏度的概念。显然，溶液的表观黏度就是结构黏度 $\eta_{结构}$ 和非结构黏度 $\eta_{非结构}$ 的叠加，即 $\eta_a=\eta_{结构}+\eta_{非结构}$ 构成。结构黏度表明了缔合作用对溶液黏度的贡献。当聚合物溶液很稀时，分子主要以单分子的形式存在于水中。这时由于分子间发生缔合作用的概率很低，即使发生了缔合作用，强度也非常弱，黏度与聚丙烯酰胺差别不大；而当聚合物浓度达到某一临界浓度，即临界缔合浓度 CAC(critical associative concentration)后，分子间由于接触概率增大，碰撞作用增强，绝大部分缔合基团发生了缔合作用，缔合强度随着浓度的增加越来越大，逐渐在水溶液中形成空间网状结构。因此，聚合物溶液的表观黏度急剧上升，如图 2-5 所示。这说明了缔合聚合物溶液存在一个临界缔合浓度，在临界缔合浓度以上聚合物溶液的表观黏度急剧上升。

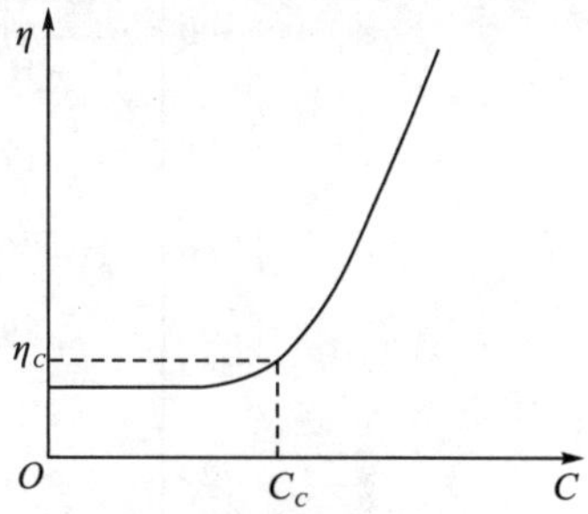

图 2-5　缔合聚合物临界缔合浓度示意图

2.3.2.2　高效增黏性

缔合聚合物由于其分子链上引入了疏水基团，通过弱的非共价键力的可逆缔合在溶液中形成多级复杂结构，即可逆的溶液空间结构，便可以由较小分子质量的聚合物实现溶液的高效增黏性，满足油田聚合物驱对体系表观黏度的要求。

图 2-6 给出了大庆油田温度(45℃)以及不同矿化度条件下，缔合聚合物和超高分子量部分水解聚丙烯酰胺(相对分子质量 2000×10^4)的浓度对溶液表观黏度影响的对比结果。从图 2-6 中可以看出，缔合聚合物溶液的表观黏度随着浓度的增加而升高，但初始阶段呈缓慢上升趋势，当聚合物浓度增加到 450～500mg/L 时，溶液的表观黏度开始明显上升，从而可推断其临界缔合浓度在 450～500mg/L。当缔合聚合物浓度低于临界缔合浓度时，缔合聚合物的表观黏度比较低，低于部分水解聚丙烯酰胺的表观黏度；而当缔合聚合物浓度超过临界缔合浓度后，缔合聚合物表现出明显的高效增黏性，即使其体系的矿化度远远超过部分水解聚丙烯酰胺溶液的矿化度，它的表观黏度还是明显高于部分水解聚丙烯酰胺溶液的表观黏度。

这种现象表明，在聚合物浓度低于临界缔合浓度 CAC 时，缔合聚合物的黏度主要由聚合物分子未缔合聚集前单个分子的流体力学尺寸决定，即黏度的构成主要是由非结构黏度 $\eta_{非结构}$ 为主。由于缔合聚合物的黏均相对分子质量(712×10^4)远小于部分水解聚丙烯酰胺的黏均相对分子质量(2000×10^4)，所以低浓度条件下，缔合聚合物溶液的本体黏度小于部分水解聚丙烯酰胺。但是，当缔合聚合物浓度高于临界缔合浓度后，缔合聚合物溶液的表观黏度急剧增大，在相同浓度条件下，远远超过了普通部分水解聚丙烯酰胺的表观黏度。这是由于缔合聚合物在临界缔合浓度以上，聚合物分子链间的平均距离减少，缔合作用开始明显发生，通过非共价键的缔合使聚合物形成链束。尽管缔合聚合物的分子质量相对小得多，却大幅度增加了聚合物链束的流体力学尺寸，即增加了聚合物溶液的结构黏度 $\eta_{结构}$，因而溶液的表观黏度大幅度增加，而普通部分水解聚丙烯酰胺却无此现象。可见，缔合聚合物具有理想的高效增黏性。

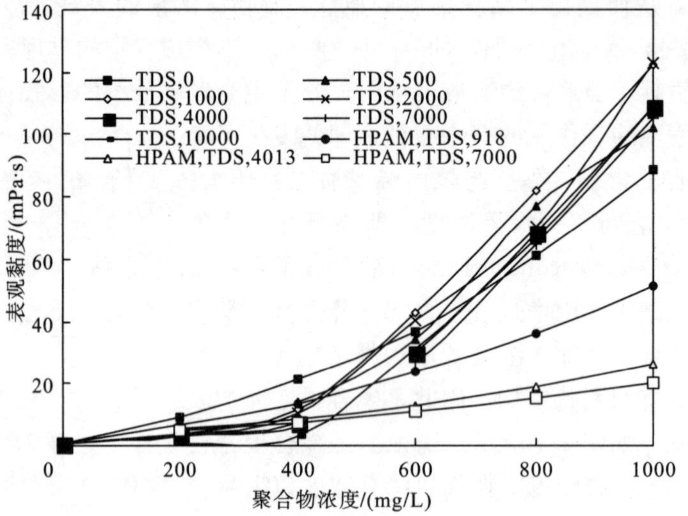

图 2-6 缔合聚合物和 HPAM 的表观黏度—浓度关系曲线

需要说明的是，当缔合聚合物浓度低于临界缔合浓度时，尽管溶液的表观黏度可能低于相同浓度条件下部分水解聚丙烯酰胺溶液的表观黏度，但由于这时溶液的黏度非常低(例如 4mPa·s)，实际上对驱油效果已经没有作用了。也就是说，在低浓度条件下，即使部分水解聚丙烯酰胺溶液的表观黏度高于缔合聚合物溶液的表观黏度，对驱油效果也没有作用。

2.3.2.3 抗盐性

盐对聚合物溶液黏度的影响主要有两方面：对静电排斥作用的影响和对疏水缔合作用的影响。当聚合物溶液浓度较大时，疏水基团间主要以分子间缔合为主。小分子电解质盐被加入时，聚合物离子基团上的电荷被屏蔽，离子之间的静电排斥作用减弱，聚合物长链卷曲，宏观上表现为黏度降低；另外，盐的加入使溶剂极性增强，在水溶液中疏水基团通过进一步增强分子间疏水缔合来力求与水的接触体积达到最小。相应地，大分子线团的物理交联点增多，分子间缔合形成的超分子结构增大，即流体力学体积增大，宏观上表现为溶液表观黏度大幅度升高。当盐对静电排斥作用的影响大于对疏水缔合作用的影响时，溶液黏度降低；当盐对疏水缔合作用的影响大于对静电排斥作用的影响时，溶液黏度则表现为上升，这就是所说的盐增黏。聚丙烯酰胺由于其分子链间不存在疏水缔合作用，只存在静电排斥作用的影响，电解质的存在屏蔽了聚合物分子链上的电荷，减弱了分子链阴离子间的排斥作用，从而使分子链卷曲而减少了聚合物的分子尺寸，导致其表观黏度一直下降。

几种典型的聚合物溶液表观黏度随 NaCl 和 $CaCl_2$ 浓度变化关系如图 2-7 和图 2-8 所示。其中，AB18.25.025 为阴离子梳型缔合聚合物；ZB18.25.025 为两性离子梳形缔合聚合物；S18.25.06 为星形缔合聚合物；HPAM 为部分水解聚丙烯酰胺。

由图 2-7 可知，超高分子质量聚丙烯酰胺溶液的黏度随 NaCl 浓度的增加而迅速下降；缔合聚合物溶液随着 NaCl 浓度的增加表现出先增加而后下降的规律，在一定程度上还出现了盐增黏行为。在 NaCl 浓度达到一定程度后，黏度出现下降现象，但总体上来说其黏度都比部分水解聚丙烯酰胺的黏度高得多。

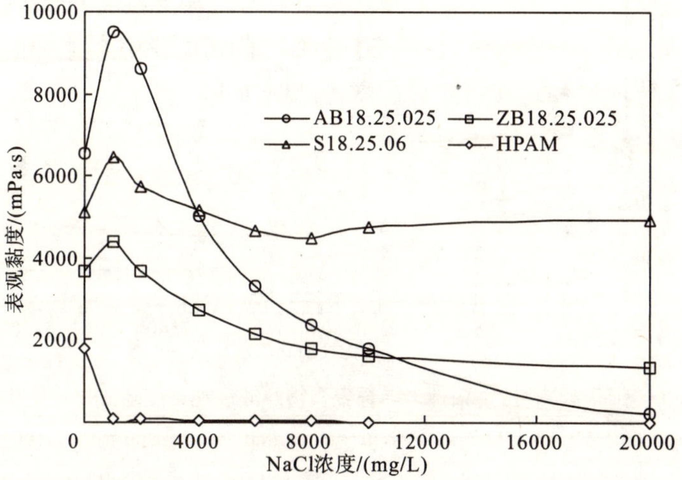

图 2-7　聚合物溶液黏度随 NaCl 浓度的变化曲线(温度为 25℃，浓度为 3000mg/L)

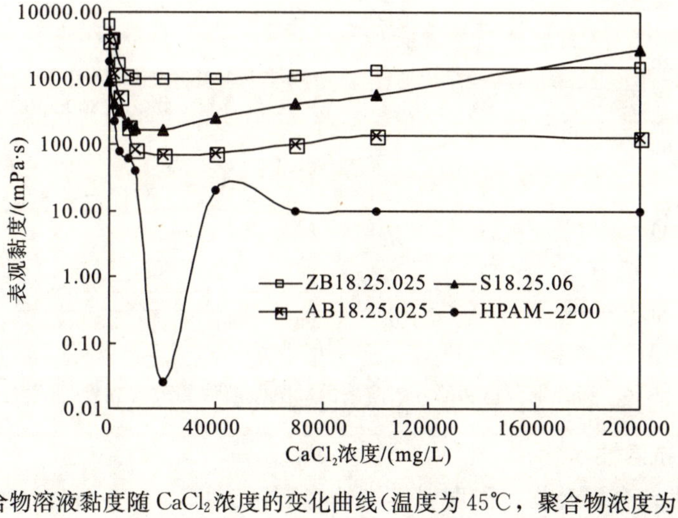

图 2-8　聚合物溶液黏度随 $CaCl_2$ 浓度的变化曲线(温度为 45℃，聚合物浓度为 3000mg/L)

由图 2-9 可以看出，缔合聚合物溶液的表观黏度随 $CaCl_2$ 浓度的增加却表现出先下降后上升的趋势，但总体来说高于部分水解聚丙烯酰胺溶液的表观黏度。

为了进一步分析矿化度对缔合聚合物溶液表观黏度的影响，图 2-10 给出了大庆油田在温度为 45℃的条件下，矿化度对缔合聚合物溶液表观黏度的影响。

缔合聚合物溶液的这种黏度现象正是由于其分子结构的合理设计和引入疏水基团的作用引起的，使得溶液表现出对盐的不敏感甚至出现盐增黏行为，表现出理想的抗盐性。

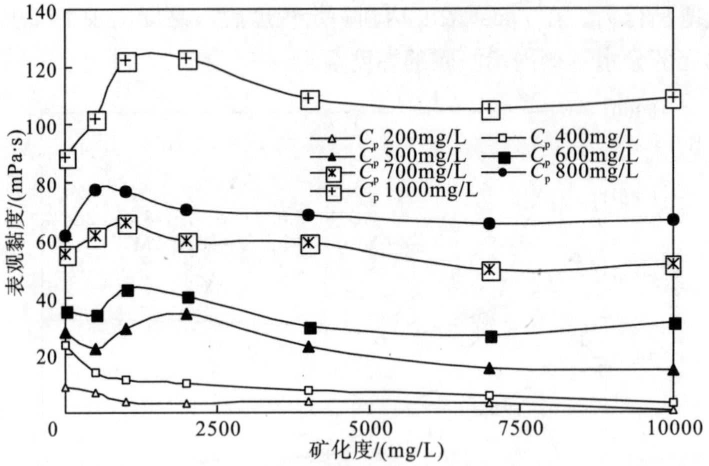

图 2-9　不同聚合物浓度条件下缔合聚合物溶液表观黏度随矿化度变化关系

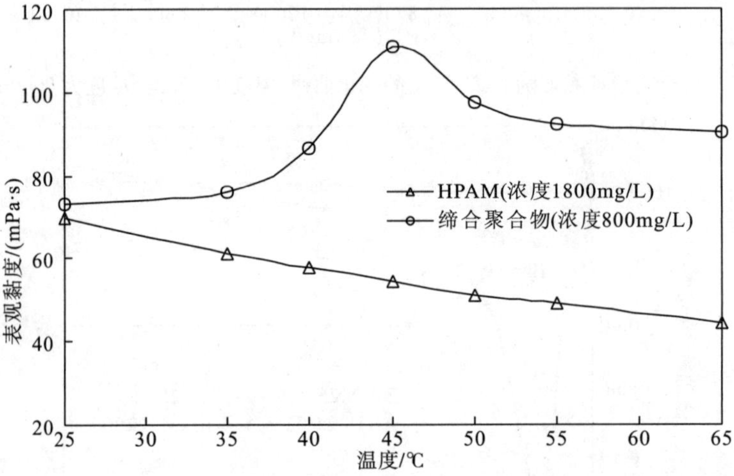

图 2-10　缔合聚合物和部分水解聚丙烯酰胺溶液的表观黏度-温度关系

2.3.2.4　抗温性

对于水溶性缔合聚合物，温度对其影响也有两方面：一方面是温度升高使分子的热运动加剧，分子尺寸减小，分子之间的作用力相对减弱，降低了非结构黏度 $\eta_{非结构}$ 值，使黏度有下降趋势；另一方面，缔合是一个吸热的熵驱动过程，温度升高将导致分子之间热运动加快，使聚合物分子链间的接触概率增加，因而促使了聚合物分子间缔合作用的发生，在溶液内部形成以非共价键缔合形式为主的空间网状结构，增加了其结构黏度，但同时也促使了解缔合作用的发生，降低了其结构黏度，因而出现缔合与解缔合的动态平衡。缔合与解缔合的动态平衡就决定其结构黏度的变化。当缔合作用与解缔合作用的动态平衡趋向于前者时，$\eta_{结构}$ 增加，$\eta_{结构}$ 与 $\eta_{非结构}$ 的叠加结果就使聚合物溶液的表观黏度可能表现出温增黏、基本不变或下降幅度不大。而部分水解聚丙烯酰胺因为没有疏水基团，温度升高，分子的热运动加快，分子之间的作用力减弱，其大分子结构遭到破坏，出现热降解，因而其黏度一直下降。显然，对于我国大部分油田地层水，特别是 Ca^{2+} 、Mg^{2+} 含量变化大的油田来说，通过适当的分子结构设计可得到适合不同矿化度地层水要求的缔合聚合物。

图2-10对比给出了缔合聚合物（浓度800mg/L）和部分水解聚丙烯酰胺（浓度1800mg/L）在大庆污水矿化度（4456mg/L）条件下的抗温曲线。

从图2-10中可以看出：缔合聚合物在一定的温度范围内，随着温度的升高，体系的黏度表现为上升或变化不大，具有理想的抗温性能。即使缔合聚合物溶液浓度远远低于部分水解聚丙烯酰胺的浓度，相同温度下缔合聚合物溶液的表观黏度也远高于部分水解聚丙烯酰胺溶液的表观黏度。对于特定的油田来说，由于温度是不变的，只要缔合聚合物分子结构设计得当，完全可以满足不同温度条件聚合物驱的使用条件。

2.3.2.5　抗剪切性

事实上，在聚合物驱油技术中，由于在聚合物的溶解、分散、泵送等各个环节存在着流动以及剪切的过程，特别是聚合物溶液高速流经井底炮眼时的剪切作用（剪切速率 $4000s^{-1}$～$6000s^{-1}$），不可避免地存在着对聚合物分子的机械剪切降解的不利影响。就目前大庆油田大规模应用的部分水解聚丙烯酰胺来说，黏度损失在50%～70%，大幅度降低了聚合物驱的整体技术经济效果。前面提到，从理论上讲缔合聚合物具有理想的抗剪切性能。为了验证这一结论的正确性，用高速搅拌器模拟剪切，剪切后立即测黏度。表2-1是在45℃、矿化度为4456mg/L条件下缔合聚合物溶液与大庆生产的超高分子量部分水解聚丙烯酰胺（相对分子质量 1800×10^4）溶液的抗剪切性能实验对比结果。

从表2-1对比结果可以看出：缔合聚合物的抗剪切性能明显优于普通部分水解聚丙烯酰胺，具有理想的抗剪切性，这主要是缔合聚合物分子间相互缔合作用的结果。

表2-1　缔合聚合物和部分水解聚丙烯酰胺溶液抗剪切性能实验对比结果

（温度：45℃；矿化度：4000mg/L）

剪切条件（5000r/min）		聚合物类型	聚合物黏度/(mPa·s)				
			200mg/L	400mg/L	600mg/L	800mg/L	1500mg/L
模拟污水	剪切前	缔合型	3.9	7.6	30.0	68.2	239
		高分子	5.3	8.7	13.1	19.1	46.3
	剪切后	缔合型	2.6	4.0	16.5	39.8	195.5
		高分子	1.9	2.3	4.5	8.8	22.0
黏度保留率/%		缔合型	66.7	52.6	55	58	82
		高分子	35.8	26.4	30	46.1	47.5

缔合聚合物分子间的缔合作用使溶液内部形成连续空间网状结构，当溶液被高速剪切时（5000r/min），由于缔合聚合物的相对分子质量较低（相对分子质量 700×10^4～900×10^4），分子未被剪切断裂，只是被拆散了部分或大部分缔合结构，即使缔合聚合物分子链段被剪切为若干链段更小分子的程度和可能性比部分水解聚丙烯酰胺的要小得多。因此，一旦剪切条件撤销或大幅度降低后，被拆散了的缔合聚合物分子重新聚集缔合，又形成连续的空间网状结构。但对于部分水解聚丙烯酰胺来说，由于相对分

子质量过大、链过长，在高速剪切条件下，分子链段被剪切为若干小相对分子质量的分子链段。因此，表观黏度大幅度下降，黏度保留率小于50%。在油田使用的聚合物浓度(800~1500mg/L)下，缔合聚合物剪切后的黏度保留率大于80%。

为了进一步研究缔合聚合物的剪切性能，这里还研究了剪切后溶液表观黏度的恢复速度和恢复程度，即缔合聚合物的剪切恢复性。用缔合聚合物浓度为900mg/L的溶液在温度45℃和矿化度4456mg/L条件下高速剪切(转速为11000r/min)，15s后测定其体系表观黏度随静置时间的变化关系，结果见图2-11。剪切后立即测其溶液表观黏度为32.6mPa·s。

由实验结果可以看出，缔合聚合物在经过约60min后，溶液的表观黏度恢复到最高水平，达到了64.2mPa·s。之后，基本保持不变。与未剪切时的78.3mPa·s相比，恢复率达到了81.99%。

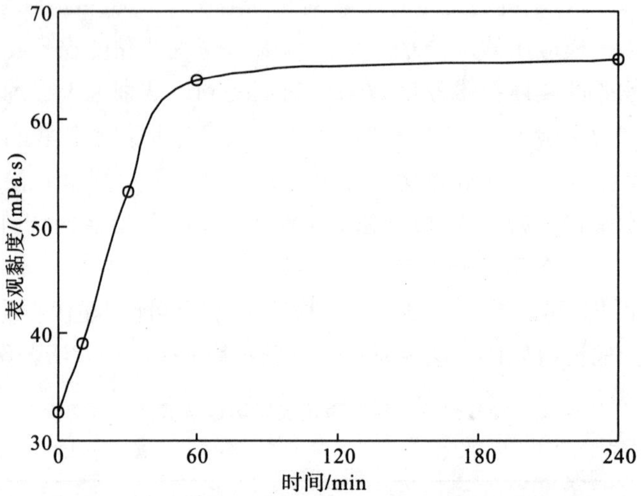

图2-11　剪切后缔合聚合物溶液的表观黏度恢复曲线

图2-12还给出了缔合聚合物浓度为1000mg/L，矿化度为1000mg/L，剪切速率分别为$500s^{-1}$、$1000s^{-1}$时，缔合聚合物溶液被剪切时间的长短对体系表观黏度影响的实验结果(温度45℃)。结果表明，在相同条件下，剪切时间对溶液黏度影响的变化趋势相同。当剪切时间小于4.8min时，剪切速率为$500s^{-1}$体系的黏度略高于剪切速率为$1000s^{-1}$体系的黏度；剪切时间大于4.8min后，两者的黏度值基本完全相同。对于剪切速率为$1000s^{-1}$的体系来说，溶液剪切时间在0~1.2min，剪切时间对溶液的表观黏度几乎没有影响；当剪切时间大于1.2min时，剪切时间越长，溶液的表观黏度越低；但当剪切时间大于2.2min后，随着剪切时间的增加，溶液的表观黏度逐渐降低，但降低幅度远远低于剪切时间在1.2~2.2min之间的下降幅度；对于剪切速率为$500s^{-1}$的体系来说，溶液剪切时间在0~1.2min时，溶液的表观黏度随剪切时间的而有所上升，这与前者的结果不同。这可能是由于在较低剪切速率($500s^{-1}$)条件下，剪切作用主要是使原来那些分子内缔合转变为分子间缔合，此时溶液的黏度是增加的。当剪切速率相对较高($1000s^{-1}$)时，剪切作用既有使分子内缔合转变为分子间缔合的效果，也有使

分子链断裂的作用，两者抵消后的综合效果是溶液的表观黏度基本没有变化。当剪切时间大于 1.2min 时，剪切时间越长，溶液的表观黏度越低；但当剪切时间大于 2.2min 后，随着剪切时间的增加，溶液的表观黏度逐渐降低，但降低幅度远远低于剪切时间在 1.2～2.2min 的下降幅度。由此可以看出，缔合聚合物的缔合结构主要是在初期重新拆散和缔合，且一定的剪切速率只能破坏掉对应缔合强度的缔合结构。因此可以预测，在油层流速范围(0～5m/d)内，缔合聚合物在油层中流动时，在对应剪切速率(0～$30s^{-1}$)范围内，缔合聚合物溶液在油层中的剪切时间即流动时间不会影响其溶液的表观黏度(其他因素除外)。该结果使驱油体系长期保持高黏度条件下的有效驱油效果，在油田的实际应用中具有十分重要的意义。

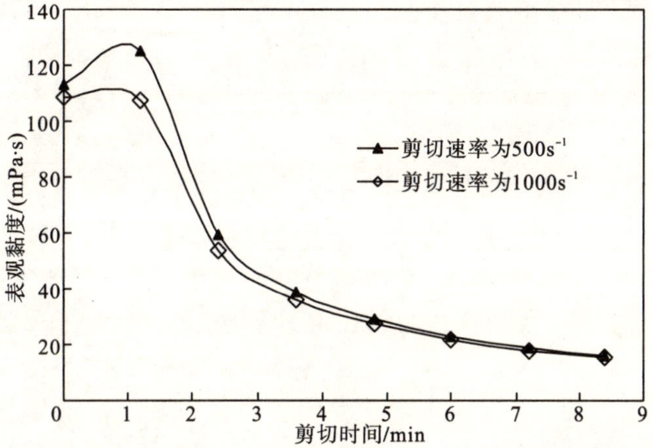

图 2-12　缔合聚合物浓度为 1000mg/L 时剪切时间对体系表观黏度的影响

2.3.2.6　长期稳定性

聚合物溶液在油层中渗流时，一般的运移时间为 1～3 年，有的甚至更长。在此期间，如果溶液表观黏度没有理想的稳定性，就可能由于黏度的降低，导致聚合物溶液在油层中发生严重的窜流、绕流，大幅度降低聚合物溶液在油层中的宏观波及效率和微观波及效率，最终导致聚合物驱达不到理想的驱油效果。因此，研究和评价缔合聚合物在油层温度和水质条件下的长期稳定性，具有十分重要的意义。

表 2-2 给出了缔合聚合物在大庆油层温度(45℃)和矿化度(清水矿化度 918mg/L，污水矿化度 4456mg/L)条件下的长期稳定性实验结果。由实验结果可以看出，在该条件下，无论是清水还是污水配制的聚合物溶液，由于缔合聚合物特殊的分子结构，溶液表观黏度的保留率和保留值都比部分水解聚丙烯酰胺高，尤其是清水配制溶液条件下表现更为突出，90 天后黏度保留率仍然高达 86%。因此，缔合聚合物具有理想的长期稳定性。

可见，缔合聚合物是目前理想的抗盐、抗温和抗剪切的新型聚合物，是未来聚合物的发展趋势和发展方向。在碱/表面活性剂/聚合物三元复合驱中，由于体系中加入了无机化学碱，引入了大量的阳离子，对部分水解聚丙烯酰胺来说，溶液的表观黏度将大幅度降低。若使用缔合聚合物，将明显降低聚合物的用量，提高复合驱的整体技术经济效果，使三元复合驱得到大规模推广应用成为可能。

表 2-2 缔合聚合物和大庆聚合物 HPAM 溶液黏度与放置时间关系

时间/d	缔合聚合物（大庆二厂清水体系）表观黏度/mPa·s	HPAM（大庆二厂清水体系）表观黏度/mPa·s	缔合聚合物（大庆二厂污水体系）表观黏度/mPa·s	HPAM（大庆二厂污水体系）表观黏度/(mPa·s)
1	56.8	51.0	55.6	27.1
3	52.8	48.0	51.6	19.3
7	52.6	46.9	40.2	14.0
10	52.1	46.6	28.6	12.9
20	52.8	41.8	22.6	12.0
23	52.6	—	21.3	—
27	52.2	—	20.3	—
30	48.6	35.3	19.6	11.6
40	48.9	29.9	18.3	10.1
60	48.8	29.1	16.2	9.6
90	48.8	26.7	16.2	9.1

注：浓度 1000mg/L，温度 45℃，剪切速率 7.34s^{-1}。

第3章　水驱油机理

水驱是二次采油中较经典和广泛使用的方法，在油田应用已有一百多年的历史了。早期的人工注水是在一口生产井中注水。随着注入水在油层中侵入面积的扩大，临近各井逐渐水淹，然后再将这些水淹的生产井改为注入井，使得水侵体积不断扩张，这就是环状注水。后来，发展成为向一连串的井中同时注水，形成了线性注水。显然，水驱的优点是水的来源广且价格低廉、流动性好、注入工艺简单。

但是，由于岩石孔隙结构、岩石表面的物化性质、流体的物化性质以及目前注水开发技术水平等因素的影响，水驱采出程度只有45%左右，仍然有55%以上的原油以剩余油的形式留在了油层中(剩余油是水驱过程中水未波及的区域或部位剩下的油)。剩余油的分布是宏观的，一般具有水力连贯性，它的形成与油层纵向和平面非均质性有关。相反，残余油的分布是微观的，一般无水力连贯性，多表现为膜状、滴状、悬状、索状以及簇状等，它的形成与水驱油机理有关。本章的主要内容是研究水驱油机理、剩余油的分布特点以及影响水驱采收率的因素。

3.1　油层中油水渗流时的力

毛管力和黏滞力决定了孔隙介质中流体的相圈闭和流动。为了理解和掌握水驱和化学驱过程中流体的排驱机理，需要了解和评价多相流体中与相圈闭和相流动有关的各种力，包括界面张力和黏滞力。

3.1.1　毛管力

3.1.1.1　表面张力和界面张力

事实上，油层中的油和水是非混相的流体，它们共存于油层岩石孔隙中。与油水相有关的界面张力将影响相的分布、饱和度以及水驱油的效果。

表面张力通常是表示液体和它的蒸汽或液体与空气表面的力的大小。如果是两种液体之间的表面，或者液固之间的表面的力，则用界面张力来表示。室温下，水与水蒸汽的界面张力为73mN/m；水和纯碳氢化合物之间的界面张力为30～50mN/m。地层水与原油的界面张力一般也在40mN/m。

通常，表面张力可以用吊片或吊环表面张力仪测定。界面张力可以采用滴体积法或旋转滴界面张力仪测定。

3.1.1.2　岩石润湿性

润湿性是在两种流体同时存在时，某一种流体在固体表面铺展或黏附的倾向。当两种非混相流体与固体表面接触时，某一相通常比另一相更容易被吸引到固体表面，此相就称为润湿相。当两种非混相流体与固体表面接触时，通过确定界面张力就可以定量分析润湿性。图 3-1 给出了油-水-固界面间的界面力。表明当存在油相时，加入水滴与均质岩石表面接触，水滴在岩石表面上铺展，直到达到力的平衡。该力的平衡可以用杨氏润湿方程来表示：

$$\sigma_{OS} - \sigma_{WS} = \sigma_{OW}\cos\theta \tag{3-1}$$

式中，σ_{OS}、σ_{WS}和σ_{OW}分别表示油固、水固和油水(液-液)界面张力；θ 表示润湿接触角。

液-液界面张力可以测定，σ_{OS}和σ_{WS}无法直接测定，因此采用润湿接触角的大小来确定润湿性。$\theta<90°$时，固相为水湿；$\theta>90°$时，固相为油湿。若接触角接近 0°，则固体为强水湿；相反，接触角接近 180°，则固体为强油湿。θ 向 90°靠近时，岩石表面中间润湿。

图 3-1 油-水-固界面间的界面力

3.1.2 毛管压力

毛管中，因为两种不互溶的流体间存在张力，在界面上存在压力差，这个压力差称为毛管压力。两种流体中有一种流体比另一种流体更能优先润湿固体表面。毛管压力可以表现为毛管中液体上升或下降行为，即可以是正值，也可能是负值。主要由优先润湿性而定，非润湿性中的压力较大。

显然，毛管压力与液-液界面张力、流体润湿性以及毛管大小有关。具有较低压力的一相总是优先润湿毛管。

3.1.3 黏滞力

孔隙介质中的黏滞力是以流体通过介质时所出现的压降大小来反映的。计算黏滞力大小最简单的方法是假设多孔介质为一束平行毛管，这时流体在单根毛管中的压力降低值可由 Poiseuille 定律给出：

$$\Delta P = -\frac{8\mu L v}{r^2 g_c} \tag{3-2}$$

式中，ΔP 表示穿过毛细管的压力；L 表示毛管长度；r 表示毛管半径；μ 表示流体黏度；v 表示流体在毛管中的平均速度；g_c表示换算系数。

根据达西定律，可以将上式孔隙介质中的黏滞力方程改写为：

$$\Delta P = -\frac{\mu L \varphi v}{k} \tag{3-3}$$

式中，ΔP 表示穿过孔隙介质的压降；L 表示孔隙介质长度；k 表示孔隙介质渗透率；μ 表示流体黏度；v 表示流体在孔隙介质中的平均速度；φ 表示孔隙介质的孔隙度。

3.2 水驱油微观机理

在油层中，原油和地层水是互不相溶的两种流体，油水界面张力在 30～40mN/m。在岩石毛管孔喉油水接触处形成一个弯曲的液面，也就是说存在毛细管力。显然，水驱过程为非混相驱。

在油层中，油气水是高度分散的体系，界面性质对流体的流动有重要的影响，特别是毛管力对原油的滞留和驱替存在不可忽视的作用。事实上，油层岩石的微观结构是由形状和大小不规则的小矿物颗粒构成的复杂空间结构，这就决定了油层岩石孔隙微观结构和表面性质的不均一。因此，油层在纵向上和平面上的非均质性造成了水驱油过程的复杂性，导致水驱油效率降低。

3.2.1　微观驱油效率

在石油的开发过程中，无论是水驱还是其他的三次采油方法，需要解决的核心问题是如何进一步提高原油在孔隙介质中的排驱效率。排驱效率的定义是：水驱波及的单位孔隙体积中驱出的油量与被波及的单位体积原始储量的比值(相同条件下)。对于同一油层来说，由于地层体积系数相同，因此微观驱油效率 ED 为：

$$ED = 1 - \frac{S_{o1}}{S_o} \tag{3-4}$$

式中，S_o表示原始含油饱和度；S_{o1}表示某特定时刻的含油饱和度。

对于某个油层来说，若被波及的孔隙体积内的平均剩余油饱和度为 S_{or}时，水驱开发采出的油量为：

$$N_{PW} = ED \times V_{PW} \frac{S_{o1}}{B_{o1}} \tag{3-5}$$

式中，N_{PW}表示水驱采出的油量；V_{PW}表示水驱波及体积。

可以看出，在水驱波及的油层中，平均含油饱和度随着注入水量的增大而降低。

3.2.2　孔隙介质中原油的捕集

原油在孔隙介质中的捕集机理十分复杂，到目前为止也不是十分清楚。但原油的捕集机理肯定和岩石孔隙结构、与润湿性有关的流体-岩石相互作用、与界面张力有关的液/液相互作用，以及流体在孔隙介质中流动时的不稳定性密切相关。

就目前的技术水平而言，关于水驱孔隙介质中原油捕集机理研究的理论模型有单孔隙模型、双孔隙模型和岩石孔隙体系。尽管它们各有优缺点，但对研究水驱过程中原油的捕集有一定的帮助。

3.2.2.1　单孔隙模型

尽管单孔隙模型在研究水驱油机理方面与实际情况相差甚远，但其理论还是非常有价值的，如图 3-2 所示。

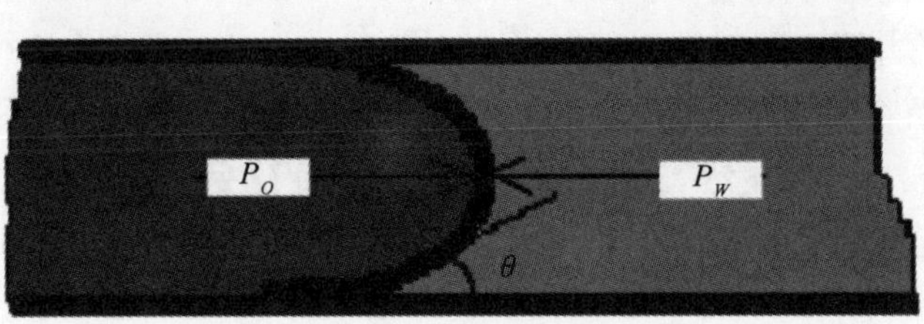

图 3-2　单孔隙模型

P_o：油相压力；P_w：水相压力；θ：接触角

假设该毛管的半径为 r，油水界面张力为 σ，油水弯液面曲率半径为 R，则弯液面两侧的压力差即毛管力 P_c 的大小为：

$$P_o - P_w = P_c = \frac{2\sigma}{r} = 2\sigma\cos\theta \tag{3-6}$$

当上述油水体系在毛管孔隙中处于静止平衡状态时，若 $r=1\mu m$，$\sigma=5mN/m$，$\theta=0°$，即油层岩石完全水湿，则

$$P_c = \frac{2\times 5\times 10^{-3}}{10^{-6}} = 10^4(N/m^2)$$

显然，如果要使该体系打破平衡，使油滴在毛管孔隙中流动，外加的压力必须大于 P_c，这就是通常所说的毛管阻力。

如果毛细管不是等直径的，且与轴对称呈正弦曲线形态(图 3-3)，有下述计算方法。

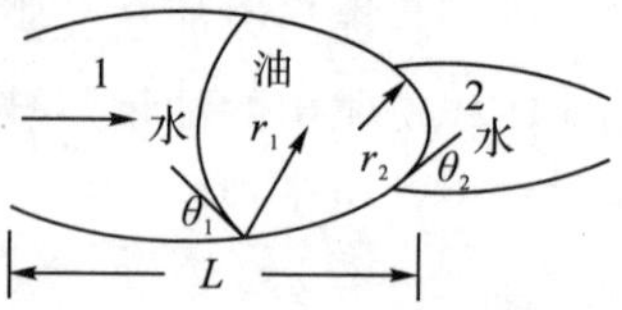

图 3-3　变直径毛管中油水界面示意图

设油滴两侧的曲率半径为 r_1 和 r_2，界面为轴对称，接触角相同。油滴处于静止平衡状态。则有

$$P_1 - P_2 = 2\sigma\cos\left(\frac{1}{r_2} - \frac{1}{r_1}\right) \tag{3-7}$$

显然，要使油滴运移，由于 $r_1 > r_2$，因此在位置 1 处需要有一个正压力推动，才能将油滴推过喉道 2 处的细小孔道。如果 $r_1 \gg r_2$，则上式可以改写为

$$P_1 - P_2 = \frac{2\cos\theta}{\sigma r_2} \tag{3-8}$$

可以看出，要使油滴移动所需的压力与 r_2 的大小有关。

计算使油滴移动的压力值：假设孔喉的平均长度 L 为 $50\mu m$，则所需的压力梯度为

$$\frac{P_1 - P_2}{L} = 10^4 \div (50\times 10^{-6}) = 2\times 10^8(N/m)$$

显然，这样大的压力梯度，在油田的实际开发过程中无论如何都是不可能实现的，目前水驱的注入压力梯度大约只有 10kPa/m。因此，从逆向思维的角度出发，当油水界面张力降低 2×10^4，能将残余的油滴活化而被开采出来。

3.2.2.2　双孔隙模型

前面的理论研究和计算结果表明，当流动的注入水的压力梯度不能克服优先产生的毛管阻力时，残余油滴就会被捕集在喉道中。

图 3-4 示意的并联双孔隙模型可以形象地表示出水驱油过程的基本特征。在该模型中，油滴分别残留在上下两个孔喉中，直径分别为 r_1 和 r_2。由于体系中油水的黏度和密度相同。假设 $r_1 < r_2$，显然一个孔隙中的驱替速度比另一个的快。当油滴前后的压力差不足以将孤立的油滴由较低流速的孔隙中驱替出来，油相就会被捕集而残留下来。

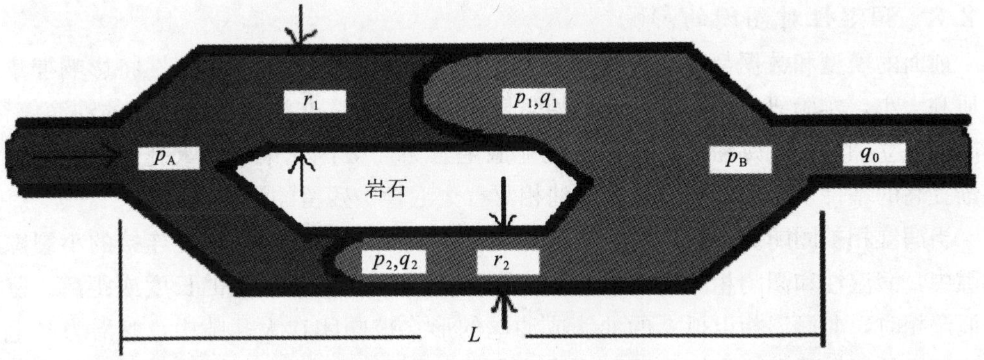

图 3-4　并联毛管双孔隙模型

事实上，尽管双孔隙模型比单孔隙模型更接近实际，但与油层岩石的实际情况相比，仍然没有完全代表油层孔隙介质迂曲度和多喉道连通性的模型。

3.2.2.3　岩石孔隙体系

油层实际孔隙介质要比上述两个模型复杂得多，实际的孔隙网络体系是由不同孔隙串联和/或并联在一起的毛细管网络。油相在这样复杂的孔隙介质中流动时，油水界面随着孔喉大小的变化不断地收缩或扩张，毛管压力也随之变化。但无论如何变化，有一点始终是不变的，就是油水界面总是朝着体系能量最小的形态变化。当驱动压力不足以克服由此引起的附加毛管阻力，弯液面就停止运移。如果驱动压差较大，则油水界面的移动就变为跳跃式的跃变。这种驱动现象是复杂孔隙介质中微观驱油机理的重要特征，因此油滴的捕集不仅限于单孔隙和双孔隙喉道中。

应当说明的是，非等直径单毛管模型里的流体在流动过程中，由于油水两相界面形态的变化，将出现附加毛管阻力。若要使弯液面继续移动，还必须克服附加的这个毛管阻力，这就是常说的贾敏效应。

可见，在油层实际孔隙介质中，如果注水压力可以克服毛管阻力，则岩石孔隙中的流体就可以移动和渗流。这时，黏滞力和毛管力将控制流体的状态。当连续的油丝或油块运移通过岩石孔隙介质时，在黏滞力和毛管力的综合作用下，当通过孔喉和隘口时，油丝或油块断裂，形成单个孤立的残余油滴(图 3-5)。

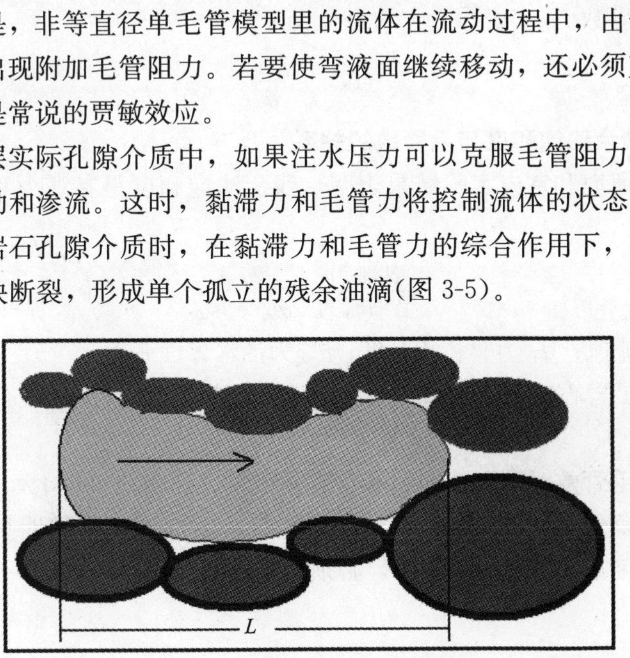

图 3-5　被捕集残留油滴形态

3.2.3 润湿性对圈闭的影响

前面的模型和数据都是假设非润湿相的圈闭。事实上，岩石润湿性将影响捕集的性质和大小。实验研究发现，当润湿相驱替非润湿相时，非润湿相以孤立的油滴停留，这时的孤立油滴由于黏滞力太小而不能克服毛管力而被优先束缚在大孔道。在毛管数逐渐提高的条件下，小毛管中残留的油相驱替大毛管中残留的油相。

当润湿相被圈闭而被残留时，它被固相周围的薄液层束缚在相互连接的小裂隙或缝隙中，润湿性和圈闭相的物理位置决定孔隙介质中残留相液滴的长度或距离。驱替非润湿相时，非润湿相以孤立的油滴或油丝的形式被圈闭在大孔隙中，黏滞力和毛管力互相竞争，导致在非常短的距离内发生圈闭。相反，在非润湿相的驱替介质捕集润湿相时，只在相对较长的距离内才会出现圈闭现象。因此，对于油湿油层的水驱来说，在相对较短的开发时间内油井就会产生水的突破。也就是说，油水同时在油层岩石孔隙中流动和运移的距离过长，油相饱和度以非常慢的速度降低，当降低到某一数值时，毛管力起着控制和支配作用，原油停止流动。

3.2.4 毛管数采出程度的影响

3.2.4.1 毛管数的定义及其意义

前面的研究发现，残余油滴能否流动，不仅取决于油滴两端的压力差，而且还取决于弯液面上的附加毛管压力。用 $\Delta P/L$ 表示残余油滴受到的驱动力，其中，ΔP 为油滴两端的压差，L 为油滴长度。对于该油滴的流动阻力，与油水界面张力 σ、毛管半径 r 和动力滞后有关。事实上，除油水界面张力 σ 可以通过室内实际测定外，其他参数是很难确定的。因此，对于特定的毛管来说，油滴能否流动取决于驱动力和阻力的相对大小。用毛管数 N_c 来表示。它的定义式为

$$N_c = \frac{v\mu}{\sigma} \tag{3-9}$$

3.2.4.2 残余油饱和度与毛管数的关系

大量的理论研究和室内实验结果表明，残余油饱和度是黏滞力和毛管力比值的函数，即

$$\frac{\text{黏滞力}}{\text{毛细管力}} = \frac{v\mu_w}{\sigma_{ow}\cos\theta} \tag{3-10}$$

式中，v 为流体流速；μ_w 为驱替相黏度；σ_{ow} 为油水界面张力。

图 3-6 给出了岩心出口端含水率为 98%（油田水驱经济极限）残余油饱和度与毛管数 N_c 的关系。

可以看出，毛管数对剩余油饱和度有明显影响。随着 N_c 的增大，孔隙介质中的剩余油饱和度逐渐降低。当 N_c 增大到 10^{-4} 时，剩余油饱和度开始明显大幅度下降。因此，要想最大限度地提高水驱采收率，必须尽量提高水驱过程中的毛管数。

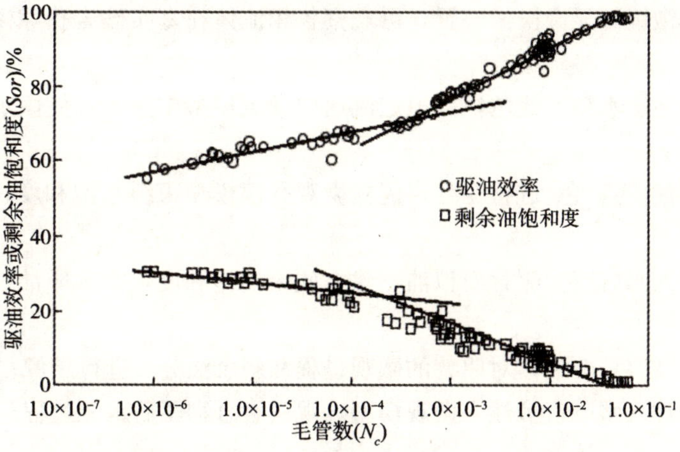

图 3-6 毛管数 N_c 对剩余油饱和度 S_{or} 的影响

3.2.5 水驱微观驱替机理实验研究

为了进一步研究和证明前面理论分析结果，采用显微录像的实验手段，对水驱过程和机理进行详细研究。

3.2.5.1 实验用液与仪器

实验用液与前面岩心驱替实验相同。实验所需仪器和材料包括：

(1)SB-2 微量泵一台(量程为 0.1～20mL/h)；

(2)HD 微量泵控制计算机一台；

(3)WILDM3Z 显微镜一台；

(4)计算机一台(用于输出图像)；

(5)高压中间容器组一套(含三个 50mL 高压中间容器)；

(6)高压透明薄片型胶皮套若干；

(7)手动高压计量泵一台；

(8)JVC 摄像头一个(摄像灵敏度为 3lx，分辨率为 430 线)；

(9)SONY 彩色监视器(最高分辨率可达 1024×768)。

3.2.5.2 实验流程及步骤

实验采用的微观驱替系统拥有以下四项特色技术：①真实砂岩微观模型制作技术，其突出特点是真实性和可视性；②模型显微恒温技术；③图像分析技术，可替代昂贵的图像分析仪，并可随时通过微机读出模型中的油水饱和度、水驱油效率等参数；④模型组合实验技术，可模拟油藏宏观非均质性及多油层合注、合采效果。

实验流程如图 3-7 所示。用微量泵泵入模拟地层流体和驱替液，实验过程中薄片模型放置于显微镜平台上，通过数字显微镜观察各流体在岩心薄片中的运移过程，并进行局部或整体录像。实验采用恒速法，驱替速度均为 1m/d，室温 25℃。具体实验步骤如下：

(1)将真实砂岩模型装入夹持器，用氮气瓶加上环压；

(2)开启恒速泵，将驱替和被驱替流体泵入中间容器；

(3)开启微量泵及其控制计算机，设置驱替参数(瞬时流量、累计流量等)；

(4)开启显微镜和显微摄像装置，可观察各相流体在真实砂岩孔隙模型中的流动及其分布；

(5)将模拟地层水染成蓝色，以恒定流速向微观模型中注入，使微观模型薄片饱和地层水；

(6)用模拟油(不染色)进行驱替，建立微观孔隙模型束缚水饱和度，模拟油在显微镜下为白色；

(7)模拟注入水(蓝色)驱替模拟油，建立残余油饱和度，对水驱油过程和剩余油分布进行录像；

(8)聚合物(红色)驱油，对驱替的微观过程和剩余油分布进行录像；

(9)将模拟注入水(蓝色)注入微观模型，观察聚合物驱后水驱过程。

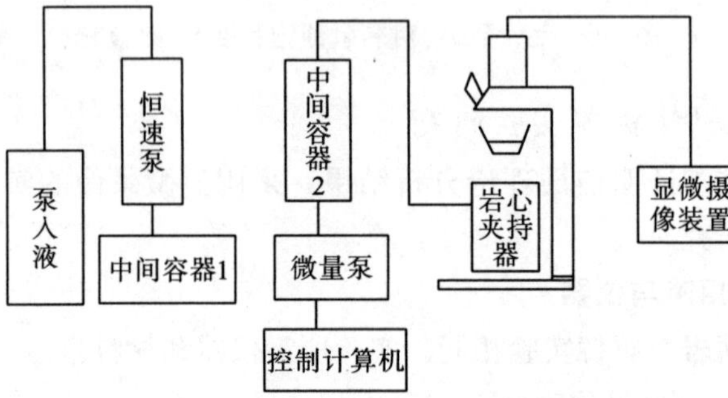

图 3-7 真实砂岩模型驱替实验流程图

水驱油过程的微观模型的驱替实验结果见文后彩图 1，给出了油相和水相在岩石颗粒中的驱替过程，驱替方向为图的右上角至左下角。可以看到，水进入岩心后优先进入大孔道，驱替大孔道中的油，大孔道的油被驱走后，水才能进入开口比较大的相邻小孔隙进行水驱油。整体上看，水的主流道很明晰，水是沿主流线方向流动，指进现象很突出，支流延伸深度有限，水驱的波及效率低。局部上看，水驱油过程为非活塞型驱替。水驱油后，岩心中未波及区面积较大，水驱指进现象突出，波及效率低。

由于油、水两相为不混溶流体，界面张力高达 30～35mN/m，水驱油为非混相驱。界面延伸深度有限，水驱的波及效率低。从局部上看，水驱油过程为非活塞型驱替。水驱油后，岩心中未波及区面积较大，水驱指进现象突出，波及效率低。

由于仿真模型的非均质性、水驱油流度比以及流线的影响，致使大部分区域未能被水波及，如彩图 1 中白色部分所示。水驱结束后(彩图 1 中时刻四)仍有部分白色区域未被波及。

界面张力的存在致使小孔隙中的原油不能被水驱替，见文后彩图 2，水驱油的局部放大图形。从图中可以看出，微观水驱残余油存在于小孔隙中(彩图 2 时刻四的右上角白色部分)和死端孔隙中(彩图 2 时刻四上方白色部分)很突出，支流延伸深度有限，水驱的波及效率低。局部上看，水驱油过程为非活塞型驱替。水驱油后，岩心中未波及区面积较大，水驱指进现象突出，波及效率低。

3.3　水驱宏观驱油机理

前面对水驱提高原油产量的微观机理进行了详细研究。可以看出，水驱提高原油采出程度的主要机理是注入水推动靠自身能量不能运移的油。在注入水的推动下，由于地层能量的提高以及注入压差的增大，使那些原来靠原始地层压力不能移动的油滴和油块开始运移，注入水进入油层提高油层的微观波及效率。

3.3.1　波及效率

此外，剩余油的形成和多少还与水驱的宏观驱替效率有关，就是与注入流体进入油层后与波及的油层体积大小有关。因此，体积波及效率 E 的定义是：注入流体在油层中扫及到的体积与油层体积的比值。显然，它是注入流体侵入油层孔隙体积的分数，是驱替的时间函数。

可见，对于某个油层来说，总波及效率 E 是平面波及效率 E_S 和纵向波及效率 E_V 的乘积，即 $E=E_S\times E_V$。

通常，影响流体在油层中渗流波及效率的主要因素有以下四个：

(1)注入流体的性质。例如注入流体与原油的界面性质、溶液表观黏度、流变学性质等。

(2)油层中流体的性质。例如原油的组成、油相黏度、密度、饱和压力大小以及与注入流体的界面张力和界面黏度等。

(3)油层地质特征。例如岩石矿物组成、岩石润湿性、油层厚度、渗透率大小、韵律、油层非均质性严重程度以及断层和透镜体是否存在等。

(4)注入井和生产井的布井方式。包括井网、井距等。

显然，注水开发提高原油采出程度的重要机理，除提高微观驱油效率外，就是提高注入水在油层中的波及效率。

3.3.2　流度比

根据达西定律和达西公式，溶液通过孔隙介质的流速为

$$V_i=-\frac{k_i}{\mu_i}\frac{\mathrm{d}p}{\mathrm{d}x} \tag{3-11}$$

对于单相流来说，k_i是岩石孔隙介质的绝对渗透率；如果为多相流，k_i是流动相的有效渗透率，是相饱和度的函数。液相 i 的流度λ_i 为

$$\lambda_i=\frac{k_i}{\mu_i} \tag{3-12}$$

驱替过程中，驱替相和被驱替相的流度比 M 为

$$M=\frac{\lambda_D}{\lambda_d} \tag{3-13}$$

式中，M 为流度比，无量纲；λ_D为驱替相的流度；λ_d为被驱替相的流度。

无论何种驱替方法，M 既影响平面波及效率，也影响纵向波及效率。当注入流体和油层确定以后，随着 M 的增加，波及效率降低。此外，M 还影响驱替过程的稳定

性。当$M>1$时，驱替过程不稳定，前缘推进不稳定，溶液发生指进现象甚至发生突破，称之为黏性指进；相反，$M<1$时，驱替过程稳定，不易发生黏性指进，为有利流度比。

3.3.3　影响水驱采收率的因素

由前面的理论分析可以看出，影响原油采收率的因素很多且非常复杂。但归结起来只有两点，就是驱油效率和波及效率，而影响水驱采收率的因素主要有下述几方面。

3.3.3.1　原油黏度

水驱开发过程中，原油黏度是影响采收率的重要影响因素。由于注入水的黏度在不同条件下的变化幅度非常小，一般小于1mPa·s。而对于原油来说，黏度的范围却非常大。有的原油的地下黏度小于1mPa·s，从流度比的角度出发，在相同条件下，水驱开发效果应当较为理想，但这类油田或油藏并不多。有的原油的地下黏度在1000～10000mPa·s。对于这样高黏度的原油，其水驱采收率无论如何不会高，一般情况下的水驱采收率都小于10%，这类油藏也不多。通常情况下，地下原油的黏度在5～100mPa·s的油藏和储量比例最大。因此，重点研究这类油藏的水驱采收率，具有重要意义。

图3-8给出了不同黏度比条件下，大庆油田天然岩心水驱时对无水采收率的影响。岩心长度10cm，直径2.5cm。渗透率$1000\times10^{-3}\mu m^2$。结果表明，即使在相对均质的岩心上，黏度比μ_o/μ_w对水驱采收率的影响也是非常大的。特别是在黏度比在10～50时对水驱采收率的影响最大，随着黏度比的增大，岩心的无水采收率急剧降低。油水黏度比增降1时，无水采收率也随之增降约1%。当黏度比大于50后，其影响已经达到最大值了，随着黏度比的增加，无水采收率几乎没有降低，其影响已经变得非常小了。

对于层内非均质性严重的实际油层来说，油水黏度比对水驱采收率的影响就更明显了。例如当油层韵律为正韵律时，若黏度比大，重力在高渗透率条件下能够充分发挥作用。此外，由于油层岩石呈偏亲油，因此在进行水驱开发时，毛细管力阻止了注入水进入中低渗透层，结果导致注入水沿着高渗透率的底层窜流。当底部水淹后，水的相对渗透率随之上升。这样在水驱开发过程中，纵向上的流度比相差越来越大，使注入水很难继续进一步扩大波及效率。

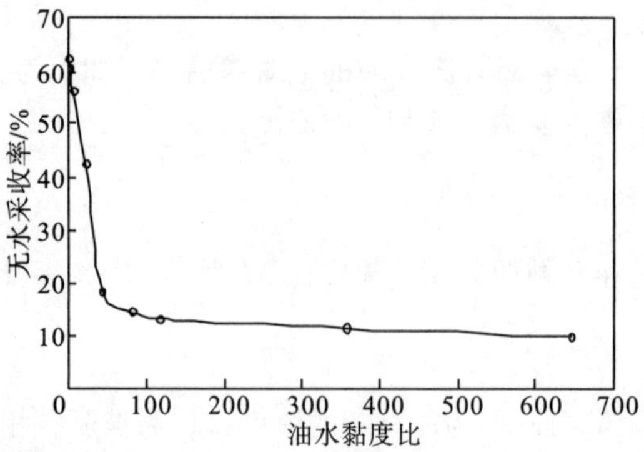

图3-8　黏度比μ_o/μ_w对水驱无水采收率影响的岩心实验结果

3.3.3.2　油藏岩石润湿性对水驱采收率的影响

在油田实际中，油层岩石的润湿性，绝大部分是亲油、偏亲油或弱亲油的。强亲油、强亲水或偏亲水的油藏相对较少。这是原油在长期的形成和储集过程中与岩石相互作用的自然结果。随着水驱开发和其他生产作业，例如酸化、压裂、解堵以及注入水的化学处理，导致油层中驱替原油的注入水中可能含有大量可以改变油层岩石润湿性的化学物质。特别是后来长期的注水作业，使得油层岩石的亲油性减弱、亲水性增加。此外，还由于油层内部存在的非均质性以及透镜体的存在，即使在同一个油层内，也存在着不同的润湿性。根据油田大量的统计结果，亲油油层的水驱采收率在40%～45%，而亲水油层的水驱采收率却可以达到80%。

对于亲油油层来说，由于原油优先润湿岩石固体表面，它与岩石表面的黏附力较大。当注入水进入亲油孔喉时，原油与岩石的附着力牵制并阻碍原油在固体表面流动。相反，水的黏滞阻力比油小得多，通常沿着喉道中心窜流。若增大注水速度或强度，这种作用更加明显，因此水驱采收率将更低。

3.3.3.3　黏滞力和毛管力的影响

前面提到，黏滞力与毛管力的比值就是毛管数 N_c。毛管数优点就是将这些影响驱油效率的因素通过它来定量化。表3-1给出了改变黏滞力和毛管力对水湿岩心残余油饱和度影响的实验结果。实验时通过采用提高驱替速度和/或驱油体系的表观黏度的方法来改变黏滞力。采用注入不同的表面活性剂体系的途径来改变油水界面张力即毛管力。

表3-1　黏滞力和毛管力大小对水湿岩心残余油饱和度影响的实验结果

实验条件		不同岩心的残余油饱和度(孔隙体积倍数)		
		Tropedo	Elgin	Berea
基础体系	$v=0.6$m/d；$\mu_o/\mu_w=1$；$IFT=30$mN/m	0.416	0.48	0.495
改变黏滞力	$v=60$m/d	0.338	0.323	0.395
	$\mu_o/\mu_w=0.55$；$v=0.6$m/d	0.193	0.275	0.315
改变毛管力	使 IFT 降低到1.5mN/m	0.285	0.275	0.315

结果表明，通常在水驱条件下，三种岩心的残余油饱和度偏高，提高驱替速度和/或驱替相表观黏度即改变黏滞力，岩心中的残余油饱和度均有下降，但提高驱替相溶液黏度的作用比提高驱替速度作用明显得多。此外，改变毛管力即降低油水界面张力，也会大幅度降低残余油饱和度。

3.3.3.4　非均质性的影响

理论研究和实验结果均表明，油层岩石的非均质性，无论是微观非均质性还是宏观非均质性对水驱波及效率和驱油效率都有明显影响。对于实际油层来说，油层非均质性主要包括纵向非均质性和平面非均质性。

1. 纵向非均质性

油层渗透率的非均质性实际上包括两方面的含义：①具有各向异性的方向渗透性，也就是说测量的方向不同，其渗透率数据也不同；②非均质性，即从某一点到另一点的渗透率不同。它与岩石的矿物组成、颗粒大小、颗粒形状、胶结物的类型以及颗粒的堆积方式等都有关系。

油层纵向非均质性可以导致油田在注水开发过程中水淹程度有所不同。不难想象，注入水在油层中运移时肯定也是不均匀的。注入水在高渗透层的推进速度快，在低渗透层中推进速度慢。油田的实践经验表明，渗透率级差增大，出现单层突进的程度或可能性就越大，油层的水淹厚度降低，波及效率也降低。

2. 平面非均质性

油层的非均质性同样存在于平面上。不同的沉积相特征、条带甚至油层中存在的裂缝等都是导致油层平面非均质性的重要原因。在同一个油层中，在平面上不同位置、不同点、不同区域的渗透率也不同。通常，在水驱开发中，注入水也是沿着渗透率高的方向和位置迅速突进，导致该方向平面上的严重水淹，油层的波及效率不高。

3.3.3.5　油层韵律的影响

事实上，不仅油层渗透率影响水驱开发效果，油层韵律也明显影响水驱波及效率。在实际油层中，油层韵律通常有正韵律油层、反韵律油层、复合韵律油层、多段多韵律油层或者以某个韵律为主等不同规律和特点的油层。

对于正韵律油层而言，油层渗透率自下而上逐渐降低，即油层底部渗透率最高，顶部的渗透率最低。在长期注水开发过程中，由于重力作用导致注入水主要沿着底部高渗透带运移，顶部渗透率相对较低的油层由于注入水很难进入，因此油层的整体波及效率并不高。考虑到油层纵向非均质性，水驱开发效果可能也明显不同，一般存在两种情况：一是平面上大面积水淹，生产井含水上升快，中低含水期的采出程度低；二是纵向上水淹厚度小，但水淹段的采出程度非常高。

而对于反韵律油层来说，其水驱特点正好相反。由于油层上部的渗透率最高、下部最低，显然在水驱开发过程中，即使注入水在一定程度上仍然是沿着高渗透层渗流，但在重力作用下，注入水可以在一定程度上存在着向下部低渗透层运移的作用。因此，在相同条件下，它的水驱采出程度要比正韵律油层高。

对于复合韵律油层来说，就要看以何种韵律为主了。

综上所述，要大幅度地提高水驱的开发效果，进一步提高油层纵向水洗厚度是改善水驱采出程度的关键；提高驱油效率是改善反韵律油层开发效果的主要途径。

3.3.3.6　流度比的影响

前面曾经提到油水流度比的概念以及它对水驱开发效果影响的理论分析。对于稠油油藏来说，流度比对水驱开发效果的影响尤为明显。理论研究结果表明，一般情况下，当$M \leqslant 1$时，生产井见水时的平面波及效率在80%左右，油水推进前沿相对比较均匀，油层波及效率比较高。当$M \gg 1$时，生产井见水时的平面波及效率在20%左右，油水推进前沿指进现象严重，油层波及效率非常低。

3.3.3.7　井网井距的影响

在油田的实际开发过程中，通常会针对油藏地质特征，进行合理的井网和井距的布置。但事实上随着对油层认识的逐步加深以及开发技术水平的提高，即使是同一油田，井网和井距也在不断修改和完善。通常，油田采用的主要布井方式有四点法、五点法、七点法、九点法、行列式以及点状式等方法。就已经得到的研究结果来看，对于整装大油田来说，适合于面积布井方式，块状小油藏适合于点状注水。这样，即使井距不变，单井的控制程度也所提高。

注采井距的大小与油田开发模式和开发水平有关。例如，对于海上油田来讲，由于钻井费用以及生产平台的限制，井距非常大，一般在300～400m。而陆上油田要小得多，一般在150～250m。为了进一步大幅度提高水驱的开发效果和单井控制程度，随着加密井的增加，井距不断减小。目前陆上油田的井距一般已经降低到了150～175m。

第 4 章　聚合物驱油机理及渗流特征

第 3 章中对水驱提高原油产量的方法进行了理论分析，本章首先介绍了流体在孔隙介质中渗流时的微观驱油机理以及聚合物驱油机理，其次对疏水缔合聚合物提高采收率进行了实验研究。

4.1　流体在孔隙介质中渗流时的微观驱油机理

4.1.1　概述

流体在孔隙介质中渗流时，由于孔隙结构的复杂性，其驱油机理必然非常复杂。主要驱油机理有下述 11 种。

1. 界面张力

油水界面张力低，原油易于流动。

油水界面张力、固定膜的形成，原油乳化的稳定性都随水相 pH 变化。因为有机酸和有机碱都对原油界面性能有贡献，在中性条件的乳化也许是最不稳定的，且界面张力最高，同时温度升高使界面张力下降。

许多研究者已检测了汇集于油水界面的表面活性物质，Bartell 等人发现这就是沥青质，它是原油中天然乳化剂的主要成分。Shue 等人测得 0.01%Ratawi 沥青甲苯溶液/水的动态界面张力随时间延长而下降，即界面张力是时间的函数，油水界面张力随沥青质在界面上吸附量的增加而显著降低。吸附在界面的沥青质分子不仅形成单分子膜层，还形成次层。

油和岩石之间的界面张力也是采出原油的一个主要问题。在水湿岩石表面，界面张力趋向于形成能堵塞孔隙口的油滴。在油湿油藏中，如果是真正的油湿，界面张力趋向于使油黏附于岩石上。当油藏中含水饱和度增加，含油饱和度降低时，这两种类型的界面张力是使油的采出变得愈来愈困难的一个主要原因。

2. 毛管压力

由于表面张力作用的结果，任何弯曲液面都存在一个附加压强 P，对于形状简单的弯曲液面，该压强的方向与液面的凹向一致，其大小由拉普拉斯方程确定：

$$P = \sigma\left(\frac{1}{R_1} + \frac{1}{R_2}\right) \tag{4-1}$$

式中，R_1、R_2为弯曲液面在互相垂直的两交切面内的曲率半径。其中 P 随曲率半径的减小而增大。

假定毛细管半径为 r，液体的润湿接触角为 θ，可以看出，曲率半径 $R = r/\cos\theta$，所以：

$$P_c = \frac{2\sigma \cos\theta}{r} \tag{4-2}$$

这个公式也是毛细管压力的基本公式。该式表明，P_c与毛细管半径成反比，毛细管半径越小，毛管压力越大。

上式仅适合于毛管半径不变的规则毛管。在半径变化的情况下，需要考虑倾斜管壁对接触角的影响。例如圆锥形毛管，粗端的曲率半径 $R = r/\cos(\theta + \beta)$，细端的曲率半径为 $R = r/\cos(\theta - \beta)$。所以圆锥形毛管的毛管压力应为：

$$P_c = \frac{2\sigma\cos(\theta \pm \beta)}{r} \tag{4-3}$$

上式说明：①对于不规则的毛细管，其毛管压力受毛细管几何形状的影响；②不规则毛管的毛管压力是变化的。最大的毛管压力在毛细管的细端。如果对毛管进行驱替实验(非润湿相排驱润湿相)，只要克服了最大的毛管压力，就可以把毛管其余部分的润湿相驱替出来。不规则毛管的毛管性质对于认识油层毛管压力很有帮助。

3. 润湿性

岩石的润湿性对石油采收率的影响，是由岩石对油和水的润湿性不同引起的。有的油层岩石亲水或偏亲水，有的亲油或偏亲油，有的则既亲水(一些部分)又亲油(另一些部分)。对于亲水油层，注入水易沿着孔壁爬行，很容易发生卡断。对于亲油的油层，油与岩石表面的附着力牵制并阻碍石油在固体表面流动，使水容易窜流，形成孤立的油珠或油块，还有油膜这种残余油存在。

4. 油层流体黏度

注水开发的油藏，油水黏度差是影响采收率的一个重要因素。一般认为，油水黏度比是一个相当重要的指标。在相对均匀的天然岩心模型上，特别是 μ_0/μ_w 在 10～50 时，对开发效果的影响最大。对于层内非均质比较严重的实际油层，μ_0/μ_w 的影响就更为显著，使层内非均质对开发效果的影响更尖锐地反映出来。由于 μ_0/μ_w，重力在渗透率数值比较高的条件下能够充分发挥作用，特别容易使注入水发生窜流。这样，注入水很难扩大波及范围，影响开发效果。

5. 流度比

流度比定义为驱动相(如水)流度与被驱动相(如油)流度的比。流度比 M 表示为

$$M = \frac{K_w/\mu_w}{K_o/\mu_o} \tag{4-4}$$

式中，K_w、K_0 的单位为 $10^{-3}\mu m^2$；μ_w、μ_o 的单位为 mPa · s。

这一方程表明高的原油黏度导致高的或称为不利的流度比(高流度比通常导致效果差的开采)。在前缘是单一流动相水，而在前缘后则是单一流动相油。在前缘后的有效流度比 M 可表示为

$$M = (\frac{K_w}{\mu_w} + \frac{K_o}{\mu_o})_2 \tag{4-5}$$

式中，2 代表前缘后的区域。对部分前缘驱动，流度比 M 由下式给出：

$$M = (\frac{k_w}{\mu_w} + \frac{K_o}{\mu_o})_2 (\frac{K_o}{\mu_o}) \tag{4-6}$$

6. 毛细管数

油滴能否流动不仅取决于油滴两端所建立的压力降，而且还取决于弯液面上的附加毛管阻力，即取决于施加在油滴上的动力和阻力。对于一定润湿性和一定半径的毛管，油滴能否流动取决于动力和阻力的相对大小，定义它们的比值为毛管数，用 N_c 表示：

$$N_c = \frac{\mu v}{\sigma} \tag{4-7}$$

式中，N_c为无因次数，它表示在一定润湿性和一定渗透率的孔隙介质中两相流动时，排驱油滴的动力(黏滞力)与阻力(毛管阻力)之比。

7. 位数及孔隙孔喉比

Y. Li 等从微观模型实验中得出，孔喉中发生卡断需要孔隙孔喉比为 1.5。胡雅仁等研究了配位数对水驱油的影响，从玻璃刻蚀的二维网络实验表明，无论配位数是多少，石油都被捕集在孔体中。石油采收率随配位数增加而增加。在孔喉结构的网络系统中，孔隙体积由孔道体积和喉道体积两部分组成。水驱油时，被驱出的石油主要是小孔隙占的体积。因此，配位数增加导致石油采收率增加可能是小孔隙的体积占总的孔隙体积的百分数增加的原因。当然也不排除流通性的改善。

8. 原生水

在光滑表面、粗糙处及粒粒接触处，形成水的带状结构及其他摆动结构，提供了更充分的水利连续实验，使得侵入水更多的在缩径处发生卡断。另外还有一种观点，即原生水不动。

9. 孔隙壁面的粗糙度

显微观察表明，矿物表面是很粗糙的，而且不同矿物具有不同的表面粗糙度。实验已经证实，矿物表面的粗糙度明显影响矿物的润湿性。Wenzel 提出了分子水平上光滑表面的接触角 θ_o与相同的粗糙表面上的接触角 θ_r之间的关系：

$$\cos\theta_r = R_r \cos\theta_o \tag{4-8}$$

式中，R_r为微观表面面积与宏观表面面积之比。

10. 分离压力

当岩石表面有水膜时，水膜的油水界面和水固界面之间的排斥压力，包括范德华力(主要是吸引力)、静电力(对两个负电荷界面是排斥力)、结构力(或亲合力)。相应地，毛管力的表达式可写为

$$P_c = JI + 2H\sigma \tag{4-9}$$

式中，JI 为分离压；H 为界面曲率。这样，也能考虑盐水盐度的影响。

11. 驱替液与被驱替液本身的内部结构

水驱替油的效率低，水容易被油隔成一段一段的，可能是由于水的内部结构与油的内部结构不相匹配，所以驱替液与被驱替液之间的结构应能相匹配。

杰夫利卡莫夫及助手的研究表明，在地层条件下原油具有结构力学性质。原油的表面活性组分形成空间结构，阻碍原油在孔隙介质中的运动，因而也就阻碍了它的驱替。

4.2　聚合物驱油机理

4.2.1　概述

4.2.1.1　改善流度比，扩大波及体积

聚合物溶液驱油是把聚合物加到注入水中，增加注入水的黏度，降低水相渗透率，从而降低注入水流度比的一种驱油方法。流度比的下降大大提高了体积扫油效率，降低了波及区域的含油饱和度，即提高了水驱油效率。由于油层的非均质性及水油的黏度差，使注入水前缘不规则，地层中有些部位没有受到水的波及。并且，在水波及的区域，油并没有完全被驱走，有些油残余在孔隙中。所以，若想提高原油的采收率，可以提高注入水波及系数或是提高水波及区域的洗油效率。

聚合物驱油是原油和聚合物溶液的两相流动，可用 Buckley-Leverett(1942)推导的分流方程描述。Dyes 等人定义了流度比：

$$M=\frac{\lambda_w}{\lambda_o}=\frac{K_w}{\mu_w}\Big/\frac{K_o}{\mu_o}=\frac{K_w}{K_o}\cdot\frac{\mu_o}{\mu_w} \tag{4-10}$$

式中，λ_w 为水的流度，$\lambda_\omega=K_\omega/\mu_\omega$；$\lambda_o$ 为油的流度，$\lambda_o=K_o/\mu_o$。

$M<1$ 时，表明油的流动能力比水强，水驱油的效果好，接近于活塞式驱替；$M>1$，则水的流动能力比油强，更容易流动的水将呈手指状通过油层(指进现象)，而将大部分原油留在油层内。因此，即使在均质油层条件下，如果流度比不适当，波及系数也可能是很低的。聚合物的加入可以提高水相的黏度 μ_w，同时降低 K_w，使流度比 M 降低，因而可以提高驱替液的波及。

波及系数(E_v)定义为被驱油剂驱扫过的油藏体积(V_s)与油藏总体积(V)之比。一般情况下，波及系数指体积波及系数，它是平面波及系数与垂向波及系数的乘积，即：

$$E_v=E_a\cdot E_h \tag{4-11}$$

4.2.1.2　黏弹效应提高驱油效率

以大庆油田资深专家、中国工程院王德民院士，中国工程院罗平亚院士，中国科学院郭尚平院士，中国科学院渗流力学研究所黄延章研究员，中国科学院感光化学研究所俞稼庸研究员，西南石油大学韩显卿教授和彭克宗教授等为代表的三次采油专家、学者和研究人员提出，聚合物驱不仅能够提高聚合物溶液在油层中的波及体积，还可以像表面活性剂那样提高原油的驱油效率 η。其理论依据是部分水解聚丙烯酰胺为长链柔性高聚物，当聚合物溶液在油层孔隙介质中流动时，由于孔喉几何形状发生变化(例如喉道的收缩或扩张)，不可避免地会产生拉伸、蠕动及恢复作用，必然会产生黏弹效应。王德民院士认为这种现象必然将那些存在于凹处的残余油滴“带出来”，起着事实上的提高驱油效率的作用。

4.2.1.3　聚合物溶液的特殊性质

聚合物是高分子化合物，其水溶液是一种非牛顿流体。由于它的分子链很长，在流动过程中，受到外力的作用或其他因素的影响，容易使聚合物的分子结构发生变化，

从而使聚合物溶液的特性发生改变。并且其溶液具有以下特殊性质。

(1)流变性，聚合物溶液是非牛顿流体，流动特性非常复杂，剪切应力与剪切速率的比值不是常数，以至于不能用单一的参数——黏度来描述。但在低剪切速率下，聚合物的黏度与剪切速率无关时，溶液为牛顿流体。聚合物溶液在大多数条件下(50～3000mg/L)，可以认为是假塑性流体。假塑性流体是一种随着剪切速率增加流动阻力变小的流体。如果把剪切应力与剪切速率之比看作是假塑性流体的视黏度，则随着剪切速率的增加，视黏度必然降低。即低速流动时，假塑性流体呈现出较大的视黏度；而在高速流动时，则呈现出较低的黏度，在相当高的剪切速率下(约大于 $105s^{-1}$)，聚合物溶液的流动曲线接近直线，称之为无限剪切速率下的黏度。尽管聚合物溶液的流动特性很复杂，但即使在高剪切速率下，这些流体的视黏度仍远远高于水的黏度。

(2)黏弹性，是指聚合物溶液同时具有黏性和弹性的性质。聚合物溶液与残余油之间的界面黏度远远高于注入水与残余油间的界面黏度值。聚合物溶液作用在残余油表面的黏滞力远远大于水在其上的黏滞力，因此聚合物能够将部分孤岛状残余油和膜状残余油驱走。柔性聚合物分子在应力作用下将产生形变，其弹性又会使其恢复、收缩，因此当具有黏弹性的柔性聚合物溶液通过多孔介质时，既存在着剪切流动，也存在着拉伸流动。特别是聚合物分子在流经孔道尺寸变化处时，聚合物分子就受到拉伸而表现出弹性。这种特性使进入盲端孔隙的聚合物溶液，具有与流动方向垂直、指向连通孔道的法向力。正是在上述聚合物溶液黏弹性的作用下，才使得聚合物溶液能够进入盲端中驱油。因此，聚合物驱不但可以提高波及效率，还可以在一定程度上提高驱油效率。

4.2.2 部分水解聚丙烯酰胺提高驱油效率的微观机理

关于聚合物驱能否提高驱油效率，石油工作者们尚有不同的看法。通常认为，聚合物驱是通过降低水油流度比，减少水的指进，以提高驱油剂的波及系数 E，从而提高油层的采收率，这个结论得到了公认。还有一些研究人员认为，在聚合物驱油时，虽然由于驱替液黏度的增加和水相渗透率的降低，使水油流度比降低了几十倍，但在驱替足够多的孔隙体积倍数之后，残余油饱和度并没有降低，提高采收率是在较低的含水，实际上是在较低的举升成本下较早地采出的油量。那么，实际情况又是如何呢?

事实上，在水波及到的油层，由于油层岩石表面润湿性和毛细管液阻效应的存在，水驱油后还存在大量的残余油。绝大部分油田油层岩石的原始润湿性为亲油性或偏亲油性，随着水驱开发后注水量的增加以及注水时间的延长，油层岩石亲油性逐渐减弱，亲水性逐渐加强，但一般情况下很难变为亲水性。室内实验研究表明，在这类亲油性或偏亲油性的油层中，残余油主要以簇状、柱状、角状、膜(环)状、盲状的形态滞留在孔隙介质中。那么，不能降低油水界面张力的聚合物驱能否把这些残余油驱动呢?微观驱油的实验结果回答是肯定的。

通常，簇状残余油在水淹区内占有较多的数量，这种残余油实际上是水淹区内微观范围的死油。聚合物驱时，由于减少了水油流度比，使聚合物溶液进入注入水原先进不去的孔道。水驱结束后，水波及域内存在的簇状残余油经聚合物驱后，大部分被驱走。

聚合物是通过增加黏度(μ_w)和减少水相渗透率来降低水相流度，从而减少水油流度比。水相渗透率的降低是由于聚合物在岩石孔隙中的吸附和捕集引起的滞留造成的，而且聚合物仅使水相渗透率降低，对油相渗透率无明显影响，这是由于酰胺基与羧酸基的亲水憎油特征所致。

图 4-1(a)为油湿模型水驱结束后在岩石表面滞留的油膜(环)(图中斜线部分为岩石，孔喉中黑色为油，白色为驱替相，下同)。这类残余油多见于油湿介质中，它附着在岩石壁面上。要使这类残余油流动除了克服黏滞力外，还必须克服岩壁对油片的分子作用力。由于这些油片有很高的黏度和韧性，要使它从孔壁脱离就会很困难，靠水的冲刷作用难以驱动，要由分子间的作用力才能使其破坏。正是由于部分水解聚丙烯酰胺分子中的亲水基团，使油的润湿张力 [$\sigma(1+\cos\theta)$] 和内聚力降低，使残余的油片被驱走，经部分水解聚丙烯酰胺驱后岩石表面局部表现为水湿，如图 4-1(b)所示。

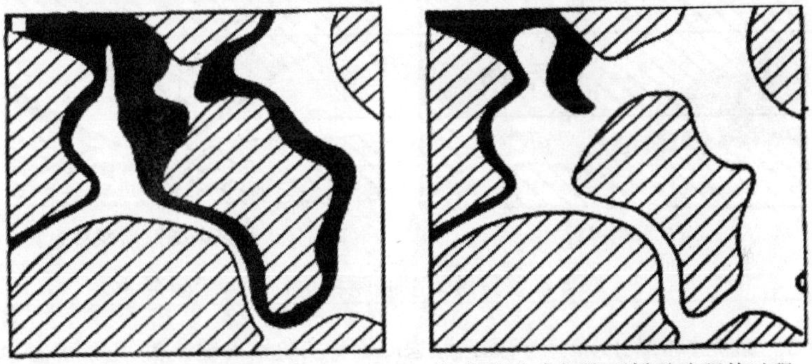

(a) 水驱过程　　(b) 部分水解聚丙烯酰胺驱替过程

图 4-1　部分水解聚丙烯酰胺驱替油湿介质岩石表面的油膜(环)

部分水解聚丙烯酰胺的增黏机理是由于上述基团的亲水性，使其分子线团在水中伸展，导致溶液的黏度上升。这样，溶液在多孔介质内的渗流过程中，其黏度值要比用黏度计测量的视黏度高许多倍。同时，当具有黏弹性的柔性部分水解聚丙烯酰胺溶液通过多孔介质时，既存在着剪切流动，也存在着拉伸流动，而柔性分子的力学特征是应力作用下产生形变。正是由于这种剪切和拉伸产生的形变，使滞留在孔隙介质中水驱后未被驱走的残余油被聚合物驱走。由于聚合物溶液的剪切流动和拉伸流动，使残余油在聚合物溶液的携带作用下成丝状、絮状，如图 4-2 所示。

微观驱油实验结果表明，聚合物驱替那些角状、盲状残余油较困难，但也并不是无能为力，图 4-3 给出了聚合物驱角状、盲状残余油的一个典型实例，这种情形通常在岩石表面呈油湿时发生。上述微观驱油实验结果表明，部分水解聚丙烯酰胺不仅可以提高微观波及效率，从理论上讲同样可以提高驱油效率。

表 4-3 完成的三次岩心驱替实验证明，部分水解聚丙烯酰胺比黄原胶的采收率高 1.04%OOIP，证明了部分水解聚丙烯酰胺的确可以提高驱油效率(段塞大小为 0.40PV；溶液黏度 40mPa · s，与大庆油田聚合物驱的黏度相同)。

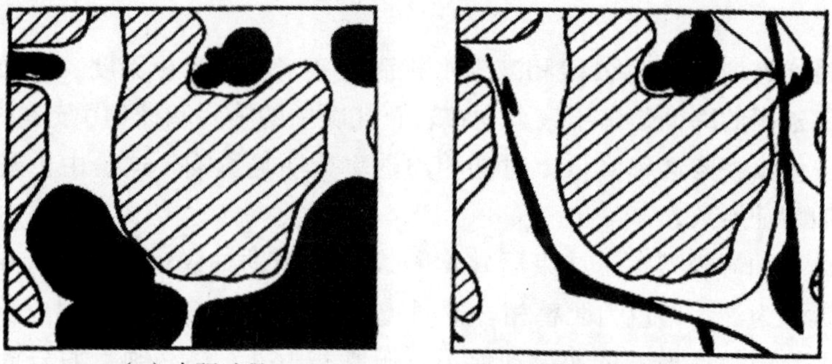

（a）水驱过程　　（b）部分水解聚丙烯酰胺驱替过程

图 4-2　部分水解聚丙烯酰胺驱替水驱后残余油

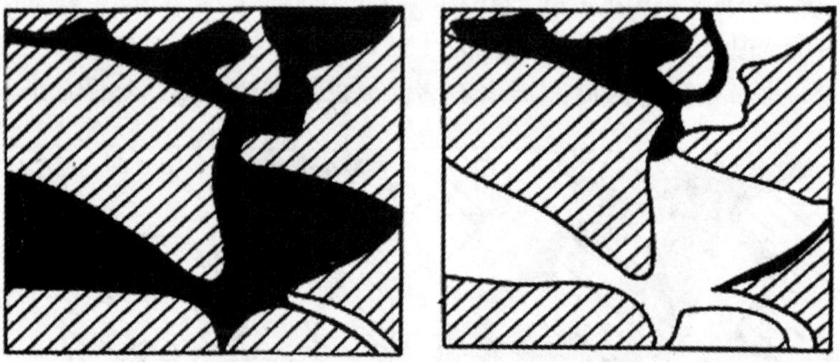

（a）水驱过程　　（b）部分水解聚丙烯酰胺驱替过程

图 4-3　部分水解聚丙烯酰胺驱替角状、盲状残余油

表 4-3　黄原胶和部分水解聚丙烯酰胺岩心驱替实验结果统计表（孔隙度 29.4%）

项目	长度/cm	直径/cm	渗透率/$10^{-3}\mu m^2$	含油饱和度/%	水驱采收率/%OOIP	黄原胶采收率/%OOIP	HPAM 采收率/%OOIP	HPAM 驱油效率/%OOIP
实验 1	30.01	3.51	998	68.37	37.28	6.39	7.41	1.02
实验 2	30.02	3.51	1067	70.01	38.24	6.68	7.66	0.98
实验 3	29.70	3.51	986	69.40	37.69	6.59	7.70	1.11
平均	29.91	3.51	1017	69.26	37.74	6.55	7.59	1.04

4.2.3　低渗条件下，部分水解聚丙烯酰胺黏弹效应与驱油效率的定量关系

前面提到，油田水驱开发达到经济极限及含水率上升到 98%时，仍然有大量的水驱剩余油残留于地下，主要以在岩石表面形成残余油膜、孔喉凹陷处“盲端”状残余油、毛管力作用的孔喉残余油滴以及油层非均质未被波及的可动剩余油。聚合物驱是化学驱油提高采收率的重要方法之一，目前普遍认为聚合物驱提高采收率的机理是改善流度比，提高波及效率。但近年来，王德民等人认为聚合物分子在复杂孔隙介质流动时产生的蠕动及拉伸作用，即高分子聚合物分子表现出来的黏弹特性，可以提高聚合物溶液的微观驱油效率。

夏慧芬等人通过实验，研究了部分水解聚丙烯酰胺溶液的黏弹性，分析了黏弹性聚合物溶液对残余油的作用机理，研究了黏弹性聚合物溶液提高残余油驱替效率的机理。根据微观渗流实验，建立描述聚合物溶液黏弹性的特征参数与孔隙盲端中残余油驱替效率的对应关系，黏弹性越强，聚合物溶液对盲端中残余油的驱替效率越高。王德民等人通过室内实验和大庆油田聚合物驱矿场实验数据分析，表明聚合物溶液驱后，孔隙介质中的水驱残余油饱和度有所降低，降低幅度取决于驱替液的弹性大小。弹性越大，水驱残余油饱和度越低。这些研究成果对聚合物溶液驱提高采收率的机理有了新的认识，但有关聚合物溶液的黏弹性大小与驱油效率的定量关系未见报道。因此本书对研究聚合物溶液弹性模量对驱油效率定量影响完善聚合物驱油的基础理论，具有重要的意义。

4.2.3.1　实验样品

实验中使用的聚合物分别为 M1200、M1900 以及 M2500 的部分水解聚丙烯酰胺。由大庆油田助剂厂生产，相对分子质量分别为 1200×10^4、1900×10^4，2500×10^4。甘油为成都化学用剂厂提供，黏度 25mPa · s。实验用水为大庆油田平均地层水，组成见表 4-4。实验温度为 45℃。实验用油由大庆脱气原油和煤油混合配制的模拟油。驱油实验岩心为人造岩心，气测渗透率为 $13\times10^{-3}\sim873\times10^{-3}\mu m^2$。

表 4-4　大庆油田平均地层水组成

组成	NaCl	KCl	$CaCl_2$	$MgCl_2\cdot6H_2O$	Na_2SO_3	$NaHCO_3$	总矿化度
含量/(mg/L)	2294	13	42	172	75	1860	4456

4.2.3.2　实验装置

聚合物溶液的储能模量由英国 Bohlin 仪器公司生产的 CVOR200 旋转流变仪测定。黏度由美国生产的 Brookfield DV-Ⅲ$^+$ 黏度计测定。岩心驱替实验在岩心驱替装置上完成。

4.2.3.3　实验方法

在 45℃时，分别配制与甘油表观黏度相同(25mPa · s)的 M1200、M1900 以及 M2500 的聚合物溶液并测定该黏度条件下，溶液的弹性模量。在相同渗透率的岩心上，通过岩心驱替实验，定量给出聚合物弹性模量与驱油效率的关系；给出相同弹性模量条件下，渗透率与驱油效率的定量关系。

4.2.3.4　实验步骤

1. 聚合物溶液弹性模量的测定

在温度为 45℃的条件下，测定表观黏度为 25mPa · s 聚合物溶液溶液的储能模量。振荡频率为 0.1～5Hz。

2. 岩心驱油实验

(1)测定岩心的气测渗透率。

(2)抽空岩心，饱和地层水，测孔隙体积并计算孔隙度。

(3)油驱水至出口不出水，计算原始含油饱和度。

(4)水驱油至出口含水率达 98%。

(5)甘油驱油至出口不出油。

(6)聚合物驱油，直至出口不出油，计量各阶段的驱油效率和累积驱油效率，计算驱油效率增加值。

4.2.3.4 实验结果及分析

1. 弹性模量实验

黏弹性是指物质对施加外力的响应表现为黏性和弹性双重特性。对于聚合物溶液，聚合物分子质量越大，质量浓度越高，聚合物的黏弹性越大。

测定聚合物溶液表观黏度为25mPa·s在25℃下的储能模量。结果表明，随着测定频率的增大，聚合物溶液对应储能模量(G')也随之增大。同时，对比同一频率下，在相同黏度下的储能模量随着分子质量的增大反而变小。由大变小顺序为1200×10⁴ HPAM、1900×10⁴ HPAM以及2500×10⁴ HPAM以及缔合聚合物。

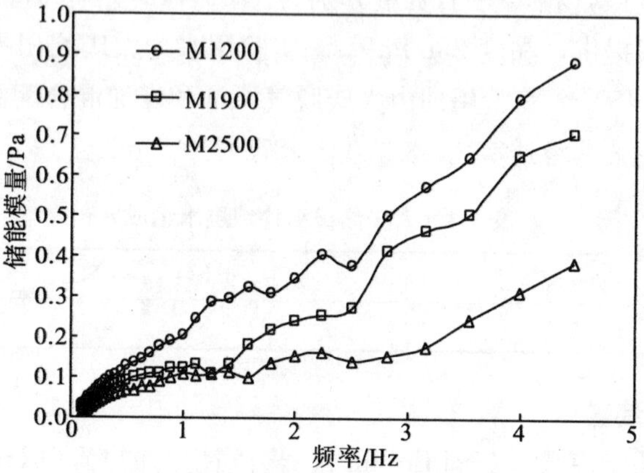

图4-4　不同振荡频率条件下的储能模量

2. 岩心驱替实验

根据聚合物储能模量的大小，进行了两种顺序的岩心驱替实验：一是由储能模量由小到大的驱替，即2500×10⁴ HPAM、1900×10⁴ HPAM以及1200×10⁴ HPAM；另一种是储能模量由大到小的驱替，即1200×10⁴ HPAM、1900×10⁴ HPAM以及2500×10⁴ HPAM。驱替实验中，原油黏度为25mPa·s。甘油和聚合物溶液的表观黏度为25mPa·s。岩心数据如4-5表所示。

表4-5　部分水解聚丙烯酰胺黏弹效应对驱油效率影响岩心驱替实验数据

序号	岩心号	长度/cm	横截面积/cm²	渗透率/$10^{-3}\mu m^2$	孔隙度/%	含油饱和度/%
1	1-10	6.099	4.663	40.6	33.67	71.02
2	1-6	6.050	4.666	40.3	30.62	61.87
3	1-3	6.055	4.645	40.2	28.93	61.44
4	2-9	6.081	4.663	12.4	29.09	69.17
5	3-3	6.251	4.643	31.9	31.59	70.15
6	3-7	6.087	4.666	39.6	31.93	68.05
7	7-8	6.159	4.712	53.0	32.58	67.13
8	7-9	6.101	4.668	57.9	30.35	69.43

续表

序号	岩心号	长度/cm	横截面积/cm^2	渗透率/$10^{-3}\mu m^2$	孔隙度/%	含油饱和度/%
9	7-12	6.059	4.676	60.0	29.28	69.17
10	6-8	6.111	4.564	113	29.31	70.20
11	4-7	6.223	4.584	355	30.14	68.49
12	5-4	6.880	4.517	873	31.40	69.35

图 4-5 给出了部分水解聚丙烯酰胺黏弹效应对聚合物提高驱油效率影响。结果表明，当渗透率为 $2.2\times10^{-3}\sim54.6\times10^{-3}\mu m^2$ 时，聚合物驱油效率随着聚合物储能模量的增大而增加。例如，当储能模量分别为 0.038533Pa、0.70256Pa 和 0.88006Pa 时，对于岩心 1-10 来说，对应的驱油效率分别为 0.30%OOIP、1.0%OOIP 和 2.5%OOIP。对于岩心 1-6 来说，对应的驱油效率分别为 0.38%OOIP、0.76%OOIP 和 3.56%OOIP。对于岩心 1-3 来说，对应的驱油效率分别为：0.40%OOIP、0.80%OOIP 和 2.80%OOIP。说明部分水解聚丙烯酰胺的黏弹性对驱油效率影响较大。

假设 y 代表驱油效率，x 代表部分水解聚丙烯酰胺的储能模量，通过函数 $y=ax^2-bx+c$ 处理，分别得到岩心 1-10、岩心 1-6 以及岩心 1-3 的表达式分别为 $y=6.7431x^2-6.39x+3.961$、$y=7.608x^2-7.6462x+4.6167$ 和 $y=3.2889x^2-3.5149x+1.2461$。

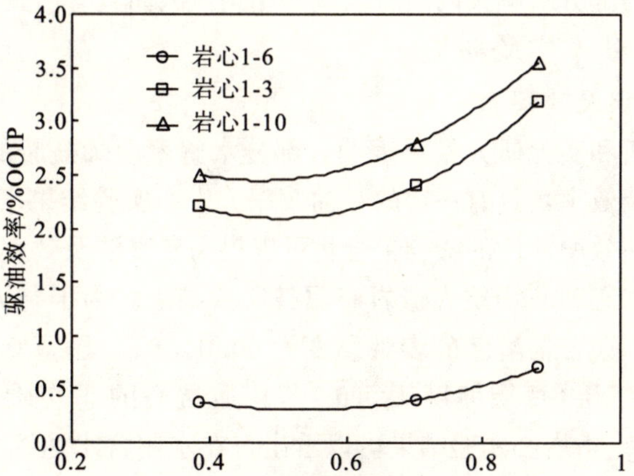

图 4-5　部分水解聚丙烯酰胺黏弹效应对聚合物驱油效率影响

图 4-6 还给出了当储能模量为 0.88006Pa(振荡频率 4.5Hz)条件下，岩心渗透率在 $0.246\times10^{-3}\sim873\times10^{-3}\mu m^2$ 时，渗透率对驱油效率影响的关系曲线。曲线分为三段。第一段，渗透率在 $0.246\times10^{-3}\sim2.56\times10^{-3}\mu m^2$ 内增加时，驱油效率仅由 0.23%OOIP 增加到 0.45%OOIP，增加 0.22 百分点；第二段，当渗透率在 $2.56\times10^{-3}\sim12.4\times10^{-3}\mu m^2$ 内增大时，驱油效率由 1.23%OOIP 急剧增加到 4.75%OOIP，增加 4.3 百分点，且在渗透率为 $12.4\times10^{-3}\mu m^2$ 时，驱油效率达到最大值；但对于第三段来说，当渗透率由 $12.4\times10^{-3}\mu m^2$ 增大到 $113\times10^{-3}\mu m^2$ 时，驱油效率由 1.23%OOIP 小幅度降低到

1.10%OOIP，降低了 0.13 百分点。

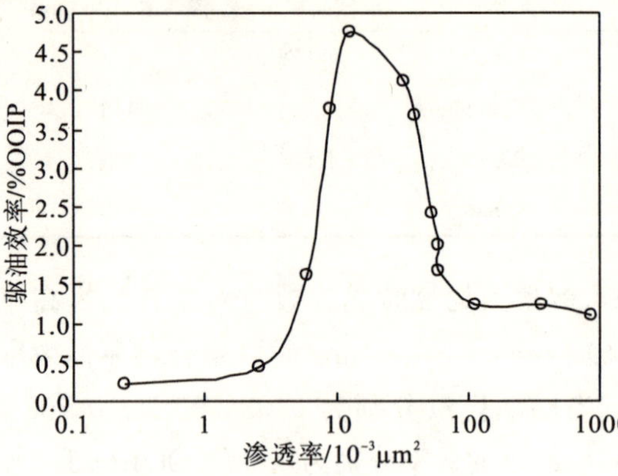

图 4-6　振荡频率为 4.5Hz 且聚合物储能模量为 0.88006Pa 时，渗透率对驱油效率的影响

4.3　疏水缔合聚合物提高采收率实验研究

前面提到，缔合聚合物具有理想的高效增黏性、耐盐性、抗剪切性，且在污水条件下，阻力系数和残余阻力系数都不比部分水解聚丙烯酰胺低。因此，从理论上分析认为，缔合聚合物应该具有理想的驱油效果，可以解决油田的产出污水利用问题。由于生产成本与普通的部分水解聚丙烯酰胺基本相当，因而具有广阔的应用前景。

4.3.1　提高波及效率实验研究

4.3.1.1　宏观波及效率

前面的理论分析和实验研究结果表明，部分水解聚丙烯酰胺的主要驱油机理是提高聚合物溶液的波及效率，具有一定的驱油效率。岩心实验结果表明，具有理想抗温、抗盐、抗剪切以及高效增黏性的缔合聚合物可以提高宏观波及效率。表 4-6 和表 4-7 分别给出了并联天然岩心和非均质人造岩心驱替实验结果。为了与大庆油田聚合物驱的结果进行对比分析，聚合物溶液的表观黏度为 40mPa · s、段塞 0.40PV、模拟油黏度 10mPa · s。其中，三层(每层厚度 1.5cm)非均质岩心的非均质变异系数分别为 0、0.60、0.72 和 0.83。由岩心实验结果可以看出，在水驱含水达到 100%(不出油)的条件下，注入高黏度的缔合聚合物溶液后，仍然采出了大量的原油，说明缔合聚合物与部分水解聚丙烯酰胺一样，同样可以提高非均质油层或岩心的宏观波及体积，由此提高采收率。

此外，为了进一步说明缔合聚合物提高波及效率的效果和作用，对非均质岩心 V_k-0.6、V_k-0.72 和 V_k-0.83 的流出物矿化度进行了分析，结果见图 4-7。(岩心实验中，模拟油田实际开发过程，即饱和岩心的水为原始地层水，矿化度为 7767mg/L，注入水矿化度为 2200mg/L)。表 4-8 还给出了水驱和缔合聚合物驱过程中，产出物矿化度开始变化时对应的孔隙体积及驱替结束时溶液的矿化度。

表 4-6 缔合聚合物在并联天然岩心上的驱油实验结果

项目	岩心	长度/cm	直径/cm	渗透率/$10^{-3}\mu m^2$	含油饱和度/%	水驱采收率/%OOIP	水驱总采收率/%OOIP	缔合聚合物采收率/%OOIP	聚合物驱总采收率/%OOIP
并联	萨尔图1	7.464	2.5102	667	63.51	20.35	36.56	20.35	13.27
	萨尔图6	6.009	2.5089	1209	67.23	48.24		7.66	
并联	萨尔图2	6.460	2.4996	814	64.09	24.03	39.17	18.47	11.06
	萨尔图4	5.461	2.5029	1180	66.68	48.96		6.48	

表 4-7 缔合聚合物在三层非均质岩心上的驱油实验结果

岩心	长度/cm	面积/cm^2	渗透率/$10\mu m^2$	含油饱和度/%	水驱采收率/%OOIP	缔合聚合物采收率/%OOIP
均质岩心 51A	30.00	11.341	1204	72.55	43.86	7.37
V_k-0.60	30.27	20.25	1217	69.03	39.79	8.25
V_k-0.72	30.36	20.25	1229	67.62	35.18	10.60
V_k-0.83	30.07	20.25	2114	64.34	28.45	14.22

表 4-8 不同非均质变异系数条件下，水驱和聚合物驱过程中矿化度变化结果

V_k	水驱时，矿化度开始降低时对应的 *PV* 值	水驱结束时的矿化度/(mg/L)	缔合聚合物驱开始后，矿化度开始上升时对应的 *PV* 值	缔合聚合物驱过程中，矿化度最高值/(mg/L)
0	0.1040	2876	2.2280	3490
0.6	0.0715	2822	2.1897	3779
0.72	0.0506	2789	2.1310	4018
0.83	0.0461	2690	2.0999	4319

结果表明，在本书的实验范围内，无论非均质变异系数的 V_k(0～0.83)多大，由于注入了高黏度的(40mPa·s)的缔合聚合物溶液，改善了溶液在岩心中的波及体积，缔合聚合物溶液进入到了原来水驱未到或弱水洗的层位，而这些部位的原始矿化度高于注入水的矿化度。因此，产出液中矿化度的增高，表明缔合聚合物扩大了波及效率，可以提高原油采收率，这与部分水解聚丙烯酰胺提高采收率的主要驱油机理相同。

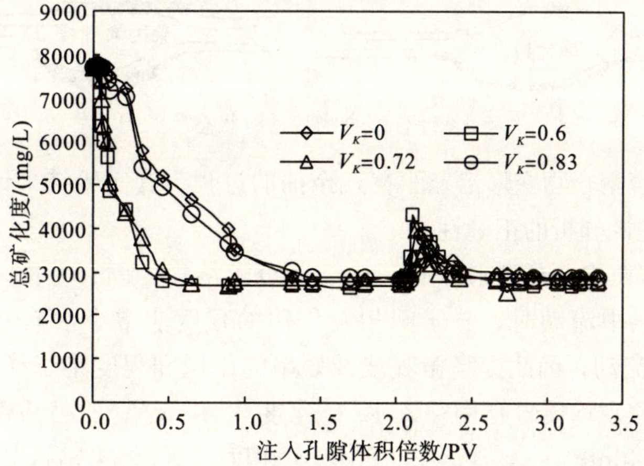

图 4-7 缔合聚合物在非均质岩心上的矿化度变化曲线

4.3.1.2　微观波及效率

通常当流体在喉道中流动时，可能的流动方式有尖峰性层流、平板式层流以及变形活塞流动。显然，流速梯度 d_v/d_x 越小，在相同的宏观流速条件下，流体在孔喉壁处的流动速度就越高，如图 4-8 所示。

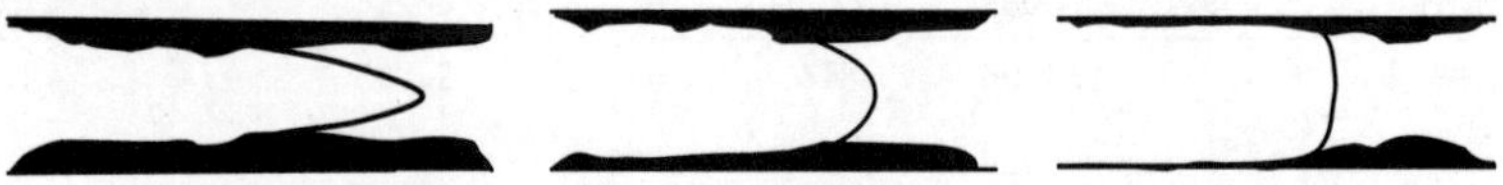

(a)尖峰形层流　　(b)舌形层流　　(c)平板形层流

图 4-8　缔合聚合物扩大微观波及体积示意图

前面提到，当缔合聚合物浓度达到临界缔合浓度之后，缔合聚合物分子在溶液中形成了布满整个溶液空间的立体网状结构。因此，在缔合力的作用下，相对于与线性部分的水解聚丙烯酰胺来说，溶液中分子层间的流动能力明显减弱，甚至没有层间流动。这时，与油膜接触的缔合聚合物分子层的流速明显大幅度增加，可以“带动”与此相邻的原油分子层流动。可以看出，分子间缔合力越大，缔合聚合物溶液“带动”与此相邻的原油分子层流动的能力越大，这时黏附在岩石表面的油膜厚度就越小，如图 4-5 所示。显然，缔合聚合物分子在溶液中的这种微观结构，增大了缔合聚合物溶液在岩石孔喉的流动半径，提高了缔合聚合物溶液的微观波及效率。当然，这也可以看成是提高了驱油效率。显然，缔合聚合物溶液在孔喉中的舌形流动或平板式层流的流动特征，可以提高微观波及效率和驱油效率。

此外，也由于缔合聚合物在溶液中形成的立体空间网状结构，溶液在结构复杂的孔隙喉道中渗流和运移时，必然是以胀流性流体和变形活塞的方式流动，且按照孔隙喉道的形状完全充填于整个孔隙空间。因此，流动的缔合聚合物溶液将那些残留于水驱或部分水解聚丙烯酰胺溶液不能到达的喉道凹处的油滴或油膜“推、刮、拽动”而被开采出来，如图 4-9 所示。同样，缔合聚合物溶液的在复杂的孔喉中流动时，也可以提高微观波及效率和驱油效率。

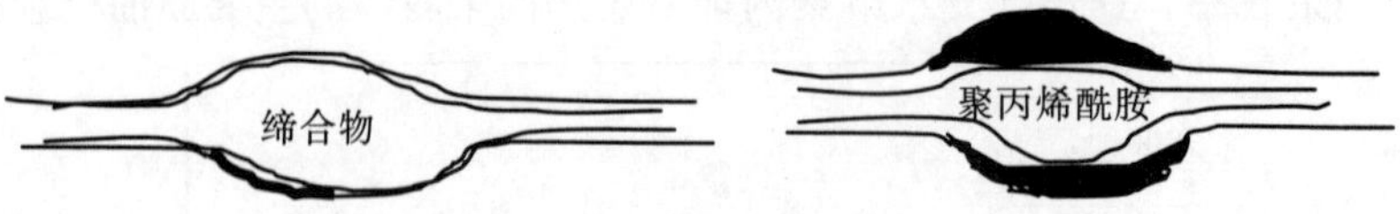

图 4-9　缔合聚合物流动时状态示意图

图 4-10 是缔合聚合物变形活塞驱替残余油的过程，其实验结果证明了上述两个驱油机理的存在及理论分析的正确性。

而对于部分水解聚丙烯酰胺来说，由于其分子结构的固有特征，当部分水解聚丙烯酰胺溶液在孔喉中流动时，分子间相互作用的程度非常小，单个小分子以类似于“穿梭子”的方式流动，因此提高微观波及效率的作用和程度小于缔合聚合物。表 4-9 和图 4-11 给出了宏观均质岩心用注入水(矿化度 2200mg/L)驱替后部分水解聚丙烯酰胺驱替(表观黏度 40mPa · s，注入 2.0PV，矿化度 2200mg/L)后，再用不同缔合聚合物驱替(矿化度 2200mg/L)时，产出液中矿化度的变化。由实验结果可以看出，在宏观均质的岩心中，注入高黏度的部分水解聚丙烯酰胺溶液后，产出液中的总矿化度有所上升，也就是说在一定程度上可以提高微观波及效率。当继续注入不同浓度的缔合聚合物溶液，其产出液中的矿化度也在变化，即随着缔合聚合物浓度(即黏度的增大)的上升，微观波及效率被提高的作用越明显。这进一步证明，即使在相同的表观黏度条件下，缔合聚合物比部分水解聚丙烯酰在提高微观波及效率方面的作用更强的结论。

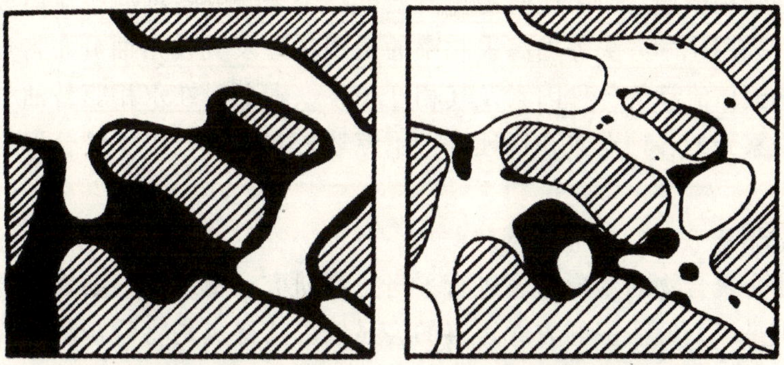

图 4-10　缔合聚合物变形活塞驱替残余油的过程

表 4-9　缔合聚合物提高微观波及效率的实验结果

水驱结束时的矿化度/(mg/L)	HPAM驱矿化度变化 mg/L		缔合聚合物浓度1200mg/L		缔合聚合物浓度1000mg/L		缔合聚合物浓度800mg/L	
	最高值	驱后值	最高值	驱后值	最高值	驱后值	最高值	驱后值
2990	3103	2838	3453	2756	3106	2762	2909	2766

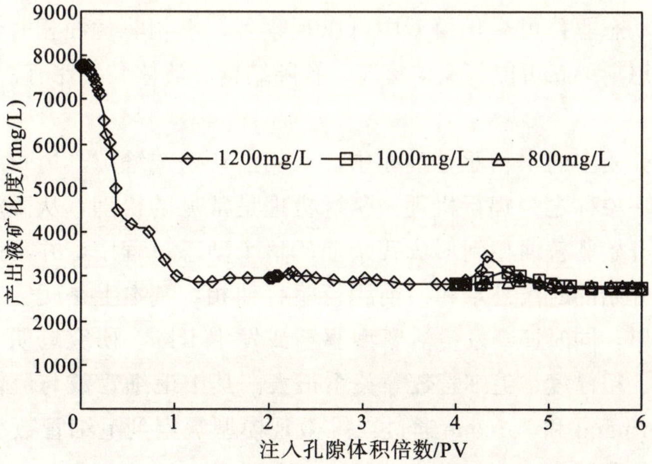

图 4-11　缔合聚合物提高微观波及效率实验结果

4.3.1.3　提高驱油效率实验研究

石油工程注水开发过程中，存在着多种微观驱替机理。本节对活塞型驱替机理、海恩斯跳跃、爬行机理、卡断机理、小孔包围大孔机理、指进机理和绕流、黏附现象、部分膜流动机理、汇聚现象等驱替机理分别进行了综述和探讨。这些驱替现象能否发生、发生的相对重要性依赖于外部条件(如注入速度、注入压力)孔隙介质的微观几何形状及结构形态、流体性质、储层特性以及两流体之间的界面张力等。结合薄片岩心动态驱替模型实验结果及相关文献，简要指出了各种驱替机理的影响因素。

在非混相微观驱替研究中，许多学者进行了大量的实验研究，所用的物理模型主要有：①刻蚀玻璃微观模型；②单层微珠模型；③立体玻璃球充填模型；④薄片填砂模型；⑤毛细管束模型。使用这些物理模型可以用来研究各种混相流体或非混相流体的流动过程、采用化学方法等提高采收率的微观机理及其残余油分布特点等，也可以用来研究影响流体流动的各种因素及其相互关系。本书对在水相驱替油相的微观可视化研究中所观察到的各种现象和机理进行了综述，并简要提出了缔合聚合物存在的各种驱替机理。

1. 活塞型驱替

前面对缔合聚合物的变形活塞进行了讨论和研究。事实上，缔合聚合物溶液在孔隙介质毛管中是以变形活塞的方式运移的。显然，其特点是将位于活塞前方的残余油滴、油块以及油膜驱走，该机理的作用是提高微观波及效率和微观驱油效率。

2. 海恩斯跳跃

实际的多孔体系是一套宽窄孔隙串在一起的毛管网络，当液-液界面从这种不规则形状的孔道中推移过去时，界面形状将随孔道截面尺寸而变。这就意味着界面的曲率将逐点改变，而界面两侧的毛管压力当然也随着变化。所以弯液面时而扩张，时而收缩，始终处于瞬变的不平衡状态。多孔介质渗流的显微观察表明，界面总是试图达到它的能量为最小的状态，结果是弯液面形状的调节总是突然跃变的。这本身就说明流体并不是均匀地流过多孔介质，而是跃进式的，这种跃进就称为海恩斯跳跃。

从薄片岩心动态驱替可视化模型中可以观察到，水相驱替油相时，海恩斯跳跃随处可见。发生海恩斯跳跃可能与流体流速、孔隙结构、流体黏度比有密切关系。

3. 爬行机理

在亲水孔隙介质中的水相驱替油相中，水相沿孔壁或缝隙、边角爬行前进的现象十分普遍，这种现象称之为爬行机理。爬行机理是常见的机理，从微观动态驱替过程中观察到，水相开始驱替油相到形成残余油的整个动态过程中，并不是单纯以爬行机理进行的，往往开始的时候是水相向前爬行驱替油相，基本上是爬完整个岩心后再逐步层层充填、加厚，同时还会发生活塞型驱替或发生卡断。研究表明，爬行机理与流体流速、润湿性、粗糙度、毛细管数等关系很大。其中毛细管数与流体是否发生爬行关系密切，Lenormand 和 Zarcone 通过二维微观模型观察到毛细管数小于 10^{-4}时，流体以爬行机理进行驱替。

4. 卡断机理

润湿流体沿边角驱替非润湿相流动时，随着毛细管压力下降，流体界面的曲率半径加大，界面形成鞍形形状，占据孔隙空间缝隙的润湿流体层扩大，这就存在一个临界点，再进一步充填将引起界面曲率下降，鞍形界面发生断裂，称为“卡断”。在临界点之前，界面是稳定的，并随着毛管压力的增减而前推或后退。一旦超过临界点，界面将不再稳定，润湿相自发填入孔隙空间的中心。卡断现象是互不混溶的两相流体界面通过毛管或孔隙喉道时所发生的一种普遍物理现象。19世纪，Plateau(1864)和Rayleigh(1879)就对这种现象进行过观察和解释，1970年Roof和1982年Wardlaw曾对卡断现象作过比较详细的理论分析。由于卡断现象与油层采收率有直接关系，有不少人对卡断现象进行专门研究。Pickell等人首先认识到带角形横截面积的孔隙形状对卡断很重要；Roof认为，当界面形状不能满足相的压力分布时产生卡断，润湿相的积累逐渐形成一个稳定的领子，最后阻塞孔喉。多个孔喉的阻塞将引起大量的非润湿相的圈闭。Wardlaw发现卡断是大孔隙孔喉中亲水孔隙最重要的机理。Arriola等人用100μm非圆形毛细管在近似油藏速度(0.5m/d)下进行实验研究油滴卡断，他们得出的结论是阻止领的形成是不发生卡断的必要条件。而Lenormand和Zarcone则发现毛细管数在10^{-8}～10^{-4}，卡断机理受到抑制；在小于10^{-8}时，卡断会成为主要驱替机理。

有研究者曾指出，不同的润湿性，即润湿接触角θ不同，发生卡断的临界孔隙/孔喉比不同。

5.小孔包围大孔机理

亲水孔隙介质中的爬行入孔机理导致小孔隙容易快速被水充满(大孔隙则较难快速被水充满，往往在孔隙轴心部位是油)。如果一个或一群大孔隙四周与小孔隙相连，则有可能因入渗水不能进入小孔隙而使小孔隙包围的一个或一群大孔隙中的油渗流不出来。所以，亲水孔隙介质内可能出现充满水的小孔隙包围一个或一群含油的大孔隙，亲油的孔隙介质内则可能出现许多充满油的小孔隙包围一片含油的大孔隙。

6.指进机理和绕流作用

指进机理即入渗水沿着一条阻力最小的孔隙通道长驱直入，深入插进若干含油孔隙群体组成的含油区域。深入研究指进现象对了解剩余油形成有重要价值。

由于孔隙介质的微观非均质性等，驱替时所产生的毛细管阻力也有较大差异，驱替相总沿那些阻力较小的通道前进，从一个孔道突进的注入流体与另一孔道突进的注入流体通过毛管力的作用，对部分孔隙或油区形成的圈闭作用，称之为绕流。它是不同于小孔包围大孔、指进的一种机理，但在实际模型中这种单一形式很难直接观察到。

形成指进的影响因素有注入速度、驱替压力、油水黏度差、孔隙结构、微观非均质性。形成绕流的影响因素有孔隙结构的微观非均质、驱替压力等。

7.黏附

在亲油介质的水驱油过程中，发现几个地方的油水界面可以同时流动，当其中一个弯月面向前进入一个孔隙时，剩下的其他几个地方的油水界面不会很自由地退回到与它们各自相邻的孔隙中去。当水进入孔隙时，孔喉中的油水界面通过改变接触角来减小曲率。这样，最终结果是油水界面不一定是通过最大的孔喉进入孔隙。

产生黏附现象可能是由于固体表面粗糙、流体性质、非均质润湿性等造成的。

8.部分膜流动机理

微观驱替实验结果表明存在着强水湿临界接触角θ_{cw}和强油湿临界接触角θ_{co}，普遍认为分别是45°和135°。在强亲水的孔隙中，接触角在$0\sim\theta_{cw}$时，水只能以膜流动的形式侵入；在强亲油的孔隙中，接触角在 θ_{co} ～180°时，油只能以膜流动的形式被驱替。在混合润湿型孔隙介质中，还可能同时存在着弱水湿(接触角为 θ_{cw} ～90°)弱油湿(接触角为 90°～θ_{co})。这种情况下，对油、水相而言，无论是作为驱替相还是被驱替相，要实现流动，都必须在孔隙中有连续的流动通道。也就是说，对于水相，应该在充满水的多个孔隙中有连续的流动通道；类似地，对于油相，在充满油的多个孔隙中形成连续的油流通道也是十分必要的。实际油藏岩石孔隙结构复杂多样，润湿性不均一，因此许多研究者认为在真实孔隙介质中部分膜流动机理比较常见。

9. 汇聚

在多孔介质中的水相驱替油相过程中，一个孔道中的油水界面与另一个孔道中的油水界面汇合的现象，称之为汇聚。汇聚常常发生在孔隙和孔喉相接处，在孔喉中也会发生此现象。在水相驱替油相的活塞型驱替和爬行驱替中，均可看到水相的汇聚。

影响因素有：注入速度、驱替压力、孔隙粗糙度及润湿等。

10. 乳化夹带作用提高驱油效率

由于缔合聚合物在分子上引入了疏水基团，而分子主链上的含有大量的酰胺基和羧基亲水基，因此它具有一定的表面活性(这种活性可能非常低)。因此可以将其看成是“高分子表面活性剂”，而表面活性剂具有乳化原油的作用和机理。显然，当缔合聚合物溶液在油层运移过程中，与残余油接触后，应该具有乳化油滴的作用。显然，这种作用是缔合聚合物提高驱油效率的另一个重要机理。图 4-12 的微观驱油实验结果证明了上述理论分析结果。由图中结果可以看出，乳化后的小油滴不易再黏附在岩石颗粒表面，而随溶液一起通过孔隙介质，所以从这个机理上看，缔合聚合物是可以提高驱油效率的。

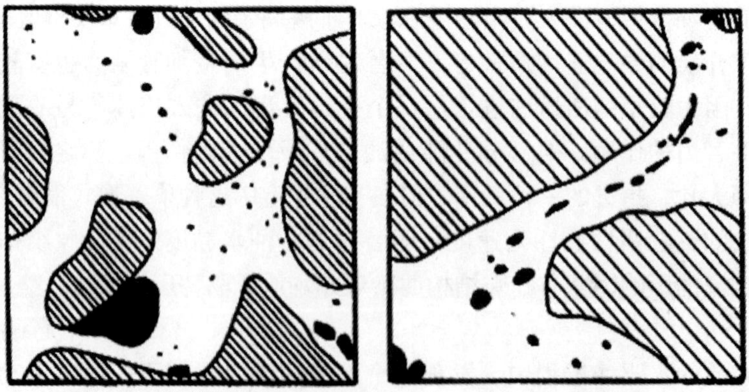

水驱过程　　　　缔合聚合物驱过程

图 4-12　缔合聚合物溶液的乳化夹带作用提高驱油效率

11. 理想黏弹效应提高驱油效率

由于单个缔合聚合物的相对分子质量远远小于部分水解聚丙烯酰胺的相对分子质量，缔合聚合物溶液进入油层岩石的孔道时，无论岩石孔隙结构如何复杂、喉道多大、驱替速度多快，根据力学原理，必然按照最大缔合程度的分子团或分子束向前运移或流动，而不像部分水解聚丙烯酰胺分子那样以单个小分子沿主流线方向(类似于“梭子”一样)。当这些柔性分子团或分子束溶液通过孔隙介质时，同样存在剪切流动，因此也必然存在拉伸流动、蠕变和恢复效应，表现出比普通部分水解聚丙烯酰胺更高的黏弹效应，所以缔合聚合物应该具有更高的驱油效率。由于缔合聚合物溶液的剪切流动和拉伸流动，将残留于岩石孔道盲端的残余油驱替并携带出来，所以缔合聚合物溶液的黏弹性具有提高驱油效率的作用。图 4-13 给出了缔合聚合物从微观上携带毛管盲端残余油的结果。

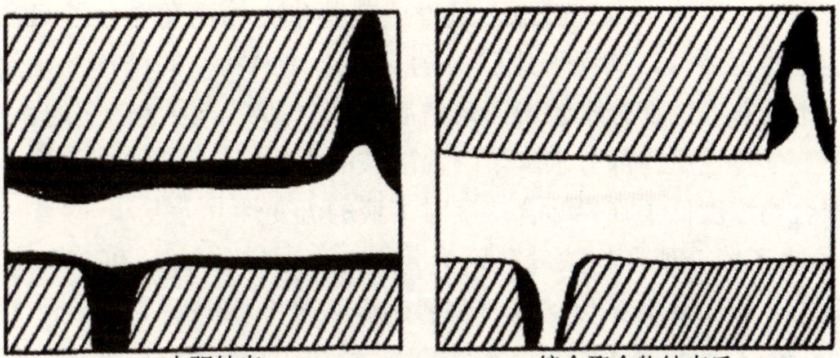

水驱结束　　缔合聚合物结束后

图 4-13　缔合聚合物黏弹效应提高驱油效率微观驱油实验结果

为了进一步说明缔合聚合物的上述作用和驱油机理，在驱油体系黏度和驱替速度相同的条件下，分别用无黏弹效应的黄原胶和缔合聚合物进行了微观驱油对比实验，如图 4-14 所示。可以看出，黄原胶驱后还剩余一定的残余油膜和油滴，进一步用 1000mg/L 缔合聚合物溶液驱替后，残余油明显降低。

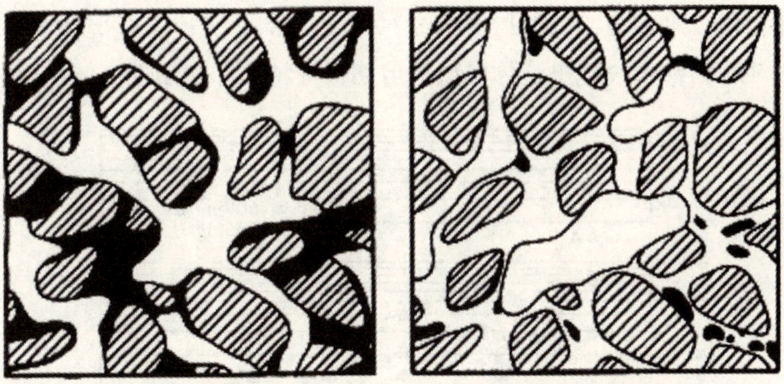

黄原胶驱后　　缔合聚合物驱后

图 4-14　黄原胶驱和缔合聚合物驱后，残余油变化结果

事实上，缔合聚合物微观驱油机理十分复杂。通常在一定的条件下，例如一定的缔合聚合物浓度、一定的驱替速度、岩石的润湿性(亲水亲油性)岩石孔隙结构以及特定的油水流体条件下，缔合聚合物提高微观驱油效率的机理主要有 2 个或 3 个。在大庆油田原油、地层水、温度、岩石孔隙结构、岩石矿物组成条件下，适合于大庆油田聚合物驱提高采收率的缔合聚合物是 AP-P4，提高微观驱油效率的最主要机理是黏弹效应、变形活塞和乳化夹带作用。在实际驱油过程中，这些提高驱油效率的微观驱油机理可能都存在，甚至随着驱替过程的进行，主要驱油机理可能发生转变和变化。

上述微观实验结果从理论上进一步说明和证实了本章前面进行的岩心驱油实验中，缔合聚合物驱的采收率在体系黏度相同的条件下，总比部分水解聚丙烯酰胺高3%～4%OOIP的主要原因。

4.3.2 缔合聚合物驱油的有效性及黏弹性对驱油效率的贡献

4.3.2.1 缔合聚合物溶液的流变性

前面提到，缔合聚合物的实质是在部分水解聚丙烯酰胺分子链上引入少量疏水基团。聚合物分子在水溶液中由于静电、氢键或范德华力作用而在分子间产生具有一定强度但又可逆的物理缔合，从而形成巨大的三维立体网状空间结构。显然，缔合聚合物在分子结构上与普通的部分水解聚丙烯酰胺不同。那么，溶液诸多的物理化学性质，例如溶液的流变学等性质与部分水解聚丙烯酰胺的也不同。

1. 缔合聚合物浓度低于临界缔合浓度时溶液的流变性

图4-15给出了缔合聚合物浓度分别为400mg/L、600mg/L和800mg/L时溶液的流变曲线。其中，400mg/L浓度值低于临界缔合浓度500mg/L，600mg/L略高于临界缔合浓度，800mg/L明显高于临界缔合浓度。由图中的曲线可以看出，当缔合聚合物浓度低于临界缔合浓度CAC时，低剪切速率条件下的流变曲线非常复杂。在剪切速率为0.2～0.7s^{-1}时，随着剪切速率的增大，溶液表现为典型的剪切稀释性牛顿流体；在剪切速率为0.7～5.0s^{-1}时，随着剪切速率的增大，溶液表观黏度基本保持平稳甚至略有增大的趋势，表明缔合聚合物溶液此时表现为剪切增稠的特性。缔合聚合物浓度越低，这种特点表现越明显。例如浓度为400mg/L时，溶液的表观黏度有一个明显上升的区间段；而浓度为600mg/L时，溶液的表观黏度基本保持不变。而对于浓度为800mg/L的溶液来说，几乎没有这种现象。当剪切速率5.0～300s^{-1}时，无论缔合聚合物浓度是400mg/L还是600mg/L，溶液都表现出流体典型的剪切稀释特征即假塑性流体。

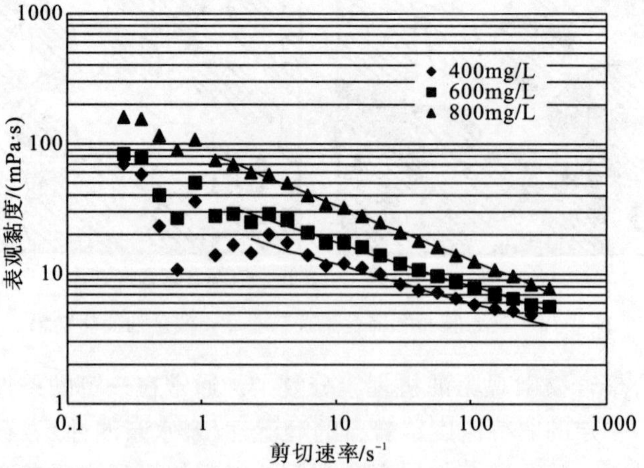

图4-15 浓度低于CAC时，缔合聚合物溶液的流变曲线

缔合聚合物浓度低于CAC时的这种流变特征，可以从缔合聚合物分子在溶液形成的缔合结构方面来解释。事实上，即使溶液中缔合聚合物浓度低于CAC，大多数缔合聚合物的分子在分子间缔合基团的疏水缔合作用下仍然是以多个分子聚集起来的分子

团或分子束，而不是以真正意义上的单分子的形式存在。在剪切作用下，剪切速率非常低、切应力非常小，缔合起来的分子聚集体或分子束也很容易被拆散，变为分子聚集数更小的聚集体或分子束，所以此阶段溶液的表观黏度随着剪切速率的增加而急剧降低。当在一定范围内继续提高剪切速率，例如在0.07～5.0s^{-1}时，随着剪切速率的增加，分子间的缔合强度与剪切应力基本平衡，分子聚集体或分子束的分子数变化不大，甚至由于剪切的作用，使得原来分子内缔合变为分子间缔合时，溶液表观黏度就表现为基本不变甚至出现剪切增稠。当剪切速率进一步提高，例如大于5.0s^{-1}时，这种现象逐渐消失，溶液表现为典型的部分水解聚丙烯酰胺的剪切稀释特征。

2. 缔合聚合物浓度高于临界缔合浓度时溶液的流变性

图4-16给出了缔合聚合物浓度高于500mg/L的临界缔合浓度，分别为1000mg/L、1500mg/L、1800mg/L以及2000mg/L时溶液的流变曲线。由数据和曲线可以看出，缔合聚合物浓度不同，溶液的流变曲线也不同。当剪切速率在1.0～300s^{-1}时，无论缔合聚合物浓度多高，溶液均表现为剪切稀释性流体。这表明，当剪切速率增大到一定程度例如1.0s^{-1}以后，缔合聚合物溶液表观黏度迅速下降，表现出很强的剪切稀释性，说明在剪切流场中受剪切力的作用，缔合聚合物的结构遭到破坏，而破坏的速度远大于结构重建速度，黏度迅速降低。当剪切速率达到一定程度后，聚合物的网络结构完全来不及重建，聚合物链完全沿流动方向取向，溶液黏度成为常数，流体行为表现为牛顿流体。

当剪切速率在0.2～1.0s^{-1}时，随着缔合聚合物浓度的增加，第一牛顿区的牛顿流体的行为和特征逐渐向剪切稀释性流体变化，牛顿流体的特点逐渐消失。例如对于浓度为1800mg/L或2000mg/L的溶液来说，即使在剪切速率较低的情况下，也没有第一牛顿区，而是典型的剪切稀释性流体。当剪切速率大于300s^{-1}时，随着缔合聚合物浓度的增加，溶液流变行为逐渐由胀流性流体向牛顿流体变化。例如浓度为1000mg/L的缔合聚合物溶液，表现出了明显的胀流性。

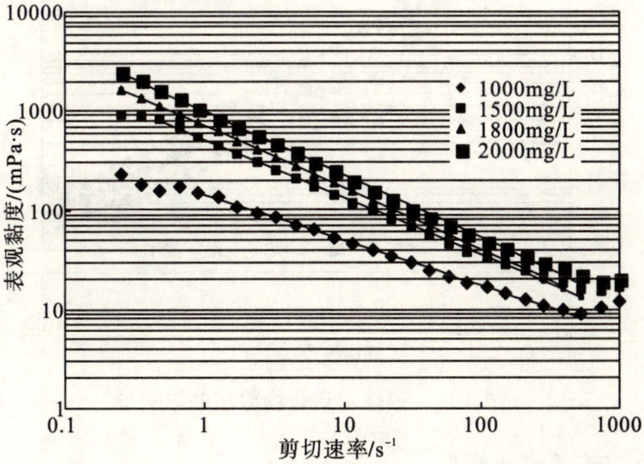

图4-16　浓度大于CAC时，缔合聚合物溶液的流变曲线

总之，当缔合聚合物浓度大于临界缔合浓度CAC时，缔合聚合物浓度越大，溶液

的假塑性越明显，具有牛顿流体特征的剪切速率的范围就越窄。因为当缔合聚合物浓度较低时，分子间或分子聚集体、分子束之间的距离相对较大，它们之间缔合的机会相对要少，所以分子聚集体或分子束的流体力学尺寸也较小。在剪切速率一定时，流体力学尺寸的减小又引起分子链段取向程度的下降。因为分子链段的取向是引起非牛顿性的主要原因，所以缔合聚合物的浓度越低，开始出现非牛顿性的剪切速率越高。在高剪切速率下出现胀流性的原因可以解释为剪切速率的变化使分子内和分子间缔合的相对数目发生了变化，可能的原因是在极高的剪切速率下分子链高度伸展，有利于分子间缔合，从而导致黏度增大。

3. 温度对缔合聚合物溶液流变性的影响

图 4-17 给出了缔合聚合物浓度为 1000mg/L 时不同温度条件下溶液的流变曲线。由曲线可以看出，温度对缔合聚合物溶液流变性的影响非常复杂，并不是简单的降低体系的黏度。对于温度为 60℃和 72℃两个温度点来说，在剪切速率为 0.085～0.25s^{-1}时，随着剪切速率的增加，缔合聚合物溶液的黏度开始明显增大，表现为典型的剪切胀流性流体；当剪切速率在 0.25～0.70s^{-1}时，随着剪切速率的增加，缔合聚合物溶液的黏度开始急剧下降，表现为典型的剪切稀释性流体；当剪切速率在 0.70～4.0s^{-1}时，随着剪切速率的增加，缔合聚合物溶液的表观黏度基本不随剪切速率的影响，表现为牛顿流体的行为；当剪切速率在 4.0～400s^{-1}时，随着剪切速率的增加，缔合聚合物溶液的黏度开始降低，溶液表现为典型的剪切稀释的假塑性流体，当剪切速率大于 400s^{-1}时，缔合聚合物溶液的流变特性表现为剪切增稠的胀流型流体，且温度越高，胀流性流体的特点越明显。当温度降到 45℃时，溶液的上述现象已经基本消失。

缔合聚合物溶液在不同温度条件下的复杂流变性，都可以根据温度对缔合聚合物的分子聚集体之间缔合作用和强度的影响来得到圆满的解释。

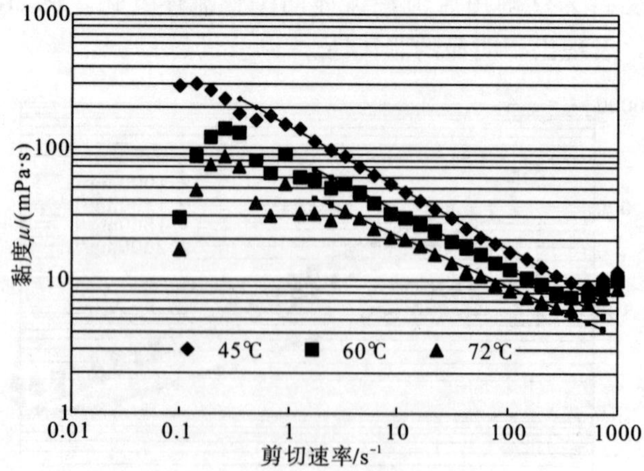

图 4-17　温度对聚合物剪切的影响

4. 缔合聚合物溶液的流变模型

前面的研究结果表明，在实验的温度和剪切速率范围内，缔合聚合物表现出了与部分水解聚丙烯酰胺溶液明显不同的流变性质和特征。根据室内实验数据和结果，这里用 Power-Law 模型拟合了幂律区的实测流变数据。

拟合结果发现，除了低剪切速率段和高剪切速率段的少数实验点外，假塑性流体直线段内所有的实验点都很符合该流变模型，缔合聚合物浓度高于 CAC 后，相关系数达到了 0.97 以上。拟合后的流变模型参数见表 4-10 和表 4-11。

表 4-10 不同聚合物浓度下幂律流变模型参数表

浓度/(mg/L)	稠度系数 K	幂律指数 $n-1$	幂律指数 n	相关系数
400	23.856	−0.3013	0.6987	0.8049
600	38.430	−0.3379	0.6621	0.9500
800	89.407	−0.4210	0.5790	0.9960
1000	128.63	−0.4143	0.5857	0.9873
1500	442.49	−0.5290	0.4710	0.9885
1800	667.54	−0.5759	0.4241	0.9942
2000	952.43	−0.6123	0.3877	0.9946

表 4-11 不同温度下幂律流变模型参数表

温度/℃	稠度系数 K	幂律指数 $n-1$	幂律指数 n	相关系数
45	130.10	−0.4325	0.5675	0.9957
60	75.361	−0.3886	0.6114	0.9930
72	43.005	−0.3373	0.6627	0.9774

由实验结果可以看出，随缔合聚合物浓度增大，n 减小，K 值增大，表明溶液假塑性增强，黏度增大。

4.3.2.2 剪切强度对缔合聚合物溶液表观黏度恢复程度的影响

前面已经对缔合聚合物的抗剪切机理进行了理论分析和实验研究，为了进一步研究不同条件下缔合聚合物溶液黏度的恢复规律和特征，在大庆油层温度和地层水条件下开展了浓度分别为 800mg/L、1000mg/L 和 1500mg/L 的缔合聚合物溶液经过剪切速率分别为 $200s^{-1}$、$500s^{-1}$、$1000s^{-1}$ 和 $1550s^{-1}$ 剪切后，溶液表观黏度的恢复实验。图中横坐标中 $0\sim t_1$ 是缔合聚合物溶液的剪切时间，$t_1\sim t_2$ 是剪切后溶液的放置及恢复时间。纵坐标是溶液的黏度保留率，即剪切后或恢复后溶液黏度与未剪切时的初始黏度的比值。对应于横坐标 $0\sim t_1$ 是聚合物溶液黏度经剪切后损失的黏度幅度；$t_1\sim t_2$ 段是放置后恢复时间。

由实验结果可以看出，无论缔合聚合物的浓度是 800mg/L、1000mg/L 还是 1500mg/L，在不同的剪切速率下，溶液的表观黏度急剧降低，只有初始黏度的 20%左右。但放置 8min 后，溶液的表观黏度迅速恢复或增黏到初始黏度的 80%～130%。这一点明显与部分水解聚丙烯酰胺不同(部分水解聚丙烯酰胺被剪切后，黏度不再恢复)。对比三个浓度条件下的实验结果还可以发现：第一，缔合聚合物浓度越高，剪切恢复后的黏度保留率越趋向或逼近同一数值。也就是说，剪切后黏度保留率曲线的分散程度越小。第二，缔合聚合物浓度越高。恢复程度大于 100%的恢复率向小的方向移动，恢复率逐渐降低；相反，原来恢复程度小于100%的体系的黏度保留率逐渐增大，甚至超过了100%。对于上述两种现象，对于那些黏度恢复率小于100%的溶液体系来说，认为是随着缔合聚合物浓度的增大，在剪切应力的作用下，分子内缔合的强度逐渐降低甚至消除，随即这部分缔合基团转变为分子间缔合，因此剪切后溶液的表观黏度不但没有降低，反而增大了。而对于那些恢复程度大于100%的体系来说，由于缔合聚合物分子在溶液中分子间的缔合作用基本上已经达到了最大程度，因此在剪切作用下缔合聚合物长分子链段或多或少地有一定程度的降低，也就是说机械剪切降解作用，降低了缔合聚合物的单个分子的相对分子质量，最终使得溶液的表观黏度的恢复率有所降低。第三，随着缔合聚合物浓度的增加，黏度恢复率最大的剪切速率既不是剪切速率最大的体系，也不是剪切速率最小的溶液，而是有一个最佳和最理想的剪切速率。同样，这可以从缔合聚合物的溶液表观黏度由结构黏度 $\eta_{结构}$ 和非结构黏度 $\eta_{非结构}$ 的迭加，即 $\eta_a=\eta_{结构}+\eta_{非结构}$ 的理论得到圆满的解释和回答。当剪切速率过低，例如只有 $200s^{-1}$时，虽然在一定程度上降低了分子间的缔合程度、增大了分子间的缔合作用，但尚未最大或完全消除分子内缔合的现象，而此时由于剪切作用非常弱，对缔合聚合物分子链段的机械剪切降解的作用也非常小。因此，随着缔合聚合物浓度的增大，溶液的表观黏度的恢复率增加；随着剪切速率的增加，上述两个作用都逐渐增大，达到某个最佳值时，溶液表观黏度的恢复率最大；当剪切速率进一步增大，缔合聚合物分子链段被剪切为若干个相对分子质量更小的聚合物分子，此时由于非结构黏度 $\eta_{非结构}$ 降低幅度过大，因此，宏观表观黏度的恢复率呈现出降低的现象。例如对于浓度为800mg/L的溶液来说(图4-18)，最佳剪切速率为 $1000s^{-1}$，黏度恢复率为131.56%；在剪切速率为 $200s^{-1}$ 时，黏度恢复率只有82.12%；而对于剪切速率为 $500s^{-1}$ 和 $1550s^{-1}$ 的条件来讲，两种作用相互抵消后，溶液表观黏度基本相同，恢复率在107.37%。

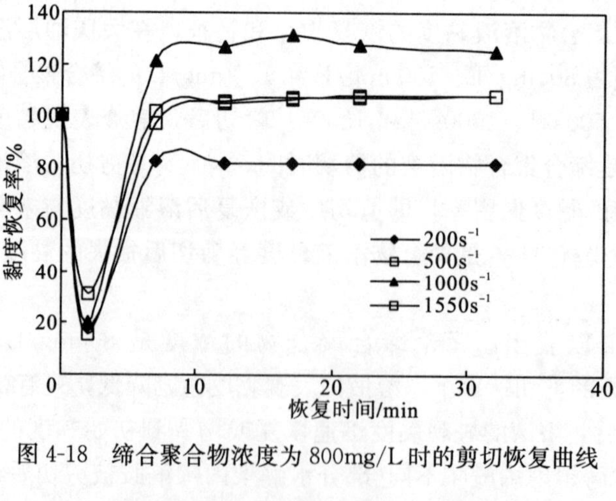

图4-18　缔合聚合物浓度为800mg/L时的剪切恢复曲线

对于浓度为1000mg/L的溶液来说(图4-19)，最佳剪切速率为 $1000s^{-1}$，但剪切速率为 $1550s^{-1}$ 的结果与此非常接近，黏度恢复率分别为113.25%和110.04%；在剪切速率为 $200s^{-1}$时，黏度恢复率只有87.08%；而对于剪切速率为 $200s^{-1}$ 和 $500s^{-1}$ 来说，黏度恢复率依次增加。

对于浓度为1500mg/L的溶液来说(图4-20)，在剪切速率为200～1550s^{-1}时，剪切速率对黏度恢复率的影响已经变得相对比较小了。由于缔合聚合物浓度相对已经比较高了，达到了1500mg/L，远远高于500mg/L的临界缔合浓度。在200～1550s^{-1}的剪切速率时，尽管存在剪切降解作用，但在剪切作用下，剪切的主要作用是使分子内缔合变为分子间缔合，增加溶液中总的分子间缔合数，两种作用相互抵消后仍然以增加黏度为主，因此黏度恢复率仍然大于100%。

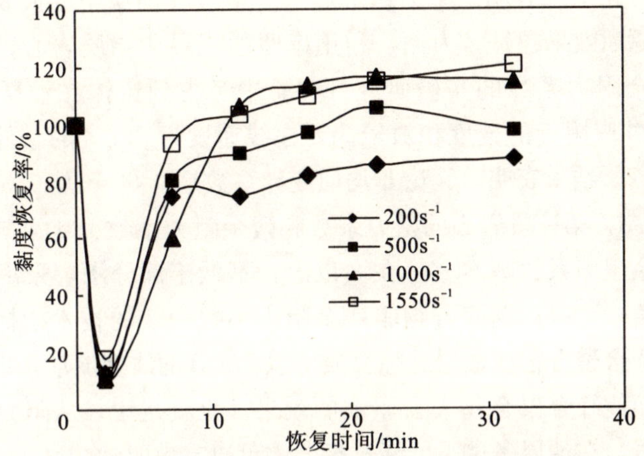

图4-19　缔合聚合物浓度为1000mg/L时的剪切恢复曲线

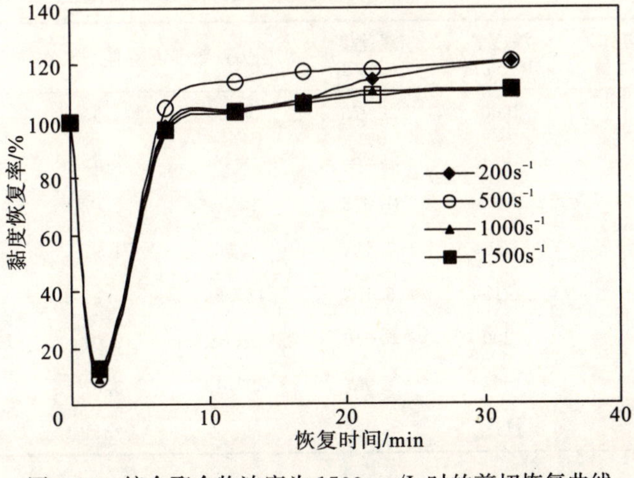

图4-20　缔合聚合物浓度为1500mg/L时的剪切恢复曲线

但是，如果剪切强度过大，剪切的主要作用是使分子链段断裂，因此溶液的表观黏度急剧大幅度下降。图4-20给出了缔合聚合物浓度为1600mg/L、在11000r/min的转速条件下剪切15s。由实验结果可以看出，黏度恢复率只有82.0%，小于100%。此外，黏度的恢复速度约60min，远远大于上述三种情况下的8min。

4.3.2.3　缔合聚合物结构黏度在岩心中流动状态下对驱油作用的有效性研究

前面的研究结果表明，虽然缔合聚合物分子之间的缔合作用是可逆的，但在剪切条件下，特别是在高剪切速率条件下，缔合作用在一定程度上会遭到破坏。目前，在石油界很多科学家和专家非常关注这样一个焦点问题，即缔合聚合物溶液在孔隙介质中渗流时，缔合结构是否在孔隙喉道中的实际剪切速率条件下遭到破坏，或因孔喉的频繁收缩、扩张作用而使缔合聚合物分子之间尚未完全恢复缔合而失去驱油的作用，也正是目前部分学者和研究人员提出的“缔合聚合物有黏度，但在流动状态下，该黏度对驱油效果无效(无效黏度)”的观点。

1. 串联岩心的阻力系数和残余阻力系数

以前的实验研究结果表明，阻力系数越大，溶液在油层中的波及效率越大；残余阻力系数越大，驱油效果越好。为此，利用串联的三层非均质岩心，对两段岩心进行了阻力系数和残余阻力系数的实验研究。实验中考虑到流体在油层中的流线速度为13～3m/d，以及井眼附近的速度相对较高，在线速度为5m/d的条件下进行了岩心实验，结果见表4-12。结果表明，无论非均质变异系数是0.60还是0.80，也无论线速度是1m/d还是5m/d，第一段岩心的阻力系数和残余阻力系数都比第二段岩心的高。但第二段岩心的残余阻力系数基本上都在2以上，不低于部分水解聚丙烯酰胺(第一段)的残余阻力系数值，可以达到聚合物驱残余阻力系数为2的技术指标。该实验结果很好地证明了即使缔合聚合物在油层孔隙介质中以5m/d的线度流动，也不必考虑因岩石孔喉的剪切作用而使缔合聚合物失去驱油的效果。也就是说，从阻力系数和残余阻力系数两个参数来看，在油层条件下，缔合聚合物可以有效驱油。

表 4-12 缔合聚合物在串联岩心上的阻力系数和残余阻力系数

岩心号	非均质变异系数	渗透率/$10^{-3}\mu m^2$	线速度/(m/d)	阻力系数	残余阻力系数	备注
岩心 1	0.60	1000	0.976	34.04	4.17	1号岩心为第1段 2号岩心为第2段
岩心 2		1011	0.982	6.14	2.19	
岩心 5	0.80	846	1.053	12.94	2.02	5号岩心为第1段 3号岩心为第2段
岩心 3		931	1.104	5.96	1.97	
岩心 6	0.60	1218	5.102	189.26	3.21	6号岩心为第1段 9号岩心为第2段
岩心 9		1200	5.016	61.38	2.01	
岩心 4	0.80	1067	4.987	202.40	3.67	4号岩心为第1段 8号岩心为第2段
岩心 8		1113	5.010	89.44	2.11	

2. 串联岩心上的驱油效果

事实上，第4章完成的污水缔合聚合物溶液在岩心上的驱油实验结果证明，缔合聚合物不但可以提高采收率，而且采收率值总是比相同黏度下的部分水解聚丙烯酰胺清水溶液的高3%～4%OOIP。

为了进一步考察和研究缔合聚合物溶液经过实际岩心剪切后的溶液是否具有理想的驱油效果，本研究还进行了串联岩心的驱油实验。实验时，缔合聚合物溶液表观黏度40mPa·s、段塞注入量0.40PV；模拟油黏度10mPa·s。第一段岩心为未饱和原油的岩心；第二段为含油的岩心。整个过程完全模拟油田实际开发的过程，结果见表 4-12。可以看出，即使经过第一支大庆天然岩心或人造岩心剪切后，在不同条件下的采收率与未经过岩心剪切时的基本一致。因此，缔合聚合物经过油层剪切后，仍然具有理想的驱油效果。

上述两个实验证明，对缔合聚合物来说，因缔合作用而带来的结构黏度，对驱油来说是有效的。

3. 缔合聚合物溶液在多孔介质中的流变性

缔合聚合物溶液在油层岩石中渗流和运移时，其流变性非常复杂，这不仅与聚合物本身具有的特性有关，还与油层岩石的表面性质、孔隙结构等有关。同时，缔合聚合物分子在流变仪中的流场与在油层岩石中的流场有很大的区别，所以流变仪上测得的流变性不能代表溶液在油层中流动时的流变性。

实验时，使用 HAAKE RV-100 旋转黏度计测定缔合聚合物溶液的流变性；岩心驱替实验测定缔合聚合物在孔隙介质中的流变性。

4. 剪切流变参数

(1)有效黏度。由达西公式经处理可以求出缔合聚合物溶液在孔隙介质中的有效黏度，即

$$\mu_e = \frac{K_f \Delta P}{V_o L} \tag{4-12}$$

根据冲洗渗透率 K_f 的定义，μ_e 可以表示为：

$$\mu_e = \mu_w \frac{RF}{RRF} \tag{4-13}$$

式中，PF 是阻力系数，RRF 是渗透率下降系数。

(2)等效剪切速率。渗滤速度与等效剪切速率 γ 之间的关系，用修正的 Bird 方程完成：

$$\dot{\gamma} = \beta \cdot \frac{3n-1}{4n} \cdot \frac{4V_o}{\sqrt{8K\Phi}} \tag{4-14}$$

为了在流变数据和剪切速率大小有关的流动实验数据求出的结果之间有最为理想的一致性，在 Bird 方程中引入了 β 因子，β 因子与孔隙结构和缔合聚合物的性质有关。n 为流变参数。

也可以 Hirasaki 方程计算等效剪切速率，在方程中引入了残余阻力系数 RRF，即

$$\dot{\gamma}_e = \left(\frac{3n+1}{4n}\right) \frac{n}{n-1} \cdot \frac{CV_0}{\sqrt{\frac{K\Phi}{RRF}}} \tag{4-15}$$

(3)缔合聚合物在油层孔隙介质中的流变曲线。根据式 4-13 和式 4-15 计算出了岩心中缔合聚合物浓度分别为 1500mg/L、1200mg/L、1000mg/L、800mg/L 以及600mg/L时，体系有效黏度和有效剪切速率的关系曲线，如图 4-21。进行驱替实验的五支油层天然岩心的渗透率分别为 $997\times10^{-3}\mu m^2$、$1012\times10^{-3}\mu m^2$、$995\times10^{-3}\mu m^2$、$1004\times10^{-3}\mu m^2$ 以及 $998\times10^{-3}\mu m^2$，其他参数见表 4-13。

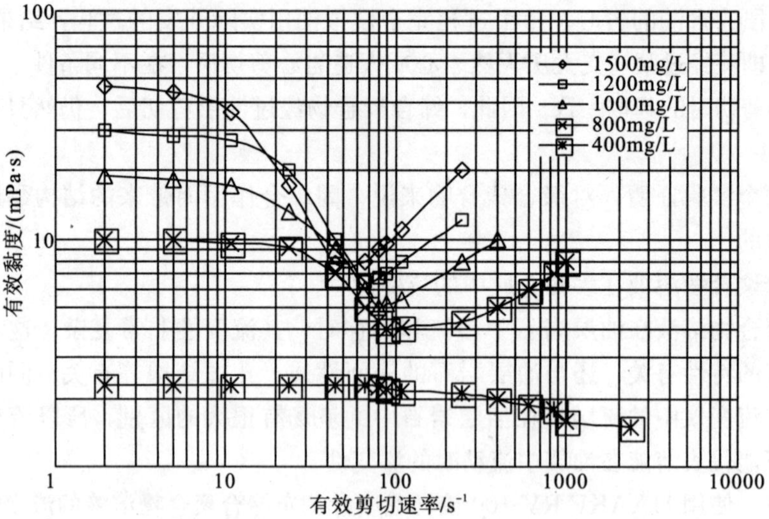

图 4-21　不同岩心渗透率在油层岩心中的流变曲线

表 4-13　缔合聚合物在油层岩心上的流变曲线岩心参数

岩心号	长度/cm	直径/cm	孔隙度/%	渗透率/$10^{-3}\mu m^2$
03-5	8.8545	2.4735	29.11	997
42-57	9.4051	2.4812	29.46	1012
4-3	8.6709	2.4498	29.09	995
02-42	8.3824	2.4526	29.38	1004
33-1	8.5647	2.4503	29.12	998

油层岩心上的驱替实验结果表明，在地层水、油层温度及渗透率相同的情况下，缔合聚合物浓度对溶液在在油层孔隙介质中的流变学性质与特征有明显影响，但总体变化趋势与用流变仪测得的变化趋势基本相同。在直线段内，缔合聚合物溶液表现为剪切稀释的非假塑性流体。在低剪切速率和高剪切速率范围，有效黏度值逐渐偏离平滑直线段。在低剪切速率条件下，溶液的牛顿流体特征相对说来更明显。在进行的五支岩心实验中，当缔合聚合物浓度为 1500mg/L、1200mg/L、1000mg/L 以及 800mg/L 时(大于 500mg/L 的临界缔合浓度)，都存在一个临界剪切速率。当剪切速率大于该值时，溶液的有效黏度随着有效剪切速率的增加开始明显上升，溶液的流变性表现为典型的胀流性流变流体行为。事实上，缔合聚合物溶液的这种流变特征和流变行为，与缔合聚合物分子在水溶液中形成的形态和构象有密切关系。由于实验中缔合聚合物浓度高于 500mg/L 的临界缔合浓度，此时缔合聚合物分子不是以单个的小分子或几个小分子形成的分子聚集体或分子束存在，而是在整个溶液中形成了空间网状结构。当溶液进入孔隙介质中流动时，由于油层孔隙介质中喉道的扩张与收缩，溶液中有效流体力学尺寸远远大于单分子流体力学尺寸的整个“网状结构”发生拉伸或收缩流动，而这种“网状结构”的缔合聚合物溶液表现出了明显的拉伸作用和黏弹性。此外，由曲线可以看出，缔合聚合物浓度越高，产生明显黏弹效应的临界剪切速率就越小，剪切增稠的作用和效果就越明显。当然，缔合聚合物浓度越高，在相同有效剪切速率条

件下的有效黏度就越高。

当缔合聚合物浓度(400mg/L)小于临界缔合浓度(500mg/L)时，在实验的剪切速率范围内，没有出现黏弹效应。这可能由于缔合聚合物浓度过低，没有形成分子束缔合网状结构，所以黏弹效应并没有明显表现出来，尽管单个分子或分子聚集数较小的缔合聚合物分子束存在较小的黏弹效应。

由实验结果还可以看出，当渗透率为 $1000\times10^{-3}\mu m^2$ 时，浓度分别为 1500mg/L、1200mg/L、1000mg/L、800mg/L 以及 400mg/L 时溶液出现黏弹效应的等效剪切速率分别为 $45s^{-1}$、$67.5s^{-1}$、$80s^{-1}$、$88s^{-1}$。计算出三种渗透率岩心缔合聚合物溶液的临界流变速度分别为 0.69m/d、1.74m/d 和 5.92m/d。而大庆油田主力油层的空气渗透率在 $800\times10^{-3}\sim1200\times10^{-3}\mu m^2$，主流线平均线速度在 1～3m/d，缔合聚合物溶液在范围应该具有理想的拉伸流动和黏弹效应。

利用缔合聚合物溶液的胀流特性和黏弹效应这一重要特征，即在当剪切速率达到一定条件时即临界速度时，缔合聚合物溶液的表观黏度随着剪切速率的增加不是降低，而是明显地大幅度增大的，对于油田应用具有十分重要的实际意义。在现场条件允许时，尽量提高注入速度，充分利用缔合聚合物溶液剪切增稠而大幅度提高溶液黏度的有利条件，在不增加聚合物用量的前提下，进一步大幅度提高原油的采出程度。

4.3.2.4　缔合聚合物溶液的黏弹性及对驱油效率的贡献

1. 黏弹性流体

许多真实材料的流变行为具有流体黏性流动的特点，又具有固体弹性变形的特点，称这类材料为黏弹性流体。高分子聚合物溶液多属黏弹性流体。黏弹性流体与纯粹性流体的主要原因区别是，当外力消除后黏弹性流体的应变可部分恢复，即黏弹性流体具有一定固体响应特性。

2. 缔合聚合物溶液的黏弹效应

图 4-22 给出了用振荡剪切流动测得的缔合聚合物溶液和大庆自产大庆部分水解聚丙烯酰胺(相对分子质量 1430×10^4)在浓度为 800mg/L 条件下，分别在大庆污水(矿化度 4456mg/L)和清水(矿化度 918mg/L)储能模量 G' 与耗能模量 G'' 随频率的变化关系。由图 4-22 可以看出，在大庆油层条件下，无论是在低频还是高频条件下，也无论清水还是污水，缔合聚合物溶液的储能模量 G' 总是大于耗能模量 G''，表现出了理想的黏弹行为。此外还可以看出 G' 和 G'' 的交点对应的频率很低，甚至没有交点，也就是说 G' 的值很大，表明溶液的弹性效应比黏性效应更明显，在扫描频率范围内基本上都是弹性流体。由体系的粘浓关系知道，曲线上有一最大值，体系黏度越高，G' 和 G'' 相应地越大，溶液的弹性效应更明显，体系的网络结构分布越均一，微观非均相的体积越小。G' 和 G'' 显著增大，表明缔合微区数量的增大增加了聚合物链间缔合，使溶液中的空间网络密度增大，强度增强，因此溶液表现出更大的弹性效应。

此外，图 4-23 和图 4-24 分别给出了浓度为 400mg/L、600mg/L、800mg/L、1000mg/L、1500mg/L 和 1800mg/L 时，缔合聚合物溶液在大庆油田地层水和温度条件下，剪切应力对储能模量 G'(弹性模量)和耗能模量 G''(黏性模量)影响的实验结果。

图 4-25 和图 4-26 分别对比给出了上述相同浓度条件下，弹性模量和耗能模量的测定结果。由图可以看出：①在上述浓度范围内，无论缔合聚合物的浓度是多大，在实验的剪切应力范围内，储能模量 G' 都大于耗能模量 G''，即缔合聚合物溶液的弹性大于黏性；②随着缔合聚合物浓度的增大，溶液的弹性模量 G' 和黏性模量 G'' 都逐渐上升，但后者的上升幅度相对于前者来说要大，两者有逐渐逼近的趋势，最终黏性模量 G'' 始终都小于弹性模量 G'；③对于同一体系，在弹性模量 G' 的剪切应力曲线中，弹性模量 G' 几乎为一水平直线，切应力的大小对弹性模量 G' 基本没有影响；④浓度相对较低，例如 400mg/L 和 600mg/L 条件下，随着剪切应力的增大，黏性模量 G'' 表现为略有降低的趋势，而当浓度大于 800mg/L 以上时，切应力对黏性模量 G'' 基本没有影响。

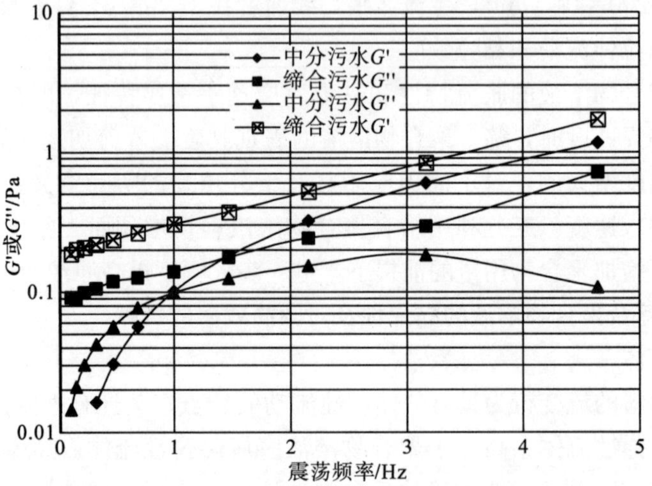

图 4-22　缔合聚合物和大庆部分水解聚丙烯酰胺在不同震荡频率范围内的黏弹效应曲线

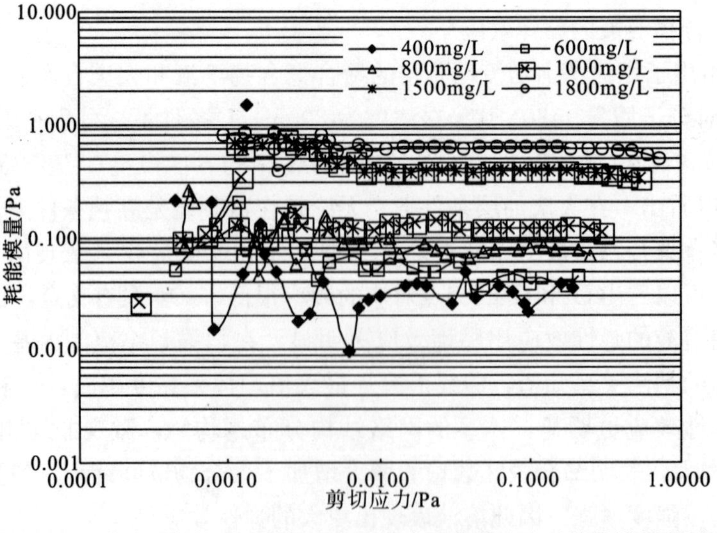

图 4-23　大庆油田条件下，剪切应力及缔合聚合物浓度对储能模量的影响

同样，这些现象可以通过缔合聚合物分子在不同浓度条件下形成的微观结构的特征来描述和解释。

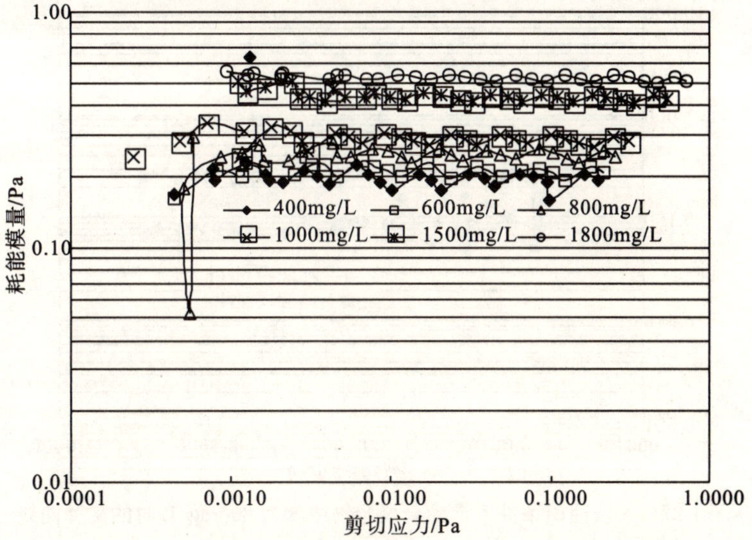

图 4-24　大庆油田条件下，剪切应力及缔合聚合物浓度对耗能模量的影响

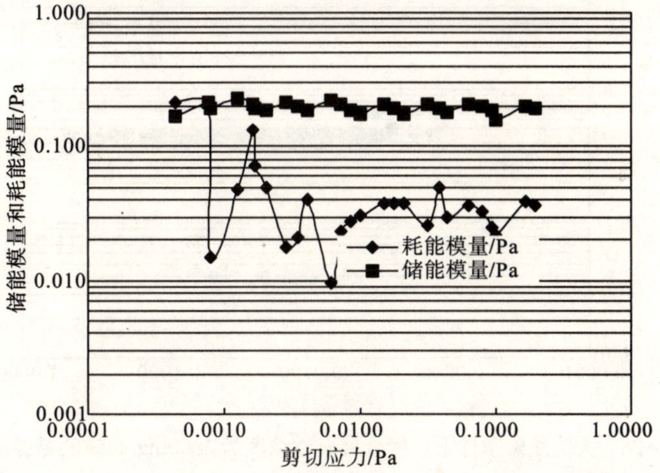

图 4-25　大庆油田条件下，缔合聚合物浓度为 400mg/L 时的黏弹曲线

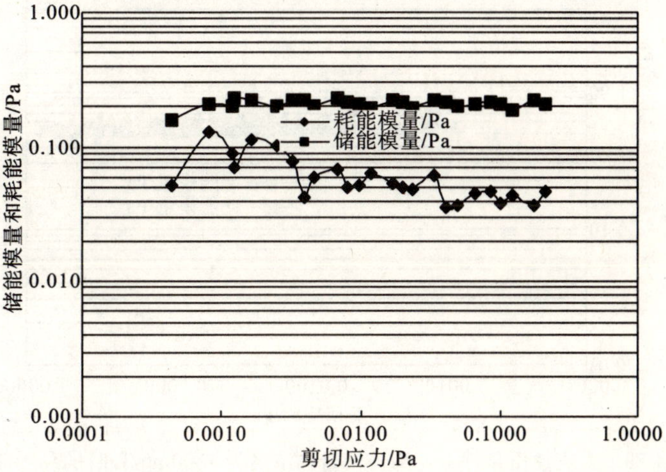

图 4-26　大庆油田条件下，缔合聚合物浓度为 600mg/L 时的黏弹曲线

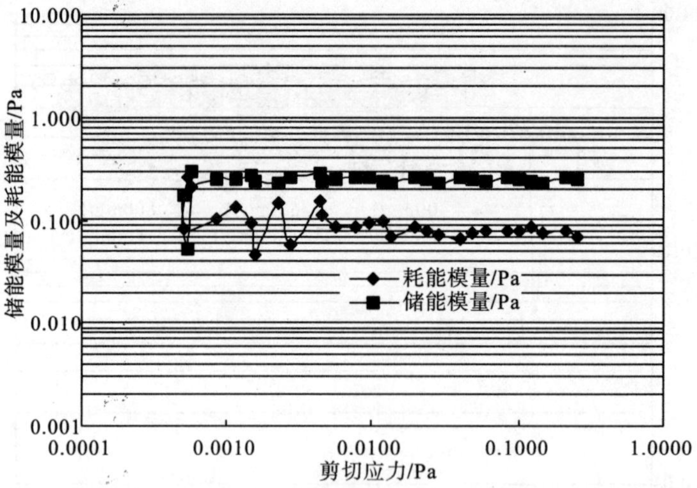

图 4-27　大庆油田条件下，缔合聚合物浓度为 800mg/L 时的黏弹曲线

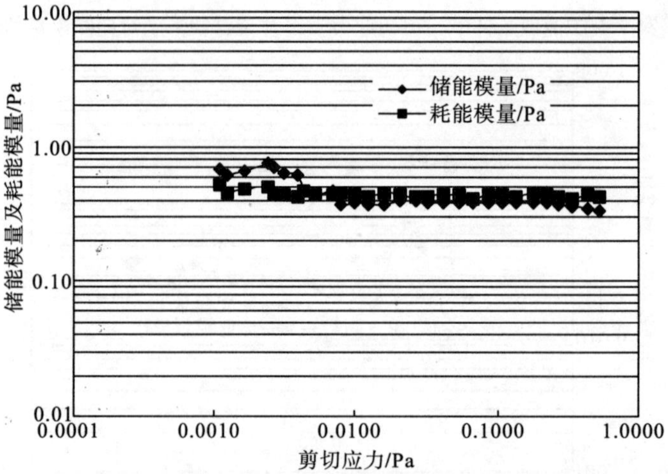

图 4-28　大庆油田条件下，缔合聚合物浓度为 1000mg/L 时的黏弹曲线

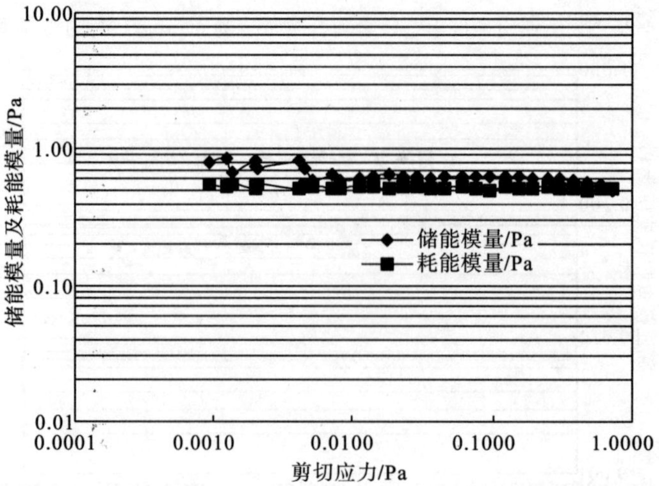

图 4-29　大庆油田条件下，缔合聚合物浓度为 1500mg/L 时的黏弹曲线

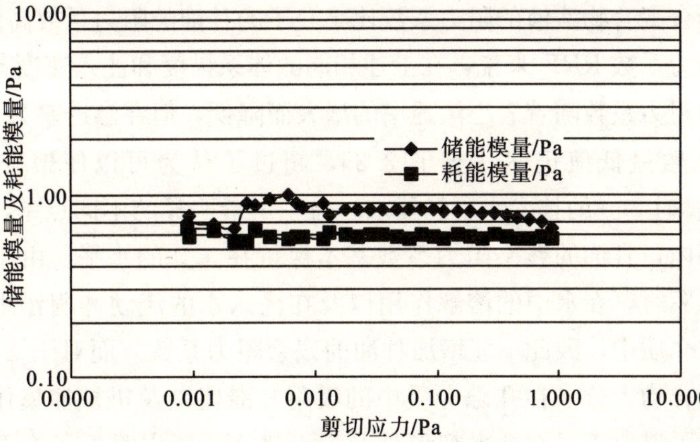

图 4-30　大庆油田条件下，缔合聚合物浓度为 1800mg/L 时的黏弹曲线

3. 缔合聚合物黏弹性对驱油效率定量贡献的实验研究

(1)缔合聚合物黏弹性对阻力系数和残余阻力系数的影响。在聚合物驱中，流度降低的度量用阻力系数 *RF* 来表示。它定义为水的流度 λ_w 与聚合物溶液流度 λ_p 之比。渗透率下降系数 *RRF*，即残余阻力系数是注聚合物以后渗透率降低的描述，它等于注聚合物前水的流度与注聚合物后水的流度对比，或等于注聚合物溶液前后水驱渗透率之比。阻力系数 *RF* 的大小表明驱替液在油层中扩大波及体积的能力和大小；残余阻力系数 *RRF* 的高低说明驱替液提高驱油效果的能力。因此，阻力系数和残余阻力系数是评价和判断聚合物驱效果理想与否的重要参数和指标，也是聚合物驱数值模拟和现场进行工程设计中的一个重要参数。

根据达西定律，在室内研究实验中，对于同一支岩心来说，横截面积、长度不变。经过推导和计算，阻力系数 *RF* 等于聚合物驱前注水时的平衡注入压差除以聚合物平衡注入压差的比值；残余阻力系数 *RRF* 等于后续水驱平衡注水压差与注聚合物前平衡注水压差的比值。图 4-31 和图 4-32 分别给出了甘油及缔合聚合物在相同黏度(45℃下，体系黏度为 40.3mPa·s/1.5rpm)条件下，在大庆油层天然岩心上的阻力系数、残余阻力系数的岩心驱替实验结果。图 4-33 和图 4-34 分别给出了注入速度对阻力系数和残余阻力系数影响的实验结果。表 4-14～表 4-20 给出了上述部份岩心实验的数据和结果。

由图 4-31 可以看出，在实验的岩心 $1006\times10^{-3}\sim2668\times10^{-3}\mu m^2$ 渗透率及线速度为 2m/d 条件下，随着岩心渗透率的增大，无论是甘油还是缔合聚合物，阻力系数 *RF* 都有明显的降低。说明渗透率增大，岩石孔隙喉道半径增大，注入压力降低，因此阻力系数降低。但在实验范围内，无论岩心渗透率是多大，缔合聚合物溶液的阻力系数 *RF* 总是大于甘油的阻力系数。在相同黏度下的这一实验数据结果表明，缔合聚合物在岩心流动过程中，一方面说明由于长链缔合聚合物大分子在孔隙介质中的吸附、滞留以及机械捕集作用降低了孔隙喉道的有效流动，导致阻力系数增大；另一方面说明缔合聚合物在渗流过程中由于孔隙结构的复杂变化，缔合聚合物分子在流动过程出现了明显的拉伸、蠕动和恢复作用，表现出理想的黏弹效应，因此产生了巨大的附加流动阻力，最终导致缔合聚合物溶液的阻力系数比小分子的甘油的阻力系数高。

对于残余阻力系数 *RRF* 来说，在上述相同的体系黏度和注入速度条件下，缔合聚合物溶液的残余阻力系数随着岩心渗透率的增大而降低，但在渗透率为 $2668\times10^{-3}\mu m^2$ 时，残余阻力系数最低值仍然达到了 2.25，超过了认为可以使聚合物采收率提高 10%～12%OOIP 时 2.0 的技术水平和要求。另一个最明显的不同点是，无论渗透率多大，在实验范围内，甘油的残余阻力系数基本保持在 1.0 的水平。由于甘油是有机小分子，在后续水驱时，在水中的溶解作用以及在注入水的流动冲刷作用下不能吸附和滞留于岩石孔隙介质中，因此不能增加甘油的残余阻力系数。而对于缔合聚合物来说，由于长链缔合聚合物大分子在孔隙介质中的吸附、滞留以及机械捕集作用，导致大量的缔合聚合物分子滞留于岩石孔喉变形处及岩石表面，所以降低了岩石喉道的流动半径，最后导致残余阻力系数增加。同时，依然由于那些滞留下来的缔合聚合物分子后续注水过程中出现的拉伸、蠕动和恢复作用所表现出来的黏弹效应，也将使流动阻力增加，残余阻力系数增大。上述现象将随着岩石孔隙介质渗透率的增大，黏弹效应逐渐降低甚至消失，其作用程度逐渐减小，因此残余阻力系数随渗透率的增大而下降，如图 4-32 所示。

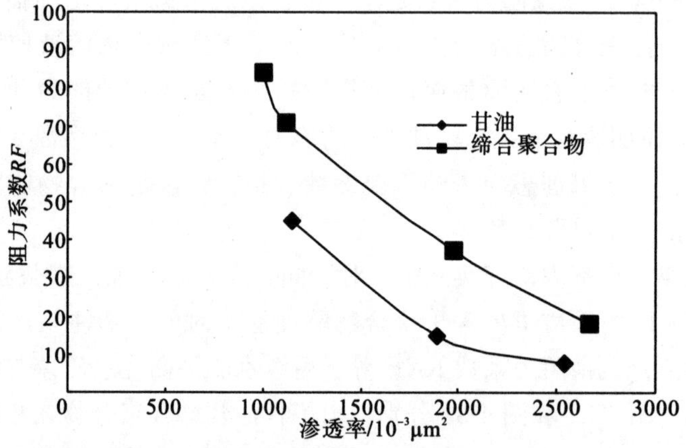

图 4-31 渗透率对甘油和缔合聚合物在大庆油层天然岩心上阻力系数影响

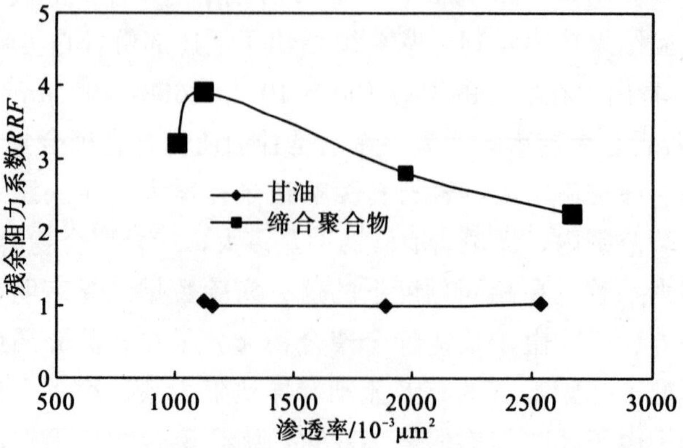

图 4-32 渗透率对甘油和缔合聚合物在大庆油层天然岩心上残余阻力系数影响

注入速度对阻力系数和残余阻力系数影响的趋势基本相同，而且也都可以从缔合聚合物分子结构特征及其溶液的特点得到圆满的解释。值得一提的是，虽然随着线速度的增大，甘油和缔合聚合物溶液的阻力系数都上升，但当速度达到一定值后，缔合聚合物溶液的注入压力迅速上升，阻力系数明显增大。这显然是缔合聚合物分子黏弹效应所致。同样地，由图 4-33 还可以发现，随着注入速度的增大，甘油的残余阻力系数也基本上是常数 1。但线速度对缔合聚合物溶液残余阻力系数的影响却非常明显。在线速度为 0.5m/d 时，*RRF* 为 4.38；在线速度为 5m/d 时，*RRF* 降到了 1.65。这可能是在注入速度较高的情况下，由于吸附、滞留于岩石表面的缔合聚合物分子层变薄甚至冲刷掉后导致的结果(表 4-14)。尽管如此，缔合聚合物的残余阻力系数仍然明显大于甘油的残余阻力系数，说明在大庆油层天然岩心上，由于孔隙结构的变化，缔合聚合物网状结构在喉道中流动时出现的拉伸、蠕动和恢复产生的黏弹效应，对残余阻力系数有较大贡献。

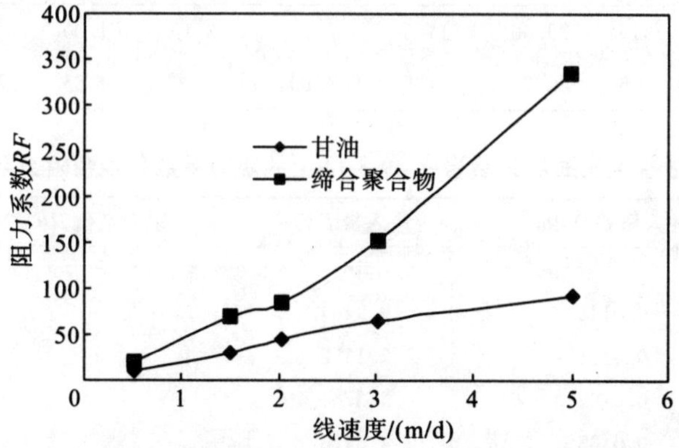

图 4-33　注入速度对甘油和缔合聚合物在大庆油层天然岩心上阻力系数影响

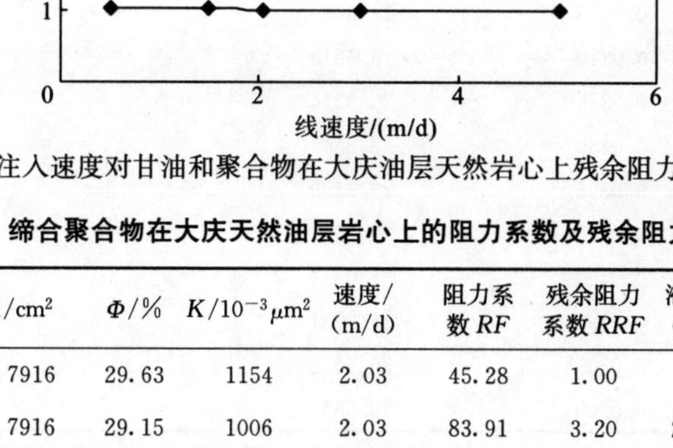

图 4-34　注入速度对甘油和聚合物在大庆油层天然岩心上残余阻力系数影响

表 4-14　甘油、缔合聚合物在大庆天然油层岩心上的阻力系数及残余阻力系数实验结果

岩心号	L/cm	A/cm²	Φ/%	K/$10^{-3}\mu m^2$	速度/(m/d)	阻力系数 *RF*	残余阻力系数 *RRF*	滞留量/(μg/g)	驱替相	备注
39-3-14	7.51	4.7916	29.63	1154	2.03	45.28	1.00	—	甘油	同段岩心
39-3-16	7.57	4.7916	29.15	1006	2.03	83.91	3.20	23.645	缔合	

续表

岩心号	L/cm	A/cm²	Φ/%	K/$10^{-3}\mu m^2$	速度/(m/d)	阻力系数 RF	残余阻力系数 RRF	滞留量/(μg/g)	驱替相	备注
52-1	6.43	4.6377	31.39	1891	2.03	14.75	1.00	—	甘油	同段岩心
50-2	6.40	4.6377	31.46	1972	2.03	37.23	2.80	24.406	缔合	
无号-2#	7.68	4.7916	33.43	2537	1.98	7.536	1.02	—	甘油	同段岩心
无号-1#	7.63	4.7916	33.70	2668	1.96	18.38	2.25	24.148	缔合	
36-1-7	7.21	4.9087	29.33	1080	0.497	9.30	1.02	—	甘油	同段岩心
36-1-8	7.23	4.8695	29.38	1080	0.501	20.42	4.38	30.201	缔合	
36-3-3	7.55	4.7916	29.50	1120	1.497	30.47	1.04	—	甘油	同段岩心
36-3-5	7.04	4.7916	29.50	1120	1.500	70.63	3.91	25.043	缔合	
36-3-1	8.10	4.7916	29.57	1132	3.03	66.08	1.00	—	甘油	同段岩心
36-3-4	7.04	4.7916	29.57	1132	3.02	153.35	2.41	19.879	缔合	
无号-6#	7.10	4.7916	29.60	1125	5.01	93.15	1.00	—	甘油	同段岩心
无号-5#	7.60	4.7916	29.60	1125	4.99	335.47	1.65	15.386	缔合	

表 4-15　甘油在大庆油层天然岩心 39-3-14 上的阻力系数和残余阻力系数流动实验

	注入压差/MPa	注入量 PV	阻力系数 RF	残余阻力系数 RRF
水驱阶段	0	0	—	—
	0.0143	0.9484	—	—
	0.0155	2.1572	—	—
	0.0162	3.3764	—	—
	0.0165	4.6426	—	—
	0.0175	5.8619	—	—
	0.0180	7.0371	—	—
	0.0184	8.2629	—	—
	0.0188	9.4822	—	—
	0.0199	10.6827	—	—
	0.0198	11.9207	—	—
	0.0198	13.1400	—	—
	0.0205	14.3030	—	—
	0.0210	15.4810	—	—
	0.0375	26.9234	—	—
	0.0365	28.3537	—	—
	0.0395	29.6199	—	—
	0.0425	30.7979	—	—
	0.0460	31.9834	—	—
	0.0495	34.3281	—	—
	0.0505	35.5052	—	—
	0.0505	36.6860	—	—

续表

	注入压差/MPa	注入量 *PV*	阻力系数 *RF*	残余阻力系数 *RRF*
甘油驱替阶段	0	0	0	—
	0.720	37.2488	14.26	—
	1.300	38.2523	25.74	—
	1.481	39.2024	29.33	—
	1.580	40.3532	31.29	—
	1.691	41.5912	33.49	—
	1.819	42.7636	36.02	—
	2.262	43.8422	44.79	—
	2.1765	54.3683	43.10	—
	2.232	55.5688	44.20	—
	2.284	56.7412	45.23	—
	2.288	57.9980	45.31	—
	2.287	59.2641	45.29	—
	2.287	60.4365	45.29	—
	2.2868	62.8657	45.28	—
后续水驱	2.2868	0	—	45.28
	1.108	63.0345	—	21.94
	0.590	64.5539	—	11.68
	0.194	65.9138	—	3.84
	0.0687	67.2081	—	1.36
	0.0514	68.4274	—	1.02
	0.0505	69.6748	—	1.00
	0.0505	81.8019	—	1.00

注：岩心号为 39-3-14；$L=7.51$cm；$A=4.7916$cm^2；$\Phi=2.47$cm；岩心干重＝90.2098g；饱和后重＝100.8718g；PV＝10.6621cm^3；孔隙度＝29.63％；线速度为 202.8cm/d。

表 4-16　缔合聚合物在大庆油层天然岩心 39-3-16 上的阻力系数和残余阻力系数流动实验

	注入压差/MPa	注入量 *PV*	阻力系数 *RF*	残余阻力系数 *RRF*
水驱阶段	0	0	—	—
	0.0014	1.3902	—	—
	0.0041	2.7615	—	—
	0.0090	3.9910	—	—
	0.0140	5.2204	—	—
	0.0230	6.5160	—	—

续表

	注入压差/MPa	注入量 *PV*	阻力系数 *RF*	残余阻力系数 *RRF*
水驱阶段	0.0270	7.8117	—	—
	0.0304	8.5494	—	—
	0.0442	13.4766	—	—
	0.0478	25.7710	—	—
	0.0506	27.0004	—	—
	0.0513	28.2299	—	—
	0.0515	29.4593	—	—
	0.0520	30.6604	—	—
	0.0525	31.8804	—	—
	0.0532	33.1098	—	—
	0.0531	34.3393	—	—
	0.0532	35.5971	—	—
缔合聚合物驱阶段	0.0532	35.5971	—	—
	0.1560	36.0037	2.93	—
	0.4168	36.3820	7.83	—
	0.8700	36.8076	16.35	—
	1.374	37.3750	25.83	—
	2.710	38.7936	50.94	—
	3.248	46.4631	61.05	—
	4.341	47.4754	81.60	—
	4.394	49.6695	82.59	—
	4.464	53.7645	83.91	—
	4.464	54.8048	83.91	—
后续水驱阶段	4.464	54.8048	—	83.91
	4.045	54.8615	—	76.03
	3.051	56.0909	—	57.35
	2.725	57.9162	—	51.22
	1.723	59.0794	—	32.39
	0.733	60.3372	—	13.78
	0.369	72.5371	—	6.94
	0.227	73.8611	—	4.27
	0.189	75.0244	—	3.55
	0.170	76.2254	—	3.20
	0.170	78.0244	—	3.20
	0.170	80.2254	—	3.20

注：岩心号为 39-3-16；$L=7.57$cm；$A=4.7916cm^2$；$\Phi=2.47$cm；岩心干重=91.2579g；饱和后重=101.8318g；$PV=10.5739cm^3$；孔隙度=29.15%；线速度为 206.19cm/d。

表 4-17　甘油在大庆油层天然岩心 52-1 上的阻力系数和残余阻力系数流动实验

	注入压差/MPa	注入量 *PV*	阻力系数 *RF*	残余阻力系数 *RRF*
水驱阶段	0	0	—	—
	0.0007	1.6669	—	—
	0.0019	3.2296	—	—
	0.0048	6.8135	—	—
	0.0065	8.4283	—	—
	0.0073	9.9910	—	—
	0.0079	11.5434	—	—
	0.0080	13.1061	—	—
	0.0079	16.4399	—	—
	0.0080	17.9714	—	—
	0.0080	19.5341	—	—
	0.0080	21.0760	—	—
	0.0080	36.0782	—	—
甘油驱替阶段	0.0080	36.0782	—	—
	0.0570	37.0158	7.125	—
	0.0840	38.0889	10.500	—
	0.0907	39.5058	11.338	—
	0.0950	41.0216	11.875	—
	0.0990	42.5739	12.375	—
	0.1048	44.0950	13.100	—
	0.1061	45.5848	13.263	—
	0.1086	47.0173	13.575	—
	0.1140	48.4967	14.250	—
	0.1165	50.0594	14.563	—
	0.1180	51.6273	14.750	—
	0.1175	53.1921	14.688	—
	0.1180	54.6767	14.750	—
	0.1180	70.1477	14.750	—
	0.1180	71.7105	14.750	—

续表

	注入压差/MPa	注入量 *PV*	阻力系数 *RF*	残余阻力系数 *RRF*
后续水驱	0.1180	71.7105	—	14.750
	0.0508	73.4399	—	6.350
	0.0204	75.0860	—	2.550
	0.0098	76.1590	—	1.225
	0.0086	77.6176	—	1.075
	0.0082	79.1282	—	1.025
	0.0081	80.6076	—	1.0123
	0.0080	82.0661	—	1.00
	0.0080	83.5455		1.00
	0.0080	85.0124		1.00
	0.0080	86.4709		1.00

注：岩心号为 52-1；$L=6.43\text{cm}$；$A=4.6377\text{cm}^2$；$\Phi=2.43\text{cm}$；岩心干重=72.7116g；饱和后重=82.3102g；$PV=9.5986\text{cm}^3$；孔隙度=31.39%；线速度为 202.56cm/d。

表 4-18 缔合聚合物在大庆油层天然岩心 52-2 上的阻力系数和残余阻力系数流动实验

	注入压差 MPa	注入量 *PV*	阻力系数 *RF*	残余阻力系数 *RRF*
水驱阶段	0	0	—	—
	0.0025	1.5382	—	—
	0.0034	3.1696	—	—
	0.0042	5.6168	—	—
	0.0049	7.1900	—	—
	0.0053	8.7748	—	—
	0.0056	10.4062	—	—
	0.0059	11.9444	—	—
	0.0060	13.4943	—	—
	0.0062	15.1024	—	—
	0.0065	16.1862	—	—
	0.0066	18.0623	—	—
	0.0065	19.7171	—	—
	0.0065	16.0813	—	—
	0.0065	31.6965	—	—
	0.0065	33.2929	—	—
	0.0065	34.8428	—	—

续表

	注入压差 MPa	注入量 *PV*	阻力系数 *RF*	残余阻力系数 *RRF*
缔合聚合物驱阶段	0.0065	34.8428	—	—
	0.0720	39.2011	11.077	—
	0.0807	40.2848	12.415	—
	0.0903	41.6715	13.892	—
	0.0981	43.1282	15.092	—
	0.1068	44.4683	16.431	—
	0.1140	45.9249	17.538	—
	0.1220	47.3699	18.769	—
	0.1300	48.8265	20.000	—
	0.1395	50.2832	21.461	—
	0.2018	63.6577	31.046	—
	0.2075	65.0826	31.923	—
	0.2150	66.7723	33.077	—
	0.2215	68.2406	34.076	—
	0.2325	69.6973	35.769	—
	0.2370	71.2122	36.462	—
	0.2420	72.7271	37.231	—
	0.2420	74.2536	37.231	—
后续水驱阶段	0.2420	74.2536	—	37.231
	0.1580	74.4983	—	24.308
	0.0752	75.2791	—	11.569
	0.0462	76.1414	—	7.108
	0.0286	76.9455	—	4.400
	0.0221	77.8078	—	3.400
	0.0187	78.9848	—	2.877
	0.0182	88.7734	—	3.550
	0.0180	89.7989	—	2.800
	0.0181	90.8476	—	2.785
	0.0180	91.8964	—	2.800
	0.0180	92.3578	—	2.800

注：岩心号为 52-2；$L=6.40$cm；$A=4.6377\text{cm}^2$；$\Phi=2.43$cm；岩心干重＝74.5254g；饱和后重＝83.1056g；$PV=8.5814\text{cm}^3$；孔隙度＝31.46％；线速度为 203.19cm/d。

表 4-19　甘油在大庆油层天然岩心无号-2＃一上的阻力系数和残余阻力系数流动实验

	注入压差/MPa	注入量 PV	阻力系数 RF	残余阻力系数 RRF
水驱阶段	0	0	—	—
	0.0017	0.9755	—	—
	0.0028	2.1541	—	—
	0.0032	3.2678	—	—
	0.0038	4.3814	—	—
	0.0038	5.5194	—	—
	0.0040	6.6087	—	—
	0.0040	7.3403	—	—
	0.0040	8.0719	—	—
	0.0042	10.7950	—	—
	0.0040	11.9737	—	—
	0.0041	13.1523	—	—
	0.0042	14.2904	—	—
	0.0042	15.5910	—	—
	0.0042	28.3531	—	—
甘油驱替阶段	0.0042	29.5237	—	—
	0.00568	29.8813	1.135	—
	0.01225	30.3447	2.917	—
	0.02470	31.1738	5.881	—
	0.02760	31.3118	6.571	—
	0.02870	33.5636	6.833	—
	0.02960	34.8236	7.048	—
	0.03040	36.1811	7.238	—
	0.03090	37.4411	7.357	—
	0.03100	39.8797	7.381	—
	0.03140	41.1315	7.476	—
	0.03153	42.3915	7.507	—
	0.03165	55.2349	7.536	—
	0.03165	56.4705	7.536	—
	0.03165	57.7142	7.536	—

续表

	注入压差/MPa	注入量 *PV*	阻力系数 *RF*	残余阻力系数 *RRF*
后续水驱	0.03165	57.7142	—	7.536
	0.0160	58.9498	—	3.810
	0.0080	60.3154	—	1.905
	0.0065	61.6160	—	1.548
	0.0054	62.8760	—	1.286
	0.0050	64.1359	—	1.190
	0.0044	65.3552	—	1.048
	0.0043	66.6721	—	1.024
	0.0043	68.5498	—	1.024
	0.0043	71.1835	—	1.024
	0.0043	72.4029	—	1.024

注：岩心号为无号-2＃；$L=7.68$cm；$A=4.7916$cm^2；$\Phi=2.47$cm；岩心干重＝87.9340g；饱和后重＝100.2360g；$PV=12.302$cm^3；孔隙度＝33.43%；线速度为 197.77cm/d。

表 4-20　缔合聚合物在大庆油层天然岩心无号-1＃一上的阻力系数和残余阻力系数流动实验

	注入压差/MPa	注入量 *PV*	阻力系数 *RF*	残余阻力系数 *RRF*
水驱阶段	0	0	—	—
	0.0023	1.2419	—	—
	0.0028	2.5812	—	—
	0.0030	3.8231	—	—
	0.0033	4.7565	—	—
	0.0034	5.9740	—	—
	0.0037	7.1510	—	—
	0.0039	8.2873	—	—
	0.0039	9.4312	—	—
	0.0040	10.5925	—	—
	0.0040	11.7695	—	—
	0.0040	12.8653	—	—
	0.0040	14.0341	—	—
	0.0040	26.8669	—	—
	0.0040	28.0438	—	—
	0.0040	29.1802	—	—
	0.0040	30.3490	—	—

续表

	注入压差/MPa	注入量 *PV*	阻力系数 *RF*	残余阻力系数 *RRF*
缔合聚合物驱阶段	0.0040	30.3490	—	—
	0.0300	30.8766	7.500	—
	0.0404	31.4448	10.100	—
	0.0503	32.1104	12.575	—
	0.0547	32.8328	13.675	—
	0.0585	33.0276	14.625	—
	0.0599	33.9205	14.975	—
	0.0625	34.8539	15.625	—
	0.0640	35.7468	16.000	—
	0.0672	36.8019	16.800	—
	0.0705	37.9221	17.625	—
	0.0730	47.9870	18.250	—
	0.0730	49.1071	18.250	—
	0.0735	50.2273	18.375	—
	0.0735	51.3636	18.375	
后续水驱阶段	0.0735	51.3636	—	18.375
	0.0402	51.8019	—	10.050
	0.0174	52.8571	—	4.350
	0.0108	55.1705	—	2.700
	0.009	57.3701	—	2.250
	0.009	59.6429	—	2.250
	0.009	61.9481	—	2.250
	0.009	73.9205	—	2.250
	0.009	75.0325	—	2.250
	0.009	77.3295	—	2.250

注：岩心号为无号－1＃；$L=7.63$cm；$A=4.7916$cm^2；$\Phi=2.47$cm；岩心干重＝80.0212g；饱和后重＝99.3412g；$PV=12.3200$cm^3；孔隙度＝33.70％；线速度为196.19cm/d。

(2)缔合聚合物浓度对阻力系数、残余阻力系数的影响。在上一节中研究了缔合聚合物溶液在体系浓度为800mg/L(黏度为40mPa・s)时，缔合聚合物驱在大庆油层天然岩心上的阻力系数和残余阻力系数实验结果。以前的大量岩心实验结果表明，对于部分水解聚丙烯酰胺来说，浓度对阻力系数影响较为明显，但对残余阻力系数影响不大。浓度对缔合聚合物体系的黏弹效应有直接的影响，特别是当浓度大于或低于临界缔合浓度时更明显。显然，缔合聚合物浓度的大小对阻力系数和残余阻力系数有影响。

表4-21给出了缔合聚合物浓度分别为400mg/L、800mg/L、1000mg/L、1200mg/L

和1500mg/L时，在渗透率为$1000\times10^{-3}\mu m^2$的大庆油层天然岩心条件下的阻力系数和残余阻力系数实验结果，如图4-35所示。

表4-21 缔合聚合物浓度对天然岩心上的阻力系数及残余阻力系数的影响

岩心号	L/cm	A/cm²	Φ/%	K/$10^{-3}\mu m^2$	浓度/(mg/L)	阻力系数RF	残余阻力系数RRF	滞留量(μg/g)	平均RF	平均RRF
5-2A	8.362	4.8013	29.20	1024	400	1.75	1.002	5.574	1.83	1.08
5-3A	7.785	4.7886	29.07	997	400	1.91	1.013	5.982		
39-3-17	7.512	4.7916	29.63	1155	800	88.34	3.38	23.329	86.1	3.29
39-3-16	7.570	4.7916	29.15	1006	800	83.91	3.20	23.645		
204-4	9.007	4.812	29.22	1028	1000	114.57	3.27	23.743	116.0	3.31
204-6	8.614	4.830	29.18	1017	1000	117.39	3.34	23.508		
98-3	7.781	4.8954	29.09	1000	1200	178.36	3.01	17.617	179.4	2.94
98-2	7.863	4.8941	29.11	1010	1200	180.45	2.86	16.364		
52-4A	8.671	4.7793	29.21	1025	1500	257.44	2.25	12.895	251.6	2.22
52-4B	8.409	4.7916	29.23	1031	1500	245.68	2.19	13.105		

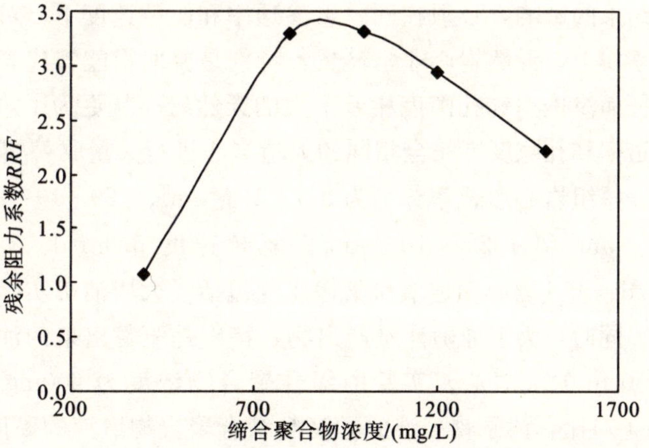

图4-35 缔合聚合物浓度在渗透率为$1000\times10^{-3}\mu m^2$岩心上对残余阻力系数的影响

结果表明，缔合聚合物与部分水解聚丙烯酰胺明显不同。缔合聚合物浓度对残余阻力系数影响非常大。随着浓度的增加，缔合聚合物溶液的残余阻力系数为一开口向下的抛物线。在浓度为1000mg/L时，残余阻力系数最大，为3.31。显然，这结果与缔合聚合物在溶液中的特殊分子结构有关。出现这种情况的主要原因是缔合聚合物在孔隙介质上可能发生了多分子层吸附，当聚合物溶液的浓度大时，由于分子间的缔合作用，被吸附在孔隙介质表层上的缔合聚合物分子层增加增厚，即吸附量逐渐增加，因此后续水驱的残余阻力系数随着浓度的增大而增加。当缔合聚合物浓度增加到一定程度时，特别是缔合聚合物浓度明显高于临界缔合浓度时，溶液中缔合聚合物分子间的缔合作用力进一步增强，分子间的作用力逐渐大于缔合聚合物分子与孔隙介质的结合力，这时大部分的缔合聚合物分子将脱离分子吸附层而进入溶液。因此，吸附在孔隙喉道表面的缔合聚合物分子层的量逐渐降低，最终导致在后续水驱条件下，残余阻力系数随着浓度的增加而降低。这一点也不同于部分水解聚丙烯酰胺。

值得注意的是，当缔合聚合物浓度低于临界缔合浓度时，缔合聚合物的残余阻力系数非常低。例如在浓度为400mg/L时，残余阻力系数只有1.08，与前面甘油的残余阻力系数1.0的实验结果非常接近。这进一步证明了前面关于缔合聚合物在浓度低于临界缔合浓度时，分子主要是以单分子的形式存在于溶液中的观点和结论。当浓度明显高于临界缔合浓度后，尽管随着浓度的增加，残余阻力系数逐渐下降，但幅度相对要小些。而部分水解聚丙烯酰胺的浓度大小对残余阻力系数基本没有影响。

(3)缔合聚合物黏弹效应对驱油效率的定量贡献实验研究。甘油是小分子无弹性水溶性流体，所以在岩心驱替实验过程中(例如水驱油后)，岩心中含有大量的水。由于水的稀释作用，甘油的黏度将大幅度降低。为了消除因驱替相黏度降低导致驱油效果的降低，这里采用在大庆油层温度、地层水以及剪切速率为7.34s^{-1}下，相同表观黏度但没有黏弹效应的黄原胶聚合物作为缔合聚合物黏弹效应对驱油效果影响的对比基础。

1)相同浓度条件下，缔合聚合物在人造岩心上提高驱油效率驱替实验

为了得到缔合聚合物提高驱油效率的准确值，消除因岩心实验误差或实验偶然随机性对驱油实验结果的影响，必须在同一组渗透率和驱替速度下，对得到的大量实验结果进行统计。事实上，天然岩心非常珍贵，特别是要取得能够代表大庆主力油层矿物组成、岩性特征而渗透率和孔隙度相差不大的天然岩心就更为困难。因此，首先采用矿物组成、渗透率和孔隙度等完全相同的人造岩心进行大量驱替实验，每组进行20次岩心驱替实验。每组岩心渗透率分别为$317\times10^{-3}\mu m^2$、$789\times10^{-3}\mu m^2$、$1096\times10^{-3}\mu m^2$、$1315\times10^{-3}\mu m^2$和$1823\times10^{-3}\mu m^2$；驱替速度5.0m/d、3.0m/d、1.5m/d、1.0m/d和0.5m/d。上述岩心渗透率和驱替速度包括了大庆油田实际的渗透率范围和主流线速度范围。同时，为了准确计量产出物，特别是驱替出来的油量，采用直径为3.8cm、长度为30cm的大岩心。实验中缔合聚合物浓度为800mg/L，体系黏度为40.4mPa·s，为了对比，黄原胶溶液的黏度与缔合聚合物溶液的黏度相同(实际值为40.74mPa·s)，岩心实验结果见表4-22～表4-46。

表4-22　渗透率为$317\times10^{-3}\mu m^2$及驱替速度为5.0m/d时，黄原胶及缔合聚合物岩心驱替实验结果

岩心	L/cm	A/cm²	Φ/%	K/ $10^{-3}\mu m^2$	含油饱和度/%	水驱采收率/%	黄原胶采收率/%	黄原胶提高采收率/%	缔合聚合物采收率/%	缔合聚合物驱油效率/%
A-1	30	11.341	20.66	317	70.36	50.21	57.47	7.26	62.78	5.31
A-2	30	11.341	20.66	317	71.19	49.47	56.55	7.08	62.21	5.66
A-3	30	11.341	20.66	317	70.57	50.28	57.67	7.39	62.55	4.88
A-5	30	11.341	20.66	317	71.62	48.98	56.76	7.78	62.38	5.62
A-6	30	11.341	20.66	317	70.06	49.87	57.95	8.08	63.03	5.08
A-7	30	11.341	20.66	317	71.45	50.61	57.66	7.05	62.76	5.10

续表

岩心	L/cm	A/cm²	Φ/%	K/ $10^{-3}\mu m^2$	含油饱和度/%	水驱采收率/%	黄原胶采收率/%	黄原胶提高采收率/%	缔合聚合物采收率/%	缔合聚合物驱油效率/%
A-8	30	11.341	20.66	317	68.99	50.17	57.09	6.92	63.00	5.91
A-9	30	11.341	20.66	317	71.24	50.08	56.37	6.29	61.89	5.52
A-10	30	11.341	20.66	317	69.96	49.77	56.46	6.69	62.45	5.99
A-11	30	11.341	20.66	317	70.29	48.65	55.17	6.52	60.09	4.92
A-12	30	11.341	20.66	317	71.00	51.00	57.06	6.06	61.87	4.81
A-13	30	11.341	20.66	317	72.37	50.25	56.57	6.32	62.10	5.53
A-14	30	11.341	20.66	317	72.14	50.42	57.41	6.99	62.75	5.34
A-15	30	11.341	20.66	317	69.63	49.83	57.01	7.18	62.64	5.63
A-16	30	11.341	20.66	317	68.89	48.66	56.33	7.67	62.08	5.75
A-17	30	11.341	20.66	317	70.32	48.80	57.08	8.28	63.11	6.03
A-18	30	11.341	20.66	317	70.78	51.45	57.97	6.52	62.46	4.49
A-4	30	11.341	20.66	317	69.50	52.05	58.58	6.53	63.79	5.21
A-19	30	11.341	20.66	317	68.89	52.21	57.95	5.74	63.21	5.26
A-20	30	11.341	20.66	317	70.47	51.12	57.46	6.34	62.80	5.34
A-21	30	11.341	20.66	317	71.29	48.78	55.78	7.00	61.13	5.35
平均	30	11.341	20.66	317	70.524	50.130	57.060	6.940	62.430	5.370

表 4-23　渗透率为 $317\times10^{-3}\mu m^2$ 及驱替速度为 3.0m/d 时，黄原胶及缔合聚合物岩心驱替实验结果

岩心	L/cm	A/cm²	Φ/%	K/ $10^{-3}\mu m^2$	含油饱和度/%	水驱采收率/%	黄原胶采收率/%	黄原胶提高采收率/%	缔合聚合物采收率/%	缔合聚合物驱油效率/%
A-22	30	11.341	20.66	317	71.45	49.34	56.01	6.67	61.03	5.02
A-24	30	11.341	20.66	317	70.23	50.06	57.30	7.24	62.42	5.12
A-23	30	11.341	20.66	317	68.95	48.37	55.13	6.76	60.02	4.89
A-25	30	11.341	20.66	317	69.73	49.45	56.04	6.59	61.36	5.32
A-26	30	11.341	20.66	317	70.12	49.12	55.78	6.66	60.80	5.02
A-27	30	11.341	20.66	317	71.06	48.89	56.31	7.42	60.98	4.67
A-28	30	11.341	20.66	317	71.56	50.11	57.46	7.35	62.57	5.11
A-29	30	11.341	20.66	317	70.34	50.02	57.04	7.02	62.25	5.21
A-30	30	11.341	20.66	317	71.27	49.31	56.34	7.03	61.02	4.68
A-31	30	11.341	20.66	317	70.06	50.29	57.09	6.80	62.01	4.92
A-32	30	11.341	20.66	317	71.38	50.42	56.97	6.55	61.78	4.81
A-33	30	11.341	20.66	317	71.29	48.14	55.03	6.89	60.19	5.16
A-34	30	11.341	20.66	317	70.68	50.20	57.89	7.69	63.23	5.34
A-35	30	11.341	20.66	317	71.50	48.31	56.23	7.92	60.98	4.75
A-36	30	11.341	20.66	317	71.71	50.78	57.53	6.75	62.63	5.10

续表

岩心	L/cm	A/cm²	Φ/%	K/$10^{-3}\mu m^2$	含油饱和度/%	水驱采收率/%	黄原胶采收率/%	黄原胶提高采收率/%	缔合聚合物采收率/%	缔合聚合物驱油效率/%
A-37	30	11.341	20.66	317	70.42	48.56	55.00	6.44	60.23	5.23
A-38	30	11.341	20.66	317	70.36	50.47	57.43	6.96	62.23	4.80
A-39	30	11.341	20.66	317	69.50	49.34	56.61	727.00	61.74	5.13
A-40	30	11.341	20.66	317	68.89	48.83	55.27	6.44	60.41	5.14
A-41	30	11.341	20.66	317	69.87	49.08	55.50	6.42	60.53	5.03
A-42	30	11.341	20.66	317	69.91	48.17	54.47	6.30	59.26	4.79
平均	30	11.341	20.66	317	70.490	49.390	56.310	6.910	61.320	5.010

表 4-24　渗透率为 $317\times10^{-3}\mu m^2$ 及驱替速度为 1.5m/d 时，黄原胶及缔合聚合物岩心驱替实验结果

岩心	L/cm	A/cm²	Φ/%	K/$10^{-3}\mu m^2$	含油饱和度/%	水驱采收率/%	黄原胶采收率/%	黄原胶提高采收率/%	缔合聚合物采收率/%	缔合聚合物驱油效率/%
A-43	30	11.341	20.66	317	70.69	47.23	54.10	6.87	58.62	4.52
A-44	30	11.341	20.66	317	70.44	47.11	53.64	6.53	57.98	4.34
A-45	30	11.341	20.66	317	68.60	46.06	52.60	6.54	56.70	4.10
A-46	30	11.341	20.66	317	69.90	47.82	54.72	6.90	59.01	4.29
A-47	30	11.341	20.66	317	68.88	48.04	54.20	6.16	58.76	4.56
A-48	30	11.341	20.66	317	71.31	48.21	55.23	7.02	59.35	4.12
A-49	30	11.341	20.66	317	71.28	46.23	52.98	6.75	57.36	4.38
A-50	30	11.341	20.66	317	69.25	46.84	53.96	7.12	58.53	4.57
A-51	30	11.341	20.66	317	70.35	47.00	54.21	7.21	58.70	4.49
A-52	30	11.341	20.66	317	70.01			管线漏油		
A-53	30	11.341	20.66	317	68.91	47.78	54.36	6.58	58.56	4.20
A-54	30	11.341	20.66	317	70.55	46.09	52.40	6.31	56.80	4.40
A-55	30	11.341	20.66	317	71.52	47.10	54.26	7.16	58.93	4.67
A-56	30	11.341	20.66	317	71.09	48.11	55.13	7.02	59.67	4.54
A-57	30	11.341	20.66	317	70.85	47.82	54.20	6.38	58.80	4.60
A-58	30	11.341	20.66	317	70.43	47.23	53.88	6.65	58.47	4.59
A-59	30	11.341	20.66	317	70.47	48.38	54.72	6.34	59.22	4.50
A-60	30	11.341	20.66	317	69.89	47.89	54.90	7.01	59.46	4.56
A-61	30	11.341	20.66	317	70.16	48.24	54.68	6.44	59.11	4.43
A-62	30	11.341	20.66	317	69.96	47.38	53.47	6.09	57.53	4.06
A-63	30	11.341	20.66	317	71.54	47.04	53.45	6.41	57.96	4.51
平均	30	11.341	20.66	317	70.290	47.380	54.050	6.670	58.470	4.420

表 4-25　渗透率为 $317\times10^{-3}\mu m^2$ 及驱替速度为 1.0m/d 时，黄原胶及缔合聚合物岩心驱替实验结果

岩心	L/cm	A/cm²	Φ/%	K/$10^{-3}\mu m^2$	含油饱和度/%	水驱采收率/%	黄原胶采收率/%	黄原胶提高采收率/%	缔合聚合物采收率/%	缔合聚合物驱油效率/%
A-64	30	11.341	20.66	317	70.16	46.18	52.86	6.68	56.43	3.57
A-65	30	11.341	20.66	317	70.09	47.09	53.59	6.50	56.72	3.13
A-66	30	11.341	20.66	317	72.17	46.02	52.59	6.57	55.87	3.28
A-67	30	11.341	20.66	317	70.74	46.16	52.78	6.62	56.23	3.45
A-68	30	11.341	20.66	317	70.26	47.23	53.46	6.23	56.96	3.50
A-69	30	11.341	20.66	317	68.69	46.68	53.10	6.42	56.23	3.13
A-70	30	11.341	20.66	317	69.89	45.40	51.77	6.37	55.12	3.35
A-71	30	11.341	20.66	317	70.28	45.24	51.91	6.67	55.47	3.56
A-72	30	11.341	20.66	317	71.56	45.38	52.49	7.11	55.98	3.49
A-73	30	11.341	20.66	317	70.90	46.38	53.40	7.02	56.59	3.19
A-74	30	11.341	20.66	317	68.79	45.47	51.87	6.40	55.08	3.21
A-75	30	11.341	20.66	317	70.36	45.67	51.93	6.26	55.28	3.35
A-76	30	11.341	20.66	317	70.47	47.12	53.90	6.78	57.10	3.20
A-77	30	11.341	20.66	317	69.58	46.05	53.06	7.01	56.06	3.00
A-78	30	11.341	20.66	317	71.71	46.33	52.71	6.38	55.87	3.16
A-79	30	11.341	20.66	317	70.42	46.37	53.02	6.65	56.04	3.02
A-90	30	11.341	20.66	317	70.36	46.89	53.34	6.45	56.91	3.57
A-91	30	11.341	20.66	317	70.66	46.07	52.63	6.56	56.30	3.67
A-92	30	11.341	20.66	317	72.19	46.70	53.20	6.50	56.49	3.29
A-93	30	11.341	20.66	317	71.60	46.46	52.61	6.15	55.78	3.17
A-94	30	11.341	20.66	317	70.30	47.22	53.63	6.41	56.86	3.23
平均	30	11.341	20.66	317	70.532	46.290	52.850	6.560	56.160	3.310

表 4-26　渗透率为 $317\times10^{-3}\mu m^2$ 及驱替速度为 0.5m/d 时，黄原胶及缔合聚合物岩心驱替实验结果

岩心	L/cm	A/cm²	Φ/%	K/$10^{-3}\mu m^2$	含油饱和度/%	水驱采收率/%	黄原胶采收率/%	黄原胶提高采收率/%	缔合聚合物采收率/%	缔合聚合物驱油效率/%
A-80	30	11.341	20.66	317	70.59	45.45	51.90	6.45	52.93	1.03
A-81	30	11.341	20.66	317	71.14	45.27	51.83	6.56	52.81	0.98
A-82	30	11.341	20.66	317	70.05	44.50	51.08	6.58	52.19	1.11
A-83	30	11.341	20.66	317	69.89	46.05	52.65	6.60	53.86	1.21
A-84	30	11.341	20.66	317	70.35	45.68	51.84	6.16	52.89	1.05
A-85	30	11.341	20.66	317	70.34	46.14	52.20	6.06	53.30	1.10
A-86	30	11.341	20.66	317	70.37	45.44	51.55	6.11	52.78	1.23
A-87	30	11.341	20.66	317	70.51	45.36	51.57	6.21	52.73	1.16
A-88	30	11.341	20.66	317	71.32	45.19	51.87	6.68	52.74	0.87

续表

岩心	L/cm	A/cm^2	Φ/%	K/ $10^{-3}\mu m^2$	含油饱和度/%	水驱采收率/%	黄原胶采收率/%	黄原胶提高采收率/%	缔合聚合物采收率/%	缔合聚合物驱油效率/%
A-89	30	11.341	20.66	317	70.11	46.25	52.27	6.02	53.19	0.92
A-95	30	11.341	20.66	317	70.76	45.09	51.56	6.47	52.80	1.24
A-96	30	11.341	20.66	317	70.99	45.33	51.71	6.38	52.75	1.04
A-97	30	11.341	20.66	317	68.55	45.47	52.35	6.88	53.52	1.17
A-98	30	11.341	20.66	317	70.01	46.29	53.19	6.90	54.00	0.81
A-99	30	11.341	20.66	317	70.12	46.45	52.62	6.17	53.56	0.94
A-100	30	11.341	20.66	317	70.42	46.01	52.25	6.24	53.30	1.05
A-101	30	11.341	20.66	317	70.36	45.67	51.82	6.15	52.97	1.15
A-102	30	11.341	20.66	317	68.09	45.08	51.64	6.56	52.52	0.88
A-103	30	11.341	20.66	317	69.22	46.23	52.46	6.23	53.37	0.91
A-104	30	11.341	20.66	317	67.59	45.37	51.58	6.21	52.54	0.96
A-105	30	11.341	20.66	317	68.36	45.30	51.42	6.12	52.61	1.19
平均	30	11.341	20.66	317	69.959	45.600	51.970	6.370	53.020	1.050

表 4-27　渗透率为 $789\times10^{-3}\mu m^2$ 及驱替速度为 5.0m/d 时，黄原胶及缔合聚合物岩心驱替实验结果

岩心	L/cm	A/cm^2	Φ/%	K/ $10^{-3}\mu m^2$	含油饱和度/%	水驱采收率/%	黄原胶采收率/%	黄原胶提高采收率/%	缔合聚合物采收率/%	缔合聚合物驱油效率/%
C-1	30	11.341	23.48	789	71.47	51.18	58.16	6.98	63.51	5.35
C-2	30	11.341	23.48	789	71.49	50.56	57.58	7.02	62.87	5.29
C-3	30	11.341	23.48	789	72.08	51.47	58.64	7.17	63.76	5.12
C-4	30	11.341	23.48	789	71.78	48.29	54.98	6.69	60.52	5.54
C-5	30	11.341	23.48	789	71.90	50.68	58.55	7.87	64.14	5.59
C-6	30	11.341	23.48	789	71.76	51.59	59.14	7.55	64.46	5.32
C-7	30	11.341	23.48	789	70.48	50.31	57.49	7.18	62.89	5.40
C-8	30	11.341	23.48	789	71.50	50.12	57.00	6.88	62.03	5.03
C-9	30	11.341	23.48	789	71.06	50.14	57.50	7.36	62.77	5.27
C-10	30	11.341	23.48	789	70.20	50.33	57.10	6.77	62.17	5.07
C-12	30	11.341	23.48	789	70.80	51.65	58.60	6.95	63.55	4.95
C-13	30	11.341	23.48	789	72.46	50.13	57.75	7.62	62.88	5.13
C-14	30	11.341	23.48	789	71.31	50.22	57.12	6.90	62.37	5.25
C-15	30	11.341	23.48	789	70.18	49.45	56.76	7.31	61.93	5.17
C-16	30	11.341	23.48	789	71.23	50.11	57.94	7.83	63.24	5.30
C-17	30	11.341	23.48	789	70.17	50.03	57.63	7.60	63.46	5.83
C-18	30	11.341	23.48	789	70.15	50.39	56.91	6.52	61.77	4.86
C-19	30	11.341	23.48	789	69.57	51.88	58.41	6.53	63.12	4.71

续表

岩心	L/cm	A/cm²	Φ/%	K/$10^{-3}\mu m^2$	含油饱和度/%	水驱采收率/%	黄原胶采收率/%	黄原胶提高采收率/%	缔合聚合物采收率/%	缔合聚合物驱油效率/%
C-20	30	11.341	23.48	789	70.39	51.76	58.57	6.81	64.31	5.74
C-21	30	11.341	23.48	789	70.30	51.34	58.09	6.75	63.92	5.83
C-22	30	11.341	23.48	789	70.15	50.17	57.30	7.13	61.96	4.66
平均	30	11.341	23.48	789	70.973	50.560	57.680	7.120	62.940	5.260

表 4-28　渗透率为 $789\times10^{-3}\mu m^2$ 及驱替速度为 3.0m/d 时，黄原胶及缔合聚合物岩心驱替实验结果

岩心	L/cm	A/cm²	Φ/%	K/$10^{-3}\mu m^2$	含油饱和度/%	水驱采收率/%	黄原胶采收率/%	黄原胶提高采收率/%	缔合聚合物采收率/%	缔合聚合物驱油效率/%
C-23	30	11.341	23.48	789	68.57	50.43	56.95	6.52	61.71	4.76
C-24	30	11.341	23.48	789	70.45	50.26	岩心破裂，实验失败			
C-25	30	11.341	23.48	789	70.37	51.15	58.16	7.01	62.55	4.39
C-26－1	30	11.341	23.48	789	69.68	49.46	56.24	6.78	60.47	4.23
C-26	30	11.341	23.48	789	69.40	50.27	57.60	7.33	61.74	4.14
C-27	30	11.341	23.48	789	71.34	50.67	57.25	6.58	62.29	5.04
C-28	30	11.341	23.48	789	71.39	50.39	57.44	7.05	62.57	5.13
C-29	30	11.341	23.48	789	68.57	50.15	57.02	6.87	61.77	4.75
C-30	30	11.341	23.48	789	70.36	50.30	56.76	6.46	61.87	5.11
C-31	30	11.341	23.48	789	70.50	50.36	57.15	6.79	62.12	4.97
C-32	30	11.341	23.48	789	70.27	50.76	57.99	7.23	62.98	4.99
C-33	30	11.341	23.48	789	71.48	50.14	56.71	6.57	60.86	4.15
C-34	30	11.341	23.48	789	71.17	50.05	56.94	6.89	61.32	4.38
C-35	30	11.341	23.48	789	70.33	50.47	57.54	7.07	62.62	5.08
C-36	30	11.341	23.48	789	71.98	50.40	57.65	7.25	62.01	4.36
C-37	30	11.341	23.48	789	71.67	50.01	57.35	7.34	61.98	4.63
C-38	30	11.341	23.48	789	70.41	50.21	56.88	6.67	61.45	4.57
C-39	30	11.341	23.48	789	69.09	51.33	57.79	6.46	62.64	4.85
C-40	30	11.341	23.48	789	70.77	50.54	57.36	6.82	61.81	4.45
C-41	30	11.341	23.48	789	71.78	51.38	58.26	6.88	62.44	4.18
C-42	30	11.341	23.48	789	70.52	50.19	56.54	6.35	61.57	5.03
平均	30	11.341	23.48	789	70.481	50.420	57.270	6.850	61.930	4.660

表 4-29　渗透率为 789×10⁻³μm² 及驱替速度为 1.5m/d 时，黄原胶及缔合聚合物岩心驱替实验结果

岩心	L/cm	A/cm²	Φ/%	K/ $10^{-3}\mu m^2$	含油饱和度/%	水驱采收率/%	黄原胶采收率/%	黄原胶提高采收率/%	缔合聚合物采收率/%	缔合聚合物驱油效率/%
C-43	30	11.341	23.48	789	70.23	48.64	55.31	6.67	59.32	4.01
C-44	30	11.341	23.48	789	69.24	50.46	57.01	6.55	60.76	3.75
C-45	30	11.341	23.48	789	69.56	50.41	57.42	7.01	61.61	4.19
C-46	30	11.341	23.48	789	71.19	49.56	56.01	6.45	59.70	3.69
C-47	30	11.341	23.48	789	68.32	48.63	55.37	6.74	59.54	4.17
C-48	30	11.341	23.48	789	71.22	49.68	56.14	6.46	60.20	4.06
C-49	30	11.341	23.48	789	72.01	50.45	57.57	7.12	61.44	3.87
C-50	30	11.341	23.48	789	70.00	50.38	56.85	6.47	60.83	3.98
C-51	30	11.341	23.48	789	71.08	50.47	57.46	6.99	61.25	3.79
C-52	30	11.341	23.48	789	69.82	50.12	56.62	6.50	61.00	4.38
C-53	30	11.341	23.48	789	70.45	50.09	57.19	7.10	61.30	4.11
C-54	30	11.341	23.48	789	68.33	50.23	56.46	6.23	60.06	3.60
C-55	30	11.341	23.48	789	67.98	50.40	56.71	6.31	60.40	3.69
C-56	30	11.341	23.48	789	70.29	50.46	57.55	7.09	61.67	4.12
C-57	30	11.341	23.48	789	70.44	50.76	56.93	6.17	61.00	4.07
C-58	30	11.341	23.48	789	70.70	48.68	55.69	7.01	59.94	4.25
C-59	30	11.341	23.48	789	70.13	50.27	56.94	6.67	60.97	4.03
C-60	30	11.341	23.48	789	69.67	49.79	56.15	6.36	59.71	3.56
C-61	30	11.341	23.48	789	68.59	50.60	56.69	6.09	60.51	3.82
C-62	30	11.341	23.48	789	68.76	50.00	56.52	6.52	60.67	4.15
C-63	30	11.341	23.48	789	70.09	50.25	56.71	6.46	60.79	4.08
平均	30	11.341	23.48	789	69.910	50.010	56.630	6.620	60.600	3.970

表 4-30　渗透率为 789×10⁻³μm² 及驱替速度为 1.0m/d 时，黄原胶及缔合聚合物岩心驱替实验结果

岩心	L/cm	A/cm²	Φ/%	K/ $10^{-3}\mu m^2$	含油饱和度/%	水驱采收率/%	黄原胶采收率/%	黄原胶提高采收率/%	缔合聚合物采收率/%	缔合聚合物驱油效率/%
C-65	30	11.341	23.48	789	68.78	46.47	52.99	6.52	55.60	2.61
C-66	30	11.341	23.48	789	70.34	45.30	51.44	6.14	54.20	2.76
C-67	30	11.341	23.48	789	69.47	47.28	54.49	7.21	57.51	3.02
C-68	30	11.341	23.48	789	68.57	45.56	51.86	6.30	54.75	2.89
C-69	30	11.341	23.48	789	69.98	48.44	54.63	6.19	57.67	3.04
C-70	30	11.341	23.48	789	70.99	50.71	57.02	6.31	60.08	3.06
C-71	30	11.341	23.48	789	72.75	48.19	54.64	6.45	57.42	2.78
C-71−1	30	11.341	23.48	789	72.67	46.52	52.74	6.22	55.69	2.95
C-72	30	11.341	23.48	789	71.36	51.18	57.67	6.49	60.65	2.98

续表

岩心	L/cm	A/cm²	Φ/%	K/ $10^{-3}\mu m^2$	含油饱和度/%	水驱采收率/%	黄原胶采收率/%	黄原胶提高采收率/%	缔合聚合物采收率/%	缔合聚合物驱油效率/%
C-73	30	11.341	23.48	789	68.81	46.34	52.68	6.34	55.18	2.50
C-74	30	11.341	23.48	789	70.40	49.79	56.46	6.67	58.63	2.17
C-75	30	11.341	23.48	789	71.70	45.41	52.41	7.00	55.50	3.09
C-76	30	11.341	23.48	789	71.51	45.85	52.16	6.31	55.04	2.88
C-77	30	11.341	23.48	789	70.76	48.52	55.59	7.07	58.71	3.12
C-78	30	11.341	23.48	789	70.09	50.63	56.98	6.35	60.01	3.03
C-79	30	11.341	23.48	789	70.68	46.22	52.93	6.71	55.50	2.57
C-80	30	11.341	23.48	789	70.20	49.76	55.96	6.20	58.96	3.00
C-81	30	11.341	23.48	789	69.79	48.56	54.74	6.18	57.30	2.56
C-64	30	11.341	23.48	789	71.46	48.60	54.67	6.07	57.48	2.81
C-82	30	11.341	23.48	789	71.42	50.08	56.31	6.23	58.77	2.46
C-83	30	11.341	23.48	789	70.11	49.66	56.09	6.43	59.20	3.11
平均	30	11.341	23.48	789	70.564	48.050	54.480	6.430	337.480	283.000

表 4-31　渗透率为 789×$10^{-3}\mu m^2$ 及驱替速度为 0.5m/d 时，黄原胶及缔合聚合物岩心驱替实验结果

岩心	L/cm	A/cm²	Φ/%	K/ $10^{-3}\mu m^2$	含油饱和度/%	水驱采收率/%	黄原胶采收率/%	黄原胶提高采收率/%	缔合聚合物采收率/%	缔合聚合物驱油效率/%
C-84	30	11.341	23.48	789	69.88	45.28	51.29	6.01	52.27	0.98
C-85	30	11.341	23.48	789	70.45	45.44	51.61	6.17	52.63	1.02
C-86	30	11.341	23.48	789	69.09	46.09	52.86	6.77	53.78	0.92
C-87	30	11.341	23.48	789	70.68	46.30	52.52	6.22	53.39	0.87
C-88	30	11.341	23.48	789	69.99	46.97	53.22	6.25	53.98	0.76
C-89	30	11.341	23.48	789	饱和模拟油时，岩心漏油					
C-90	30	11.341	23.48	789	71.36	47.23	53.54	6.31	54.42	0.88
C-91	30	11.341	23.48	789	72.08	46.34	52.61	6.27	53.57	0.96
C-91	30	11.341	23.48	789	71.40	48.54	54.62	6.08	55.43	0.81
C-92	30	11.341	23.48	789	68.99	47.01	53.57	6.56	54.77	1.20
C-93	30	11.341	23.48	789	67.74	47.35	53.39	6.04	54.46	1.07
C-94	30	11.341	23.48	789	72.12	45.40	52.46	7.06	53.51	1.05
C-95	30	11.341	23.48	789	71.05	45.65	51.77	6.12	52.73	0.96
C-96	30	11.341	23.48	789	70.57	47.88	54.97	7.09	56.11	1.14
C-97	30	11.341	23.48	789	70.68	49.56	55.70	6.14	56.79	1.09
C-99	30	11.341	23.48	789	70.87	47.17	环压系统漏油，黄原胶驱失败			
C-98	30	11.341	23.48	789	70.11	47.34	53.66	6.32	54.66	1.00
C-100	30	11.341	23.48	789	69.65	48.39	54.49	6.10	55.28	0.79

续表

岩心	L/cm	A/cm^2	Φ/%	K/ $10^{-3}\mu m^2$	含油饱和度/%	水驱采收率/%	黄原胶采收率/%	黄原胶提高采收率/%	缔合聚合物采收率/%	缔合聚合物驱油效率/%
C-105	30	11.341	23.48	789	71.53	48.77	54.84	6.07	55.71	0.87
C-108	30	11.341	23.48	789	71.80	48.73	54.80	6.07	55.69	0.89
C-111	30	11.341	23.48	789	69.55	48.80	54.84	6.04	55.78	0.94
平均	30	11.341	23.48	789	70.480	47.210	53.500	6.290	54.458	0.958

表 4-32 渗透率为 $1096\times10^{-3}\mu m^2$ 及驱替速度为 5.0m/d 时，黄原胶及缔合聚合物岩心驱替实验结果

岩心	L/cm	A/cm^2	Φ/%	K/ $10^{-3}\mu m^2$	含油饱和度/%	水驱采收率/%	黄原胶采收率/%	黄原胶提高采收率/%	缔合聚合物采收率/%	缔合聚合物驱油效率/%
B-1	30	11.341	26.49	1096	68.56	51.55	59.11	7.56	63.98	4.87
B-2	30	11.341	26.49	1096	70.62	49.64	56.57	6.93	62.13	5.56
B-3	30	11.341	26.49	1096	70.44	52.31	59.85	7.54	65.19	5.34
B-4	30	11.341	26.49	1096	70.59	49.78	57.13	7.35	62.17	5.04
B-5	30	11.341	26.49	1096	69.99	50.37	57.61	7.24	62.74	5.13
B-6	30	11.341	26.49	1096	69.68	51.85	59.15	7.30	64.39	5.24
B-7	30	11.341	26.49	1096	70.45	50.50	57.84	7.34	63.06	5.22
B-8	30	11.341	26.49	1096	69.55	51.21	58.82	7.61	63.58	4.76
B-9	30	11.341	26.49	1096	71.38	50.14	56.81	6.67	62.01	5.20
B-10	30	11.341	26.49	1096	70.37	50.12	57.62	7.50	62.62	5.00
B-12	30	11.341	26.49	1096	70.77	51.87	58.62	6.75	63.57	4.95
B-13	30	11.341	26.49	1096	68.74	52.31	59.55	7.24	64.80	5.25
B-14	30	11.341	26.49	1096	70.41	51.66	58.69	7.03	63.98	5.29
B-15	30	11.341	26.49	1096	70.30	49.80	56.81	7.01	61.85	5.04
B-16	30	11.341	26.49	1096	71.04	49.76	57.18	7.42	62.48	5.30
B-17	30	11.341	26.49	1096	70.25	51.44	58.91	7.47	63.65	4.74
B-18	30	11.341	26.49	1096	70.36	50.87	58.13	7.26	62.71	4.58
B-19	30	11.341	26.49	1096	69.44	51.72	58.59	6.87	63.10	4.51
B-20	30	11.341	26.49	1096	70.01	52.59	59.89	7.30	64.68	4.79
B-21	30	11.341	26.49	1096	69.12	51.62	58.56	6.94	63.44	4.88
B-22	30	11.341	26.49	1096	72.09	50.38	57.49	7.11	62.39	4.90
平均	30	11.341	26.49	1096	70.198	51.020	58.230	7.210	63.260	5.030

表 4-33　渗透率为 $1096\times10^{-3}\mu m^2$ 及驱替速度为 3.0m/d 时，黄原胶及缔合聚合物岩心驱替实验结果

岩心	L/cm	A/cm²	Φ/%	K/ $10^{-3}\mu m^2$	含油饱和度/%	水驱采收率/%	黄原胶采收率/%	黄原胶提高采收率/%	缔合聚合物采收率/%	缔合聚合物驱油效率/%
B-25	30	11.341	26.49	1096	管线系统不密封，实验失败					
B-23	30	11.341	26.49	1096	72.35	49.45	56.16	6.71	61.28	5.12
B-24	30	11.341	26.49	1096	68.49	50.47	57.37	6.90	62.00	4.63
B-26	30	11.341	26.49	1096	71.87	49.69	57.17	7.48	62.20	5.03
B-27	30	11.341	26.49	1096	71.60	50.23	57.57	7.34	62.19	4.62
B-28	30	11.341	26.49	1096	69.88	50.99	58.38	7.39	62.51	4.13
B-29	30	11.341	26.49	1096	71.22	50.68	58.03	7.35	62.68	4.65
B-30	30	11.341	26.49	1096	69.76	50.54	57.36	6.82	61.83	4.47
B-31	30	11.341	26.49	1096	68.43	50.11	56.89	6.78	61.18	4.29
B-32	30	11.341	26.49	1096	70.41	50.20	57.56	7.36	62.58	5.02
B-33	30	11.341	26.49	1096	70.32	51.67	58.44	6.77	62.98	4.54
B-34	30	11.341	26.49	1096	68.91	51.44	58.30	6.86	62.47	4.17
B-35	30	11.341	26.49	1096	68.27	51.32	58.62	7.30	62.96	4.34
B-36	30	11.341	26.49	1096	72.42	49.86	57.07	7.21	61.68	4.61
B-37	30	11.341	26.49	1096	70.28	49.35	56.91	7.56	61.53	4.62
B-38	30	11.341	26.49	1096	70.29	50.35	57.62	7.27	62.42	4.80
B-39	30	11.341	26.49	1096	68.47	50.95	58.28	7.33	62.94	4.66
B-40	30	11.341	26.49	1096	69.36	51.47	58.34	6.87	62.98	4.64
B-41	30	11.341	26.49	1096	71.87	53.10	59.65	6.55	63.96	4.31
B-42	30	11.341	26.49	1096	68.00	51.34	58.47	7.13	62.71	4.24
B-43	30	11.341	26.49	1096	71.56	49.77	57.22	7.45	61.49	4.27
平均	30	11.341	26.49	1096	70.188	50.650	57.860	7.210	62.420	4.560

表 4-34　渗透率为 $1096\times10^{-3}\mu m^2$ 及驱替速度为 1.5m/d 时，黄原胶及缔合聚合物岩心驱替实验结果

岩心	L/cm	A/cm²	Φ/%	K/ $10^{-3}\mu m^2$	含油饱和度/%	水驱采收率/%	黄原胶采收率/%	黄原胶提高采收率/%	缔合聚合物采收率/%	缔合聚合物驱油效率/%
B-44	30	11.341	26.49	1096	68.56	51.32	57.87	6.55	61.61	3.74
B-45	30	11.341	26.49	1096	70.47	48.89	55.92	7.03	58.79	2.87
B-46	30	11.341	26.49	1096	68.77	50.76	57.27	6.51	59.96	2.69
B-47	30	11.341	26.49	1096	69.24	49.44	56.16	6.72	59.39	3.23
B-48	30	11.341	26.49	1096	71.88	51.51	58.71	7.20	61.60	2.89
B-49	30	11.341	26.49	1096	69.87	51.06	58.23	7.17	61.24	3.01
B-50	30	11.341	26.49	1096	72.40	50.72	57.49	6.77	60.77	3.28
B-51	30	11.341	26.49	1096	69.35	50.61	57.95	7.34	61.35	3.40
B-52	30	11.341	26.49	1096	68.71	50.36	57.07	6.71	60.18	3.11

续表

岩心	L/cm	A/cm²	Φ/%	K/ $10^{-3}\mu m^2$	含油饱和度/%	水驱采收率/%	黄原胶采收率/%	黄原胶提高采收率/%	缔合聚合物采收率/%	缔合聚合物驱油效率/%
B-53	30	11.341	26.49	1096	68.96	50.85	57.92	7.07	61.14	3.22
B-54	30	11.341	26.49	1096	71.52	52.22	59.15	6.93	62.69	3.54
B-55	30	11.341	26.49	1096	70.24	50.79	57.67	6.88	61.11	3.44
B-56	30	11.341	26.49	1096	69.93	50.01	56.64	6.63	59.85	3.21
B-57	30	11.341	26.49	1096	71.07	48.79	56.31	7.52	59.28	2.97
B-58	30	11.341	26.49	1096	70.34	50.27	57.54	7.27	60.79	3.25
B-59	30	11.341	26.49	1096	70.30	50.18	57.23	7.05	60.88	3.65
B-60	30	11.341	26.49	1096	71.55	50.20	57.31	7.11	60.91	3.60
B-61	30	11.341	26.49	1096	68.79	51.86	58.62	6.76	62.17	3.55
B-62	30	11.341	26.49	1096	67.91	50.99	57.41	6.42	60.87	3.46
B-63	30	11.341	26.49	1096	69.76	50.64	57.78	7.14	60.85	3.07
B-64	30	11.341	26.49	1096	70.14	51.14	58.00	6.86	60.99	2.99
平均	30	11.341	26.49	1096	69.989	50.640	57.580	6.940	60.830	3.250

表 4-35 渗透率为 $1096\times10^{-3}\mu m^2$ 及驱替速度为 1.0m/d 时，黄原胶及缔合聚合物岩心驱替实验结果

岩心	L/cm	A/cm²	Φ/%	K/ $10^{-3}\mu m^2$	含油饱和度/%	水驱采收率/%	黄原胶采收率/%	黄原胶提高采收率/%	缔合聚合物采收率/%	缔合聚合物驱油效率/%
B-70	30	11.341	26.49	1096	70.14	50.43	56.52	6.09	58.76	2.24
B-71	30	11.341	26.49	1096	70.89	48.90	54.94	6.04	56.73	1.79
B-72	30	11.341	26.49	1096	72.02	49.12	55.99	6.87	58.11	2.12
B-73	30	11.341	26.49	1096	68.76	49.91	56.12	6.21	58.43	2.31
B-74	30	11.341	26.49	1096	70.19	50.02	57.03	7.01	59.04	2.01
B-75	30	11.341	26.49	1096	69.45	50.19	57.24	7.05	59.26	2.02
B-76	30	11.341	26.49	1096	71.27	50.43	57.22	6.79	59.35	2.13
B-77	30	11.341	26.49	1096	69.65	50.09	57.15	7.06	59.51	2.36
B-78	30	11.341	26.49	1096	69.18	50.55	57.44	6.89	59.20	1.76
B-79	30	11.341	26.49	1096	68.34	50.10	57.10	7.00	59.82	2.72
B-80	30	11.341	26.49	1096	71.80	50.25	56.99	6.74	59.42	2.43
B-81	30	11.341	26.49	1096	68.31	50.60	56.96	6.36	59.10	2.14
B-82	30	11.341	26.49	1096	69.42	49.23	55.67	6.44	57.90	2.23
B-83	30	11.341	26.49	1096	68.56	49.86	56.98	7.12	58.87	1.89
B-84	30	11.341	26.49	1096	67.94	48.04	54.23	6.19	55.92	1.69
B-85	30	11.341	26.49	1096	70.83	51.03	58.03	7.00	60.10	2.07
B-65	30	11.341	26.49	1096	72.16	50.20	56.87	6.67	58.71	1.84
B-66	30	11.341	26.49	1096	68.51	50.31	57.10	6.79	59.00	1.90

续表

岩心	L/cm	A/cm²	Φ/%	K/ $10^{-3}\mu m^2$	含油饱和度/%	水驱采收率/%	黄原胶采收率/%	黄原胶提高采收率/%	缔合聚合物采收率/%	缔合聚合物驱油效率/%
B-67	30	11.341	26.49	1096	69.20	49.98	56.12	6.14	57.81	1.69
B-68	30	11.341	26.49	1096	69.32	49.57	56.97	7.40	59.22	2.25
B-69	30	11.341	26.49	1096	68.89	50.26	56.80	6.54	59.25	2.45
平均	30	11.341	26.49	1096	69.754	49.960	56.650	6.690	58.750	2.100

表 4-36　渗透率为 $1096\times10^{-3}\mu m^2$ 及驱替速度为 0.5m/d 时，黄原胶及缔合聚合物岩心驱替实验结果

岩心	L/cm	A/cm²	Φ/%	K/ $10^{-3}\mu m^2$	含油饱和度/%	水驱采收率/%	黄原胶采收率/%	黄原胶提高采收率/%	缔合聚合物采收率/%	缔合聚合物驱油效率/%
B-86	30	11.341	26.49	1096	68.49	47.69	53.58	5.89	54.01	0.43
B-87	30	11.341	26.49	1096	69.74	48.22	54.89	6.67	55.46	0.57
B-88	30	11.341	26.49	1096	71.56	47.85	54.64	6.79	54.99	0.35
B-89	30	11.341	26.49	1096	70.41	48.91	54.91	6.00	55.22	0.31
B-90	30	11.341	26.49	1096	70.23	50.00	57.23	7.23	57.63	0.40
B-91	30	11.341	26.49	1096	69.76	49.28	55.79	6.51	56.13	0.34
B-92	30	11.341	26.49	1096	70.90	50.12	56.54	6.42	56.86	0.32
B-93	30	11.341	26.49	1096	71.07	50.30	57.50	7.20	57.96	0.46
B-94	30	11.341	26.49	1096	69.38	50.17	56.85	6.68	57.53	0.68
B-95	30	11.341	26.49	1096	68.81	49.65	56.77	7.12	57.31	0.54
B-96	30	11.341	26.49	1096	71.80	49.49	56.00	6.51	56.33	0.33
B-97	30	11.341	26.49	1096	68.43	50.53	57.02	6.49	57.51	0.49
B-98	30	11.341	26.49	1096	69.55	49.66	55.99	6.33	56.22	0.23
B-99	30	11.341	26.49	1096	70.23	48.77	56.00	7.23	56.66	0.66
B-100	30	11.341	26.49	1096	73.03	49.09	55.16	6.07	55.76	0.60
B-101	30	11.341	26.49	1096	72.05	50.07	57.16	7.09	58.17	1.01
B-102	30	11.341	26.49	1096	70.11	50.18	57.03	6.85	57.33	0.30
B-104	30	11.341	26.49	1096	68.51	50.41	56.86	6.45	57.46	0.60
B-103	30	11.341	26.49	1096	69.54	48.64	54.94	6.30	55.31	0.37
B-105	30	11.341	26.49	1096	68.40	50.11	57.38	7.27	57.77	0.39
B-106	30	11.341	26.49	1096	70.34	49.78	56.24	6.46	56.71	0.47
平均	30	11.341	26.49	1096	70.111	49.470	56.120	6.650	56.589	0.469

表 4-37　渗透率为 $1315\times10^{-3}\mu m^2$ 及驱替速度为 5.0m/d 时，黄原胶及缔合聚合物岩心驱替实验结果

岩心	L/cm	A/cm²	Φ/%	K/$10^{-3}\mu m^2$	含油饱和度/%	水驱采收率/%	黄原胶采收率/%	黄原胶提高采收率/%	缔合聚合物采收率/%	缔合聚合物驱油效率/%
F-1	30	11.341	29.54	1315	67.80	52.31	58.29	5.98	62.41	4.12
F-2	30	11.341	29.54	1315	69.43	47.35	54.66	7.31	59.11	4.45
F-3	30	11.341	29.54	1315	68.52	52.70	60.12	7.42	64.49	4.37
F-4	30	11.341	29.54	1315	70.37	48.66	56.79	8.13	61.81	5.02
F-5	30	11.341	29.54	1315	69.09	52.09	59.34	7.25	64.42	5.08
F-6	30	11.341	29.54	1315	67.68	51.92	59.18	7.26	63.52	4.34
F-7	30	11.341	29.54	1315	70.74	49.85	56.92	7.07	61.70	4.78
F-8	30	11.341	29.54	1315	69.69	51.76	59.78	8.02	64.34	4.56
F-9	30	11.341	29.54	1315	71.41	49.94	57.11	7.17	62.20	5.09
F-10	30	11.341	29.54	1315	71.61	49.81	56.70	6.89	61.71	5.01
F-12	30	11.341	29.54	1315	70.45	52.20	58.85	6.65	63.42	4.57
F-13	30	11.341	29.54	1315	68.74	52.14	59.55	7.41	64.03	4.48
F-14	30	11.341	29.54	1315	68.24	51.73	59.51	7.78	64.15	4.64
F-15	30	11.341	29.54	1315	71.42	49.89	57.58	7.69	62.58	5.00
F-16	30	11.341	29.54	1315	71.56	51.22	59.42	8.20	63.63	4.21
F-17	30	11.341	29.54	1315	72.32	51.31	59.10	7.79	63.99	4.89
F-18	30	11.341	29.54	1315	67.81	50.62	58.44	7.82	63.21	4.77
F-19	30	11.341	29.54	1315	68.78	52.70	59.78	7.08	64.27	4.49
F-20	30	11.341	29.54	1315	72.23	52.05	59.15	7.10	63.95	4.80
F-21	30	11.341	29.54	1315	停电，没有取得数据					
F-22	30	11.341	29.54	1315	69.40	52.47	60.70	8.23	65.52	4.82
平均	30	11.341	29.54	1315	69.865	51.140	58.550	7.410	63.220	4.670

表 4-38　渗透率为 $1315\times10^{-3}\mu m^2$ 及驱替速度为 3.0m/d 时，黄原胶及缔合聚合物岩心驱替实验结果

岩心	L/cm	A/cm²	Φ/%	K/$10^{-3}\mu m^2$	含油饱和度/%	水驱采收率/%	黄原胶采收率/%	黄原胶提高采收率/%	缔合聚合物采收率/%	缔合聚合物驱油效率/%
F-23	30	11.341	29.54	1315	70.41	48.25	54.90	6.65	58.33	3.43
F-24	30	11.341	29.54	1315	72.12	48.28	55.52	7.24	59.65	4.13
F-25	30	11.341	29.54	1315	67.77	50.08	57.46	7.38	61.66	4.20
F-26	30	11.341	29.54	1315	71.16	47.89	54.98	7.09	58.54	3.56
F-27	30	11.341	29.54	1315	68.25	50.47	57.81	7.34	61.67	3.86
F-28	30	11.341	29.54	1315	67.44	51.15	58.23	7.08	61.80	3.57
F-29	30	11.341	29.54	1315	67.56	49.22	56.31	7.09	60.63	4.32
F-30	30	11.341	29.54	1315	68.72	51.04	57.71	6.67	61.46	3.75
F-31	30	11.341	29.54	1315	70.68	48.80	56.02	7.22	60.36	4.34

续表

岩心	L/cm	A/cm²	Φ/%	K/ $10^{-3}\mu m^2$	含油饱和度/%	水驱采收率/%	黄原胶采收率/%	黄原胶提高采收率/%	缔合聚合物采收率/%	缔合聚合物驱油效率/%
F-32	30	11.341	29.54	1315	72.29	49.02	55.77	6.75	59.77	4.00
F-33	30	11.341	29.54	1315	70.89	51.74	58.65	6.91	62.56	3.91
F-34	30	11.341	29.54	1315	68.98	50.55	57.75	7.20	61.52	3.77
F-35	30	11.341	29.54	1315	69.55	51.41	57.89	6.48	62.11	4.22
F-36	30	11.341	29.54	1315	68.18	49.56	57.38	7.82	61.43	4.05
F-37	30	11.341	29.54	1315	71.56	48.72	55.75	7.03	59.84	4.09
F-38	30	11.341	29.54	1315	70.79	51.31	59.23	7.92	62.99	3.76
F-39	30	11.341	29.54	1315	68.10	50.62	58.29	7.67	62.27	3.98
F-40	30	11.341	29.54	1315	68.34	51.17	58.31	7.14	62.43	4.12
F-41	30	11.341	29.54	1315	70.53	52.04	59.30	7.26	63.23	3.93
F-42	30	11.341	29.54	1315	72.43	51.00	58.31	7.31	61.62	3.31
F-43	30	11.341	29.54	1315	70.31	50.78	57.84	7.06	61.98	4.14
平均	30	11.341	29.54	1315	69.812	50.150	57.310	7.160	61.236	3.926

表 4-39　渗透率为 $1315\times10^{-3}\mu m^2$ 及驱替速度为 1.5m/d 时，黄原胶及缔合聚合物岩心驱替实验结果

岩心	L/cm	A/cm²	Φ/%	K/ $10^{-3}\mu m^2$	含油饱和度/%	水驱采收率/%	黄原胶采收率/%	黄原胶提高采收率/%	缔合聚合物采收率/%	缔合聚合物驱油效率/%
F-52	30	11.341	29.54	1315	71.56	49.84	56.08	6.24	58.70	2.62
F-50	30	11.341	29.54	1315	71.37	50.05	56.56	6.51	58.69	2.13
F-45	30	11.341	29.54	1315	68.45	50.23	57.23	7.00	59.43	2.20
F-44	30	11.341	29.54	1315	70.72	51.70	58.40	6.70	60.74	2.34
F-47	30	11.341	29.54	1315	71.31	49.26	56.43	7.17	59.44	3.01
F-46	30	11.341	29.54	1315	69.56	50.31	57.42	7.11	60.18	2.76
F-48	30	11.341	29.54	1315	68.09	49.45	56.30	6.85	59.11	2.81
F-49	30	11.341	29.54	1315	68.47	49.92	56.66	6.74	59.21	2.55
F-51	30	11.341	29.54	1315	70.62	49.55	56.75	7.20	59.27	2.52
F-53	30	11.341	29.54	1315	69.30	48.83	55.46	6.63	58.50	3.04
F-54	30	11.341	29.54	1315	70.75	48.25	54.59	6.34	57.41	2.82
F-55	30	11.341	29.54	1315	69.43	50.90	57.69	6.79	60.20	2.51
F-56	30	11.341	29.54	1315	69.86	50.24	57.29	7.05	60.44	3.15
F-57	30	11.341	29.54	1315	68.94	51.36	58.49	7.13	61.18	2.69
F-58	30	11.341	29.54	1315	72.06	49.77	56.66	6.89	59.43	2.77
F-59	30	11.341	29.54	1315	70.43	51.00	58.44	7.44	61.02	2.58
F-60	30	11.341	29.54	1315	69.34	50.14	57.24	7.10	60.23	2.99
F-61	30	11.341	29.54	1315	67.87	50.30	57.53	7.23	60.84	3.31

续表

岩心	L/cm	A/cm²	Φ/%	K/ $10^{-3}\mu m^2$	含油饱和度/%	水驱采收率/%	黄原胶采收率/%	黄原胶提高采收率/%	缔合聚合物采收率/%	缔合聚合物驱油效率/%
F-62	30	11.341	29.54	1315	68.45	51.08	58.32	7.24	61.10	2.78
F-63	30	11.341	29.54	1315	70.89	50.13	57.12	6.99	60.17	3.05
F-64	30	11.341	29.54	1315	69.58	50.62	57.38	6.76	60.13	2.75
平均	30	11.341	29.54	1315	69.860	50.130	57.040	6.910	59.772	2.732

表 4-40 渗透率为 $1315\times10^{-3}\mu m^2$ 及驱替速度为 1.0m/d 时，黄原胶及缔合聚合物岩心驱替实验结果

岩心	L/cm	A/cm²	Φ/%	K/ $10^{-3}\mu m^2$	含油饱和度/%	水驱采收率/%	黄原胶采收率/%	黄原胶提高采收率/%	缔合聚合物采收率/%	缔合聚合物驱油效率/%
F-65	30	11.341	29.54	1315	68.66	49.65	56.43	6.78	57.74	1.31
F-66	30	11.341	29.54	1315	69.43	50.12	56.79	6.67	57.91	1.12
F-67	30	11.341	29.54	1315	69.15	50.45	57.14	6.69	58.38	1.24
F-68	30	11.341	29.54	1315	70.25	49.44	55.78	6.34	56.50	0.72
F-69	30	11.341	29.54	1315	73.08	48.76	55.29	6.53	56.32	1.03
F-70	30	11.341	29.54	1315	68.99	50.54	57.79	7.25	58.84	1.05
F-71	30	11.341	29.54	1315	71.24	49.06	55.74	6.68	57.07	1.33
F-75	30	11.341	29.54	1315	67.80	48.92	55.83	6.91	56.59	0.76
F-74	30	11.341	29.54	1315	71.53	47.87	54.98	7.11	55.85	0.87
F-73	30	11.341	29.54	1315	68.85	49.79	56.16	6.37	57.05	0.89
F-72	30	11.341	29.54	1315	71.11	48.88	55.27	6.39	56.11	0.84
F-76	30	11.341	29.54	1315	67.89	50.34	57.48	7.14	58.09	0.61
F-78	30	11.341	29.54	1315	71.07	50.17	56.38	6.21	57.61	1.23
F-77	30	11.341	29.54	1315	68.52	51.48	58.72	7.24	59.50	0.78
F-79	30	11.341	29.54	1315	71.24	49.18	55.93	6.75	56.75	0.82
F-80	30	11.341	29.54	1315	70.59	49.34	55.87	6.53	56.78	0.91
F-82	30	11.341	29.54	1315	68.70	48.69	55.96	7.27	56.94	0.98
F-81	30	11.341	29.54	1315	69.14	50.76	58.06	7.30	59.27	1.21
F-83	30	11.341	29.54	1315	68.67	50.50	57.59	7.09	58.50	0.91
F-84	30	11.341	29.54	1315	70.06	50.43	57.15	6.72	58.23	1.08
F-85	30	11.341	29.54	1315	72.26	50.09	56.89	6.80	57.53	0.64
平均	30	11.341	29.54	1315	69.916	49.740	56.539	6.799	57.507	0.968

表 4-41　渗透率为 $1315\times10^{-3}\mu m^2$ 及驱替速度为 0.5m/d 时，黄原胶及缔合聚合物岩心驱替实验结果

岩心	L/cm	A/cm²	Φ/%	K/$10^{-3}\mu m^2$	含油饱和度/%	水驱采收率/%	黄原胶采收率/%	黄原胶提高采收率/%	缔合聚合物采收率/%	缔合聚合物驱油效率/%
F-86	30	11.341	29.54	1315	69.5	51.09	58.41	7.32	58.66	0.25
F-87	30	11.341	29.54	1315	71.33	48.78	55.67	6.89	55.85	0.18
F-88	30	11.341	29.54	1315	69.52	50.12	57.14	7.02	57.41	0.27
F-89	30	11.341	29.54	1315	70.31	48.14	54.14	6	54.57	0.43
F-90	30	11.341	29.54	1315	70.56	48.79	54.84	6.05	55.17	0.33
F-91	30	11.341	29.54	1315	67.57	50.35	56.52	6.17	56.99	0.47
F-92	30	11.341	29.54	1315	71.47	49.54	55.78	6.24	56.14	0.36
F-93	30	11.341	29.54	1315	68.98	51.34	57.62	6.28	58.13	0.51
F-94	30	11.341	29.54	1315	71.26	47.87	55.1	7.23	55.32	0.22
F-95	30	11.341	29.54	1315	68.83	47.68	54.09	6.41	54.46	0.37
F-96	30	11.341	29.54	1315	67.05	47.41	53.72	6.31	54.27	0.55
F-97	30	11.341	29.54	1315	68.24	50.07	57.34	7.27	57.83	0.49
F-98	30	11.341	29.54	1315	70.08	50.2	57.27	7.07	57.67	0.40
F-99	30	11.341	29.54	1315	69.79	50.31	57.41	7.1	58.08	0.67
F-100	30	11.341	29.54	1315	68.3	48.67	55.13	6.46	55.55	0.42
F-101	30	11.341	29.54	1315	70.13	50.11	56.6	6.49	57.01	0.41
F-102	30	11.341	29.54	1315	69.54	48.46	55.47	7.01	55.85	0.38
F-103	30	11.341	29.54	1315	68.43	50.15	56.69	6.54	56.98	0.29
F-104	30	11.341	29.54	1315	72.06	50.26	57.42	7.16	57.73	0.31
F-105	30	11.341	29.54	1315	68.71	48.74	55.09	6.35	55.73	0.64
F-106	30	11.341	29.54	1315	70.32	47.26	53.73	6.47	54.25	0.52
平均	30	11.341	29.54	1315	69.618	49.300	55.959	6.659	56.362	0.403

表 4-42　渗透率为 $1823\times10^{-3}\mu m^2$ 及驱替速度为 5.0m/d 时，黄原胶及缔合聚合物岩心驱替实验结果

岩心	L/cm	A/cm²	Φ/%	K/$10^{-3}\mu m^2$	含油饱和度/%	水驱采收率/%	黄原胶采收率/%	黄原胶提高采收率/%	缔合聚合物采收率/%	缔合聚合物驱油效率/%
H-1	30	11.341	32.38	1823	67.80	51.09	57.87	6.78	61.01	3.14
H-2	30	11.341	32.38	1823	69.43	50.57	58.04	7.47	61.36	3.32
H-3	30	11.341	32.38	1823	68.52	52.36	59.24	6.88	62.53	3.29
H-4	30	11.341	32.38	1823	70.37	51.17	58.79	7.62	62.80	4.01
H-5	30	11.341	32.38	1823	69.09	50.51	58.64	8.13	62.40	3.76
H-6	30	11.341	32.38	1823	67.68	51.28	59.30	8.02	62.91	3.61
H-7	30	11.341	32.38	1823	70.74	48.60	56.06	7.46	59.50	3.44
H-8	30	11.341	32.38	1823	69.69	53.88	61.02	7.14	64.33	3.31
H-9	30	11.341	32.38	1823	71.41	51.37	58.62	7.25	62.74	4.12

续表

岩心	L/cm	A/cm²	Φ/%	K/ $10^{-3}\mu m^2$	含油饱和度/%	水驱采收率/%	黄原胶采收率/%	黄原胶提高采收率/%	缔合聚合物采收率/%	缔合聚合物驱油效率/%
H-10	30	11.341	32.38	1823	71.61	48.39	55.07	6.68	58.16	3.09
H-12	30	11.341	32.38	1823	70.45	51.86	58.82	6.96	62.10	3.28
H-13	30	11.341	32.38	1823	68.74	53.01	60.88	7.87	64.50	3.62
H-14	30	11.341	32.38	1823	68.24	50.23	57.53	7.30	61.63	4.10
H-15	30	11.341	32.38	1823	71.42	48.66	56.31	7.65	59.56	3.25
H-16	30	11.341	32.38	1823	71.56	50.07	57.33	7.26	61.46	4.13
H-17	30	11.341	32.38	1823	72.32	48.52	56.76	8.24	60.46	3.70
H-18	30	11.341	32.38	1823	67.81	50.45	57.66	7.21	61.01	3.35
H-19	30	11.341	32.38	1823	68.78	49.82	57.90	8.08	61.44	3.54
H-20	30	11.341	32.38	1823	72.23	52.89	59.99	7.10	63.08	3.09
H-21	30	11.341	32.38	1823	72.23	53.56	60.66	7.10	64.58	3.92
H-22	30	11.341	32.38	1823	69.40	49.61	56.17	6.56	59.95	3.78
平均	30	11.341	32.38	1823	69.977	50.850	58.220	7.370	61.784	3.564

表 4-43 渗透率为 $1823\times10^{-3}\mu m^2$ 及驱替速度为 3.0m/d 时，黄原胶及缔合聚合物岩心驱替实验结果

岩心	L/cm	A/cm²	Φ/%	K/ $10^{-3}\mu m^2$	含油饱和度/%	水驱采收率/%	黄原胶采收率/%	黄原胶提高采收率/%	缔合聚合物采收率/%	缔合聚合物驱油效率/%
H-31	30	11.341	32.38	1823	67.80	50.12	57.36	7.24	58.25	0.89
H-32	30	11.341	32.38	1823	69.43	50.34	57.69	7.35	58.72	1.03
H-33	30	11.341	32.38	1823	68.52	50.77	57.09	6.32	58.23	1.14
H-34	30	11.341	32.38	1823	70.37	51.68	58.28	6.60	59.28	1.00
H-35	30	11.341	32.38	1823	69.09	49.57	57.24	7.67	58.03	0.79
H-36	30	11.341	32.38	1823	67.68	49.94	57.68	7.74	58.59	0.91
H-37	30	11.341	32.38	1823	70.74	48.44	56.33	7.89	57.63	1.30
H-38	30	11.341	32.38	1823	69.69	51.78	59.46	7.68	60.71	1.25
H-39	30	11.341	32.38	1823	71.41	51.69	57.82	6.13	58.59	0.77
H-40	30	11.341	32.38	1823	71.61	49.46	55.97	6.51	56.92	0.95
H-29	30	11.341	32.38	1823	70.45	49.51	56.19	6.68	57.03	0.84
H-23	30	11.341	32.38	1823	68.74	52.32	60.62	8.30	61.31	0.69
H-24	30	11.341	32.38	1823	68.24	49.75	57.52	7.77	58.73	1.21
H-25	30	11.341	32.38	1823	71.42	49.56	56.85	7.29	57.72	0.87
H-26	30	11.341	32.38	1823	71.56	50.22	57.70	7.48	58.75	1.05
H-27	30	11.341	32.38	1823	72.32	49.31	56.81	7.50	57.63	0.82
H-28	30	11.341	32.38	1823	67.81	48.70	56.70	8.00	57.93	1.23
H-41	30	11.341	32.38	1823	68.78	51.43	58.22	6.79	59.56	1.34

续表

岩心	L/cm	A/cm²	Φ/%	K/ $10^{-3}\mu m^2$	含油饱和度/%	水驱采收率/%	黄原胶采收率/%	黄原胶提高采收率/%	缔合聚合物采收率/%	缔合聚合物驱油效率/%
H-42	30	11.341	32.38	1823	72.23	51.71	59.29	7.58	60.28	0.99
H-43	30	11.341	32.38	1823	72.23	51.52	59.16	7.64	60.08	0.92
H-44	30	11.341	32.38	1823	69.40	48.77	56.90	8.13	58.30	1.40
平均	30	11.341	32.38	1823	69.977	50.310	57.657	7.347	58.676	1.019

表 4-44　渗透率为 $1823\times10^{-3}\mu m^2$ 及驱替速度为 1.5m/d 时，黄原胶及缔合聚合物岩心驱替实验结果

岩心	L/cm	A/cm²	Φ/%	K/ $10^{-3}\mu m^2$	含油饱和度/%	水驱采收率/%	黄原胶采收率/%	黄原胶提高采收率/%	缔合聚合物采收率/%	缔合聚合物驱油效率/%
H-50	30	11.341	32.38	1823	72.12	49.31	55.61	6.30	55.85	0.24
H-51	30	11.341	32.38	1823	水驱实验时，取样器中流出物漏失，无法准确计量					
H-52	30	11.341	32.38	1823	70.31	50.38	58.24	7.86	58.43	0.19
H-54	30	11.341	32.38	1823	70.63	50.29	57.04	6.75	57.39	0.35
H-55	30	11.341	32.38	1823	68.90	48.86	55.95	7.09	56.36	0.41
H-56	30	11.341	32.38	1823	70.27	47.99	55.77	7.78	55.87	0.10
H-57	30	11.341	32.38	1823	70.49	49.53	黄原胶驱时，发生窜流，实验失败			
H-58	30	11.341	32.38	1823	68.09	51.50	58.18	6.68	58.39	0.21
H-59	30	11.341	32.38	1823	67.94	51.28	58.52	7.24	58.84	0.32
H-53	30	11.341	32.38	1823	70.81	48.78	55.09	6.31	55.46	0.37
H-60	30	11.341	32.38	1823	70.77	50.61	57.38	6.77	57.91	0.53
H-62	30	11.341	32.38	1823	67.98	51.20	58.00	6.80	58.43	0.43
H-61	30	11.341	32.38	1823	68.62	50.34	58.15	7.81	58.41	0.26
H-63	30	11.341	32.38	1823	69.56	49.42	56.59	7.17	56.87	0.28
H-64	30	11.341	32.38	1823	73.64	48.66	56.18	7.52	56.34	0.16
H-65	30	11.341	32.38	1823	69.09	49.79	57.28	7.49	57.62	0.34
H-66	30	11.341	32.38	1823	68.52	48.80	56.22	7.42	56.58	0.36
H-67	30	11.341	32.38	1823	68.55	51.61	58.87	7.26	59.20	0.33
H-68	30	11.341	32.38	1823	71.41	51.44	57.84	6.40	58.12	0.28
H-69	30	11.341	32.38	1823	71.73	51.27	59.18	7.91	59.56	0.38
H-70	30	11.341	32.38	1823	72.57	49.33	56.19	6.86	56.77	0.58
平均	30	11.341	32.38	1823	70.10	50.02	57.147	7.127	57.469	0.322

表 4-45　渗透率为 $1823\times10^{-3}\mu m^2$ 及驱替速度为 1.0m/d 时，黄原胶及缔合聚合物岩心驱替实验结果

岩心	L/cm	A/cm²	Φ/%	K/$10^{-3}\mu m^2$	含油饱和度/%	水驱采收率/%	黄原胶采收率/%	黄原胶提高采收率/%	缔合聚合物采收率/%	缔合聚合物驱油效率/%
H-45	30	11.341	32.38	1823	70.19	48.71	55.60	6.89	55.92	0.32
H-46	30	11.341	32.38	1823	67.73	49.08	55.63	6.55	55.96	0.33
H-47	30	11.341	32.38	1823	68.52	47.69	55.10	7.41	55.50	0.40
H-48	30	11.341	32.38	1823	70.27	50.60	56.69	6.09	56.97	0.28
H-49	30	11.341	32.38	1823	68.77	49.47	56.47	7.00	56.85	0.38
H-75	30	11.341	32.38	1823	70.68	47.41	54.66	7.25	54.95	0.29
H-76	30	11.341	32.38	1823	70.87	48.33	55.67	7.34	55.92	0.25
H-77	30	11.341	32.38	1823	68.30	50.72	57.40	6.68	57.61	0.21
H-79	30	11.341	32.38	1823	69.07	51.52	57.89	6.37	58.28	0.39
H-78	30	11.341	32.38	1823	70.21	49.43	55.73	6.30	56.11	0.38
H-80	30	11.341	32.38	1823	70.24	49.82	56.96	7.14	57.40	0.44
H-82	30	11.341	32.38	1823	68.63	52.11	58.78	6.67	59.28	0.50
H-81	30	11.341	32.38	1823	71.14	51.25	57.99	6.74	58.21	0.22
H-83	30	11.341	32.38	1823	69.45	49.56	56.69	7.13	56.88	0.19
H-84	30	11.341	32.38	1823	71.80	50.10	57.29	7.19	57.46	0.17
H-85	30	11.341	32.38	1823	68.66	49.65	56.87	7.22	57.13	0.26
H-86	30	11.341	32.38	1823	68.62	49.54	56.57	7.03	56.87	0.30
H-87	30	11.341	32.38	1823	69.19	48.98	56.38	7.40	56.74	0.36
H-88	30	11.341	32.38	1823	70.48	51.43	57.82	6.39	58.03	0.21
H-89	30	11.341	32.38	1823	68.99	52.38	59.64	7.26	60.06	0.42
H-90	30	11.341	32.38	1823	70.69	48.67	55.74	7.07	56.21	0.47
平均	30	11.341	32.38	1823	69.643	49.830	56.740	6.910	57.062	0.322

表 4-46　渗透率为 $1823\times10^{-3}\mu m^2$ 及驱替速度为 0.5m/d 时，黄原胶及缔合聚合物岩心驱替实验结果

岩心	L/cm	A/cm²	Φ/%	K/$10^{-3}\mu m^2$	含油饱和度/%	水驱采收率/%	黄原胶采收率/%	黄原胶提高采收率/%	缔合聚合物采收率/%	缔合聚合物驱油效率/%
H-91	30	11.341	32.38	1823	72.09	49.66	56.89	7.23	57.29	0.40
H-92	30	11.341	32.38	1823	71.24	51.01	58.55	7.54	58.78	0.23
H-93	30	11.341	32.38	1823	67.40	49.47	56.14	6.67	56.49	0.35
H-94	30	11.341	32.38	1823	69.31	50.23	56.73	6.50	56.95	0.22
H-95	30	11.341	32.38	1823	72.15	51.63	58.76	7.13	59.02	0.26
H-96	30	11.341	32.38	1823	68.72	48.60	55.44	6.84	55.77	0.33
H-97	30	11.341	32.38	1823	71.66	47.16	54.21	7.05	54.41	0.20
H-98	30	11.341	32.38	1823	68.75	50.30	57.00	6.70	57.25	0.25
H-99	30	11.341	32.38	1823	68.51	50.14	56.32	6.18	56.63	0.31

续表

岩心	L/cm	A/cm²	Φ/%	K/ $10^{-3}\mu m^2$	含油饱和度/%	水驱采收率/%	黄原胶采收率/%	黄原胶提高采收率/%	缔合聚合物采收率/%	缔合聚合物驱油效率/%
H-100	30	11.341	32.38	1823	71.44	48.59	55.04	6.45	55.34	0.30
H-102	30	11.341	32.38	1823	69.70	48.33	55.65	7.32	56.02	0.37
H-101	30	11.341	32.38	1823	67.89	51.46	58.58	7.12	58.99	0.41
H-103	30	11.341	32.38	1823	72.34	51.31	57.57	6.26	57.91	0.34
H-104	30	11.341	32.38	1823	68.71	49.48	56.82	7.34	57.05	0.23
H-106	30	11.341	32.38	1823	70.96	50.35	57.22	6.87	57.51	0.29
H-108	30	11.341	32.38	1823	69.34	48.27	55.40	7.13	55.68	0.28
H-110	30	11.341	32.38	1823	72.13	48.90	56.06	7.16	56.42	0.36
H-111	30	11.341	32.38	1823	68.39	49.51	55.71	6.20	56.13	0.42
H-112	30	11.341	32.38	1823	70.56	50.73	56.82	6.09	57.06	0.24
H-113	30	11.341	32.38	1823	71.47	50.52	58.26	7.74	58.57	0.31
H-114	30	11.341	32.38	1823	70.07	50.21	57.72	7.51	58.05	0.33
平均	30	11.341	32.38	1823	70.135	49.800	56.927	7.127	57.233	0.306

表 4-47　黄原胶和缔合聚合物在黏度为 40.4mPa·s 时，岩心渗透率和注入速度对驱油效率的影响

（单位：%OOIP）

注入速度		岩心渗透率/μm²				
		317×10^{-3}	789×10^{-3}	1096×10^{-3}	1315×10^{-3}	1823×10^{-3}
5.0m/d	水驱采收率	50.13	50.56	51.02	51.14	50.85
	黄原胶采收率	6.94	7.12	7.21	7.41	7.37
	缔合聚合物驱油效率	5.37	5.26	5.03	4.67	3.56
3.0m/d	水驱采收率	49.39	50.42	50.65	50.15	50.31
	黄原胶采收率	6.91	6.85	7.12	7.16	7.35
	缔合聚合物驱油效率	5.01	4.66	4.56	3.93	1.02
1.5m/d	水驱采收率	47.38	50.01	50.60	50.13	50.02
	黄原胶采收率	6.67	6.62	6.94	6.91	7.13
	缔合聚合物驱油效率	4.42	3.97	3.25	2.73	0.322
1.0m/d	水驱采收率	46.29	48.05	49.96	49.74	49.83
	黄原胶采收率	6.56	6.43	6.69	6.80	6.91
	缔合聚合物驱油效率	3.31	2.83	2.10	0.968	0.322
0.5m/d	水驱采收率	45.60	47.21	49.47	49.30	49.80
	黄原胶采收率	6.37	6.29	6.65	6.60	6.91
	缔合聚合物驱油效率	1.05	0.958	0.469	0.403	0.306

图 4-36 给出了线速度对黄原胶和缔合聚合物驱采出程度影响的实验结果，其中下

部 5 条曲线为黄原胶驱后的采出程度，上部 5 条曲线为黄原胶和缔合聚合物驱后的最终采出程度。由图可以看出，渗透率为 $317\times10^{-3}\sim1823\times10^{-3}\mu m^2$ 时，若渗透率条件相同，没有弹性的黄原胶的采收率随着线速度的增加而逐渐增大，但幅度非常小，特别是线速度在 1.5～5.0m/d 时，采收率几乎没有进一步增加。

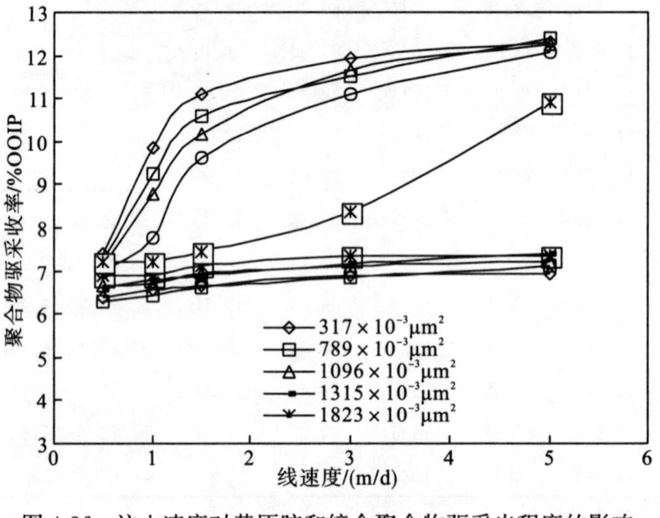

图 4-36　注入速度对黄原胶和缔合聚合物驱采出程度的影响

但继续注入缔合聚合物溶液，可以看出岩心出口端仍然还可以继续产油。在同一渗透率条件下，随着驱替速度的增大，最终采出程度有不同程度的提高。对于渗透率为 $317\times10^{-3}\mu m^2$、$789\times10^{-3}\mu m^2$、$1096\times10^{-3}\mu m^2$ 和 $1315\times10^{-3}\mu m^2$ 的四组岩心实验结果，线速度对最终采出程度影响的趋势基本相同。线速度在 0.5～1.5m/d 内，随着线速度的增加，最终采出程度的提高幅度急剧上升，在 1.5～5.0m/d 内，增幅明显变缓。

值得注意的是，对于这四组不同渗透率岩心实验结果，在线速度较低的情况下(0.5m/d 和 5.0m/d)，相对于较高时的最终采出程度的差别并不大，但线速度在 1.0～3.0m/d 时，岩心渗透率对最终采出程度还是有较大影响。显然，在驱替速度过低时，滞留于孔隙介质中的缔合聚合物分子没有或较低程度地产生拉伸、恢复以及蠕动所表现出来的黏弹效应，因此，此时岩心渗透率对驱油效果的影响不大，甚至没有影响，所以这四组不同渗透率岩心它们本身的采收率差别不大。也正是由于此时缔合聚合物没有或只有非常小的黏弹效应，使得缔合聚合物驱后的最终采出程度与驱替线速度同样为 0.5m/d 时黄原胶的采收率基本相同或略有增加。显然，在渗透率为 $317\times10^{-3}\mu m^2$、$789\times10^{-3}\mu m^2$、$1096\times10^{-3}\mu m^2$ 和 $1315\times10^{-3}\mu m^2$，线速度为 0.5m/d 时，由于驱替速度过低，缔合聚合物没有表现出理想的黏弹效应，对驱油效果的影响不大。

对于驱替线速度为 5.0m/d 的岩心实验结果，情况正好相反。由于驱替速度比较高，滞留于孔隙介质中的缔合聚合物分子已经在上述四组岩心的渗透率范围内最大程度地产生了拉伸、恢复以及蠕动所表现出来的黏弹效应，所以这四组岩心驱油实验的最终采出程度差别不大，几乎没有影响。当然，由于该速度下的缔合聚合物分子表现出了最大程度的黏弹效应，使得缔合聚合物驱后的最终采出程度与驱替线速度同样为

5m/d 的黄原胶的采收率大约提高 70％左右，由 7％OOIP(黄原胶)进一步提高到 12％OOIP 左右。也就是说，在上述渗透率和驱替线速度范围内，缔合聚合物黏弹效应对驱油效率的贡献值约 5％OOIP。

显然，在线速度为 1.0～3.0m/d 时，线速度对缔合聚合物分子的黏弹效应影响的作用和程度敏感，因此对缔合聚合物提高驱油效率的影响最大。

但是，在线速度为 0.5～5.0m/d 时，对于渗透率为 1823×$10^{-3}\mu m^2$ 的岩心来说，曲线与前述 317×$10^{-3}\mu m^2$、789×$10^{-3}\mu m^2$、1096×$10^{-3}\mu m^2$ 和 1315×$10^{-3}\mu m^2$ 四组渗透率岩心实验的结果却明显不同。在线速度为 0.5～1.5m/d 时，缔合聚合物驱的最终采出程度基本相同。也就是说，由于岩心渗透率相对较高，岩石孔隙喉道较大，在此驱替速度条件下，缔合聚合物分子表现出来的黏弹效应较小，因此，随着驱替速度的增大，采收率没有进一步提高，但仍然比黄原胶的采收率略高。

在线速度为 1.5～5.0m/d 时，驱替速度对缔合聚合物黏弹效应影响最大。随着线速度的增大，缔合聚合物溶液的黏弹效应明显增大，因此采收率急剧上升。换句话说，5.0m/d 的驱替线速度对于渗透率为 1823×$10^{-3}\mu m^2$ 的岩心来说，缔合聚合物溶液的黏弹效应尚未达到最为理想的最大值。由于实验原因，没有找出具有最大黏弹效应的最大线速度。

图 4-37 给出了缔合聚合物提高驱油效率的曲线(即缔合聚合物驱油效率 η=缔合聚合物驱最终采出程度－黄原胶采出程度)。由图中的实验结果可以看出，由于驱替速度对黄原胶采收率的影响不大，因此缔合聚合物黏弹效应对驱油效率影响和贡献的变化趋势，与图 4-36 中最终采收率的曲线的变化趋势一致。

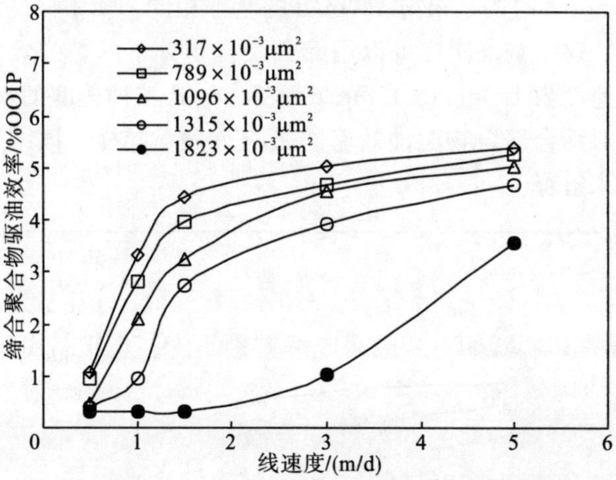

图 4-37　注入速度对缔合聚合物驱油效率的影响

图 4-38 给出了渗透率对黄原胶和缔合聚合物驱油效果影响的实验结果。可以看出，在驱替速度为 0.5～5.0m/d 时，岩心渗透率对黄原胶驱油效果的影响不大。随着渗透率的增大，采收率略有上升。这可能是由于黄原胶溶液黏度(40.74mPa・s)比水黏度(大庆地层水在油层温度下为 0.6mPa・s)高，提高微观波及体积所致。此外，还可以看出，驱替速度越大，黄原胶的采收率也越高，尽管幅度非常小。这可能是由于随着

驱替速度的增加，增大了黄原胶溶液在孔隙介质中毛管数的结果。

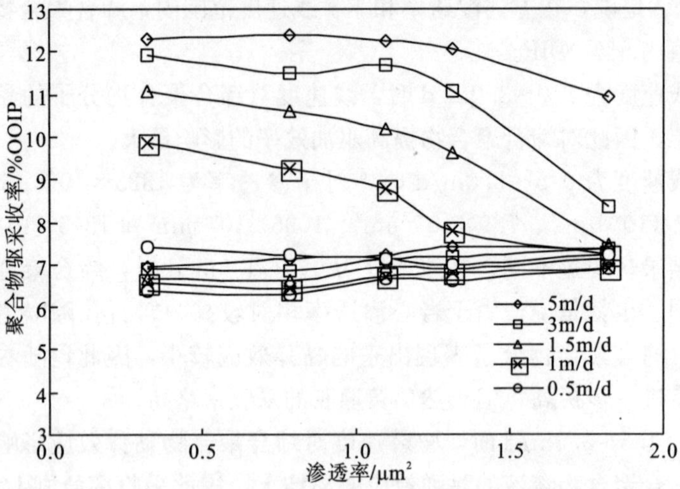

图 4-38　渗透率对黄原胶和缔合聚合物驱采出程度的影响

图 4-39 给出了渗透率对缔合聚合物驱油效率影响的实验结果。总的趋势和结果是：①在驱替速度相同时，随着岩心渗透率的增大，缔合聚合物溶液的驱油效率逐渐降低，非常明显，随着渗透率的增大，岩石孔喉半径增大，缔合聚合物分子的黏弹效应越小，驱油效率越低；②在线速度为 0.5～5.0m/d 时，渗透率对缔合聚合物驱油效率的影响都不大，但驱替速度对不同渗透率岩心驱油效率影响的程度有非常大的差异。对于线速度为 5.0m/d 的情况来说，缔合聚合物驱油效率随渗透率增大而降低的幅度相对较小；驱替速度为 0.5m/d 时的结果与 5.0m/d 的基本相同，所不同的是，前者的驱油效率比后者的高得多。这个结果同样可以用缔合聚合物分子的黏弹效应来得到合理的分析和解释。对于线速度为 1.0m/d、1.5m/d 和 3.0m/d 三种速度的岩心实验结果来说，岩心渗透率的变化对缔合聚合物驱油效率的影响最大。同样，该结果可以用缔合聚合物分子的黏弹效应来解释。

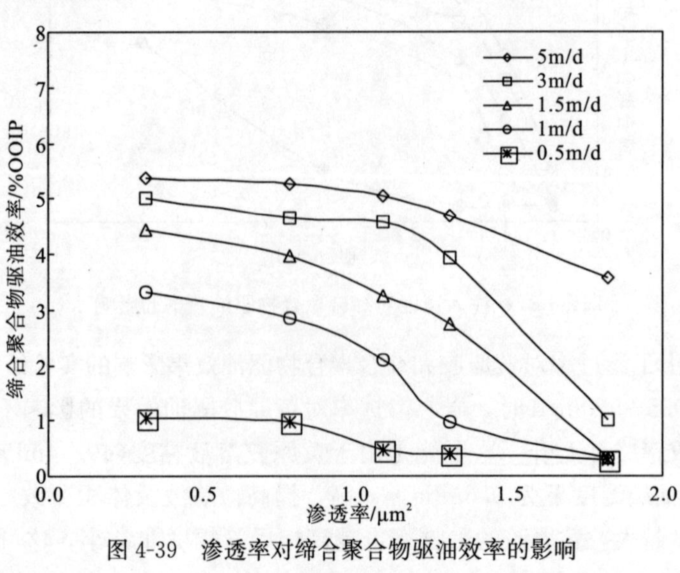

图 4-39　渗透率对缔合聚合物驱油效率的影响

图4-40给出了线速度分别在5.0m/d、3.0m/d、1.5m/d、1.0m/d和0.5m/d条件下，渗透率为$317\times10^{-3}\mu m^2$与$1823\times10^{-3}\mu m^2$的驱油效率差值与岩心渗透率的关系曲线。可以看出，渗透率的变化曲线为一开口向下的抛物线。线速度越大，最大差值向渗透率低的方向移动。

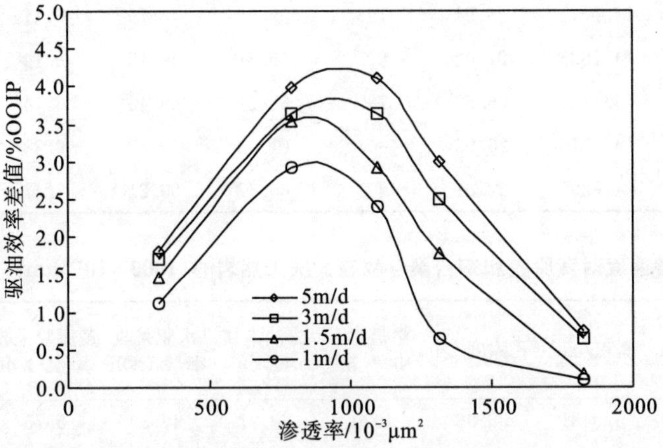

图4-40 不同线速度条件下，两种渗透率的缔合聚合物驱油效率差值与岩心渗透率的影响

2)缔合聚合物在天然岩心上提高驱油效率驱替实验

前面进行人造岩心驱替实验是由于不可能找到岩性、渗透率及孔隙度完全相同的成百上千支天然岩心，是不得已而为之的办法。为了验证人造岩心驱油实验结果的可靠性，这里用少量渗透率与人造岩心大致接近的油层天然岩心进行相同条件下的驱油效果评价实验。每组岩心的渗透率大致在$300\times10^{-3}\mu m^2$、$800\times10^{-3}\mu m^2$、$1000\times10^{-3}\mu m^2$、$1200\times10^{-3}\mu m^2$和$1800\times10^{-3}\mu m^2$。线速度也与前面人造岩心的相同，分别在5.0m/d、3.0m/d、2.0m/d、1.5m/d、1.0m/d以及0.5m/d。结果见表4-48~表4-52。表4-53给出了注入速度和驱油体系相同时，人造岩心和大庆天然岩心黄原胶和缔合聚合物驱油效果和驱油效率的对比结果。

表4-48 驱替速度对黄原胶和缔合聚合物在大庆天然岩心($300\times10^{-3}\mu m^2$)上的驱油效果

岩心	长度/cm	面积/cm^2	孔隙度/%	渗透率/$10^{-3}\mu m^2$	含油饱和度/%	水驱采收率/%OOIP	黄原胶采收率/%OOIP	缔合聚合物驱油效率/%OOIP	线速度/m/d
41#	8.305	4.8095	24.73	306	54.83	44.15	5.52	0.37	0.202
33#	9.010	4.8934	24.68	294	55.14	44.67	5.76	1.02	0.498
20#	8.619	4.9152	24.59	298	54.79	45.21	5.86	2.80	1.006
22#	7.792	4.7756	24.86	310	54.92	45.62	6.07	4.13	1.494
24#	7.708	4.8213	24.47	290	54.88	45.90	6.20	4.31	2.010
31#	8.933	4.8508	24.58	301	55.17	46.16	6.31	4.67	3.005
18#	9.142	4.8351	24.61	303	55.04	46.82	6.58	5.11	4.994

表 4-49　驱替速度对黄原胶和缔合聚合物在大庆天然岩心($800\times10^{-3}\mu m^2$)上的驱油效果

岩心	长度/cm	面积/cm²	孔隙度/%	渗透率/$10^{-3}\mu m^2$	含油饱和度/%	水驱采收率/%OOIP	黄原胶采收率/%OOIP	缔合聚合物驱油效率/%OOIP	线速度/m/d
13#	9.263	4.7314	27.03	809	60.27	48.03	5.92	1.03	0.501
35#	9.138	4.9072	26.94	796	60.58	48.79	6.11	2.81	0.998
28#	8.889	4.7825	27.02	803	59.81	49.15	6.10	3.92	1.500
17#	7.750	4.9103	26.87	789	58.21	49.40	6.14	4.10	1.978
19#	8.604	4.9116	26.96	806	61.08	49.62	6.28	4.55	3.007
26#	9.070	4.8297	27.01	801	60.57	50.21	6.47	4.94	5.004

表 4-50　驱替速度对黄原胶和缔合聚合物在大庆天然岩心($1000\times10^{-3}\mu m^2$)上的驱油效果

岩心	长度/cm	面积/cm²	孔隙度/%	渗透率/$10^{-3}\mu m^2$	含油饱和度/%	水驱采收率/%OOIP	黄原胶采收率/%OOIP	缔合聚合物驱油效率/%OOIP	线速度/m/d
1#	8.283	4.9481	28.86	1020	60.27	47.59	5.76	0.42	0.505
3#	9.271	4.9125	29.01	1045	60.58	48.38	6.17	1.86	1.022
2#	8.260	4.8305	28.52	998	59.81	47.47	5.89	2.91	1.503
11#	7.261	4.9087	28.43	986	58.21	47.60	5.98	3.95	2.072
5#	8.214	4.9245	28.41	988	61.08	48.09	6.03	4.39	3.024
6#	9.165	4.8676	28.97	1019	60.57	48.21	6.24	4.67	4.983

表 4-51　驱替速度对黄原胶和缔合聚合物在大庆天然岩心($1200\times10^{-3}\mu m^2$)上的驱油效果

岩心	长度/cm	面积/cm²	孔隙度/%	渗透率/$10^{-3}\mu m^2$	含油饱和度/%	水驱采收率/%OOIP	黄原胶采收率/%OOIP	缔合聚合物驱油效率/%OOIP	线速度/m/d
8#	7.365	4.9135	30.02	1219	59.96	49.87	6.04	0.36	0.499
7#	8.906	4.9280	29.95	1197	60.47	50.13	6.02	1.14	1.006
21#	7.991	4.9054	29.89	1205	59.79	50.01	5.97	2.43	1.500
10#	7.457	4.8532	30.04	1214	58.85	49.69	6.11	3.05	1.985
12#	9.016	4.9231	29.92	1189	60.09	50.50	6.26	3.64	3.008
25#	9.047	4.8660	29.97	1198	60.16	51.46	6.45	4.03	5.013

表 4-52　驱替速度对黄原胶和缔合聚合物在大庆天然岩心($1800\times10^{-3}\mu m^2$)上的驱油效果

岩心	长度/cm	面积/cm²	孔隙度/%	渗透率/$10^{-3}\mu m^2$	含油饱和度/%	水驱采收率/%OOIP	黄原胶采收率/%OOIP	缔合聚合物驱油效率/%OOIP	线速度/m/d
4#	8.475	4.8358	32.52	1797	60.35	49.90	6.41	0.34	0.5012
32#	9.003	4.9276	32.37	1778	59.79	50.06	6.30	0.46	1.023
23#	8.670	4.8432	32.90	1819	61.40	50.14	6.60	0.54	1.497
9#	7.898	4.8156	33.16	1823	61.81	51.07	6.56	0.72	1.980

续表

岩心	长度/cm	面积/cm^2	孔隙度/%	渗透率/$10^{-3}\mu m^2$	含油饱和度/%	水驱采收率/%OOIP	黄原胶采收率/%OOIP	缔合聚合物驱油效率/%OOIP	线速度/m/d
29#	8.036	4.9015	32.75	1802	60.74	52.39	6.78	1.14	3.015
30#	9.157	4.8506	32.41	1786	59.89	54.78	6.89	3.36	5.008

表 4-53　黄原胶和缔合聚合物在黏度为 40.7mPa · s 时，岩心渗透率和注入速度对驱油效率的影响

（单位：%OOIP）

注入速度		岩心渗透率/$\times 10^{-3}\mu m^2$									
		317（人造）	300（天然）	787（人造）	800（天然）	1096（人造）	1000（天然）	1315（人造）	1200（天然）	1832（人造）	1800（天然）
5.0m/d	黄原胶采收率	6.94	6.58	7.12	6.47	7.21	6.24	7.41	6.45	7.37	6.89
	缔合驱油效率	5.37	5.11	5.26	5.00	5.03	4.67	4.67	4.03	3.56	3.36
3.0m/d	黄原胶采收率	6.91	6.31	6.85	6.28	7.12	6.03	7.16	6.26	7.35	6.78
	缔合驱油效率	5.01	4.67	4.66	4.55	4.56	4.39	3.93	3.64	1.02	1.14
2.0m/d	黄原胶采收率	—	6.20	—	6.14	—	5.98	—	6.11	—	6.56
	缔合驱油效率	—	4.31	—	4.10	—	3.95	—	3.05	—	0.72
1.5m/d	黄原胶采收率	6.67	6.07	6.62	6.10	6.94	5.89	6.91	5.97	7.13	6.60
	缔合驱油效率	4.42	4.13	3.97	3.92	3.25	2.91	2.73	2.43	0.322	0.54
1.0m/d	黄原胶采收率	6.56	5.86	6.43	6.11	6.69	6.17	6.80	6.04	6.91	6.41
	缔合驱油效率	3.31	2.80	2.83	2.81	2.10	1.86	0.968	0.36	0.322	0.34
0.5m/d	黄原胶采收率	6.37	5.57	6.29	5.92	6.65	5.76	6.60	6.04	6.91	6.41
	缔合驱油效率	1.05	0.498	0.958	1.03	0.469	0.42	0.403	0.36	0.306	0.34
0.2m/d	黄原胶采收率	—	5.52	—	—	—	—	—	—	—	—
	缔合驱油效率	—	0.37	—	—	—	—	—	—	—	—

结果表明，在渗透率基本相同的情况下，黄原胶在人造岩心和大庆油层天然岩心的采收率基本一致；缔合聚合物在人造岩心和大庆油层天然岩心的驱油效率也非常接

近。用人造岩心进行缔合聚合物的驱油效率实验评价的方法是合理和正确的，实验数据和结果也是可靠的。

3)缔合聚合物浓度在天然岩心上对提高驱油效率影响驱替实验

由于缔合聚合物的特殊性，即存在临界缔合浓度 C_c 以及浓度对驱油效果影响明显的特征，除了前面已经得到的渗透率和线速度对驱油效率的影响外，缔合聚合物浓度也是影响缔合聚合物驱油效率的重要因素。

表 4-54～表 4-58 给出了在不同岩心渗透率条件下，缔合聚合物浓度分别为 400mg/L、800mg/L、1000mg/L、1200mg/L 和 1500mg/L 时，缔合聚合物驱油效率的实验研究。图 4-41 和图 4-42 分别给出了缔合聚合物浓度、渗透率以及线速度对缔合聚合物驱油效率影响的实验结果。结果表明，随着缔合聚合物浓度的增加，在相同线速度或渗透率条件下缔合聚合物的驱油效率逐渐增大。当浓度低于临界缔合浓度，例如浓度为 400mg/L 时，缔合聚合物没有提高驱油效率的作用(表 4-54)。产生这种结果的主要原因是此时溶液的表观黏度过低(3.46mPa · s)，不但没有提高微观波及效率的机理和作用，也没有理想的黏弹效应，因此该浓度条件下缔合聚合物没有驱油效果。随着浓度的增加，明显出现具有提高驱油效率的作用时的渗透率向高渗透率和低线速度的方向移动，扩大了可以提高驱油效率的范围。前面的研究结果表明，随着缔合聚合物浓度的增加，溶液的弹性模量逐渐增大，黏弹效应增强，所以可以明显地扩大产生黏弹效应的渗透率范围和线速度范围。

表 4-54　缔合聚合物浓度为 400mg/L 时，渗透率和注入速度对驱油效率的影响

(每组实验进行 5 次统计)

渗透率	5.0m/d 时驱油效果/%OOIP	3.0m/d 时驱油效果/%OOIP	1.5m/d 时驱油效果/%OOIP	1.0m/d 时驱油效果/%OOIP	0.5m/d 时驱油效果/%OOIP
$317\times10^{-3}\mu m^2$	0.01	0.10	0.08	0.07	0.08
$789\times10^{-3}\mu m^2$	0.08	0.10	0.06	0.08	0.06
$1096\times10^{-3}\mu m^2$	0.03	0.06	0.07	0.08	0.04
$1315\times10^{-3}\mu m^2$	0.08	0.03	0.03	0.06	0.03
$1823\times10^{-3}\mu m^2$	0.06	0.05	0.02	0.03	0.05

表 4-55　缔合聚合物浓度为 800mg/L 时，岩心渗透率和注入速度对驱油效率的影响

(每组实验进行 5 次统计)

渗透率	5.0m/d 时驱油效果/%OOIP	3.0m/d 时驱油效果/%OOIP	1.5m/d 时驱油效果/%OOIP	1.0m/d 时驱油效果/%OOIP	0.5m/d 时驱油效果/%OOIP
$317\times10^{-3}\mu m^2$	5.37	5.01	4.42	3.31	1.05
$789\times10^{-3}\mu m^2$	5.26	4.66	3.97	2.83	0.958
$1096\times10^{-3}\mu m^2$	5.03	4.56	3.25	2.10	0.469
$1315\times10^{-3}\mu m^2$	4.67	3.93	2.73	0.968	0.403
$1823\times10^{-3}\mu m^2$	3.56	1.02	0.322	0.322	0.306

表 4-56　缔合聚合物浓度为 1000mg/L 时，岩心渗透率和注入速度对驱油效率的影响（每组实验进行 5 次统计）

渗透率	5.0m/d 时驱油效果/%OOIP	3.0m/d 时驱油效果/%OOIP	1.5m/d 时驱油效果/%OOIP	1.0m/d 时驱油效果/%OOIP	0.5m/d 时驱油效果/%OOIP
$317\times10^{-3}\mu m^2$	5.78	5.41	4.64	3.87	2.03
$789\times10^{-3}\mu m^2$	5.39	5.04	4.18	3.34	1.356
$1096\times10^{-3}\mu m^2$	5.10	4.73	3.53	2.56	1.041
$1315\times10^{-3}\mu m^2$	4.69	4.34	3.04	1.19	0.512
$1823\times10^{-3}\mu m^2$	3.62	1.03	1.12	0.503	0.335

表 4-57　缔合聚合物浓度为 1200mg/L 时，岩心渗透率和注入速度对驱油效率的影响（每组实验进行 5 次统计）

渗透率	5.0m/d 时驱油效果/%OOIP	3.0m/d 时驱油效果/%OOIP	1.5m/d 时驱油效果/%OOIP	1.0m/d 时驱油效果/%OOIP	0.5m/d 时驱油效果/%OOIP
$317\times10^{-3}\mu m^2$	6.92	6.34	5.36	4.36	2.56
$789\times10^{-3}\mu m^2$	6.43	5.79	4.75	3.94	2.16
$1096\times10^{-3}\mu m^2$	5.71	5.23	4.11	3.73	1.17
$1315\times10^{-3}\mu m^2$	5.24	4.87	3.57	2.30	0.51
$1823\times10^{-3}\mu m^2$	4.07	2.96	2.04	1.43	0.41

表 4-58　缔合聚合物浓度为 1500mg/L 时，岩心渗透率和注入速度对驱油效率的影响（每组实验进行 5 次统计）

渗透率	5.0m/d 时驱油效果/%OOIP	3.0m/d 时驱油效果/%OOIP	1.5m/d 时驱油效果/%OOIP	1.0m/d 时驱油效果/%OOIP	0.5m/d 时驱油效果/%OOIP
$317\times10^{-3}\mu m^2$	8.17	7.54	5.36	4.36	4.17
$789\times10^{-3}\mu m^2$	7.52	6.78	4.75	3.94	3.57
$1096\times10^{-3}\mu m^2$	6.86	6.46	4.11	3.73	2.62
$1315\times10^{-3}\mu m^2$	6.69	5.90	3.57	2.30	1.50
$1823\times10^{-3}\mu m^2$	6.38	5.58	2.04	1.43	1.13

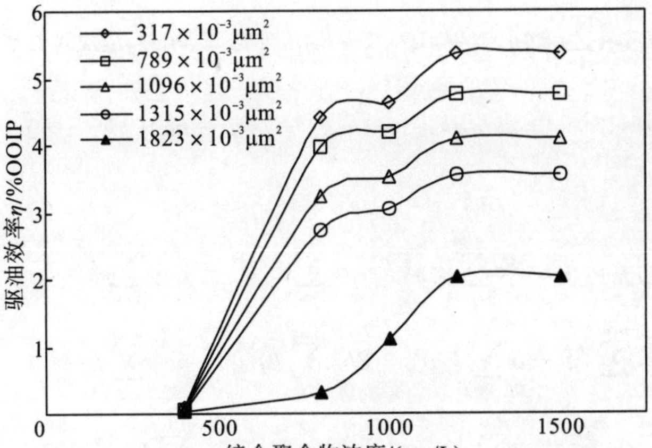

图 4-41　缔合聚合物浓度和渗透率对驱油效率的影响(线速度为 1.5m/d)

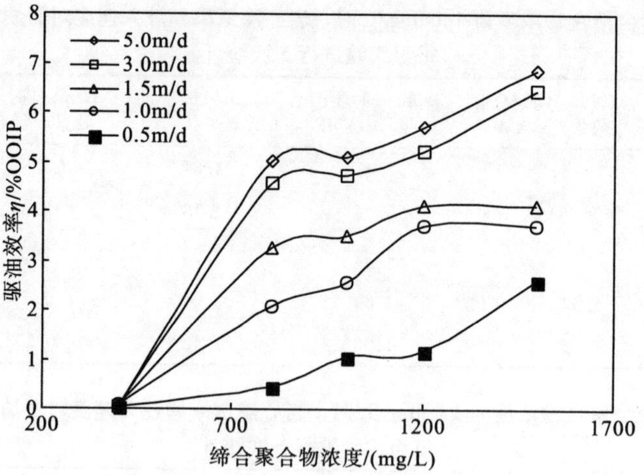

图 4-42 缔合聚合物浓度和线速度对驱油效率的影响(渗透率为 $1096\times10^{-3}\mu m^2$)

4.3.2.4 驱油效率数学方程

1. 基本理论

先建立岩心渗透率和注入速度与驱油效率的函数关系。设渗透率为 k，注入速度为 v，驱油效果为 η，寻找经验公式 $\eta=f(k,v)$，采用曲面拟合及最小二乘原理。测得一系列的数据(k_i，v_i，η_{ij})。其中，($i=1,2,\cdots,n$；$j=1,2,\cdots,m$)，设定变量之间的近似表达式为 $\eta=(ak+b)(v+c)$，a、b、c 为待定常数，有

$$R=\sum_{i,j=1}^{n,m}[\eta_{ij}-(ak_i+b)(v_j+c)]^2$$

$$=\sum_{i,j=1}^{n,m}(\eta_{ij}-ak_iv_j-ack_i-bv_j-bc)^2$$

令 R 为最小值来确定 a、b、c。

由多元函数求极小值的必要条件得到：

$$\frac{\partial R}{\partial a}=-2\sum_{i,j=1}^{n,m}(\eta_{ij}-ak_iv_j-ack_i-bv_j-bc)(k_iv_j+ck_i)=0$$

$$\frac{\partial R}{\partial b}=-2\sum_{i,j=1}^{n,m}(\eta_{ij}-ak_iv_j-ack_i-bv_j-bc)(v_j+c)=0$$

$$\frac{\partial R}{\partial c}=-2\sum_{i,j=1}^{n,m}(\eta_{ij}-ak_iv_j-ack_i-bv_j-bc)(ak_i+b)=0$$

即：

$$\sum_{i,j=1}^{n,m}\eta_{ij}k_iv_j+c\sum_{i,j=1}^{n,m}\eta_{ij}k_i-a\sum_{i,j=1}^{n,m}k_i^2v_j^2-2ac\sum_{i,j=1}^{n,m}k_i^2v_j$$

$$-ac^2\sum_{i,j=1}^{n,m}k_i^2-b\sum_{i,j=1}^{n,m}k_iv_j^2-2bc\sum_{i,j=1}^{n,m}k_iv_j-bc^2\sum_{i,j=1}^{n,m}k_i=0 \quad (4\text{-}12)$$

$$\sum_{i,j=1}^{n,m}\eta_{ij}v_j+c\sum_{i,j=1}^{n,m}\eta_{ij}-a\sum_{i,j=1}^{n,m}k_iv_j^2-2ac\sum_{i,j=1}^{n,m}k_iv_j-ac^2\sum_{i,j=1}^{n,m}k_i$$

$$-b\sum_{i,j=1}^{n,m}v_j^2-2bc\sum_{i,j=1}^{n,m}v_j-bc^2nm=0 \tag{4-13}$$

$$\sum_{i,j=1}^{n,m}\eta_{ij}k_i+b\sum_{i,j=1}^{n,m}\eta_{ij}-a^2\sum_{i,j=1}^{n,m}k_i^2v_j-a^2\sum_{i,j=1}^{n,m}k_i^2-2ab\sum_{i,j=1}^{n,m}k_iv_j-a^2c$$

$$\sum_{i,j=1}^{n,m}k_i^2-b^2\sum_{i,j=1}^{n,m}v_j^2-2abc\sum_{i,j=1}^{n,m}k_i-b^2cmn=0 \tag{4-14}$$

联立解得 a、b、c，这样便得到经验公式 $\eta=(ak+b)(v+c)$

2. 驱油效率的计算

实验数据见表 4-55～表 4-58，以表 4-57 经计算得方程：

$$255.873+89.774c-261.6293a-153.34ac-34.8835ac^2$$
$$-201.6032b-117.48bc-26.7bc^2=0 \tag{4-15}$$

$$266.33+95.96c-201.6032a-117.48ac-267ac^2-187.5b$$
$$-110bc-25bc^2=0 \tag{4-16}$$

$$89.774+95.96b-76.6785a^2-117.48ab-34.8835a^2c-187.5b^2$$
$$-53.4abc-25b^2c \tag{4-17}$$

由式 4-15 得

$$a=\frac{255.873+89.774c}{261.6293+153.34c+34.8835c^2}-b\frac{201.6032+117.48c+26.7c^2}{26.6293+153.34c+34.8835c^2} \tag{4-18}$$

由式 4-16 得

$$b=\frac{266.33+95.96c}{187.5+110c+25c^2}-a\frac{201.6032+117.48c+26.7c^2}{187.5+110c+25c^2} \tag{4-19}$$

将(4-18)代入(4-19)解得

$$a=\frac{-5716.7928-5655.6365c-2112.4268c^2-317.782c^3}{84411.6436+9838.7892c+5380.9751c^2+1397.25c^3+159.1975c^4} \tag{4-20}$$

将(4-20)代入(4-19)得：

$$b=\frac{5716.7928+5655.6365c+2112.4268c^2+317.782c^3}{8411.6436+9838.7892c+5380.9751c^2+1397.25c^3+159.1975c^4} \tag{4-21}$$

将(4-21)和(4-20)代入(4-14)得

$$\rho_n(c)=0 \tag{4-22}$$

对于(4-22)的求解，其步骤为：

(1)给定初始点 C_1，允许精度 $0<\varepsilon\leqslant10^{-35}$，令 $x=1$；

(2)计算 $f(C_x)$与 $f'(x)$；

(3)若$|f(C_x)|<\varepsilon$，停止计算迭代，得到近似根 C_x，否则，转入(4)

(4)计算 $C_{x+1}=C_x-\dfrac{f(C_x)}{f'(C_x)}$

(5)令 $x=x+1$，返回第二步。

由以上步骤，编写计算机计算程序。经计算得到近似根为 $C_x=6.604810715$

代入(4-20)得 $a=-0.240367547$，代入(4-19)得 $b=0.83677$。

即得经验公式：$\eta=(-0.240367547k+0.83677)(v+6.604810715)$

同理计算表 4-55 的经验公式为

$$\eta = (-0.230656087k + 0.705041)(v + 6.287874699)$$

表 4-56 的经验公式为

$$\eta = (-0.232931018k + 0.732487)(v + 7.031629562)$$

表 4-58 的经验公式为

$$\eta = (-0.23569712k + 0.963)(v + 5.63985157)$$

3. 再拟合

再用最小二乘法，曲线拟合，加权平均获得采收率为岩心渗透率注入速度和浓度的函数。

$$\eta = (-0.234912943k + 0.8093245)(v + 3.3910416365)(0.0004915474c_p + 0.496693559)$$

4. 缔合聚合物在非均质岩心上的驱油效果及与数学模型计算结果的对比

为了验证前面建立的缔合聚合物提高驱油效率数学方程的正确性和准确性，这里用专门为大庆油田进行化学驱提高采收率评价和实验而研制和制作的非均质三层物理模型(每层 1.5cm)进行实验。岩心非均质变异系数 $V_k=0.72$，与大庆油田非均质变异系数的平均值相同。岩心平均空气渗透率 $800\times10^{-3}\mu m^2$、$1000\times10^{-3}\mu m^2$ 和 $1203\times10^{-3}\mu m^2$。岩心长 30cm、横截面 4.5cm×4.5cm。

(1)缔合聚合物在非均质岩心上的岩心驱油实验。为了客观、真实和准确评价缔合聚合物黏弹效应对驱油效率的贡献，整个驱替过程模拟油田实际开发过程，即首先将岩心在真空条件下饱和大庆地层盐水(矿化度 4456mg/L)，然后饱和模拟原油(油相黏度在 45℃温度下为 10mPa·s)2.0PV(在岩心出口端见油之前，常温饱和。见油后，逐渐将温度升至实验温度 45℃)，直到岩心出口端无水产出，模拟实际油田未开发状况；接着，用大庆地层盐水进行水驱，直到岩心出口端无油产出且水驱量达到 2.0PV，计算水驱采收率；注入黄原胶溶液(在大庆油层温度 45℃时，黏度为 40.7mPa·s)段塞 2.0PV。然后用大庆地层盐水进行后续水驱，直到岩心出口端无油产出且水驱量达到 2.0PV(如果为单一的黄原胶驱，实验结束)。最后注入 2.0PV 的缔合聚合物溶液并进行后续水驱，准确计量产出的油量，计算缔合聚合物增采的油量及提高的驱油效率。实验结果见表 4-59～表 4-61。将表 4-59～表 4-61 的结果与表 4-53 的结果进行对比研究后发现：在模拟大庆油田非均质特征的岩心上，黄原胶的采出程度大于在均质人造岩心和大庆油层天然岩心上的驱油效果。主要原因是黄原胶溶液的黏度较高(40.7mPa·s)，采出了原来水驱尚未波及到的低渗透层中的原油。缔合聚合物黏弹效应提高的驱油效率与前面人造岩心实验的统计结果，与对应条件下的基本一致。

(2)缔合聚合物在非均质岩心上驱油效果与数学模型计算结果的对比。根据大量的岩心实验结果，经过数据统计及数学处理，得到了缔合聚合物驱油效率 η 与岩心渗透率 k、线速度 v 以及缔合聚合物浓度 C_p 的函数关系：

$$\eta = f(k,v,C_p)\eta = (-0.234912943k + 0.8093245)(v + 3.3910416365)$$
$$(0.0004915474c_p + 0.496693559)$$

将表 4-59～表 4-61 中的数据与上述模型进行对比分析，具有较好的一致性和吻合性。

表 4-59　缔合聚合物在平均渗透率为 $800\times10^{-3}\mu m^2$ 非均质岩心上的驱替实验结果

序号	岩心	长度/cm	面积/cm^2	孔隙度/%	$K_{空}$/$10^{-3}\mu m^2$	V_K	线速度/m/d	原始油饱和度/%	水驱采收率/%OOIP	黄原胶采收率/%OOIP	缔合聚合物驱油效率/%OOIP	提高的采收率/%OOIP	备注
1	100-1	30.5	20.12	25.33	800	0.72	5.0	65.75	47.76	8.98	6.43	15.41	先黄原胶驱，后缔合聚合物驱
2	100-20	30.7	20.43	25.33	800	0.72		63.36	46.50	/	15.68	15.68	直接缔合聚合物驱
3	100-3	30.5	20.20	25.33	800	0.72	3.0	64.92	46.31	9.03	5.49	14.52	先黄原胶驱，后缔合聚合物驱
4	100-4	30.7	20.66	25.33	800	0.72		66.27	44.89	/	14.51	14.51	直接缔合聚合物驱
5	100-30	30.7	20.43	25.33	800	0.72	2.0	67.55	43.22	9.14	4.35	13.49	先黄原胶驱，后缔合聚合物驱
6	100-15	30.5	20.34	25.33	800	0.72		67.09	43.68	/	13.64	13.64	直接缔合聚合物驱
7	100-6	30.7	20.46	25.33	800	0.72	1.5	66.94	43.06	8.77	3.76	12.53	先黄原胶驱，后缔合聚合物驱
8	100-7	30.7	20.57	25.33	800	0.72		65.61	43.34	/	12.37	12.37	直接缔合聚合物驱
9	100-8	30.7	20.43	25.33	800	0.72	1.0	64.17	43.30	9.10	2.52	11.62	先黄原胶驱，后缔合聚合物驱
10	100-9	30.5	20.34	25.33	800	0.72		63.40	43.14	/	10.91	10.90	直接缔合聚合物驱
11	100-10	30.7	20.46	25.33	800	0.72	0.5	65.38	42.67	9.07	1.21	10.28	先黄原胶驱，后缔合聚合物驱
12	100-16	30.7	20.57	25.33	800	0.72		64.44	42.80	/	10.07	10.07	直接缔合聚合物驱

表 4-60　缔合聚合物在平均渗透率为 $1000\times10^{-3}\mu m^2$ 非均质岩心上的驱替实验结果

序号	岩心	长度/cm	面积/cm^2	孔隙度/%	$K_空$/$10^{-3}\mu m^2$	V_K	线速度/m/d	原始油饱和度/%	水驱采收率/%OOIP	黄原胶采收率/%OOIP	缔合聚合物驱油效率/%OOIP	提高的采收率/%OOIP	备注
13	10A-3	30.7	20.23	27.68	1000	0.72	5.0	64.61	47.46	9.21	4.51	13.72	先黄原胶驱，后缔合聚合物驱
14	10A-5	30.8	20.54	27.68	1000	0.72		64.24	46.53	/	14.03	14.03	直接缔合聚合物驱
15	10A-4	30.4	20.13	27.68	1000	0.72	3.0	64.40	45.28	9.05	4.07	13.12	先黄原胶驱，后缔合聚合物驱
16	10A-9	30.3	20.30	27.68	1000	0.72		65.03	45.40	/	13.53	13.53	直接缔合聚合物驱
17	10A-10	30.5	20.51	27.68	1000	0.72	2.0	65.81	42.16	9.16	3.58	12.74	先黄原胶驱，后缔合聚合物驱
18	10A-12	30.5	20.44	27.68	1000	0.72		66.04	43.38	/	13.60	13.60	直接缔合聚合物驱
19	10A-8	30.6	20.28	27.68	1000	0.72	1.5	65.76	42.97	8.98	2.54	11.52	先黄原胶驱，后缔合聚合物驱
20	10A-7	30.4	20.41	27.68	1000	0.72		65.53	42.75	/	11.26	11.26	直接缔合聚合物驱
21	10A-2	30.6	20.36	27.68	1000	0.72	1.0	64.12	42.43	9.14	1.34	10.48	先黄原胶驱，后缔合聚合物驱
22	10A-14	30.6	20.47	27.68	1000	0.72		64.72	43.08	/	10.72	10.72	直接缔合聚合物驱
23	10A-15	30.7	20.32	27.68	1000	0.72	0.5	64.79	42.73	8.86	1.05	9.91	先黄原胶驱，后缔合聚合物驱
24	10A-16	30.7	20.43	27.68	1000	0.72		64.48	42.66	/	9.21	9.21	直接缔合聚合物驱

表 4-61　缔合聚合物在平均渗透率为 $1203\times10^{-3}\mu m^2$ 非均质岩心上的驱替实验结果

序号	岩心	长度/cm	面积/cm^2	孔隙度/%	$K_{空}$/$10^{-3}\mu m^2$	V_K	线速度/m/d	原始油饱和度/%	水驱采收率/%OOIP	黄原胶采收率/%OOIP	缔合聚合物驱油效率/%OOIP	提高的采收率/%OOIP	备注
25	03-5	30.6	20.30	29.31	1203	0.72	5.0	67.15	49.51	9.30	3.35	12.65	先黄原胶驱，后缔合聚合物驱
26	03-2	30.7	20.32	29.31	1203	0.72		65.99	48.87	/	13.14	13.14	直接缔合聚合物驱
27	03-4	30.6	20.46	29.31	1203	0.72	3.0	65.57	47.33	9.18	2.87	12.05	先黄原胶驱，后缔合聚合物驱
28	03-9	30.6	20.28	29.31	1203	0.72		65.34	47.72	/	11.78	11.78	直接缔合聚合物驱
29	03-10	30.6	20.46	29.31	1203	0.72	2.0	66.20	45.43	9.14	2.27	11.41	先黄原胶驱，后缔合聚合物驱
30	03-6	30.4	20.51	29.31	1203	0.72		66.41	45.28	/	11.53	11.60	直接缔合聚合物驱
31	03-8	30.8	20.35	29.31	1203	0.72	1.5	65.38	45.57	9.03	1.94	10.97	先黄原胶驱，后缔合聚合物驱
32	03-7	30.6	20.27	29.31	1203	0.72		65.49	45.64	/	10.69	10.69	直接缔合聚合物驱
33	03-11	30.8	20.44	29.31	1203	0.72	1.0	66.10	45.17	8.87	1.06	9.93	先黄原胶驱，后缔合聚合物驱
34	03-18	30.7	20.38	29.31	1203	0.72		65.80	45.08	/	9.67	9.67	直接缔合聚合物驱
35	03-12	30.6	20.42	29.31	1203	0.72	0.5	65.66	44.73	8.82	0.28	9.10	先黄原胶驱，后缔合聚合物驱
36	03-22	30.8	20.53	29.31	1203	0.72		66.08	44.66	/	9.03	9.03	直接缔合聚合物驱

除了前面提到的影响驱油效果的因素以外，影响聚合物驱油效果的其他因素主要包括以下几个方面。

(1)注入速度。聚合物溶液在孔隙介质中流动时，有效黏度、黏弹性及分子滞留量都是速度的函数。注入速度增加会使聚合物分子由近似线团型向直线型发展，驱替速度增加时分子回旋半径不会增大，所以速度的增减不会引起储层堵塞等现象的发生。但不同的注入速度对于聚合物溶液在岩心中的剪切降解特性有着不同程度的影响，并且体现出在不同注入速度下，聚合物溶液的流变性在岩心中的变化规律也存在着差异，从而会直接地影响注入压力、间接地影响聚驱效果。同时，随着注入速度的增加，聚合物溶液视黏度的损失幅度将不断增加，也会在一定程度上影响注入压力和聚驱采收率提高幅度的大小。

(2)注入时机。运用聚合物溶液驱油不仅能降低油水黏度比，增加层位吸水厚度，改善吸水剖面，还可以提高水驱宏观波及效率，从而提高原油采收率。由于岩石润湿性、毛管力和微观非均质性的影响，在水驱结束后，那些被注入水波及到的区域仍存在着部分残余油，以各种各样的形态滞留在孔隙介质中，开展聚合物驱时可以有效地降低残余油饱和度，而合理的注聚时机会影响其降低程度的大小以及原油最终采收率的高低。但怎样确定适当的注聚时机，将关系到实验区整个开发方案的部署与调整，牵涉到开展聚合物驱时的可行性和经济性等诸多因素。另外，由于聚合物驱油是一种强化采油措施，水驱残余油饱和度较高，两相流动所遇到的阻力相对更大，相应注入压力大幅升高，储层承受能力受到一定威胁，所以恰当与否的注聚时机还将直接影响到油田整个实验区块的寿命长短。

(3)注入量或段塞大小。当选择了某种性质的聚合物，并确定了适时的注聚时机后，聚合物用量大小的确定便成为使用聚合物驱开采原油所面临的又一项课题。特别是在目前聚合物驱油日趋工业化的形势下，一方面要使原油最终采收率得到大幅度的提高，另一方面还要取得可观的经济效益。

(4)聚合物溶液黏度及油水流度比。聚合物驱油最重要的机理就是降低了水油流度比，克服了注入水“指进”，同时提高垂向波及效率、改善吸水剖面、增加吸水厚度，最终使体积波及效率(宏观波及效率)提高。提高聚合物黏度可进一步提高采收率，在影响聚合物驱油效果的诸多因素中，聚合物的黏度控制是聚合物驱油能否成功的关键因素之一。当在注水井中注入高黏度的聚合物溶液后，一方面改善了主力油层中驱替介质与被驱替介质的流度比，根本上达到提高驱油效率的目的；另一方面，由于注水井中主力层吸水能力的下降，系统压力得以提升，吸水剖面将得到改善，从而调整了层间矛盾，差层动用程度得到提高，进而两类物性油层的动用状况都将得到大幅度改善。聚合物溶液控制流度的有效性是聚合物溶液浓度的函数，当聚合物溶液流经储集层复杂孔隙介质时，由于聚合物分子的机械捕集和滞留作用，降低了聚合物的浓度，从而会降低其黏度，在一定程度上影响聚驱效果。由机理可知，流度比越小波及效率越高，即聚合物溶液的工作黏度越大越好，但由于注入能力、经济效益等因素的影响，聚合物溶液的工作黏度不可能无限大。

4.4　聚合物的吸附及滞留损失

在聚合物驱提高采收率技术中，聚合物溶液在油层中运移和流动，与岩石表面存在较强的相互作用，引起它在多孔介质中的滞留。显然，聚合物吸附和滞留作用必然引起浓度降低甚至明显降低，导致界面张力上升以及溶液黏度下降，使聚合物驱的驱油效果变差。但聚合物的滞留作用也有有利的一面，即降低油层岩石的渗透率，提高残余阻力系数。通常，使化学剂从流动的水相中逃逸出来而黏附在固体表面的现象称为滞留。滞留的主要机理是吸附、机械捕集和水动力滞留。机械捕集作用，类似于过滤机理，认为大分子，例如聚合物被小孔隙筛滤而存在于小孔隙端口。如果捕集只是对于那些相对分子质量分布大于平均值的那些聚合物时，则不可避免地引起注入井附近聚合物的积聚，使聚合物分子以幂级指数的扩渗方式进入地层，最终导致井眼和地层的堵塞。此外，大量的研究结果表明，聚合物的动滞留量在其总滞留量中的比例权重非常小。

在不考虑化学剂的其他特殊滞留机理的条件下，主要问题是要测定化学剂的滞留量。但是也可能通过其他不同而又相关的方法测得，这主要取决于化学剂的滞留机理。常用且又最直接的方法，就是通过在天然岩心上进行的流动实验来测定滞留量和静吸附量(固体粉末)。此方法可得到单位质量的固体表面积吸附的聚合物的量 Γ_s，通常以 g/g 或 μg/g 表示。在静吸附实验中，常用的吸附量单位是单位固体表面积吸附的聚合物量，就是所谓的表面过量过剩量 Γ。但是对静吸附实验来说，这种方法存在的问题是，固体的表面积通常是采用 BET(布鲁瑙厄-埃梅-泰勒)法，利用气体的吸附量来测定的。显然适用于计算聚合物吸附量的表面积与 BET 法测得的表面积是不同的，这就是说，在研究聚合物流经孔隙介质是是否有其他因素影响聚合物分子吸附到固体孔隙表面上，是非常非常困难的，例如“不可及”孔隙体积。尽管如此，表面过剩量 Γ_s 仍然是一个有意义的物理量，在讨论聚合物的吸附时将作更深入的讨论。

通常，聚合物在多孔介质中渗流时，滞留量用单位岩石或砂岩体积滞留的聚合物量来表示。油田上最常用的表示单位 μg/g(砂)或 μg/cm^3(岩石)。

4.4.1　聚合物在多孔介质中的滞留机理

前面曾提到，聚合物溶液通过多孔介质是有 3 个滞留机理，即聚合物的吸附、机械捕集和水动力滞留。

这 3 个机理是威尔特(Willhite)和多明哥(Dominguez)之前提出的，如图 4-43 所示。

在讨论这三个机理之前，需要说明的是，实验测得的各种机理对聚合物的滞留量都取决于精确定量分析聚合物浓度的能力。最后，所有这类实验结果都采用物质平衡法计算得到。

下面将全面讨论这三个聚合物滞留机理。但是，只对聚合物的吸附机理作简单讨论。

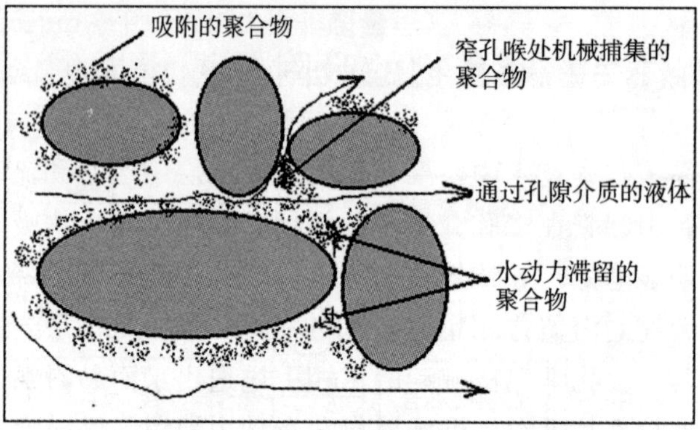

图 4-43　聚合物在孔隙介质中滞留机理示意图

4.4.4.1　聚合物的吸附

吸附作用指的是聚合物分子同固体表面之间的相互作用(溶剂通常指的是水)，这种相互作用指聚合物分子主要以物理吸附键合到固体表面(范德华力和氢键的作用，而不是化学吸附)，因为化学吸附是聚合物分子和固体表面形成了化学键所致。事实上聚合物分子占据了固体表面的吸附位置，固体有效表面积越大，吸附量也越大。如果把固体粉砂，例如硅石粉或乳液加到溶液中并搅拌，直到平衡，那么吸附作用是使聚合物分子脱逸水溶液而黏据在固体表面的唯一机理。显然，在胶结(或非胶结)孔隙介质条件下结果将更复杂，因为在聚合物分子流动情况下，有部分固体表面无法占据。聚合物的这种作用也是造成碱和表面活性剂浓度降低的一个重要因素。

4.4.4.2　聚合物的机械捕集

机械捕集与水动力滞留之间的相互影响只有在溶液流经多孔介质时才会发生。在砂岩/溶液的静态实验中，这两个机理是不存在的。机械捕集滞留作用是聚合物分子滞留在狭窄的流支孔隙所致，见图 4-43。许多研究人员都对其进行过研究，Gogarty 和 Smith 曾经测定过溶液中部分水解聚丙酰胺分子的有效尺寸，发现部分水解聚丙烯酰胺分子的有效尺寸在 0.4～0.2μm。在蒸馏水中的尺寸(回旋半径)比在盐水中的大得多。Willhite 和 Dominguez 利用水银孔隙测定仪研究了岩石的孔隙大小分布，指出大约 14%孔隙体积是约 1μm 有效尺寸的聚合物分子不可入的，即“不可及”孔隙体积。因此，根据对分子大小的预测结果，有部分水解聚丙烯酰胺分子在流经特定的砂岩样时将被捕集下来。这可通过岩心进出口两端大量存在的相互连通的网状“微孔隙”的复杂孔隙结构模型而推测，分子要占据大量的孔道，某些分子被捕集在窄喉道外，于是发生堵塞效应，流动作用减弱，进而可能在堵塞处捕集更多的分子，这个机理非常类似于众所周知的深部过滤现象。

聚合物机械捕集通常有几种情况：首先是岩心中溶液的聚合物浓度达不到注入浓度，或者是注入了若干倍孔隙体积的聚合物溶液后，岩心中流动的聚合物浓度才等于注入浓度，后者是岩心中已经有了孔喉被堵，捕集占据了少部分空间，从而导致后面的溶液通过大孔道流走，不会产生更严重的捕集效应，这种物理观点在早期的文献中也有所论述；第二，沿岩心方向，机械捕集的聚合物分子分布在最靠近岩心的入口处，且沿岩心方向以幂指数方式急剧下降；第三就是深部过滤作用，即对网状孔隙结构来说，有一个临界捕集空间值，岩心最终还是要被完全堵塞，渗透率下降至零，对亚捕集空间值来说，仍然有很强的滞留作用，同时伴随产生的渗透率下降可能还会引发非常不利的作用和效果，因为它最接近于聚合物的注入作用效果。

研究结果表明，机械捕集和吸附作用是可以分开的。室内研究了部分水解聚丙烯酰胺在砂岩岩心上的滞留作用，还研究了岩心上的静吸附实验。静吸附实验结果表明，聚合物在岩心上的吸附量为 3～4μg/g，与新用的聚合物浓度无关，动滞留量是静吸附量的 5 倍多，这说明机械捕集起了主导作用。在砂岩流动实验中，还测定了岩心经长时间盐水冲洗后残留聚合物的分布情况。图 4-44 给出了岩心在注入 0.20PV 盐水后残留聚合物的分布状况。实验表明，聚合物的残留状况呈幂级式分布。实验时，盐水注入量为 0.40PV，聚合物注入量为 0.2PV，岩心渗透率为 $1200\times10^{-3}\mu m^2$。此外，该图还给出了部分水解聚丙烯酰胺分别为两个浓度(600mg/L 和 1200mg/L)进行实验的结果，出口处的机械捕集量为 15μg/g；入口处的机械捕集为 24.50μg/g，对应的静吸附量为 2.5μg/g，与聚合物浓度无关。聚合物动滞留量取决于聚合物浓度，进一步证明了机械捕集是主要的滞留机理。实验结果还表明，岩心的表面积越大，吸附作用就越强，尽管存在机械捕集，但作用很小。

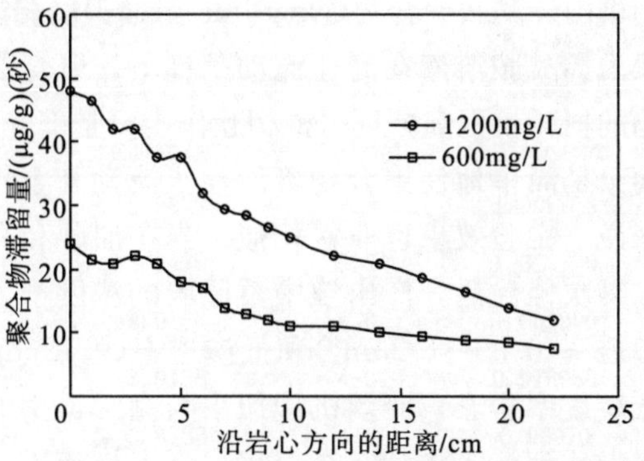

图 4-44　聚合物驱后，沿岩心方向部分水解聚丙烯酰胺滞留分布曲线

此外，本书还研究了部分水解聚丙烯酰胺 Pusher700(Dow 化学公司生产)在用聚四氟乙烯压制的 $86\times10^{-3}\mu m^2$ 岩心上的滞留和流动特性。静吸附实验结果表明，聚合物在聚四氟乙烯上的吸附量可忽略不计(小于 1μg/g，受分析方法制约)。但是，用 2%NaCl 溶液配制的 100mg/L 和 500mg/L 部分水解聚丙烯酰胺水溶液，聚合物在线性岩心上的滞留量为 10～20μg/g。因此，各种滞留作用对机械捕集都有影响。在有些实验中，注入若干(3～5 倍孔隙体积)聚合物溶液后，产出的聚合物浓度才能达到注入浓度。事实上，在某些岩心驱替实验中，即使注入如此多的聚合物溶液，聚合物的产出浓度也达不到注入浓度。这再次证明了聚合物的滞量与其浓度大小有关，与机械捕集机理的作用效果一致。这种需要很长时间才能使产出浓度等于注入浓度的现象，早期研究也有报道。在完成的驱替实验中，大约需要注入 10 倍孔隙体积，产出液中的聚合物浓度才能达到注入浓度。造成这种现象或结果，最大可能是由于聚合物捕集量较大所致。

Cohen 和 Christ 提出了一种新的测定因聚合物在多孔介质中滞留而引起流度下降的实验方法，可以分别测定在流动实验中部分水解聚丙烯酰胺的吸附量和非吸附滞留量。该实验方法可通过对砂岩进行硅烷处理，因为这改变了岩心的表面性质而不会吸附部分水解聚丙烯酰胺。

研究结果还表明，流动速度对聚合物在岩心上的滞留量有影响，但影响程度通常只与流体动滞留作用现象有关。

4.4.1.3 聚合物的水动力滞留

聚合物的水动力滞留是最难定义和理解的一种滞留机理。这个机理通过在岩心聚合物滞留达到稳定状态后，改变流速时总滞留量发生变化而建立。用部分水解聚丙烯酰胺进行岩心实验时得到的一次结果：当流速由 3m/d 增加到 10.3m/d 时，对流出物中聚合物的浓度分析结果可知，聚合物的滞留量也增加了。聚合物产出浓度下降就证明了这个观点和结论。如果将流速又减小到 3m/d，则聚合物的产出浓度又回升到了注入浓度(400mg/L)，这说明滞留量也下降了。这种随流速增加聚合物滞留量也增高的趋势的结果，与其他研究人员的结论一致。例如 Maerker 在渗透率为 $121\times10^{-3}\mu m^2$ 的 Berea 岩心上进行了流动速度对聚合物滞留量影响的实验研究，使用的体系是用 2% NaCl 盐水配制的黄原胶生物聚合物溶液。结果表明，对黄原胶来说，滞留量随流速的增加而增加，结果与用聚丙烯酰胺聚合物(Dow Pusher700)的相近。此外，研究结果还发现，黄原胶多糖和聚丙烯酰胺溶液在高速流动条件下，聚合物分子同多孔介质发生了相互作用而使聚合物的损耗量更高，且这种相互作用只是部分可逆。

若不改变流速，而只是简单地使聚合物溶液停止流动和重新流动时，对部分水解聚丙烯酰胺和黄原胶来说，实验效果也非常相似。当在油砂和高岭石胶结的岩心上完成黄原胶吸附实验时，每次停注后，产出液中黄原胶的浓度都急剧升高。部分水解聚丙烯酰胺在胶结的高渗透率($0.85\sim1.2\mu m^2$)和低渗透率($0.127\mu m^2$)砂岩岩心上的流动实验结果表明，对于低渗透率岩心，滞留机理似乎与高渗透率的岩心不同，因为流出物中聚合物的浓度始终未达到注入浓度，在一定程度上流速决定了滞留量。当流速降低或停止时，部分水解聚丙烯酰胺的滞留量也降低了，因而产出液中存在聚合物浓度高峰。在这些实验中，低渗透的孔隙介质因机械捕集和水动力滞留机理引起的滞留作用就更为明显，但即使是在这些情况下，估计可逆的水动力滞留量仍然很小。在高渗透率的岩心中，滞留是不可逆的吸附作用占主导作用。

图 4-43 给出了水动力滞留机理示意图。认为有些聚合物分子由于水动阻力的影响而暂时捕集死流区。聚合物在死流区的浓度可能高于注入浓度，溶液停止流动后，聚合物分子发生漫散进入流动孔隙；流体重新开始流动后，这部分聚合物溶液也开始流动，因而产出液中出现了聚合物产出高峰。尽管对水动力滞留，似乎不存在这个机理，但对此现象作进一步研究后，认为可能是多种现象并存所致。Chauveteau 和 Lecourtier 还详细讨论了大分子水动力滞留的物理现象，认为水动力滞留就是分子对孔道的作用、局部流动状况、聚合物聚集带的水动力剪切效应和流动聚合物溶液的水动力剪切效应的平衡所致。他们指出，半刚性分子物质例如黄原胶的水动力滞留作用几乎不可能产

生，因为这类物质的分子结构可以通过流动阻力小的孔隙很容易取向于流动方向，所以很难滞留下来。

4.4.1.4　各种滞留机理的特征

聚合物在液-固界面上的吸附以及多孔介质机械捕集时的滞留作用，很容易被观察到。水动力滞留作用受流速的影响，但是这种滞留机理并不是引起聚合物在多孔介质上吸附的主要因素，尽管在油田上进行大规模聚合物驱或含聚合物的化学驱时，水动力滞留可能不是主要的影响因素。

聚合物机械捕集类似于孔隙很小的低渗透率岩心的滞留机理。残余油时的机械捕集量要比不含油即完全饱和水时的高，它随聚合物孔隙介质体系的改变而变化。聚合物分子流动时，分子有效尺寸相对于孔隙大小分布来说在确定捕集机理方面非常重要。事实上，从事这方面研究的石油工作者并不希望使用这种聚合物。需要指出的是，无机盐在水溶剂的体系中也有很大的影响。这就是说，可把它看成“过滤能力很差”的聚合物溶液，因而应尽量避免聚合物诸如预过滤或预剪切而使分子尺寸变小。所有对聚合物溶液进行旨在降低机械捕集滞留的处理，最重要的目的就是使溶液保持其实用性，例如溶液的黏度。

吸附是聚合物-岩石表面-溶剂体系最基本的特征，不可避免，除非改用其他聚合物。因此，对于某个或某次给定的含聚合物的化学驱来说，吸附应当是进行研究的最重要的机理。机械捕集滞留应该看成是过滤作用所致，应尽量避免。通常水动力滞留作用很小，在大多数实际应用时可忽略不计。基于上述情况，本章的主要内容集中在吸附方面。

4.4.2　聚合物吸附/滞留实验研究

在三次采油技术中，有关聚合物在多孔介质上的吸附的文献都认为，化学剂的吸附量和吸附性质主要取决于以下几点：

(1)化学剂。最重要的是碱、表面活性剂和聚合物的种类。化学剂的性质，如相对分子质量(或平均当量)大小、分子有效尺寸大小、电荷密度或水解度(对部分水解聚丙烯酰胺来说)。

(2)溶剂(这里是考虑水溶液体系)性质、pH、矿化度(Na^{+}、Cl^{-}等)和硬度(Ca^{2+}、Mg^{2+}等)都是非常重要的影响因素。溶液中的其他组分如醇也可能会影响溶剂性质，从而影响聚合物等化学剂的吸附量。

(3)岩石表面。主要包括表面的面积和类型(硅、碳酸钙、黏土等)。表面电荷也是影响化学剂吸附量的一个重要因素。众所周知，它与溶剂的性质和pH有关。通常在粉砂岩和砂岩上的静吸附量与在装砂岩心或胶结岩心的动吸附量有明显的不同。对岩石进行预处理，如用油或其他吸附剂、表面活性剂或那些能改变吸附表面润湿性的溶液进行处理，也会影响实验结果。

许多单一的研究都倾向于强调研究所有那些对化学剂吸附量有影响的主要关键因素，如聚合物、溶剂和表面的性质。例如Lecourtier、Chauvebeeu、Zaitoun和Kohler的研究结果表明，通过改变pH、温度、盐水组成、聚合物的电荷密度以及吸附物表面性质，都可以降低聚合物的吸附量。在讨论中还考虑伴随聚合物在多孔介质上吸附而产生的岩石渗透率下降。

下面将分别讨论部分水解聚丙烯酰胺和黄原胶在多孔介质上吸附的一些重要特点。这两种聚合物的结构不同，部分水解聚丙烯酰胺是柔性卷曲的聚电解质，它对溶液的性质如 pH、矿化度等比黄原胶更敏感，因为黄原胶是刚性分子结构。

1. 部分水解聚丙烯酰胺和其他柔性聚合物的吸附

分别对用蒸馏水和 2%NaCl 的盐水配制的两种部分水解聚丙烯酰胺溶液(水解度 25%；相对分子质量分别为 $3\times10^6\sim10\times10^6$ 和 $2\times10^6\sim3\times10^6$)进行静吸附和动滞留实验。所用吸附物为 Ottawa 石英砂、硅石粉和分散的 Berea 砂岩，用 BET 法则得表面积分别为 $0.5m^2/g$、$165m^2/g$ 和 $1.70m^2/g$。纯石英砂的吸附量比较高，例如对 1000mg/L 的低相对分子质量部分水解聚丙烯酰胺来说，吸附量 $375\sim880\mu g/g$(约合 $0.22\sim0.95mg/m^2$)。结果表明，用蒸馏水配制的体系的聚合物滞留量总比用 2%NaCl 盐水配制体系的高。事实上，这种现象并不希望看到，尽管现象不是太严重。显然，这应该归咎于聚合物不能进入多数孔隙空间的缘故，即所谓不可及孔隙体积，从而导致聚合物的溶液从那些表面积最小而孔道最大的孔道流动。

此外，还对高相对分子质量(H)、中相对分子质量(M)和低相对分子质量(L)3 种部分水解聚丙烯酰胺的吸附/滞留行为进行了研究。低相对分子质量聚合物是低水解度的聚合物，其他两种聚合物的水解度高。所用的吸附剂是硅石粉、碳酸钙和粉碎的砂岩，用 BET 法测定的单位表面积分别为 $1.0m^2/g$、$0.46m^2/g$ 和 $0.75m^2/g$。图 4-45 给出了 NaCl 浓度对聚合物在硅石粉上吸附量的影响。需要说明的是，随着 NaCl 浓度的升高，聚合物的吸附量急剧上升。此外，还发现低浓度的 Ca^{2+} 要比低浓度的 Na^+ 使聚合物在硅石粉上的吸附作用大得多，而在高浓度条件下，Ca^{2+} 的影响可能是被 Na^+ 的影响所掩盖，其趋势与预想的结果一致。增加溶液的离子强度后产生两个相关的效果：第一，它使柔性的部分水解聚丙烯酰胺分子的有效尺寸变小，因而使更多的聚合物分子吸在固体表面上，也就是说因吸附而使聚合物链的结构熵的降低程度小些。第二，溶剂越差，聚合物分子与固体表面相互作用的影响也就越重要，因而吸附量增大。用不同 Ca^{2+} 浓度的 10%NaCl 盐水配制的聚合物在 $CaCO_3$ 岩上的吸附量介于 $0.3\sim0.45mg/m^2$。这比在同样条件下在硅石表面上的吸附量(约 $0.05mg/m^2$)要高得多，因为固体表面上 Ca^{2+} 离子与部分水解聚丙烯酰胺的羧基产生了强烈作用。

研究结果还表明，高相对分子质量、中相对分子质量和低相对分子质量的部分水解聚丙烯酰胺溶液在流经岩心时，都会降低岩心的渗透率。高相对分子质量的永久性渗透率下降参数．残余阻力系数 *RRF* 很高，如图 4-46。从图上可以看出，流速越大，*RRF* 也越大。图 4-47 给出了岩心的初始渗透率对 *RRF* 的影响，它说明即使岩心渗透率略有下降，但岩心的渗透率降低值会急剧上升。该图还分别给出了未处理岩心(在残余油饱和度下)与据说能使强水湿变为亲油的 DriFilm 处理剂处理过的三种岩心的实验结果。需要说明的是，在渗透率比较低的岩心中，关于捕集机理对渗透率下降有一定影响的观点尚有疑虑，特别是在当时合成的聚合物中由于含有杂质，对结果造成不利影响。

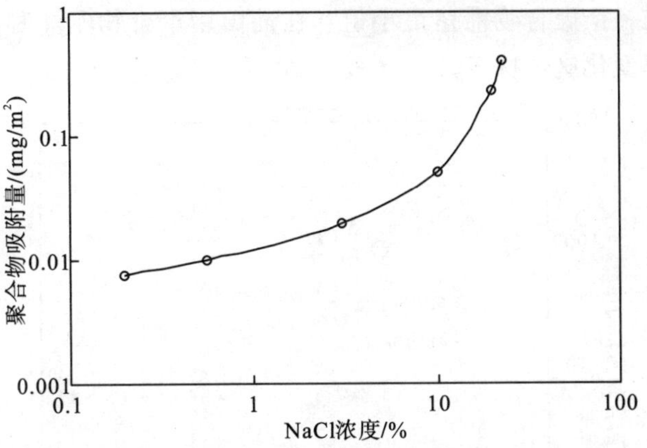

图 4-45　矿化度对部分水解聚丙烯酰胺在硅石粉上吸附量的影响

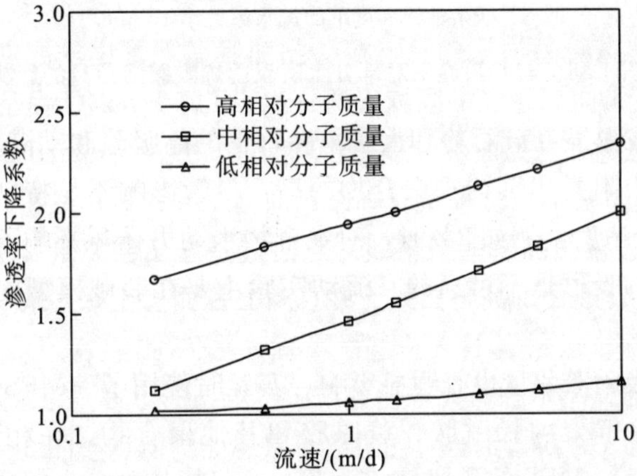

图 4-46　聚合物相对分子质量及流动速度对聚合物渗透率下降系数的影响

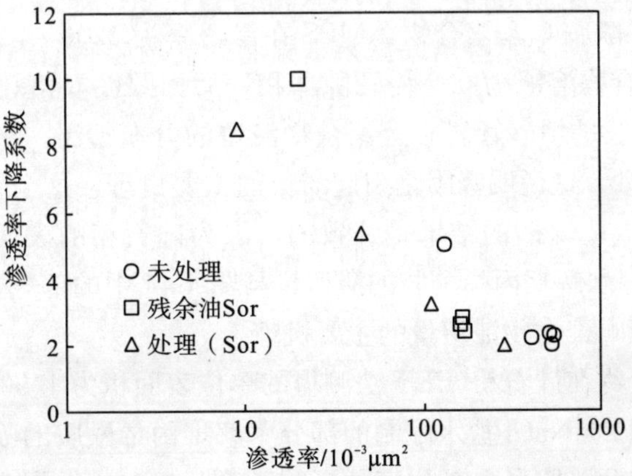

图 4-47　岩心初始渗透率对渗透率下降系数的影响
（中相对分子质量部分水解聚丙烯酰胺，3%NaCl）

本书还研究了部分水解聚丙烯酰胺(水解度约 20%，相对分子质量为$=5.5\times10^6$)在岩心上的滞留。结果发现，聚合物的滞留量和对应的阻力系数与岩心渗透率有密切关系，图 4-48 给出了聚合物滞留量与岩心原始渗透率的相互关系。可以看出，在某个渗透率时，对应存在一个聚合物滞留最小值。在油田用聚合物驱油时，应当考虑滞留量随油层岩石渗透率变化这一特点。

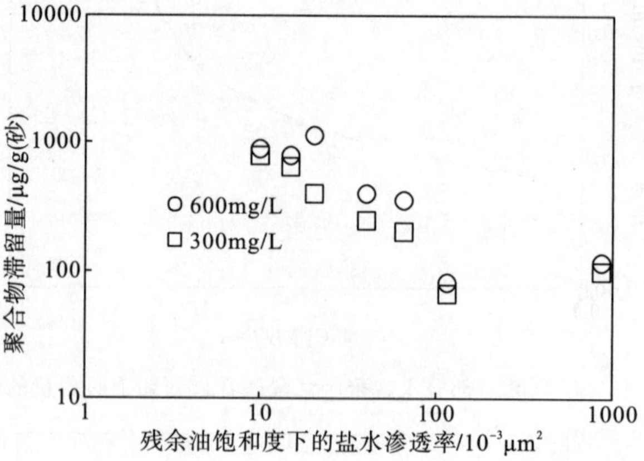

图 4-48 岩心渗透率对部分水解聚丙烯酰胺滞留量的影响

部分水解聚丙烯酰胺在硅石粉和大庆填砂管上的静吸附和动滞留量研究结果表明，盐水体系聚合物的吸附量比蒸馏水聚合物的高，尽管影响不是特别大。因此，离子强度在 NaCl 高于某个浓度，例如 2%时，对聚合物水动力体积影响不大。大量的研究结果还表明，聚合物的吸附是不可逆的。流动实验主要在装砂模型中进行，滞留的机理是机械捕集。

聚合物类型对吸附滞留量也有明显影响。实验时使用了 AMPS(2-丙烯酰胺-2-甲基丙烷磺酸盐)部分水解聚丙烯酰胺、黄原胶和其他聚合物。在相近的岩心上($328\times10^{-3}\sim679\times10^{-3}\mu m^2$)AMPS 的滞留量(35～72μg/g 砂)比部分水解聚丙烯酰胺的(88μg/g 砂～1967μg/g 砂)低。黄原胶在 $337\times10^{-3}\mu m^2$ 岩心的滞留量为 109μg/g 砂。实验还研究了部分水解聚丙烯酰胺 C 和聚合物 AMPS 在渗透率为 $1200\times10^{-3}\mu m^2$ 的装砂模型上的滞留量(注入的聚合物溶液为 0.2 倍孔隙体积，后面跟注 6 倍孔隙体积的盐水)。图 4-49 给出了在 24cm 长的填砂管岩心上聚合物滞留的分布情况。聚合物 AMPS 的滞留量为 1.2～1.5μg/g 砂，这说明吸附是引起滞留的主要机理，这个实验结果与在硅石粉上聚合物吸附量 22.5μg/g 砂的结果是一致的，因为硅石粉的表面积为填砂模型的 16 倍多。图 4-49 中部分水解聚丙烯酰胺的滞留量与图 4-44 中的部分数据相同，这清楚地表明，机械捕集是影响聚合物滞留量的主要机理。

对上述两种聚合物在硅石粉(BET 法测得的单位表面积为 $1.99m^2/g$)的吸附量进行测定。结果表明，用 2%NaCl 盐水配制的部分水解聚丙烯酰胺的吸附量为 AMPS 聚合物的 3 倍多，说明在此滞留量上矿化度的影响不大。300mg/L 的部分水解聚丙烯酰胺在硅石粉上的吸附量约 55μg/g，表面过剩量 $\Gamma_s=0.028mg/m^2$，这与在表面积为 $0.123m^2/g$ 的装砂模型上测得的 3.3μg/g 吸附量(后者 $\Gamma_s=0.028mg/m^2$)是完全一致的。剪切实验还表明，聚合物经严重剪切后(用搅拌器搅拌 48min)，吸附量大约降低 25%。固体表面的有效吸附空间的数量未变，但占据这些位置的是被机械降解后的小分子，所以被剪切过的聚合物吸附层厚度要比未剪切部分水解聚丙烯酰胺的薄。值得注意的是，有时也会出现相对分子质量大，吸附量也大的现象。这必须根据具体实验结果进行仔细研究。

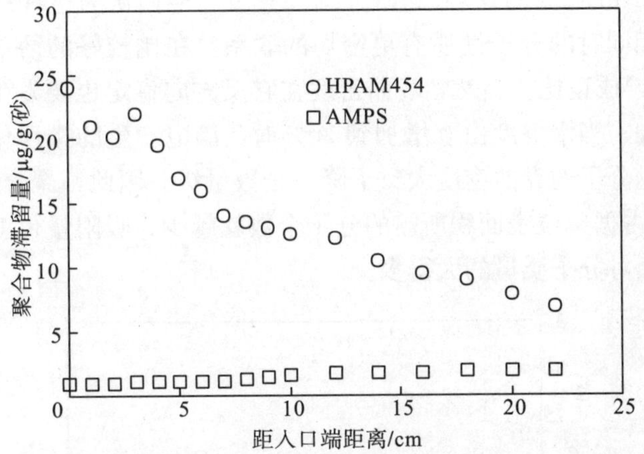

图 4-49　聚合物在不同位置处的滞留量

实验中，还测定了用 0%～2%NaCl 的盐水配制的部分水解聚丙烯酰胺和 AMPS 在碳酸盐岩粉上的吸附量，发现这两种聚合物的吸附是不可逆的(这里只讨论部分水解聚丙烯酰胺)。尽管碳酸盐岩粉的表面积更小(0.226m^2/g)，但部分水解聚丙烯酰胺在它上面的吸附量都更高(600mg/L、2%NaCl 体系的吸附量约为 100μg/g)。因此，部分水解聚丙烯酰胺在碳酸盐岩粉上的表面过剩量 Γ_s 约为 0.38mg/m^2，而它在硅石粉上的表面过剩量 Γ_s 约为 0.027mg/m^2。在碳酸盐岩粉上的吸附量，与在硅石粉上的吸附量一样，随矿化度的增加而上升。部分水解聚丙烯酰胺在碳酸盐岩粉上表面吸附程度相对增高的原因可能是因为固体表面 Ca^{2+} 离子与羧基相互作用的结果。

在充填硅砂模型上进行的聚合物动滞留量实验结果表明，滞留量随平均相对分子质量的增高而略有下降。部分水解聚丙烯酰胺滞留量随它水解度的增大而大幅度下降。还发现溶解的无机盐都会增大水解式或非水解式聚合物滞留量，只是盐类不同产生作用的程度不同罢了。一般的观点认为，在聚合物浓度高于临界浓度时，产生了类似于凝胶的聚合物卷曲的相互作用，从而导致因机械捕集对吸附产生作用而使聚合物的滞留量急剧上升。

最后，用部分水解聚丙烯酰胺在未固结硅石砂上的滞留岩心流动实验，所用的聚合物的相对分子质量为 0.7×10^6～4.8×10^6，水解度为 0%～40%，岩心所用硅砂颗粒直径 100～200μm，长度约 20cm，比表面介于 0.1m^2/g(水银法)～0.18m^2/g(粒状碳吸附法)。

用部分水解聚丙烯酰胺进行静吸附实验的结论如下：

(1)部分水解聚丙烯酰胺在各种吸附剂上的吸附规律符合 Laugmuir 等温吸附曲线。

(2)部分水解聚丙烯酰胺的吸附几乎完全不可逆。

(3)部分水解聚丙烯酰胺在细砂上的静吸附量与在岩心或装砂模型上的动滞留量相差很大。这是由于胶结/或胶结岩心的比表面发生变化和部分孔道不可及所致。它们之间的差异还与流动实验中机械滞留的能力大小有关。

实验中还发现，500mg/L 的部分水解聚丙烯酰胺在装砂模型上的滞留量随聚合物相对分子质量的增大而略有下降，而随水解度的增大而急剧下降，如图 4-50。这种变化趋势与早期 Martin 和 Sherwood 的研究结果一致。他们认为这些结果与卷曲的分子直径和卷曲密度相同时的分子性质有更密切的联系。在比较好的溶剂中，分子的卷曲直径与($[\eta]$ M$)^{1/3}$成正比。当然，卷曲密度在它反方向肯定也要发生变化，且水解度的影响最大。例如，当水解度由 0 增加到 30%时，静电产生的排斥作用，使相同相对分子质量的聚合物分子的卷曲密度大致下降一个数量级。因此，聚合物的分子越大(即卷曲密度越小)，占据单位表面积所需的分子个数就越少，吸附量也就越低。水解度在这方面的作用比相对分子质量的大得多。

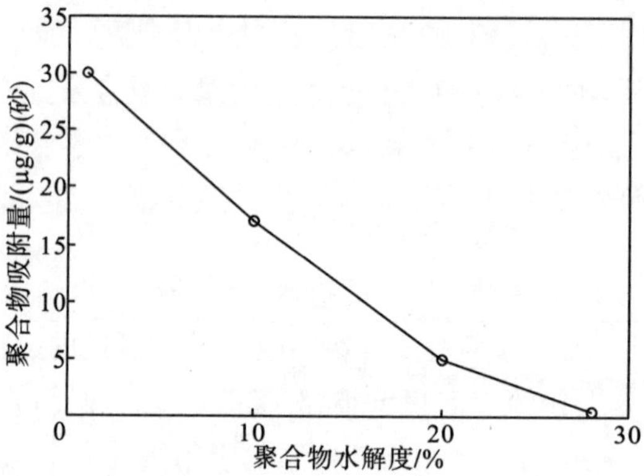

图 4-50　部分水解聚丙烯酰胺水解度对其吸附量的影响

研究结果还表明，无机盐电解质对聚合物在砂结岩心上的滞留量也有影响。部分水解聚丙烯酰胺的吸附量随无机盐浓度的增高而增大，二价离子如 Ca^{2+} 吸附的影响要比 Na^{+} 的大得多；水解聚丙烯酰胺比非水解聚丙烯酰胺的要高得多。造成这种结果的原因，是由于部分水解聚丙烯酰胺在电解质存在时分子随意卷曲引起分子收缩所致。研究结果表明，在无机盐浓度为 0%～0.1%时，卷曲分子的大小及卷曲密度的变化最快，NaCl 约为 0.2%时达到平衡。因此，认为聚丙烯酰胺的水解度和电解质浓度对分子尺寸(卷曲密度)和吸附量的影响最大。关于这一点，普遍的观点认为相对分子质量的影响非常小。

结果表明，部分水解聚丙烯酰胺在油湿的硅砂表面上的吸附量为零，这种硅砂表面很容易由亲油性变为亲水性。

添加剂如异丙醇、碱和表面活性剂对部分水解聚丙烯酰胺的滞留量也有影响。增加溶液中异丙醇的浓度，可增大聚合物在砂结岩心上的吸附量，但这也可能是溶剂产生的作用，因为醇是比水差的溶剂。而碱和表面活性剂的影响则非常复杂，因为这两种化学剂可改变岩石的润湿性，特别是在部分油湿的条件下。在水湿体系中，不管哪种磺酸盐接触到岩石，部分水解聚丙烯酰胺吸附量都要减小。与油湿体系的实验结果一样，可能是润湿性改变的原因，聚合物的吸附量也增大。

部分水解聚丙烯酰胺在多孔介质中的运移研究结果表明，高渗透率砂结岩心的渗透率降低幅度在水解度约为 20%～30%时最大。这个结果进一步支持了为了得到理想的渗透率降(即残余阻力系数)而要求聚合物分子链要有一定最佳卷曲度的观点。这表明多孔介质中流体流动的流度控制，取决于聚合物与多孔介质之间的“最佳相互作用强度”。尽管这种相互作用可能比静电的影响小，但比范德华分子力大，这可能是聚合物与固体吸附表面偶极子与偶极子相互作用所致。

实验中还研究了不同部份水解聚丙烯酸(PAA，100%水解)在未胶结硅砂上的流动特点。实验体系均用 1%NaCl 盐水配制，聚合物的相对分子质量分别为 5×10^6(聚丙烯酰胺)，3×10^6(部分水解聚丙烯酰胺)和 0.23×10^6(聚丙烯酸)。在 1%NaCl 溶液中分子的直径($8(M\ [\eta])^{1/3}$)分别为 0.26μm、0.27～0.28μm 和 0.05μm。这里主要研究聚合物的阻力系数和渗透率下降系数，没有给出聚合物的吸附量。岩心中的滞留机理是吸附和机械捕集共同作用所致。实验结果与 Szabo、Dey 和 Mony 提出的喉道捕集的观点一致。就渗透率降而论，随聚合物浓度和聚合物分子头尾距离的平方根($<\tau^2>)^{1/2}$的增大而升高。砂结岩心经过油处理后，会降低阻力系数和最终的渗透率降。结果还表明，在聚合物水解度约为 31%时，*RF* 和 *RRF* 最大。值得注意的是，这可能是分子尺寸大小影响的结果，因为水解度为 31%的部分水解聚丙烯酰胺在溶液中的有效尺寸最大。这可能是吸附和机械捕集机理引起滞留的主要因素，且都会最大程度地降低固结岩心的渗透率。需要说明的是，分子的有效尺寸越大，不能简单地根据 Lakatos 等人的解释观点就认为吸附的量也就越大。

用相对分子质量为 0.3×10^6～8.0×10^6 的聚丙烯酰胺在 Millpore 过滤用多孔介质上的吸附进行了研究。介质孔隙为 0.3～4μm，BET 法测得的表面积为 3.7～4.0m²/g，孔隙度为 0.81～0.84。研究的主要目的是确定聚合物的吸附量和吸附层的厚度。采用的两个方法为流速下降法，以及通过颜色来确定产出液中部分水解聚丙烯酰胺浓度降低直至停止产出的方法。前者，由于聚合物在多孔介质上吸附，所以利用它使聚合物溶液流速相对降低的原理，通过简单的泊肃叶流动方程来计算吸附层的有效厚度 L_H：

$$L_H = < r > \left[1 - \left(\frac{Q}{Q_0}\right)\right]$$

这里$< r >$是介质的平均孔道尺寸，Q_0 和 Q 分别是给定压力下聚合物吸附前后通过孔隙介质的流量。该模型认为沉积于有效毛管半径为$<\tau>$孔壁的聚合物就是吸附量。吸附层有效厚度为 L_H。第二种方法就是通过测量精度很高的色谱法来测定聚合物的吸附量。

实验过程中发现，吸附的动态过程非常缓慢，最大吸附量大大低于注入溶液的浓度(≤5mg/L)，且为不可逆吸附。实测的聚合物吸附量非常很高，例如相对于硅砂的吸附量来说大致介于 1～2mg/m²，与 Lakatos 等人的结果相反。吸附量在相对分子质量约小于 2×10^6时，随相对分子质量的增大而升高；吸附量在相对分子质量约高于 2×10^6时不再增大。需要说明的是，该结果与吸附介质有关。在油层真实岩石上的吸附规律还需深入研究，不能简单推而广之。

在研究吸附的分布范围时发现，吸附层厚度随相对分子质量的增加而不断增厚，如图 4-51(吸付实验大致需要 3d 左右才能完全达到平衡；相对分子质量 $M_W=8.2\times10^6$ 的聚合物吸附层的有效厚度为 1μm)。因此，当相对分子质量的增大时，造成这种现象的原因是由于溶液中环式分子结构增加导致吸附分子的构型发生变化所致。也就是说，相对分子质量增大降低了这些环式结构分子在固体表面上的吸附，如图 4-52 所示。

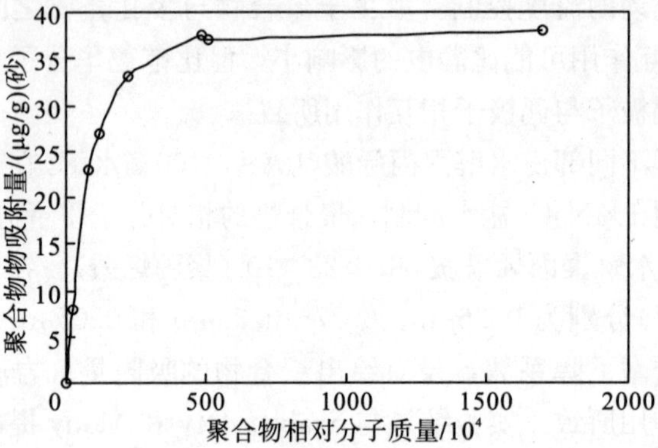

图 4-51　部分水解聚丙烯酰相对分子质量在硅砂上吸附规律

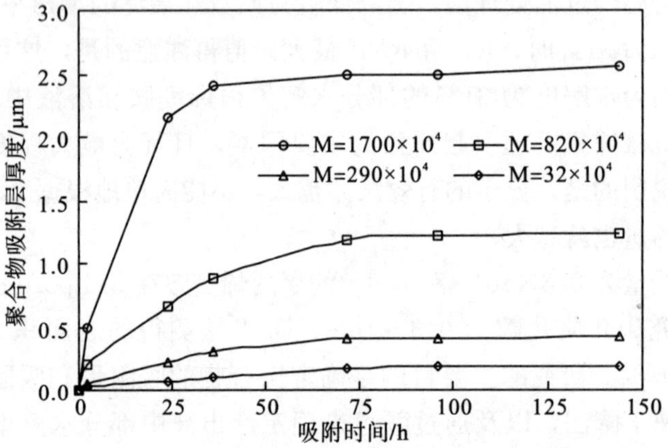

图 4-52　聚合物相对分子质量对吸附层厚度的影响

实验结果表明，吸附层的分子主要是相对分子质量较高部分的聚合物，相对分子质量相对较高的组分在吸附过程中替换了相对分子质量较低的那些分子。实验结果再次证明了“过吸附”动态过程是非常缓慢的，可能需要 3～4d 才能达到平衡。尽管聚合物在微孔过滤用介质和实际多孔介质上的吸附量不完全相同，仍可直接得到许多需要的重要研究结果。

2. 黄原胶生物聚合物在多孔介质上的吸附

关于部分水解聚丙烯酰胺吸附的实验结果已有大量报道，但报道黄原胶的较少。总的说来，黄原胶在多孔介质上的吸附比部分水解聚丙烯酰胺的要低得多，且对体系的矿化度/硬度的敏感程度也要明显小些。

部分水解聚丙烯酰胺和黄原胶生物聚合物溶液通过多孔介质时的动吸附实验结果表明，在没有吸附的条件下，黄原胶前缘比示踪剂前缘更快的原因是由于在孔壁不存在吸附分子。如果黄原胶不产生吸附作用，则残余阻力系数不变，始终为恒定常数 1，那么岩心的渗透率也不会降低。无论是在砂结岩心还是在天然岩心上，岩心中的黏土都会增大这两种聚合物的吸附量，从而导致聚合物前缘滞后于示踪剂前缘。结果发现，只要岩心的渗透率足够高，即使因岩心中的黏土大大降低了岩心的渗透率，聚合物也很容易通过岩心产出。对黏土含量比较高的高渗透率砂结岩心和天然岩心来说，某点的吸附层对黄原胶的溶液在该点的流变性都有影响。黄原胶增加残余阻力系数原因是：吸附层厚度增厚，降低了孔道有效尺寸，黄原胶刚性分子在孔道中形成楼桥。在低渗透率岩心中，由于黏土增加了吸附量，一般认为聚合物很难到达岩心出口，流出物产出量和压力不稳定。

实验还分别研究了黄原胶(包括部分水解聚丙烯酰胺)对聚合物在石英砂或用其与高岭土混合制成的岩心中运移规律的影响。对流出物进行详细分析后，认为聚合物的吸附分两个阶段。第一阶段，在固-液界面上的吸附为间断式吸附，之后在吸附层厚度变薄的过程中，吸附层缓慢地重新排列组合。需要强调指出的是，聚合物溶液中的分子与吸附层的分子发生交换，将导致吸附初期迅速被吸附，相对分子质量相对较小的大分子首先脱附。这个结论与前述部分水解聚丙烯酰胺的实验结果一致。

在研究黄原胶在多孔介质中的运移时，还测定了黄原胶在油层实际岩心上的动吸附量。实验时，第一只岩心不含油，岩心完全用地层水饱和；第二只岩心含有残余油。结果表明，不含油岩心(盐水饱和度为 100%时)的吸附量约 35μg/g 砂，比含油条件下的 24μg/g 的高。一个原因是岩心在清洗过程中失去了一部分黏土，另一个原因是岩心的孔隙直径较大，岩心的机械捕集量减小，使黄原胶在残余油饱和度下吸附量比较低。

3. 聚合物在矿物表面的吸附

在本章的前面，曾提及固体表面性质对聚合物的吸附有很重要的作用。例如，多数聚合物在碳酸盐和黏土矿物上的吸附量比在砂岩和硅岩上的吸附量要高得多。对于碳酸盐来说是在固体表面上聚合物羰基基团同 Ca^{2+} 离子(或其他二价离子)之间形成了非常强烈的键合作用所致。

在油田进行含聚合物的化学驱时，油层多数含矿物如高岭土、蒙脱石和伊利石。对硅石表面来说，聚合物分子必定要与硅醇基团 Si-OH，无论它是中性基团还是离子基团(取决于 pH)发生作用而引起吸附。黏土矿物的结构非常复杂，除少数是页硅酸盐外，实际上都是硅酸铝的水合物，像云母一样，为连续片状式结构的硅酸盐。这些片状物由 Al^{3+} 离子与 O^{2-}、OH^-(“三水铝”即“八面体”矿物片)交替排列构成。黏土就是由这类片状矿物组成，例如高岭土就是由“八面体(Al)和四面体(Si)层层相间交替构成。其他黏土矿物与它的不同之处就在于这些片结构的组合方式不同，或者是矿物中其他金属离子主要是镁离子和铁离子的含量不同。例如在蒙脱石中，两层四面体结构(Si)包夹一层八面体结构(Al)，像三明治一样，基 Si/Al 含量比是高岭土的两倍。这只是对矿物结构的粗略讨论，但是与聚合物在硅石和黏土矿物上吸附有关的两点需要强调：①在砂岩或硅石上，吸附主要是聚合物分子与固体吸附表面的硅醇基团相互作用所致；②在黏土矿物上主要是化学式吸附和机械式吸附，这两种吸附方式皆因聚合物分子与硅醇基团和铝醇基团相互作用所致。

许多研究人员都对固体表面的化学组成以及聚合物吸附的影响进行过研究。吸附物包括砂岩碳酸盐岩、硅石以及各种黏土矿物。

非水解聚丙烯酰胺在石英砂表面的吸附密度研究结果表明，吸附密度一般都很低

(小于 500μg/m²)。因为聚合物分子与固体表面硅醇基团相互作用比较温和。此外还发现，非水解聚丙烯酰胺的吸附密度与体系的 pH 和矿化度无关，而部分水解聚丙烯酰胺的吸附密度随体系矿化度的增加(pH 减小)而增加，体系矿化度和 pH 对黄原胶吸附的影响类似于部分水解聚丙烯酰胺，因为它们都是阴离子型聚合物。

最近，还研究了聚丙烯酰胺和黄原胶在高岭土上的吸附。非水解聚丙烯酰胺在高岭土上的吸附量比较高(约为 3500μg/m²)，因为聚合物分子的羰基与固体表面的铝醇结构形成了氢键。但是非水解聚丙烯酰胺在氢氧化铝固体上的吸附量很低(约为 500μg/m²)，而在硅固体上没有吸附。与此相反，研究人员还发现，黄原胶只在高岭土上存在吸附。非水解聚丙烯酰胺和黄原胶在 pH 大于 10 时，吸附量急剧下降。离子型部分水解聚丙烯酰胺和黄原胶吸附密度随体系度的升高而增大，这是电荷屏蔽和离子聚集作用所致，最后达到高矿化度条件下非水解聚丙烯酰胺的吸附密度值。

聚合物在蒙脱石上的吸附作用非常显著。聚丙烯酰胺只有在低矿化度和聚合物浓度很高的条件下吸附钠盐蒙脱石。但是，大量的研究成果表明，阴离子高聚物电解质在黏土上的吸附比非离子型聚合物的要低得多；当加入的无机盐达到能使粒子聚集的浓度后，这时吸附量才随含盐量浓度的升高而增大。

非水解聚丙烯酰胺在碳酸钙上的吸附密度很小(约为 400μg/m²)，与在 TiO_2 和硅质矿物上的相近；而部分水解聚丙烯酰胺的吸附作用受体系的 pH 和矿化度的影响很小。

在解释上述有关聚合物在黏土矿物上的吸附结果时必须非常谨慎，大多数实验都是使用松散黏土砂完成的。在真正的岩石如砂岩中，这类黏土通常含有石英，它并未充分暴露于孔隙流体中。实际上，流动实验测定聚合物在天然岩心上的吸附量时，通常都是采用物质平衡法直接测得。关于总吸附量=岩心重量×比表面积×吸附密度的假设是错误的，因为黏土表面大部分孔隙是聚合物不可及孔隙，而可及孔隙所占的比例可能只有百分之几，即使胶结良好的砂岩岩心和高矿化度条件下，吸附量几乎也很少超过 20～30μg/g。因此，如果实验室所用的岩心是用松散砂装填而成，那么吸附量与岩心的装填顺序有关，所得到的实验数据也就不能代表实际结果。

4. 聚合物的吸附对两相流动和相对渗透率的影响

在进行岩心流动实验时，同时还研究了聚合物在岩心上的吸附对油、水两相相对渗透率的影响。在一般的含聚合物的化学驱中，这个问题不是十分重要，因为通常只在某个特殊饱和度范围才出现这一现象。例如，如果地层润湿性为强水湿，那么水或聚合物驱油为吸入式驱油。在这种情况下，原油在聚合物波及到的层带中，即使饱和度很高的条件下也不能正常流动，尽管这种现象在分层体系的聚合物驱油中是可以理解。但是早期的研究结果表明，聚合物在岩心上的吸附大幅度地降低水相渗透率(残余油饱和度下)，而在岩心水驱后对油相渗透率的影响相对说来又比较小(在束缚水条件下)。这种效果可用于处理那些含水很高的生产井，达到控制水产出的目的。

这种处理方法可用于生产井近井地区的处理(处理半径高达 10～20m)。据报道，油田应用高相对分子质量水溶性聚合物来控制水产出的方法已经取得了成果。最近的研究结果表明，聚合物的吸附对油/水体系和气/水体系的相对渗透率有影响。对聚丙烯酰胺来说，残余油对聚合物的吸附量的影响不大；而对多糖来说，其吸附量的影响或多或少的要高些。引起多糖吸附量增大的部分因素是由于残余油的存在减小了孔喉的大小而使多糖滞留所致。聚合物吸附后，增大了水湿岩心的束缚水饱和度，因为聚合物有很强的亲水性。结果表明，聚合物吸附后，尽管油相相对渗透率的变化较小，但水相相对渗透率却大幅度下降。气-水体系的结果与之相似，也是在岩心经聚合物处理后，气相相对渗透率增加。

第5章　油藏特征及井网类型对聚合物驱油动态特征的影响

目前，聚合物驱在矿场应用时具有高投入和高风险性的特点，是一项非常复杂的系统工程，所以了解聚合物驱驱油机理及其他重要因素对驱油效果的影响是优化各种参数和方案设计成功驱油的重要条件。但驱油过程具有隐蔽性、复杂性、高投资和高风险性，因受到各种各样的局限而只凭经验、实验数据或矿场实验现象及数据，难以全面理解各种机理和驱油过程，很难给出合理的设计。

这里通过数值模拟技术，对聚合物驱进行可行性研究、方案优化设计和效果评价，进一步加深各种机理性研究和对影响因素的分析，优选各种注采参数(如化学剂注入量、浓度、段塞尺寸、注采速度、注入时机和方式、布井方式以及工作制度等)，对提高决策的科学性和获取尽可能高的技术经济效益起到非常重要的作用。对可能适用的油藏区块，在投入实施前进行聚合物驱数值模拟技术和经济可行性研究，紧密结合油藏工程和室内实验研究成果，能够有效地减少项目的风险，提高可靠性。

目前所用软件主要包含以下五个：ECLIPSE、VIP、CMG、WORKBENCH 及 SURE。其中，前四项技术较成熟，特别是 ECLIPSE 和 VIP，占据了世界 80%以上的应用市场份额；SURE 软件相对较新，但由于在技术上有较大的创新，故发展很快。

ECLIPSE 是 GEOQUEST 公司产品，包括 ECLIPSE100、ECLIPSE200、ECLIPSE300、ECLIPSE400、ECLIPSE500 和 Open Eclipse，是目前商品化和一体化较为先进的两个模拟系统(平台)。GEOQUEST 公司系列模拟器提供 IMPES 和全隐式的解法，ECLIPSE300 又额外提供了自适应隐式方法 AIM 和 IMPSAT。根据复杂油藏的地质特征，用户可以选择角点网格或者块-中心网格来提高运算的精度，并且群结构化的径向和卡笛儿块-中心网格可用于一维、二维和三维的模拟。ECLIPSE100 提供聚合物驱、溶剂驱、表面活性剂驱和泡沫驱 4 个提高原油采收率模型。

这里所用模型是在 ECLIPSE 上建立的，其模型选项使用一个全隐式、五组分模型(油、水、气、聚合物、盐离子)来研究聚合物驱替过程中涉及的各种驱油机理。该模型认为：聚合物溶液导致水相黏度增加；在较高的剪切速率下，水相黏度会由于非牛顿流体的剪切作用而下降；聚合物的吸附仅发生在岩石表面上；聚合物吸附的结果是水相相对渗透率下降。

5.1　数值模拟参数的设计

5.1.1　在数值模拟参数的设计中涉及到下述 4 种数据类型

(1)网格数据。包括网格步长、油藏顶面海拔、每个油层的总厚度、有效厚度、渗透率、孔隙度、初始饱和度、初始压力和岩石类型，除网格步长、岩石类型和初始压力外，其他数据都来自测井解释，不同的岩石类型提供不同的相对渗透率和毛管压力数据。

(2)表格数据。包括油气 PVT 数据表(来自高压物性分析)、水和岩石性质表、油水相对渗透率曲线表、毛管压力曲线表和井筒流动数据表。PVT 数据是由地层体积系数、溶解油气比和黏度作为压力的函数表所组成的。

(3)动态数据。是一切与时间有关的数据，包括三大部分：完井数据(射孔、补孔、压裂、堵水、解堵日期、层位、井指数等)；生产数据(平均日产油、日产水、日产气、平均气油比和含水比等)；压力数据(井底流压、井网格压力等)。此外，还有累积时间和输出控制等参数。

(4)其他参数。包括算法选择和使用，输入输出控制，油水井约束界限，油井的定压、定产参数等。模型中油井数据是由产量、井底压力和附加于每口井的约束条件所组成的，如果规定油井产量，则产水量和产气量将根据井节点的相对渗透率曲线算出，如果规定了井底压力，那么产量可以根据所维持的压力来计算。模型所用上述基本数据在下节中将具体阐述，在此不再做赘述。

5.2　地质模型的处理

为了使所建地质模型的孔隙体积和原始地质储量与实际一致，模拟区角节点的孔隙度取值为 1/4(这样，孔隙体积和地质储量就相应地就变为 1/4)；边节点的孔隙度取值为 1/2(当然，孔隙体积和地质储量也就相应地就变为 1/2)。文后彩图 3 为四点法井网孔隙度分布模型(I 为注入井，P 为生产井)。对于模拟区外的节点，通常将其视为非油层，即油层有效厚度为零。实际处理时，将孔隙度定义为零。这时，孔隙体积和原油含量为零(称为死节点，例如彩图 3 中的蓝色节点)。

5.3　聚合物驱数值模拟参数

数值模拟参数是决定计算结果可靠性及准确性的重要因素。主要参数在实验室测得。

5.3.1　主要化学参数确定

5.3.1.1　实验仪器

驱油体系的黏度由美国生产的 DV-Ⅲ$^+$型 Brookfield 黏度计测定。驱油体系的黏度使用零号转子且在 6rpm 条件下测定(除非超量程)。

阻力系数、残余阻力系数以及岩心驱油实验由江苏省海安石油仪器设备厂生产的岩心驱油装置完成。实验流程如图 5-1 所示。

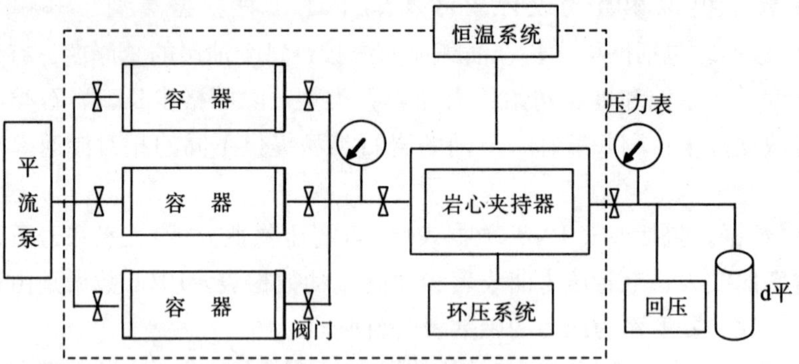

图 5-1　岩心驱替实验流程图

在聚合物静吸附、动滞留以及化学剂浓度分析中，还使用了高速离心机和分光光度计。

5.3.1.2　流体及岩心数据

1. 水样

实验用水为取自华北油田采油三厂高 30 断块注水站的油田的注入水和采出水。经过对取样的水质分析，注入水总矿化度为 9434.4mg/L，其中 Ca^{2+}、Mg^{2+} 总含量为 65.95mg/L；采出水总矿化度为 9601.9mg/L，其中 Ca^{2+}、Mg^{2+} 总含量为 64.18mg/L，水型均为 $NaHCO_3$。表 5-1 和表 5-2 为采出水和产出水的结构组成。

表 5-1　任丘高 30 断块采出水水质分析结果

分析项目		$P(B^{Z\pm})$/(mg/L)	$C(1/ZB^{Z\pm})$/(mmol/L)	$X(1/ZB^{Z\pm})$/%
阳离子	K^++Na^+	3675.85	147.03	97.77
	Ca^{2+}	59.32	2.96	1.97
	Mg^{2+}	4.86	0.40	0.27
	NH_4^+	—	—	—
	合计	3740.03	150.39	100.00
阴离子	Cl^-	4594.70	129.61	86.18
	SO_4^{2-}	3.84	0.08	0.05
	HCO_3^-	1263.30	20.70	13.77
	CO_3^{2-}	0.00	0.00	0.00
	NO_3^-	—	—	—
	合计	5861.84	150.39	100.00
总计		9601.9	—	—

表5-2 任丘高30断块注入水水质分析结果

分析项目		$P(B^{Z\pm})/(mg/L)$	$C(1/ZB^{Z\pm})/(mmol/L)$	$X(1/ZB^{Z\pm})/\%$
阳离子	$K^{+}+Na^{+}$	3608.35	144.33	97.65
	Ca^{2+}	60.12	3.00	2.03
	Mg^{2+}	5.83	0.48	0.32
	NH_4^{+}	—	—	—
	合计	3674.30	147.81	100.00
阴离子	Cl^{-}	4517.49	127.43	86.21
	SO_4^{2-}	3.84	0.08	0.05
	HCO_3^{-}	1238.77	20.30	13.73
	CO_3^{2-}	0.00	0.00	0.00
	NO_3^{-}	—	—	—
	合计	5760.10	147.81	100.00
总计		9434.4	—	—

在室温条件下，测得注入水的密度为 1.008599145g/cm³，采出水密度为 0.985488704g/cm³。实验结果如表5-3所示。

表5-3 任丘高30断块注入水、采出水密度数据表

类型	测试温度/℃	质量/g	体积/mL	密度/(g/cm³)	最终密度/(g/cm³)
注入水	室温	3.9379	3.9	1.009718	1.008599
		3.9475	3.9	1.012179	
		4.0156	4.0	1.003900	
采出水	室温	3.9158	4.0	0.978950	0.985489
		3.8788	4.0	0.96970	
		3.8112	3.8	1.002947	
		3.8564	3.9	0.988821	
		3.8494	3.9	0.987026	

2. 原油

实验原油为高30断块联合站原油。在地层温度(113.8℃)条件下，测得原油密度为 0.832626g/cm³；在温度为90℃时，测得原油密度为 0.8521g/cm³。结果见表5-4。

表5-4 任丘高30断块原油密度数据表

类型	测试温度/℃	质量/g	体积/mL	密度/(g/cm³)	最终密度/(g/cm³)
原油	油层温度(113.8℃)	5.0626	6	0.8437667	0.836263333
		4.1438	5	0.82876	
	90℃	4.6855	5.5	0.8521	0.8521

3. 岩心

驱替实验中，岩心包括天然岩心(规格：直径 2.54cm，长度 5~9cm)以及模拟油层非均质变异系数和渗透率的人造岩心(规格：4.5cm ×4.5cm，三层，每层 1.5cm；长度 30cm)，如图 5-2 所示。天然岩心主要用于评价驱油效率以及化学剂的动滞留量。人造岩心主要用于评价油层非均质条件下的驱油效果以及流度控制，特别是驱油体系的表观黏度和聚合物的浓度。

图 5-2　人造岩心照片

5.3.2　水驱数据

5.3.2.1　基本数据

根据上节参数设计要求合理模拟，采用均匀网格分割。平面 x 轴、y 轴方向平均划分 20 个网格，每个节点长度 15m；纵向分为 7 个模拟层，每层有效厚度 2m。整个模型网格数为：20×20×7＝2800(文后彩图 4)。纵向上每层孔隙度分别为 0.180、0.185、0.193、0.200、0.208、0.218 和 0.230(文后彩图 5)。油藏顶部深度 2542m，中部深度 2560m，油水界面深度 2600m。净毛比为 1，地面原油密度 854.3kg/m^3，地面水密度 1000kg/m^3，地面气密度 0.11511kg/m^3。地下压力 25.3MPa，在此压力下水的体积系数 1.0013，水的黏度 0.6mPa · s，地下原油黏度 10mPa · s，原始含油饱和度 75%。井底压力 26.5MPa，岩石压力 25.3MPa，压缩系数 4.5×10^{-4}/MPa。PVT 数据见图 5-3。

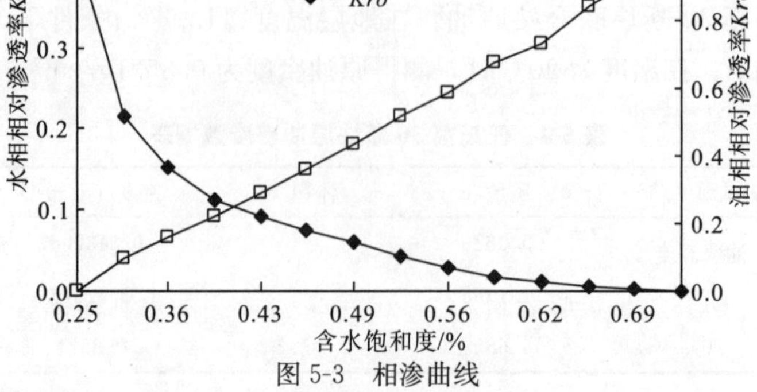

图 5-3　相渗曲线

5.3.2.2 生产数据的确定

生产数据：平均日产油、日产水、日产气、平均气油比和含水比等。

压力数据：井底流压、井网格压力等。

此外，还包括累积时间和输出控制等参数。

5.3.3 聚合物驱数据

5.3.3.1 化学试剂

在聚合物驱中，在油层实际条件下，重点筛选和评价具有理想高效增黏性和长期稳定性的聚合物及体系。实验中使用的聚合物、表面活性剂和碱等化学试剂均为市售工业产品，汇总于表 5-5。

表 5-5　实验中使用的工业化学剂

类型	商品代码	生产厂家
疏水缔合聚合物(聚驱)	AP-P4	西南石油大学光亚公司
疏水缔合聚合物(复合驱)	HNT201-3	西南石油大学光亚公司
HLD 抗盐聚合物	HLD-1	四川省互利达生物科技有限公司
酸液稠化剂 A	CHJ-A	四川省互利达生物科技有限公司
酸液稠化剂 B	CHJ-B	四川省互利达生物科技有限公司
HPAM($M\geqslant2500\times10^4$)	CDS-1-HPAM	
$1200\times10^4\leqslant M\leqslant1600\times10^4$	CDS-12-HPAM	大庆助剂厂
$1600\times10^4\leqslant M\leqslant1900\times10^4$	CDS-13-HPAM	

5.3.3.2 聚合物筛选

为了筛选出在油层实际温度条件下，用注入水配置母液、产出水稀释的聚合物体系具有理想高效增黏性的聚合物，首先在温度为 90℃的条件下，测定了不同浓度的聚合物体系的表观黏度。实验结果见图 5-4。由实验数据可以看出，部分水解聚丙烯酰胺 M2500(相对分子质量 $M\geqslant2500\times10^4$)和疏水缔合聚合物(HNT201-3)体系的表观黏度明显高于疏水缔合聚合物 AP-P4 和部分水解聚丙烯酰胺 M1900(相对分子质量 $M\geqslant1900\times10^4$)的聚合物体系。当疏水缔合聚合物 AP-P4 浓度为 1750mg/L 时，体系的表观黏度小于 10mPa · s，而部分水解聚丙烯酰胺 M2500 溶液的黏度高达 45.84mPa · s，疏水缔合聚合物(HNT201-3)溶液的黏度高达 41.83mPa · s；当部分水解聚丙烯酰胺 M1900 浓度为 2000mg/L 时，体系的表观黏度小于 25mPa · s。对应地，部分水解聚丙烯酰胺 M2500(相对分子质量 $M\geqslant2500\times10^4$)溶液的表观黏度为 50mPa · s，疏水缔合聚合物(HNT201-3)溶液的黏度高达 64.3mPa · s。因此，从聚合物的增黏效果来说，相对分子质量 $M\geqslant2500\times10^4$ 部分水解聚丙烯酰胺 M2500 和 HNT201-3 疏水缔合聚合物较为理想。

选择 HNT201-3 作为聚合物驱数值模拟所用聚合物，并测出其吸附指数为 1，残余阻力系数为 1.8，聚合物最大吸附量为 3×10^{-5}mg/g。当油水黏度比为 1 时，对应聚合物的浓度为 1000mg/L；油水黏度比为 2 时，对应聚合物的浓度为 1200mg/L；油水黏度比为 3 时，对应聚合物的浓度为 1500mg/L；油水黏度比为 4 时，对应聚合物的浓度为 1600mg/L。

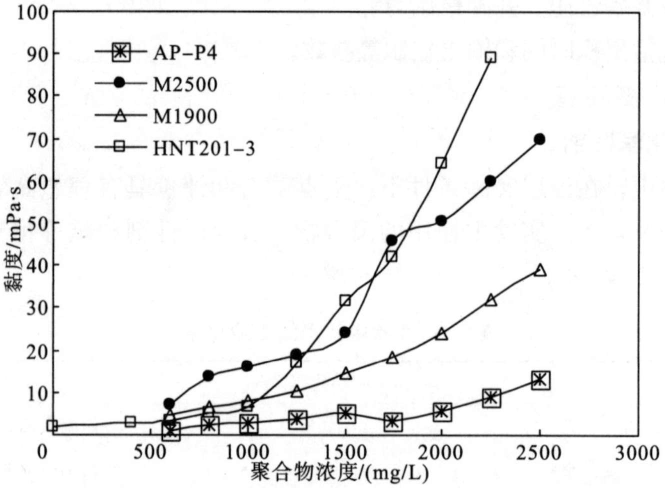

图 5-4　聚合物黏度-浓度关系曲线

在上述理想模型基础上，水驱至全区含水达到 90％，注入聚合物保护段塞后，再后续水驱直到全区含水达到 98％。扣除水驱驱油量，计算聚合物驱提高的采收率。

5.4　渗透率变异系数对驱油效果的影响

渗透率变异系数是描述油藏宏观非均质性严重程度的一个重要参数，对聚合物驱油效果的影响非常明显，即使同一驱油体系，在不同的变异系数下的驱油效果也有很大的不同。因此研究油藏渗透率非均质变异系数 V_k 对聚合物驱油效果的影响规律和特点，对于提高聚合物驱油技术及经济效果、降低风险可以提供重要的理论依据。任何一个油田或油藏，都存在着平面上和纵向上的非均质性，不论目的层是单层还是多层，即使是所谓的单层，层内客观上也存在着层内非均质性。当油田为多层或多段笼统注入时，由于层间的非均质性，纵向非均质性表现的更突出。正是由于油层的这种非均质性，导致水驱开发过程中，高渗透层过早水淹、水洗程度高。个别离注入井距离较近且长期注水区块的油井，含水率很高，甚至已经达到 100％。但那些渗透率相对较低的油层，由于注入水不能到达或进入的水量非常有限，通常水淹程度不高，甚至完全未动用。尽管近年来各油田都在进行细分注水或分层注水的工艺技术研究，仍然没有完全解决长期以来困扰石油业的这个老大难问题，这是目前水驱采出程度没有达到理想结果的主要原因。对于聚合物驱来说，这种情况尽管有所改变，但依然存在。

5.4.1　渗透率变异系数

储层非均质性是用储层渗透率参数变化来表征储层非均质在三维空间的变化和分布规律。其中最主要的参数是渗透率变异系数(V_k)，是指一定井段内各单砂层渗透率的标准偏差与其平均值的比值，即

$$V_k = \frac{\sigma}{\bar{K}} \tag{5-1}$$

$$\sigma = \sqrt{\frac{\sum_{i=1}^{n} h_i (K_i - \bar{K})^2}{\sum_{i=1}^{n} h_i - 1}} \tag{5-2}$$

$$\bar{K} = \frac{\sum_{i=1}^{n} h_i K_i}{\sum_{i=1}^{n} h_i} - 1 \tag{5-3}$$

式中，σ 为标准偏差工；$\bar{K}$ 为一定井段内渗透率平均值；n 为一定井段内砂层数；h_i 为第 i 个砂层的厚度；K_i 为第 i 个砂层的渗透率。

V_k 是定量表示油层非均质严重程度的参数，反映了样品偏离整体平均值的程度，其变化为0～1。V_k 是由Dykstra和Parsons两人对同一油层纵向渗透率样品处理得出，因此 V_k 也称Dykstra-Parsons系数。其计算方法是，将油层岩心渗透率按由大到小的顺序排列，在去除最高渗透率值后，从次高渗透率开始累加，将累加数据依次排列出来，然后在半对数坐标上，依次绘出这些数据点。如果这些样品的渗透率值呈对数正态分布，基本上应该在一条直线上。而后在该直线上找出样品百分数分别为50%和84%的对应点，再确定这两点对应的渗透率值 K 和 K_o，计算油层非均质变异系数 $V_k = (K - K_o)/K$。数值越小，表示油层越均匀；数值越大，表示油层越不均匀，非均质性严重。事实上，$V_k = 0$ 的绝对均质油层是不存在的。当然，$V_k = 1$ 的绝对不均质的油层也是不存在的。一般来说，多数油田 $V_k < 0.5$ 时，就可以认为该油层是非常均质了，水驱开发效果非常好，水驱程度可以达到60%以上。但这类油层并不多。$V_k > 0.8$ 的油层可以认为是非均质性特别严重的油层，水驱采出程度不高，一般只有15%左右。大部分油层的非均质变异系数为0.50～0.74。

本书根据Dykstra方法，反推出 V_k 分别取0、0.1、0.3、0.5、0.575、0.65、0.72、0.74、0.8及0.85时，各模拟层渗透率数据，见表5-6(若用劳伦兹系数计算方法，上述渗透率变异系数0.5为0.72)。不同 V_k 下，模拟层平均渗透率均为 $1000 \times 10^{-3} \mu m^2$，且渗透率在 y 轴方向递增。

表5-6　不同渗透率变异系数条件下，各模拟层渗透率/$10^{-3}\mu m^2$

V_k	第1模拟层	第2模拟层	第3模拟层	第4模拟层	第5模拟层	第6模拟层	第7模拟层
0	1000	1000	1000	1000	1000	1000	1000
0.100	796	865	916	959	1052	1143	1269
0.300	517	615	735	873	1122	1499	1639
0.500	218	289	409	571	836	1279	3398
0.575	120	252	394	580	854	1350	3450
0.650	124	198	341	555	955	1687	3140

续表

V_k	第1模拟层	第2模拟层	第3模拟层	第4模拟层	第5模拟层	第6模拟层	第7模拟层
0.720	84	129	244	451	832	1531	3729
0.740	61	106	219	398	776	1549	3891
0.800	26	60	126	295	676	1698	4119
0.850	20	49	130	318	820	1750	3913

根据前面所述，在 ECPLISE 软件中建立合适的数值模拟地质模型，保持各模拟层平均渗透率不变，为每个韵律段分别设置不同的垂向渗透率分布，建立不同垂向渗透率变异系数下的正韵律模型。此模型井网为正五点法面积井网，日注入量17.378m^3/d，纵向 z 方向渗透率为平面 x 方向渗透率的十万分之一，y 方向渗透率与 x 方向一致。当 $V_k=0$ 时，x、y、z 方向上各模拟层渗透率如文后彩图 6～彩图 8；$V_k=0.1$ 时，x、y、z 方向上各模拟层渗透率如文后彩图 9～彩图 11；$V_k=0.3$ 时，x、y、z 方向上各模拟层渗透率如文后彩图 12～彩图 14；$V_k=0.5$ 时，x、y、z 方向上各模拟层渗透率如文后彩图 15～彩图 17；$V_k=0.575$ 时，x、y、z 方向上各模拟层渗透率如文后彩图 18～彩图 20；$V_k=0.65$ 时，x、y、z 方向上各模拟层渗透率如文后彩图 21～彩图 23；$V_k=0.72$ 时，x、y、z 方向上各模拟层渗透率如文后彩图 24～彩图 26；$V_k=0.74$ 时，x、y、z 方向上各模拟层渗透率如文后彩图 27～彩图 29；$V_k=0.8$ 时，x、y、z 方向上各模拟层渗透率如文后彩图 30～彩图 32；$V_k=0.85$ 时，x、y、z 方向上各模拟层渗透率如文后彩图 33～彩图 35。

5.4.2　渗透率变异系数对全区驱油效果的影响

图 5-5 给出了油藏渗透率非均质变异系数 V_k 对水驱及聚合物驱最终采出程度的影响曲线。从图中可知，无论是水驱还是聚合物驱，V_k 越大最终采收率越低，开发效果越差。其趋势分为三个阶段：平缓段、下降段、急剧下降段。对于水驱采出程度曲线：当 V_k 为 0～0.3 时，随 V_k 的增加，最终采收率从 47%平缓下降到 45%；当 V_k 为 0.3～0.65 时，随 V_k 的增加，最终采收率从 45%下降到 38%；当 V_k 为 0.65～0.85 时，随 V_k 的增加，最终采收率从 38%急剧下降到 29%。同样聚合物驱驱油效果曲线也有上述规律。图 5-6 便是对应的聚合物驱比水驱提高的采收率曲线，随 V_k 的增加，提高的采收率值也分为三个阶段：缓慢上升阶段、急剧上升阶段、急剧下降阶段。现以油水黏度比 3 倍时为例：缓慢上升阶段，当 V_k 为 0～0.3 时，随 V_k 的增加，采收率提高值稳定于 14%。该阶段内由于油层相对均质，水驱时各小层吸水相对均匀，水淹程度相差不大，波及效率较高。尽管注入高黏度的聚合物溶液，油层波及效率的增加值也非常有限，因此提高的采收率幅度不大。随着 V_k 的进一步增大，油层非均质性严重程度增加，大量的注入水进入高渗透率层，水驱波及效率明显降低，水驱采收率大幅度下降。而注入黏稠的聚合物溶液后，大量的聚合物溶液和后续注入水进入剩余油饱和度较高的中低渗透层，油层波及效率大幅度提高，聚合物驱提高的采收率明显上升。所以当 V_k 为 0.3～0.5 时，提高的采收率急剧上升阶段。在该阶段内，V_k 越大，提高的采收率值越高，直至聚合物驱提高的采收率达到最大值，此时 $V_k=0.5$。而当 V_k 从 0.5 增加

至0.85时，随V_k的增加，聚合物驱提高的采收率从17%急剧下降到13%。因在较高变异系数条件下，随着V_k的增加，各小层的渗透率极差将进一步增大，油层非均质性更为严重。水驱开发时，绝大部分的注入水进入了渗透率最高的层位，低渗透层几乎不吸入注入水。此时，尽管高渗透层的相对吸水量极大，但可动剩余油早已被驱走，而低渗透层的原油几乎没有被采出。随V_k的增加，这种现象越严重。故总采收率随V_k的增大而迅速降低。这时，尽管注入高黏度的聚合物溶液，但终因V_k太大，渗透率极差极大，高渗透层渗透率相对太高，大量的聚合物溶液进入到高渗透层。导致中渗透层进入的聚合物溶液量增加不多，低渗透层则更少，甚至没有增加。

所以，V_k为0～0.3时，储层均匀，油层波及效率较高，水驱采出程度高，聚合物驱提高的采收率为13%～14%；V_k这0.3～0.72时，水驱采出程度一般，聚合物驱提高采收率高，其中在V_k为0.5时，水驱采收率为39%，聚合物驱提高采收率最高为17%；V_k为0.72～0.85时，由于非均值性特别严重，水驱采出程度低。值得注意的是，在上述分析条件下，为了更好地采用聚合物驱油方法来解决某些渗透率变异系数大、储层水驱程度低的问题，需视具体条件及含水率变化情况做出相应的调整。

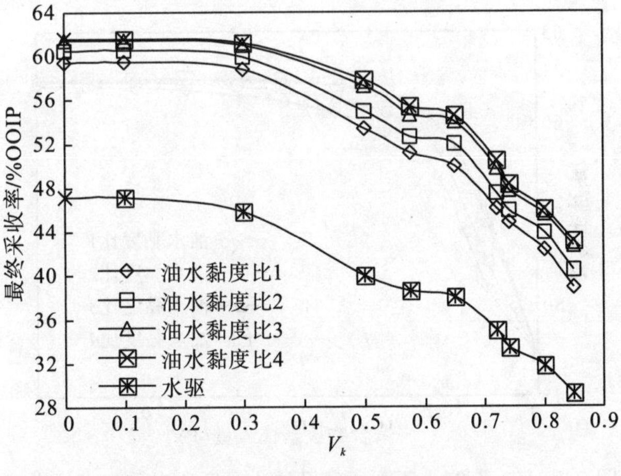

图5-5　V_k对水驱及聚合物驱最终采出程度的影响(段塞0.3PV)

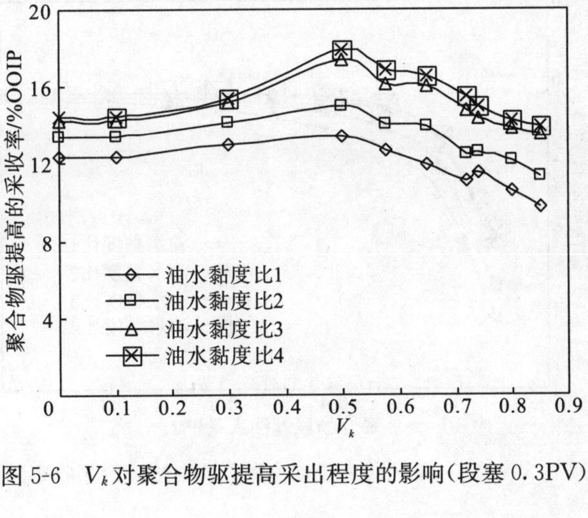

图5-6　V_k对聚合物驱提高采出程度的影响(段塞0.3PV)

5.4.3 渗透率变异系数对单层驱油效果的影响

5.4.3.1 $V_k=0$ 时单层聚合物驱的驱油效果

当 $V_k=0$ 时，各模拟层 x、y 方向渗透率均为 $1000\times10^{-3}\mu m^2$，z 方向渗透率为 x 方向渗透率值的 1/100000。此时，其数值模型建立如文后彩图 6～彩图 8，各模拟层渗透率均为 $1000\times10^{-3}\mu m^2$。

由图 5-7 和图 5-8 可知，当 $V_k=0$ 时，全区水驱采收率为 47.14%，聚合物驱时随着注入段塞的增大，聚合物驱最终采收率及提高的采收率也增加。但当注入段塞增加到 0.3PV 时，继续增加段塞注入量，最终采收率及提高的采收率增加幅度变小，基本趋于平衡。如油水黏度比为 1 时，聚合物驱最终采收率 59.47%，比水驱时提高 12.33% OOIP；油水黏度比为 2 时，聚合物最终驱采收率 60.54%，比水驱时提高 13.40%OOIP；油水黏度比为 3 时，聚合物驱最终采收率 61.44%，比水驱时提高 14.30%OOIP；油水黏度比为 4 时，聚合物驱采收率为 61.62%，比水驱时提高了 14.48%OOIP。根据前述的影响聚合物驱油效果的影响因素，可确定 $V_k=0$ 时聚合物驱提高采收率的最佳段塞注入量为 0.3PV。

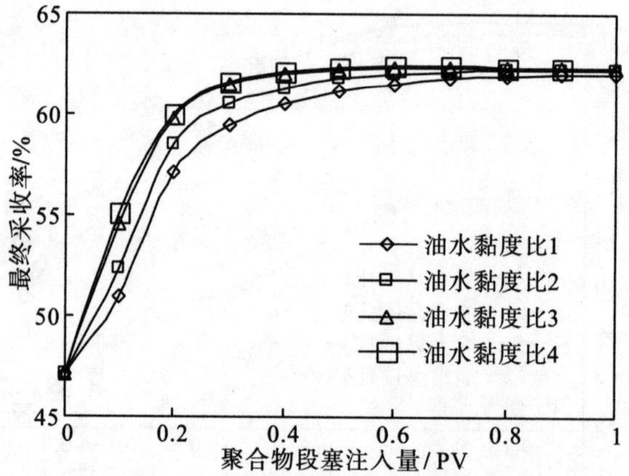

图 5-7 $V_k=0$ 时，不同段塞及油水黏度比对采收率的影响

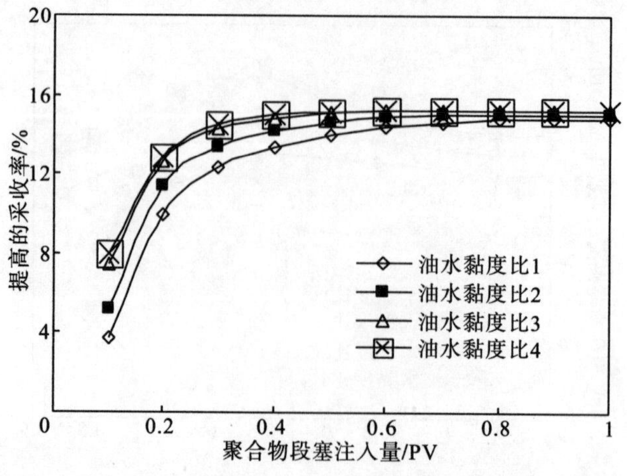

图 5-8 $V_k=0$ 时，不同段塞及油水黏度比对提高的采收率的影响

从图 5-7 和 5-8 也可知聚合物驱油效率随油水黏度比的增加而增大，但当油水黏度比增加到 3 倍后继续增加油水黏度比，聚合物驱提高的驱油效率增加甚微。在此选择油水黏度比为 3 时，具体分析各模拟层的驱油情况，如图 5-9 和 5-10。

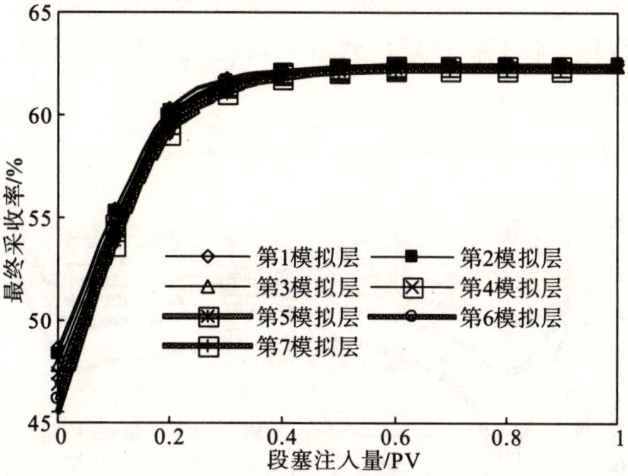

图 5-9　$V_k=0$ 时，不同注入段塞下各模拟层最终采收率

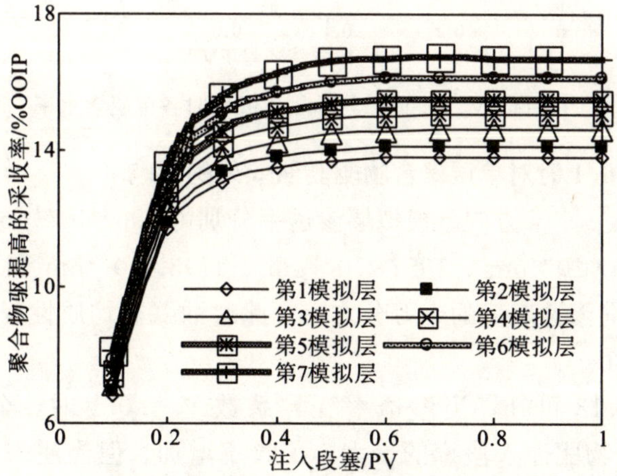

图 5-10　$V_k=0$ 时，不同注入段塞下各模拟层提高采收率情况

结果表明，当 $V_k=0$ 及油水黏度比为 3 时，各模拟层水驱采收率分别为 48.66%、48.33%、47.81%、46.35%、46.83%、46.17%和 45.50%。此时，单层水驱采收率为 45%～48%。而聚合物驱时，各模拟层最终采收率及提高的采收率随段塞注入量的增加而增加。当段塞注入量增加至 0.3PV 后，继续增加段塞量，各模拟层最终采收率保持在 62%左右，不再明显增加；而提高的采收率分别为 13.08%OOIP、13.35%OOIP、13.77%OOIP、14.14%OOIP、14.55%OOIP、15.06%OOIP 和 15.54%OOIP，此时单层聚合物驱提高采收率为 13%～16%。这表明当渗透率非均质变异系数 $V_k=0$ 即油层均质时，各层水驱驱油效果略有差异，但聚合物驱驱油效果相近。出现这种情况是因为重力作用，在水驱时注入水先进入上层油层，使得上层油层水驱驱油效率略高于下层。注入高黏度的聚合物溶液后，尽管也存在重力作用，但由于注入压力升高，原来水驱进入量较少的层位因驱油体系的进入提高了油层的波及体积，所以提高了这

部分油层的驱油效率而使得采收率略有提高。

为进一步证明上述分析，可以得到全区含水 98%时各模拟单层的含水率情况图，如图 5-11。水驱时各模拟单层的含水率分别为 98.43%、98.34%、98.18%、98.04%、97.87%、97.65%和 97.43%，虽相差很小，但从上至下呈递减趋势。聚合物驱时，不论段塞注入量如何变化，各模拟单层的含水率均呈从上至下递减的趋势，跟上述分析结果相一致。

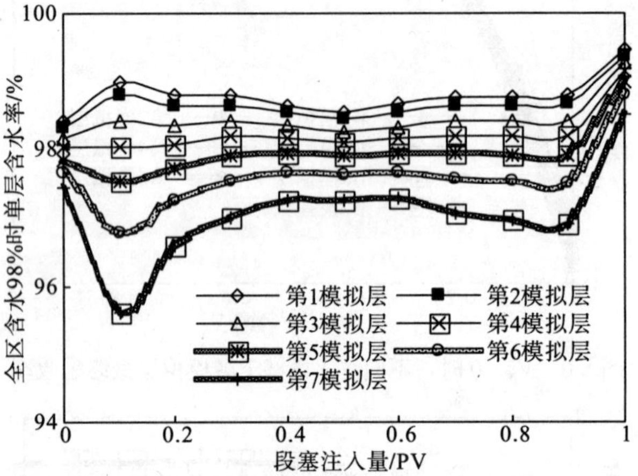

图 5-11　$V_k=0$ 时，全区含水 98%时各单层含水率

5.4.3.2　$V_k=0.1$ 时对单层聚合物驱驱油效果的影响

当 $V_k=0.1$ 时，x、y 方向各模拟层渗透率分别为 $796\times10^{-3}\mu m^2$、$865\times10^{-3}\mu m^2$、$916\times10^{-3}\mu m^2$、$959\times10^{-3}\mu m^2$、$1052\times10^{-3}\mu m^2$、$1143\times10^{-3}\mu m^2$ 和 $1269\times10^{-3}\mu m^2$，z 方向渗透率为 x 方向渗透率值的十万分之一。此时油藏非均质性程度很小，其模型如文后彩图 9～彩图 11。

由图 5-12 和 5-13 可知，当渗透率变异系数 $V_k=0.1$ 时，全区水驱采收率为 47.16%，随着聚合物驱注入段塞的增大，采收率增加。但当注入段塞增加到 0.4PV 时，油水黏度比为 1 时，聚合物驱采收率为 59.49%；油水黏度比为 2 时，聚合物驱采收率为 60.56%；油水黏度比为 3 时，聚合物驱采收率为 61.44%；油水黏度比为 4 时，聚合物驱采收率为 61.62%。比水驱时分别提高了 12.33%OOIP、13.39%OOIP、14.28%OOIP和 14.46%OOIP。继续增加段塞注入量，聚合物驱最终采收率及提高的采收率值增加幅度很小，基本保持在 62%OOIP 和 15%OOIP。可确定 $V_k=0$ 时聚合物驱提高采收率的最佳段塞注入量为 0.4PV。

从图 5-12 和图 5-13 也可知，聚合物驱油效率随油水黏度比的增加而增大，但当油水黏度比增加到 3 倍后继续增加油水黏度比，聚合物驱提高的驱油效率增加甚微。为此，选择油水黏度比为 3 时，分析各模拟层的驱油情况，如图 5-14 和图 5-15。

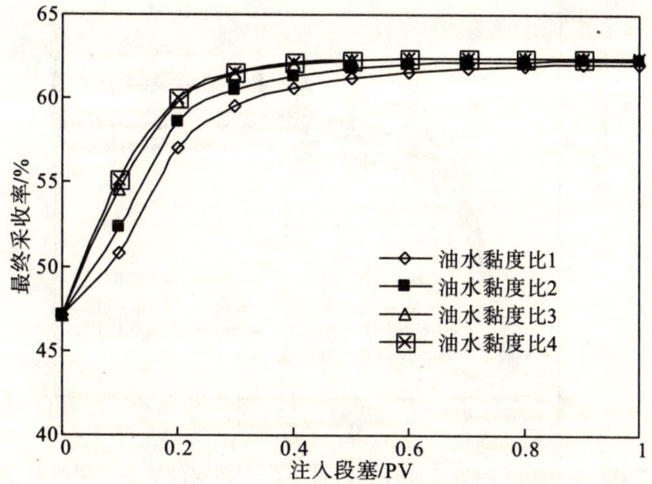

图 5-12　$V_k=0.1$ 时，不同聚合物溶液段塞及油水黏度比对最终采收率的影响

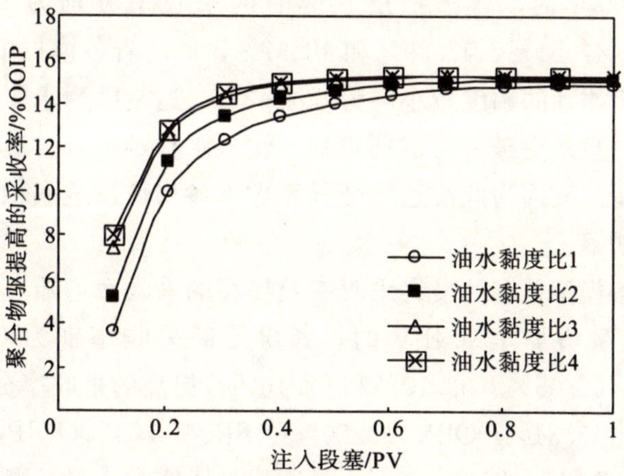

图 5-13　$V_k=0.1$ 时，不同聚合物溶液段塞及油水黏度比对提高的采收率的影响

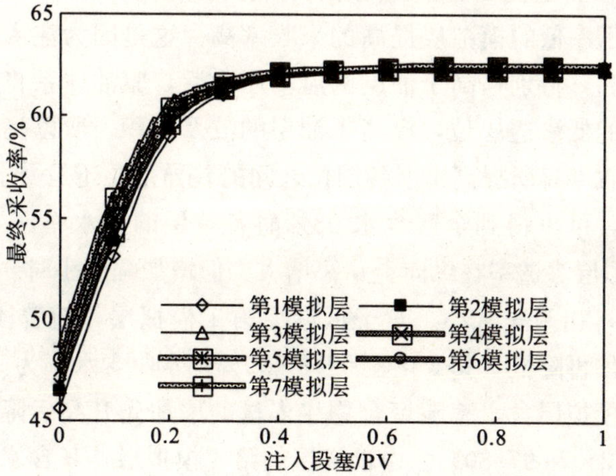

图 5-14　$V_k=0.1$ 时，不同注入段塞下各模拟层的最终采收率情况

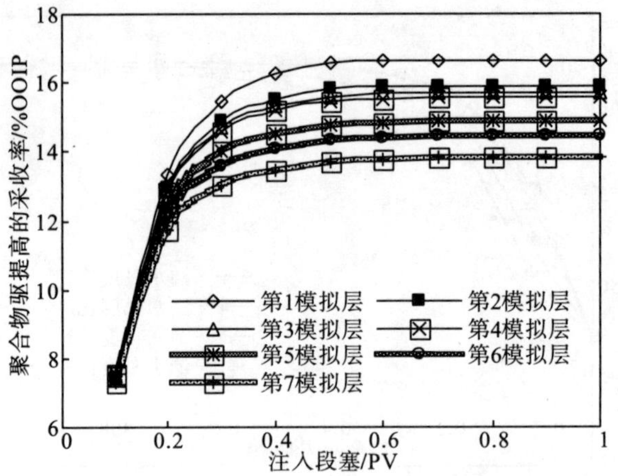

图 5-15　$V_k=0.1$ 时，不同注入段塞下各模拟层的提高的采收率情况

可知，当 $V_k=0.1$ 时，各模拟层水驱时的采收率分别为 45.60%、46.41%、46.63%、46.78%、47.51%、47.99%和 48.67%，即随着各模拟单层渗透率的增加，水驱采收率增加，但增加的幅度较小，为 0%～3%。这是因为水驱时，注入水先进入高渗透率层位高，一旦水突破并形成通道后，注入水很难进入渗透率低的部位，所以低渗透层采油量较少。又因为此渗透率变异系数下各层位渗透率相差较小，所以水驱采收率相差也就不明显。

聚合物驱时，各模拟单层的最终采收率及提高的采收率均随段塞注入量的增加而增加。当段塞注入量增加至 0.4PV 时，各层最终采收率别为 61.85%、61.95%、61.97%、61.98%、62.05%、62.10%和 62.16%，提高的采收率分别为 16.25%OOIP、15.54%OOIP、15.34%OOIP、15.20%OOIP、14.54%OOIP、14.11%OOIP 和 13.49%OOIP，变化较小，为 0%～3%。继续增加段塞注入量，聚合物驱最终采收率保持在 62%左右，不再明显变化。上述结果说明，聚合物驱时，渗透率高的模拟层提高的采收率低，渗透率低的模拟层提高的采收率高。这是因为注入高黏度的聚合物溶液后，注入压力升高，特别是高于油层的启动压力后，驱油体系将逐渐渗流进入那些原来水驱不能进入的低渗透层位，提高了油层的波及体积，所以提高了低渗透层位的驱油效率而使得采收率有所提高，但各层位之间的差异主要还是受水驱驱油的影响。

在上述条件下，可以得到全区含水 98%时各单层的含水率，如图 5-16 所示。在 $V_k=0.1$ 时，各模拟层渗透率在纵向上从小增大，但增加幅度小时，各单层的含水率保持在 97%～99.5%，相差非常小。对于低渗层第 1 模拟层，随着段塞注入量的增加，含水率先降低后增加再降低，其变化在 97%～99%，水驱含水率为 97.46%。低渗透层第 2 模拟层、第 3 模拟层含水率随聚合物注入量的增加先升高后降低再增加，其水驱含水率分别为 97.73%和 97.80%。中低渗层的第 4 模拟层，其含水率随聚合物注入段塞的增加基本保持不变，水驱含水率为 97.85%。而对于中高渗层第 5 模拟层、第 6 模拟层、第 7 模拟层，在水驱时其含水率已经高达 98%以上，其后用聚合物驱并不能到达到提高采收率的目的。

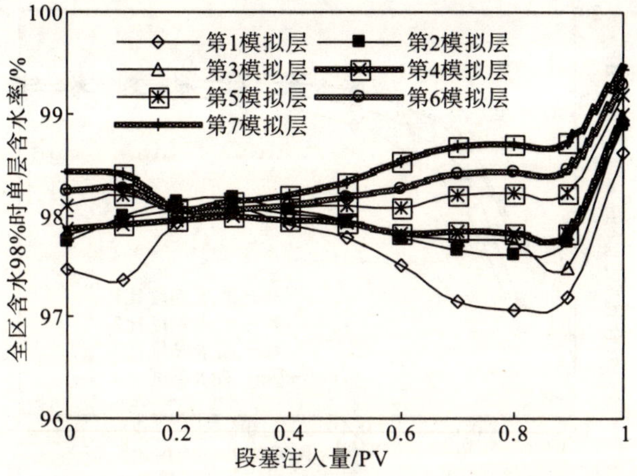

图 5-16　$V_k=0.1$ 时，全区含水 98%时各单层含水率

5.4.3.3　$V_k=0.3$ 时对单层聚合物驱驱油效果的影响

当 $V_k=0.3$ 时，x、y 方向各模拟层渗透率分别为 $517\times10^{-3}\mu m^2$、$615\times10^{-3}\mu m^2$、$735\times10^{-3}\mu m^2$、$873\times10^{-3}\mu m^2$、$1122\times10^{-3}\mu m^2$、$1499\times10^{-3}\mu m^2$ 和 $1639\times10^{-3}\mu m^2$，z 方向渗透率为 x 方向渗透率值的十万分之一，此时油藏非均质性程度小，其模型如文后彩图 12～彩图 14。

如图 5-17 和图 5-18 在不同注入段塞情况下，当渗透率变异系数 $V_k=0.3$ 时，随着注入段塞的增大，聚合物驱提高的采收率值增加。水驱时采收率为 45.84%，当注入段塞增加到 0.5PV 时，油水黏度比为 1 时，聚合物驱采收率为 60.90%；油水黏度比为 2 时，聚合物驱采收率为 61.58%；油水黏度比为 3 时，聚合物驱采收率为 62.14%；油水黏度比为 4 时，聚合物驱采收率为 62.23%。比水驱时分别提高了 15.44%OOIP，16.01%OOIP，16.45%OOIP 和 16.51%OOIP。此时，水驱采收率高，聚合物提高的采收率值也高。继续增加注入段塞，聚合物驱最终采收率增加甚微，基本保持在 62%左右。可确定此变异系数下聚合物驱的最佳段塞注入量为 0.4PV。

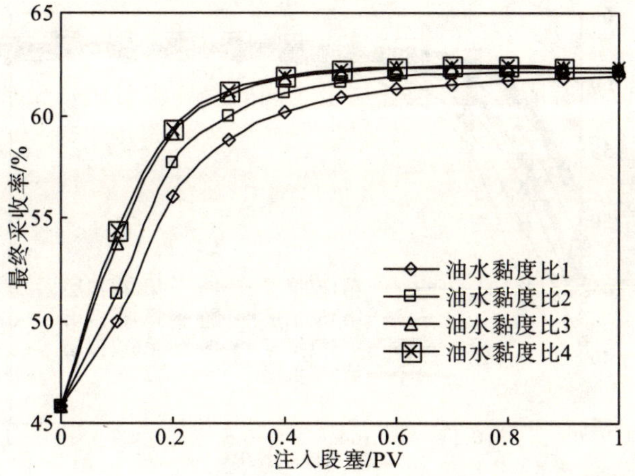

图 5-17　$V_k=0.3$ 时，不同聚合物溶液段塞及油水黏度比对最终采收率的影响

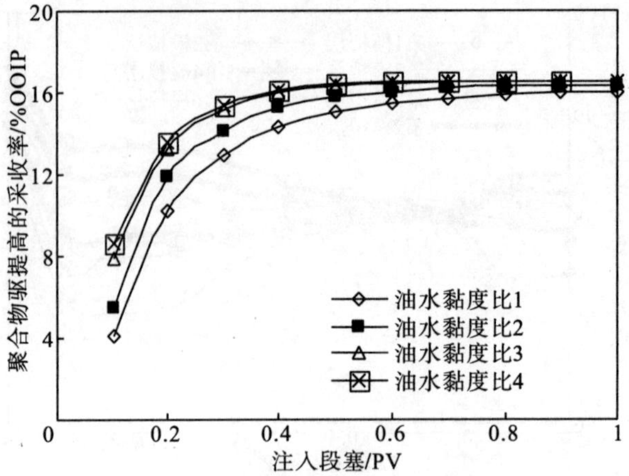

图 5-18　$V_k=0.3$ 时，不同聚合物溶液段塞及油水黏度比对提高的采收率的影响

从图 5-17 和 5-18 也可知，聚合物驱提高的采收率随油水黏度比的增加而增大，但当油水黏度比增加到 3 倍后继续增加油水黏度比，聚合物驱提高的驱油效率增加甚微。为此，选择油水黏度比为 3，分析各模拟层的采出情况，如图 5-19 和 5-20 所示。当 $V_k=0.3$ 时，各模拟层水驱时的采收率分别为 38.75%、41.03%、43.12%、45.17%、48.10%、50.90%和 51.31%，即随着纵向上渗透率的增加，水驱采收率增加，且增加的幅度较大为 2%～13%。其原因与 $V_k=0.1$ 时相一致，但因 $V_k=0.3$ 时各层位渗透率相差变大，所以水驱采收率相差也就变得明显。

对于聚合物驱，随着注入段塞的增加，各模拟层最终采收率及提高的采收率均增加。但当注入段塞增加至 0.5PV 时，聚合物驱各模拟层最终采收率分别为 60.57%、61.19%、61.59%、61.89%、62.19%、62.41%和 62.43%，比水驱提高的采收率分别为 22.61%OOIP、20.72%OOIP、18.87%OOIP、17.00%OOIP、14.27%OOIP、11.64%OOIP 和 11.25%OOIP，各模拟层提高的采收率相差很大为 0%～12%。即渗透率高的层位提高的采收率值低、而渗透率低的层位提高的采收率高。其原因也与 $V_k=0.1$ 时相一致，各层位在提高采收率之间的差异依然由水驱驱油所影响。

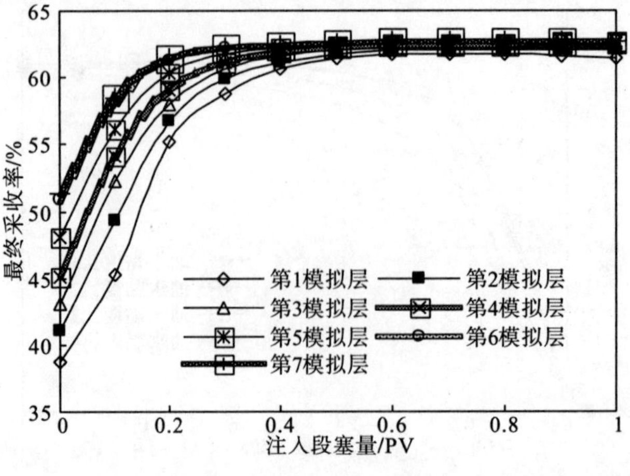

图 5-19　$V_k=0.3$ 时，不同聚合物溶液注入段塞下各模拟层最终采收率情况

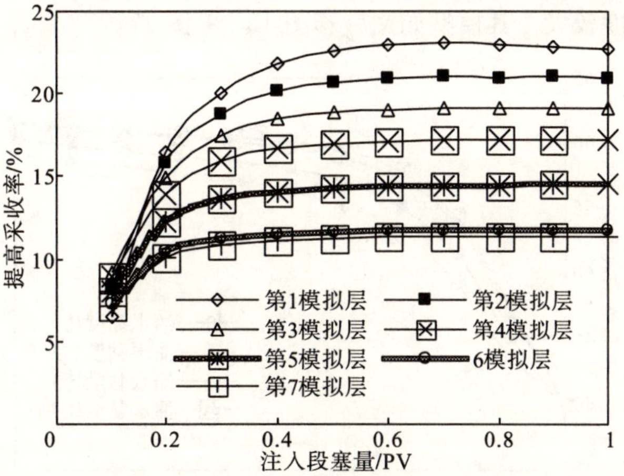

图 5-20　$V_k=0.3$ 时，不同聚合物溶液注入段塞下各模拟层提高采收率情况

在上述条件下也得到全区含水 98%时各单层的含水率变化图，如图 5-21 所示。在 $V_k=0.3$ 时，各单层的含水率为 88%～100%，相差较大。当全区含水率达到 98%时，对于低渗层第 1 模拟层，在水驱时其含水率为 94.8%，随着段塞的增加，含水率在段塞注入量为 0.1PV 时降低到最低值 95.83%，继续增加段塞注入量，单层含水率先增加减小，但都小于含水经济极限 98%，所以对于此单层可用聚合物驱来达到增产的目的。同理，对于同样是低渗层的第 2 模拟层、第 3 模拟层，也可用聚合物驱来达到提高采收率的效果。而对于中渗层第 4 模拟层，不论聚合物注入段塞如何增加，此模拟层含水率均在 98%左右波动，可知对第 4 模拟层采用聚合物驱效果甚微。对于高渗层第 5 模拟层、第 6 模拟层、第 7 模拟层，在水驱时，其含水率已经高达 98%，其后用聚合物驱并不能达到提高采收率的目的。

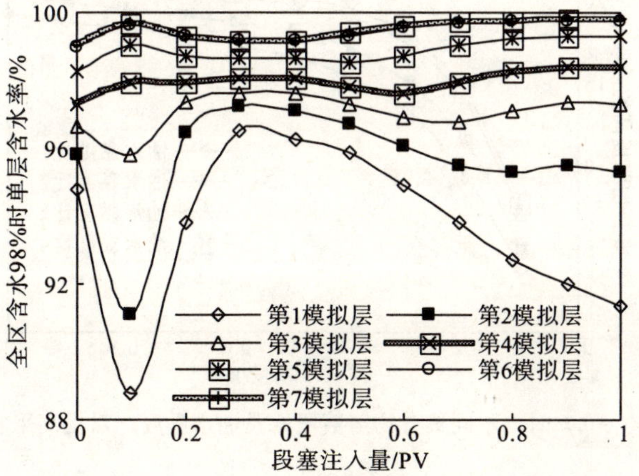

图 5-21　$V_k=0.3$ 时，全区含水 98%时各单层含水率

5.4.3.4　V_k=0.5 时对单层聚合物驱驱油效果的影响

当 $V_k=0.5$ 时，x、y 方向各模拟层渗透率分别为 $218\times10^{-3}\mu m^2$、$289\times10^{-3}\mu m^2$、$409\times10^{-3}\mu m^2$、$571\times10^{-3}\mu m^2$、$836\times10^{-3}\mu m^2$、$1279\times10^{-3}\mu m^2$ 和 $3398\times10^{-3}\mu m^2$，此

时油藏非均质性程度较大，其模型如文后彩图 15～彩图 17。

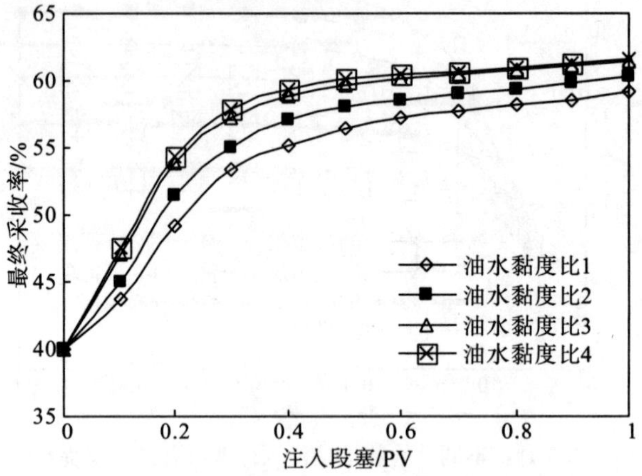

图 5-22　$V_k=0.5$ 时，不同聚合物溶液段塞及油水黏度比对最终采收率的影响

如图 5-22 和 5-23 可知，当渗透率变异系数 $V_k=0.5$ 时，随着注入段塞的增大，聚合物驱最终采收率及提高采收率均增加。水驱时采收率为 39.93%，当注入段塞增加到 0.5PV，油水黏度比为 1 时最终采收率为 56.52%；油水黏度比为 2 时，最终采收率为 58.11%；油水黏度比为 3 时，最终采收率为 59.71%；油水黏度比为 4 时，最终采收率为 60.08%。比水驱时分别提高 16.59%OOIP，18.17%OOIP，19.77%OOIP 和 20.15%OOIP。继续增加段塞注入量，聚合物驱最终采收率及比水驱提高的采收率值增加幅度变小，基本保持 60%和 21%OOIP 左右。

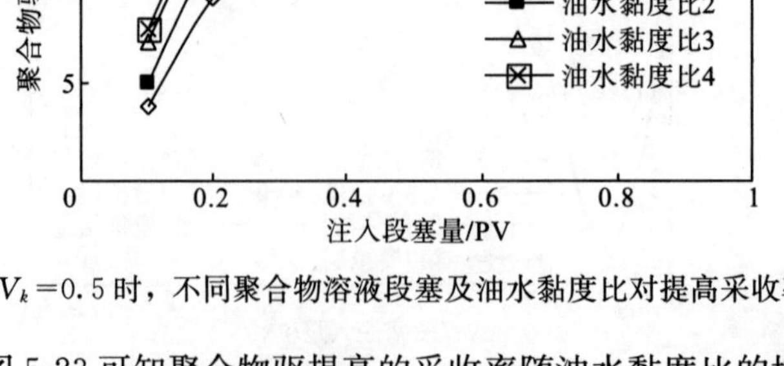

图 5-23　$V_k=0.5$ 时，不同聚合物溶液段塞及油水黏度比对提高采收率的影响

从图 5-22 和图 5-23 可知聚合物驱提高的采收率随油水黏度比的增加而增大，但当油水黏度比增加到 3 倍后继续增加油水黏度比，聚合物驱提高的驱油效率增加甚微。

在上述情况下，选择油水黏度比为 3，分析各模拟层的采出情况，如图 5-24 和图 5-25 所示。当 $V_k=0.5$ 时，各模拟层水驱时的采收率分别为 25.56%、28.87%、33.12%、37.56%、42.84%、48.29%和 57.32%，即随着纵向上渗透率的增加，水驱采收率增加，且增加的幅度为3%～32%。其原因与$V_k=0.1$和$V_k=0.3$时相一致，但因$V_k=0.5$时各层位渗透率相差更大，所以水驱采收率相差也就变得更明显。

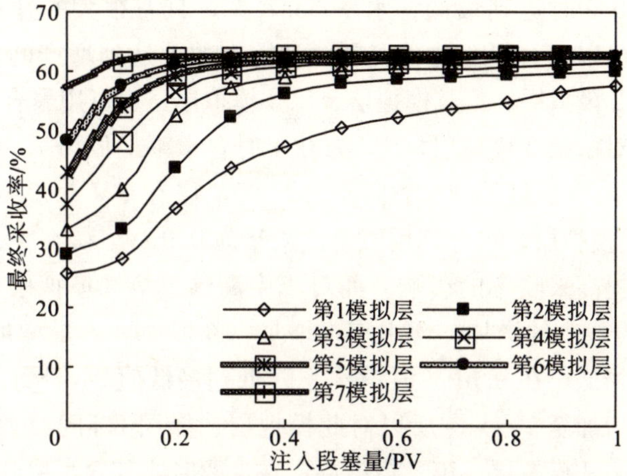

图5-24 $V_k=0.5$时，不同聚合物溶液注入段塞下各模拟层最终采收率情况

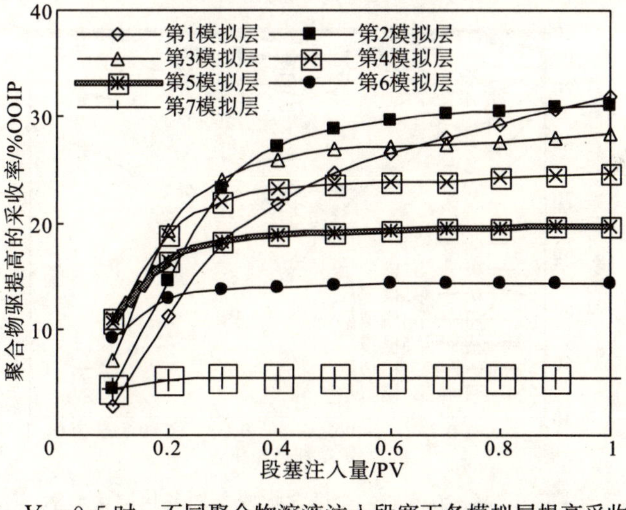

图5-25 $V_k=0.5$时，不同聚合物溶液注入段塞下各模拟层提高采收率情况

而对于聚合物驱，随着注入段塞的增加，各模拟层最终采收率及提高的采收率均增加。但当注入段塞增加至0.5PV时，各模拟层最终采收率分别为50.18%、57.75%、60.00%、61.17%、61.90%、62.38%和62.70%，此时提高的采收率分别为24.62%、28.88%、26.88%、23.61%、19.06%、14.09%和5.38%，相差很大，为8%～24%。继续增加段塞，第2模拟层到第6模拟层的聚合物驱最终采收率基本保持在62%，第1模拟层却只有57.46%。但并不呈现渗透率低的层位提高的采收率值就越高的规律，反而是相对渗透率适中的层位提高的采收率高。其原因是渗透率变异系数增大，各模拟层之间的渗透率差异变大，使得最低渗透率模拟层的渗透率过低，聚合物驱时注入高黏度的聚合物溶液后，驱油体系更易进入中低渗透率的层位，提高这些油层的波及体积。此时各层位驱油效率受聚合物驱的影响较大。

在上述情况下，当全区含水98%时，各模拟层的含水率变化情况如图5-26所示。

在 $V_k=0.5$ 时，各单层的含水率为 40%～100%，相差大。当全区含水率达到 98%时，对于低渗层第 1 模拟层，在水驱时其含水率为 81.7%，随着段塞注入量的增加，含水率降低，在 PV 为 0.9 时达到最低含水率 38.73%，具有很大的开采潜力。对于此单层，若用聚合物驱可以很大程度的驱出剩余油，有效地达到增产的目的。同理，对于同样是低渗层的第 2 模拟层、第 3 模拟层、第 4 模拟层，也可用聚合物驱来达到提高采收率的效果。并且对于第 2 模拟层，PV 为 0.4 时含水率最低为 70.82%，第 3 模拟层在 PV 为 0.2 时含水率最低为 83.43%，第 4 模拟层在 PV 为 0.6 时含水率最低为 90.22%。对于上述模拟层，可分别用段塞注入量为 0.9PV、0.4PV、0.2PV 和 0.6PV 的聚合物驱来达到提高采收率的影响。而对于中高渗层第 5 模拟层，在水驱时其含水率为 96.55%，随着段塞的增加，含水率也增加，在段塞注入量增加至 0.3PV 后继续增加注入量含水率降低，在 0.5PV 时含水率降低到最低值 94.78%，继续增加段塞注入量，单层含水率增加至 100%。所以对此模拟层选择用 0.5PV 的聚合物驱可以进一步驱油。而高渗层第 6 模拟层、第 7 模拟层，在水驱时，其含水率已经高达 98%以上，其后用聚合物驱并不能达到提高采收率的目的，反而造成了不必要的浪费。

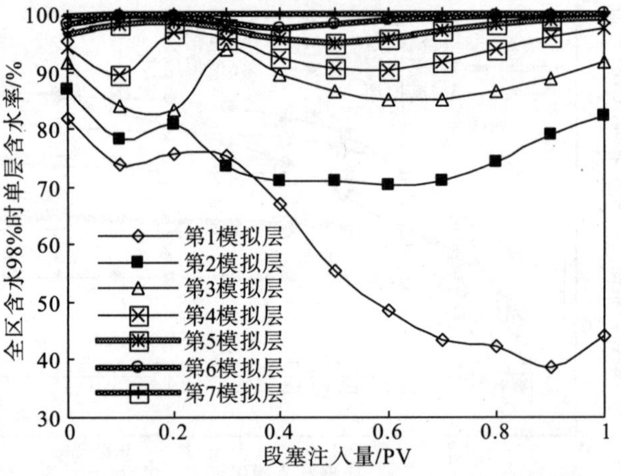

图 5-26 $V_k=0.5$ 时，全区含水 98%时各单层含水率

5.4.3.5 $V_k=0.575$ 时对单层聚合物驱驱油效果的影响

当 $V_k=0.575$ 时，x、y 方向各模拟层渗透率分别为 $120\times10^{-3}\mu m^2$、$252\times10^{-3}\mu m^2$、$394\times10^{-3}\mu m^2$、$580\times10^{-3}\mu m^2$、$854\times10^{-3}\mu m^2$、$1350\times10^{-3}\mu m^2$ 和 $3450\times10^{-3}\mu m^2$，z 方向渗透率为 x 方向渗透率值的十万分之一，此时油藏非均质性程度较大，其模型如文后彩图 18～彩图 20。模拟模型计算结果如图 5-27 及图 5-28 所示。

结果表明，在不同注入段塞情况下，当 $V_k=0.575$ 时，随着注入段塞的增大，聚合物驱提高的采收率值增加，当注入段塞增加至 0.5PV 后，提高的采收率值增加缓慢，基本保持不变。水驱时采收率为 38.54%，当注入段塞增加到 0.5PV，油水黏度比为 1 时聚合物驱采收率为 53.50%；油水黏度比为 2 时，聚合物驱采收率为 55.10%；油水黏度比为 3 时，聚合物驱采收率为 57.17%；油水黏度比为 4 时，聚合物驱采收率为 57.64%。比水驱时分别提高了 14.96% OOIP，16.56% OOIP，18.63% OOIP 和

19.10%OOIP。继续增加段塞注入量，聚合物驱最终采收率基本保持在 58%不变，比水驱提高的采收率值也基本保持在 19%不变，所以此变异系数下的最佳注入量为 0.5PV。

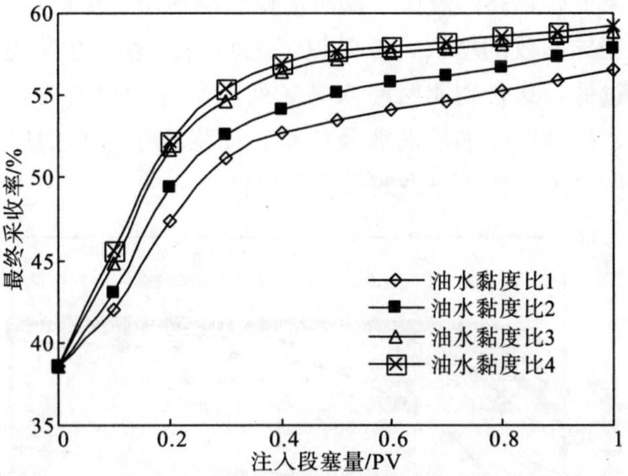

图 5-27　$V_k=0.575$ 时，不同聚合物溶液段塞及油水黏度比对最终采收率的影响

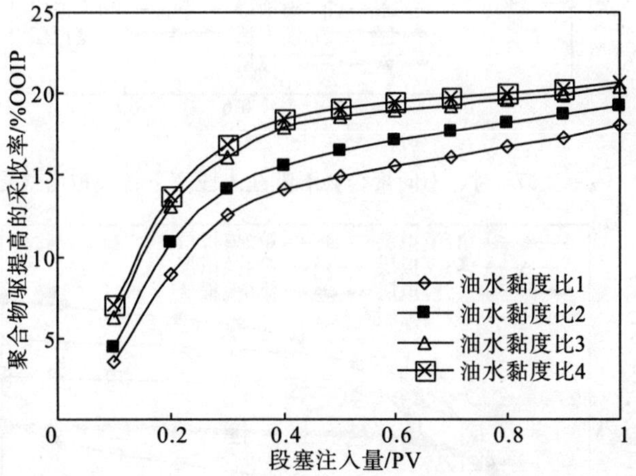

图 5-28　$V_k=0.575$ 时，不同聚合物溶液段塞及油水黏度比对提高采收率的影响

从图 5-27 和图 5-28 也知，聚合物驱提高的采收率随油水黏度比的增加而增大，但当油水黏度比增加到 3 倍后继续增加油水黏度比，聚合物驱提高的驱油效率增加甚微。为此，选择油水黏度比为 3，分析各模拟层的采出情况，如图 5-29 及图 5-30 所示。当 $V_k=0.575$ 时，各模拟层水驱时的采收率分别为 18.08%、26.7%、32.16%、37.34%、42.71%、48.57%和 57.19%，即随着纵向上渗透率的增加，水驱采收率增加，增加的幅度在 5%～40%。其原因与 $V_k=0.1$、0.3、0.5 时相一致，但因 $V_k=0.557$ 时各层位渗透率相差更大，所以水驱采收率相差也就变得更明显。

而对于聚合物驱，随着注入段塞的增加，各模拟层的采收率也增加。但当注入段塞增加至 0.5PV 时，各模拟层最终采收率分别为 32.60%、55.35%、59.87%、61.25%、61.95%、62.44% 和 62.69%，其提高的采收率为 14.52%、28.65%、

27.27%、23.91%、19.24%、13.87%和5.5%，提高的采收率相差在1%～23%。继续增加段塞，对于第2模拟层到第7模拟层，聚合物驱的采收率基本保持在55%～63%，而第1模拟层采收率在30%～40%，远远小于其他几层，且也不呈现渗透率低的层位提高的采收率值就越高的规律，反而是相对渗透率适中的层位提高的采收率高。其原因是因渗透率变异系数的增大，各模拟层之间的渗透率差异变大，使得最低渗透率模拟层的渗透率过低，聚合物驱时注入高黏度的聚合物溶液后，驱油体系更易进入中低渗透率的层位，提高这些油层的波及体积。而渗透率过高的层位因在水驱时已经驱出大部分的油，所以聚合物驱提高的采收率很低。

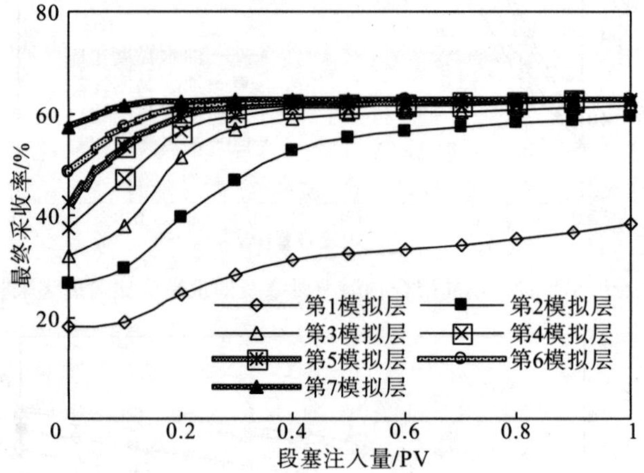

图 5-29　$V_k=0.575$ 时，不同聚合物溶液注入段塞下各模拟层最终采收率

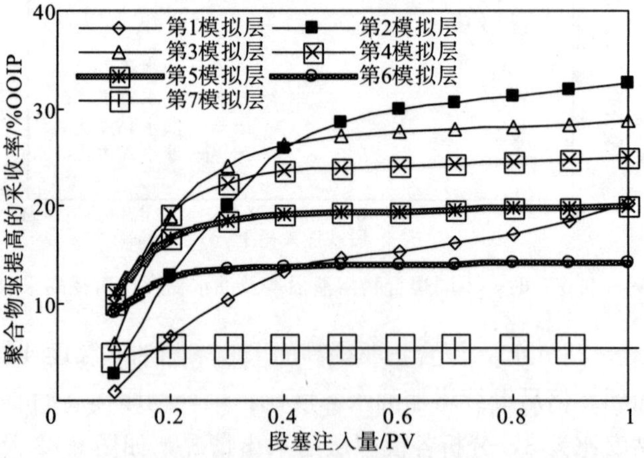

图 5-30　$V_k=0.575$ 时，不同聚合物溶液注入段塞下各模拟层提高采收率

这表明当 $V_k=0.575$ 时，各单层的水驱驱油效果相差大，聚合物驱驱油效果也相差较大。因在上述条件下，可以得到全区含水98%时各单层的含水率，如图5-31所示。在渗透率变异系数为0.575时，各单层的含水率也为40%～100%，相差大。当全区含水率达到98%时，对于低渗层第1模拟层，在水驱时其含水率为58.25%，随着段塞注入量的增加，含水率升高，在PV达到0.4后随注入量的增加含水率降低，但都小于70%。对于此单层若用聚合物驱可以很大程度地驱除剩余油，有效地达到增产的目

的。同理，对于同样是低渗层的第2模拟层、第3模拟层、第4模拟层，也可用聚合物驱来达到提高采收率的效果。并且对于第2模拟层，不论段塞注入量如何增加其含水率均低于84%，第3模拟层不论段塞注入量如何增加其含水率均低于90%，第4模拟层不论段塞注入量如何增加其含水率均低于94%。而对于中高渗层第5模拟层，在水驱时其含水率为96.50%，随着段塞的增加，含水率先增加后降低，在0.5PV时含水率降低到最低值91.69%，继续增加段塞注入量，单层含水率开始增加，但始终小于98%。所以对此模拟层选择用0.5PV的聚合物驱可以进一步驱油。而高渗层第6模拟层、第7模拟层，在水驱时，其含水率已经高达98%以上，其后用聚合物驱并不能达到提高采收率的目的，反而造成了不必要的浪费。

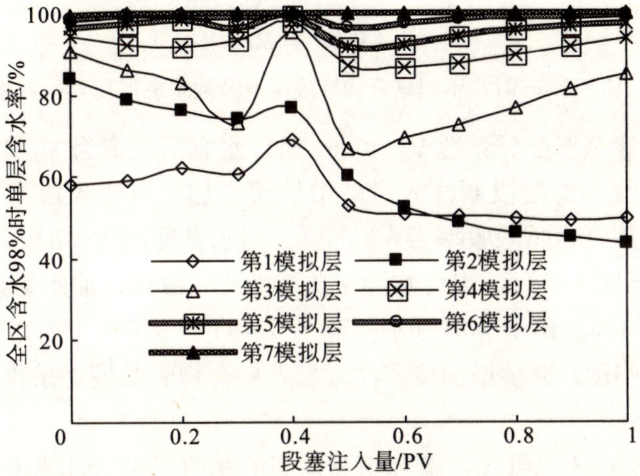

图5-31 $V_k=0.575$时，全区含水98%时各单层含水率

5.4.3.6 $V_k=0.65$时对单层聚合物驱驱油效果的影响

当$V_k=0.65$时，x、y方向各模拟层渗透率分别为$124\times10^{-3}\mu m^2$、$198\times10^{-3}\mu m^2$、$341\times10^{-3}\mu m^2$、$555\times10^{-3}\mu m^2$、$955\times10^{-3}\mu m^2$、$1687\times10^{-3}\mu m^2$和$3140\times10^{-3}\mu m^2$，z方向渗透率为x方向渗透率值的十万分之一，此时油藏非均质性程度较大，其模型如文后彩图21～彩图23。模拟模型计算结果如图5-32和图5-33所示。

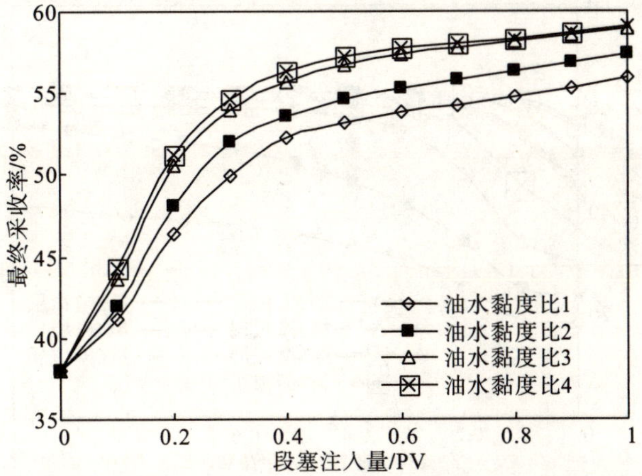

图5-32 $V_k=0.65$时，不同聚合物溶液段塞及油水黏度比对最终采收率的影响

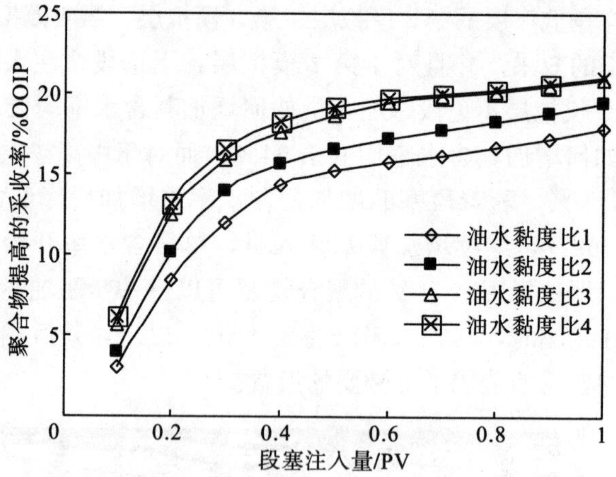

图 5-33　$V_k=0.65$ 时，不同聚合物溶液段塞及油水黏度比对采收率的影响

结果表明，当渗透率变异系数 $V_k=0.65$ 时，水驱采收率为 38.02%。聚合物驱时，聚合物驱提高的采收率值随段塞注入量的增加而增加。当注入段塞增加至 0.5PV 时，油水黏度比为 1 时聚合物驱采收率为 53.25%；油水黏度比为 2 时，聚合物驱采收率为 54.57%；油水黏度比为 3 时，聚合物驱采收率为 56.77%；油水黏度比为 4 时，聚合物驱采收率为 57.24%。比水驱时分别提高了 15.77%OOIP，17.25%OOIP，19.41%OOIP 和 19.77%OOIP。继续增加段塞注入量，聚合物驱的最终采收率值增加缓慢，基本保持在 58%不变。

从图 5-32 和图 5-33 也可知，聚合物驱提高的采收率随油水黏度比的增加而增大，但当油水黏度比增加到 3 倍后继续增加油水黏度比，聚合物驱提高的驱油效率增加甚微。为此，选择油水黏度比为 3，分析各模拟层的采出情况，如图 5-34 及图 5-35 所示。当 $V_k=0.65$ 时，各模拟层水驱时的采收率分别为 18.18%、23.36%、29.82%、36.30%、44.01%、50.79%和 56.17%，即随着纵向上渗透率的增加，各模拟层水驱采收率增加，且增加的幅度为 5%～38%。其原因与上述渗透率变异系数下各模拟层水驱时相一致。

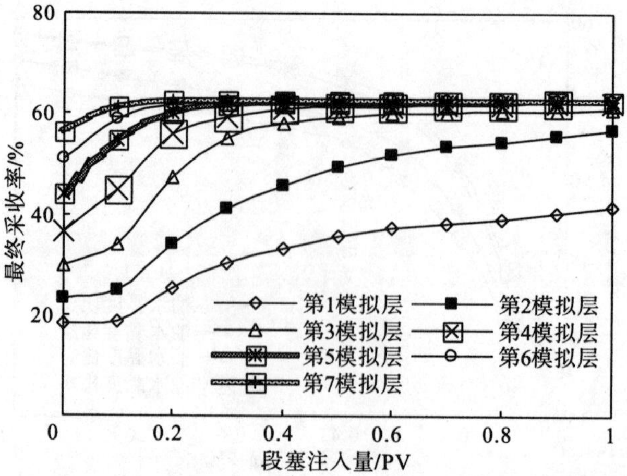

图 5-34　$V_k=0.65$ 时，不同注入段塞下各模拟层的最终采收率情况

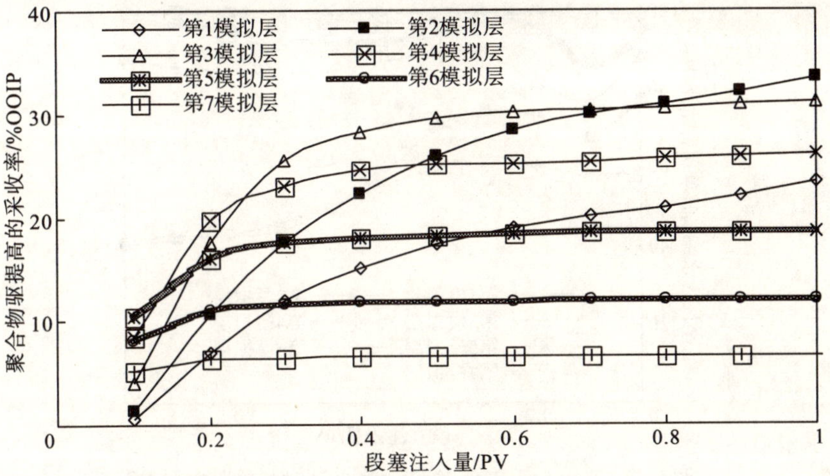

图 5-35　$V_k=0.65$ 时，聚合物驱各模拟层提高的采收率

而对于聚合物驱，随着注入段塞的增加，各模拟层的采收率也增加。但当注入段塞增加至 0.5PV 时，各模拟层最终采收率分别为 35.53%、49.33%、59.37%、61.34%、62.21%、62.61%及 62.69%，提高的采收率为 17.35%OOIP、25.97%OOIP、29.55%OOIP、25.04%OOIP、18.20%OOIP、11.82%OOIP 及 6.52%OOIP，各模拟层间相差很大，为 0%～24%。继续增加段塞，聚合物驱的采收率在第 3 模拟层到 7 基本保持在 57%～62%，而第 1 模拟层采收率在 33%～42%，第 2 模拟层采收率在 45%～57%，此两层最终采收率远远小于上述几层。其原因与 $V_k=0.575$ 时相一致。

上述情况表明，当渗透率 $V_k=0.65$ 时，各单层的水驱驱油效果相差大，聚合物驱的驱油效果也大。在此情况下，可以得到全区含水 98%时各单层的含水率，如图 5-36 所示。在 $V_k=0.65$ 时，各单层的含水率也为 40%～100%，相差大。当全区含水率达到 98%时，对于低渗层第 1 模拟层，随着段塞注入量的增加，含水率先降低后增加再降低，但不论含水率随聚合物注入量如何变化，其变化均为 40%～63%。且此时水驱含水率仅为 58.74%，此模拟层剩余油高达 40%，所以对于此单层若用聚合物驱可以很大程度的驱出剩余油，有效地达到增产的目的。同理，对于同样是低渗层的第 2 模拟层、第 3 模拟层、第 4 模拟层，也有上述变化规律，且第 2 模拟层的含水率变化为 40%～80%，第 3 模拟层的含水率变化为 77%～89%，第 4 模拟层的含水率变化为 85%～98%，故也可用聚合物驱来达到提高采收率的效果。而对于中高渗层第 5 模拟层，在水驱时其含水率为 96.95%，随着段塞的增加，含水率先增加后降低再增加，只有在 0.4PV、0.5PV、0.6PV 时含水率低于 98%，可选择用上述三种注入段塞的聚合物驱进一步驱油。而高渗层第 6 模拟层、第 7 模拟层在水驱时，其含水率已经高达 98%以上，其后用聚合物驱并不能到达提高采收率的目的。

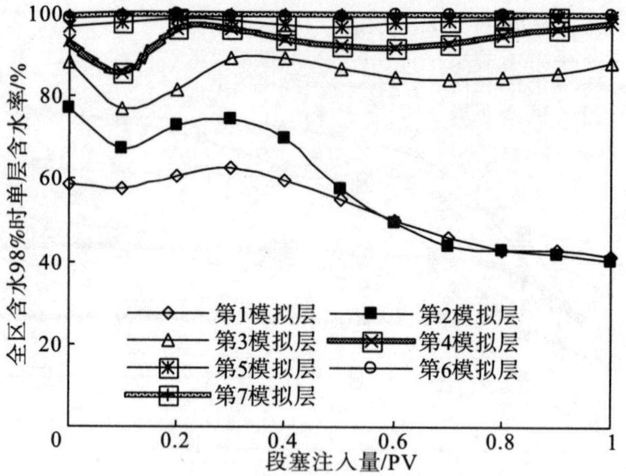

图 5-36　$V_k=0.65$ 时，全区含水 98%时各单层含水率

5.4.3.7　$V_k=0.72$ 时对单层聚合物驱驱油效果的影响

当 $V_k=0.72$ 时，x、y 方向各模拟层渗透率分别为 $84\times10^{-3}\mu m^2$、$129\times10^{-3}\mu m^2$、$244\times10^{-3}\mu m^2$、$451\times10^{-3}\mu m^2$、$832\times10^{-3}\mu m^2$、$1531\times10^{-3}\mu m^2$ 和 $3729\times10^{-3}\mu m^2$，z 方向渗透率为 x 方向渗透率值的十万分之一，此时油藏非均质性程度大，其模型如文后彩图 24～彩图 26。模拟模型计算结果如图 5-37 和图 5-38 所示。

结果表明，当渗透率变异系数为 $V_k=0.72$ 时，水驱采收率为 34.98%，聚合物驱最终采收率及提高的采收率均随注入段塞的增大而增加。当段塞注入量增加至 0.4PV，油水黏度比为 1 时聚合物驱采收率为 47.35%；油水黏度比为 2 时，聚合物驱采收率为 48.91%；油水黏度比为 3 时，聚合物驱采收率为 51.55%；油水黏度比为 4 时，聚合物驱采收率为 52.10%。比水驱时分别提高了 12.37%OOIP，13.93%OOIP，16.57%OOIP 和 17.12%OOIP。继续增加段塞注入量，聚合物驱最终采收率保持在 52%左右，比水驱提高的采收率值增加幅度也变小，基本保持在 18%。此时，水驱采收率较高，聚合物提高的采收率值较高。

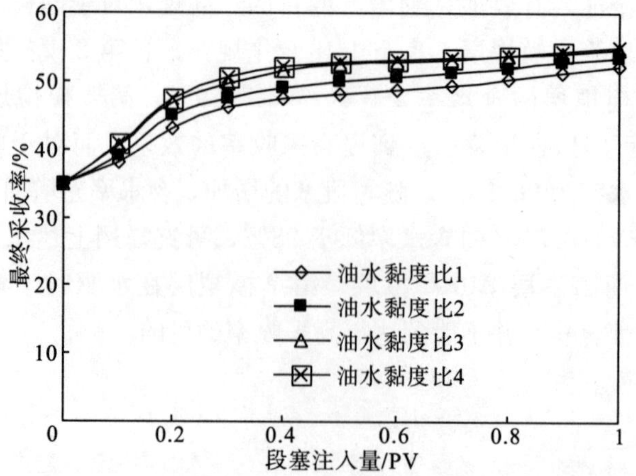

图 5-37　$V_k=0.72$ 时，聚合物溶液段塞及油水黏度比对最终采收率的影响

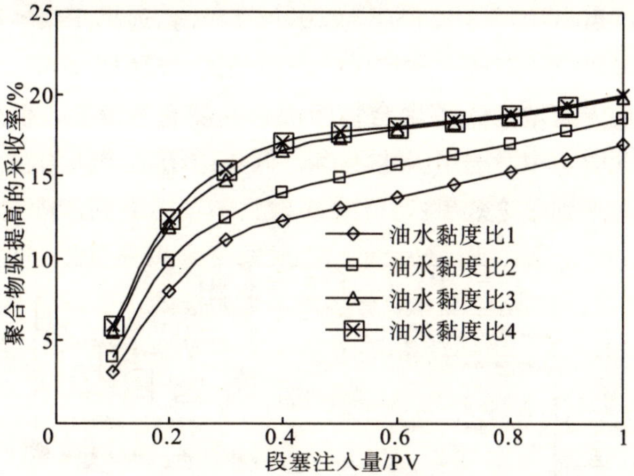

图 5-38　$V_k=0.72$ 时，聚合物溶液段塞及油水黏度比对提高的采收率的影响

由图 5-37 和 5-38 也可知，聚合物驱提高的采收率随油水黏度比的增加而增大，但当油水黏度比增加到 3 倍后继续增加油水黏度比，聚合物驱提高的驱油效率增加甚微。为此，选择油水黏度比为 3，分析各模拟层的采出情况，如图 5-39、5-40 所示。当 $V_k=0.72$ 时，各模拟层水驱时的采收率分别为 13.12%、17.83%、24.89%、32.61%、41.24%、49.21%和 57.19%，即随着纵向上渗透率的增加，各模拟层水驱采收率增加，且增加的幅度大为 4%～44%。其原因与上述渗透率变异系数水驱时各模拟层一致。

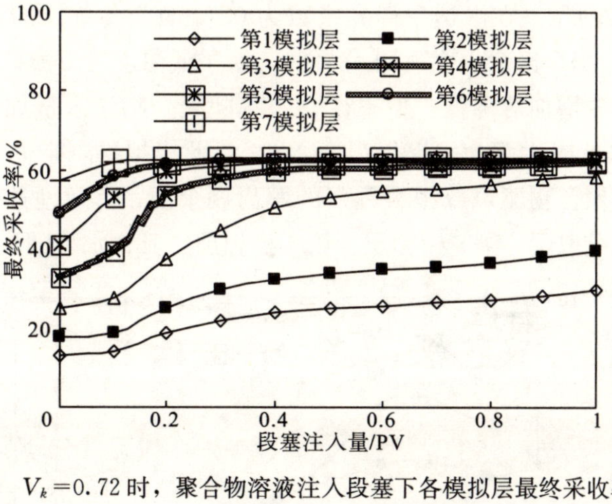

图 5-39　$V_k=0.72$ 时，聚合物溶液注入段塞下各模拟层最终采收率情况

而对于聚合物驱，随着注入段塞的增加，各模拟层的最终采收率也增加。但当注入段塞增加至 0.4PV 时，各模拟层最终采收率分别为 23.99%、32.46%、50.47%、59.73%、61.78%、62.44%和 62.68%，其提高的采收率分别为 10.87% OOIP、14.63% OOIP、25.58% OOIP、27.12% OOIP、20.54% OOIP、13.23% OOIP 和 5.49%OOIP，模拟层间相差较大，为 1%～22%。继续增加段塞，聚合物驱最终采收率在第 4 模拟层到第 7 模拟层基本保持在 60%～63%，而第 1 模拟层为 24%～30%，

第 2 模拟层为 33%～40%，第 3 模拟层为 50%～59%，远小于第 4 模拟层、第 5 模拟层、第 6 模拟层的采收率。造成此种情况的原因是第 1 模拟层、第 2 模拟层、第 3 模拟层渗透率太低，即使笼统地注入了聚合物溶液，黏度有所提高，但依然不能满足理想调整剖面的作用。此时，中渗透层吸水不多，低渗透层甚至认为被启动吸水，导致聚合物驱波及不到，未达到理论效果。

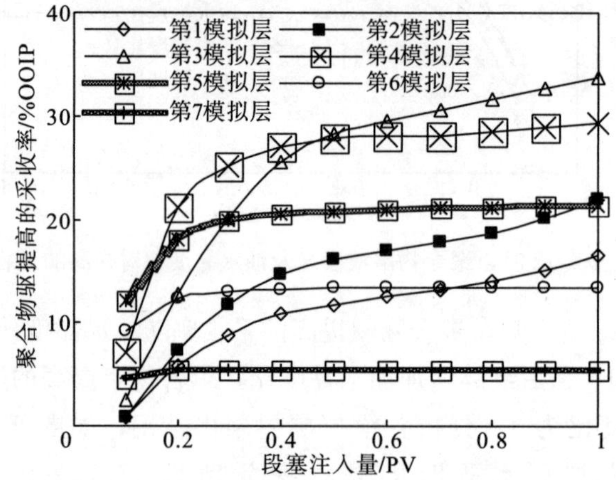

图 5-40 $V_k=0.72$ 时，聚合物溶液注入段塞下各模拟层提高采收率情况

上述情况表明，当 $V_k=0.72$ 时，单层的水驱驱油效果受其影响大，可用聚合物驱来提高驱油效率，并且驱油效果好。在此情况下，可以得到全区含水 98%时各单层的含水率，如图 5-41 所示。在渗透率变异系数为 0.72 时，各单层的含水率也为 24%～100%，相差很大。当全区含水率达到 98%时，对于低渗层第 1 模拟层，随着段塞注入量的增加，含水率先增加后降低，但不论含水率随聚合物注入量如何变化，其变化均为 24%～48%。且此时水驱含水率仅为 24.76%，此模拟层剩余油高达 70%以上，所以对于此单层若用聚合物驱可以很大程度的驱出剩余油，有效地达到增产的目的。对于中低渗层的第 2 模拟层、第 3 模拟层、第 4 模拟层，其含水率随聚合物注入段塞的增

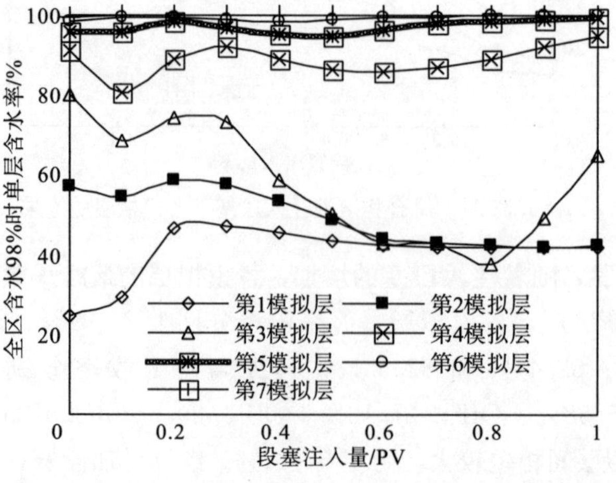

图 5-41 $V_k=0.72$ 时，全区含水 98%时各单层含水率

加先降低后增加再降低至稳定不变，且第 2 模拟层的含水率变化为 40%～59%，第 3 模拟层的含水率变化为 42%～81%，第 4 模拟层的含水率变化为 80%～95%，故也可用聚合物驱来达到提高采收率的效果。而对于中高渗层第 5 模拟层，在水驱时其含水率为 95.93%，随着段塞的增加，含水率先增加后降低再增加，只有在 0.4PV、0.5PV、0.6PV 时含水率低于 98%，可选择用上述四种注入段塞的聚合物驱进一步进行驱油。而高渗层第 6 模拟层、第 7 模拟层，在水驱时其含水率已经高达 98%以上，其后用聚合物驱并不能达到提高采收率的目的。

5.4.3.8 V_k=0.74 时对单层聚合物驱驱油效果的影响

当 V_k=0.74 时，x、y 方向各模拟层渗透率分别为 $61\times10^{-3}\mu m^2$、$106\times10^{-3}\mu m^2$、$219\times10^{-3}\mu m^2$、$398\times10^{-3}\mu m^2$、$776\times10^{-3}\mu m^2$、$1549\times10^{-3}\mu m^2$ 和 $3891\times10^{-3}\mu m^2$，z 方向渗透率为 x 方向渗透率值的十万分之一，此时油藏非均质性程度大，其模型如文后彩图 27～彩图 29。模拟模型计算结果如图 5-42、5-43 所示。

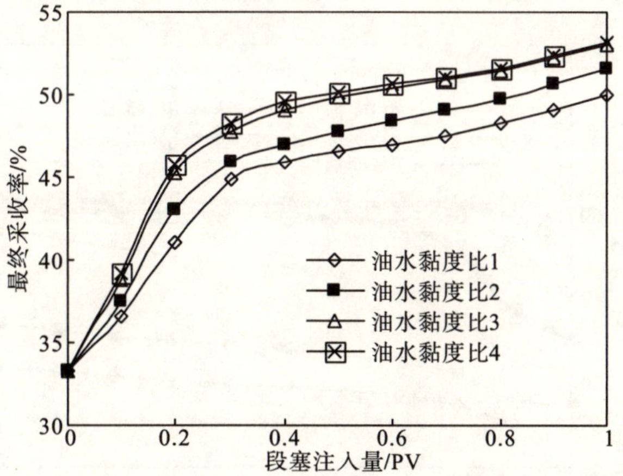

图 5-42 V_k=0.74 时，聚合物溶液段塞及油水黏度比对采收率的影响

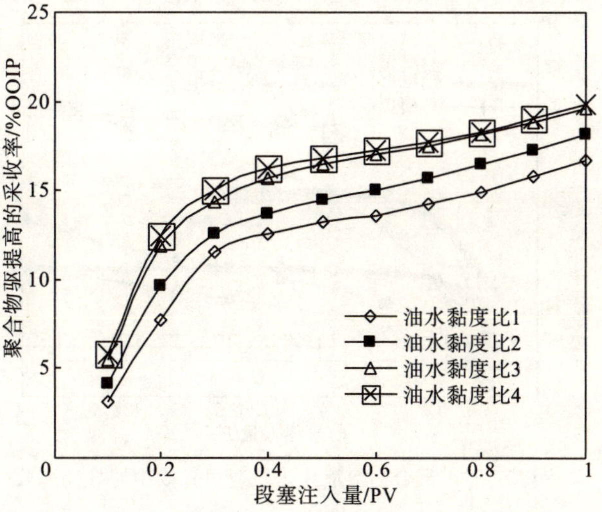

图 5-43 V_k=0.74 时，聚合物溶液段塞及油水黏度比对采收率的影响

结果表明，当渗透率变异系数 $V_k=0.74$ 时，水驱采收率为 33.35%，聚合物驱最终采收率及提高采收率随段塞注入量的增大而增加，当注入段塞增加到 0.4PV，油水黏度比为 1 时聚合物驱采收率为 45.95%；油水黏度比为 2 时，聚合物驱采收率为 47.03%；油水黏度比为 3 时，聚合物驱采收率为 49.05%；油水黏度比为 4 时，聚合物驱采收率为 49.57%。比水驱时分别提高了 12.60%OOIP，13.68%OOIP，15.70% OOIP 和 16.22%OOIP。继续增加注入段塞，聚合物驱最终采收率及比水驱提高的采收率增加幅度变小，基本保持平衡。此时，水驱采收率较高，聚合物提高的采收率值较高。

由图 5-42 和图 5-43 可知，聚合物驱提高的采收率随油水黏度比的增加而增大，但当油水黏度比增加到 3 倍后继续增加油水黏度比，聚合物驱提高的驱油效率增加甚微。为此，选择油水黏度比为 3，分析各模拟层的采出情况，如图 5-44 和图 5-45 所示。当 $V_k=0.74$ 时，各模拟层水驱时的采收率分别为 9.31%、15.20%、23.17%、30.42%、39.67%、48.96%和 57.35%，即随着纵向上渗透率的增加，各模拟层水驱采收率增加，且增加的幅度为 6%～48%。其原因依然与上述一致。

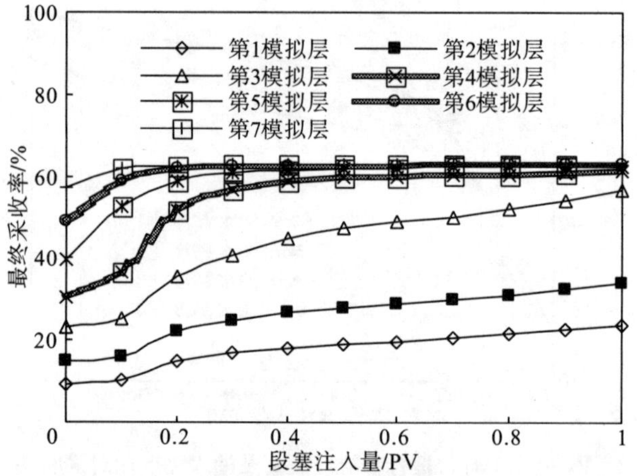

图 5-44　$V_k=0.74$ 时，聚合物溶液注入段塞对各模拟层最终采收率的影响

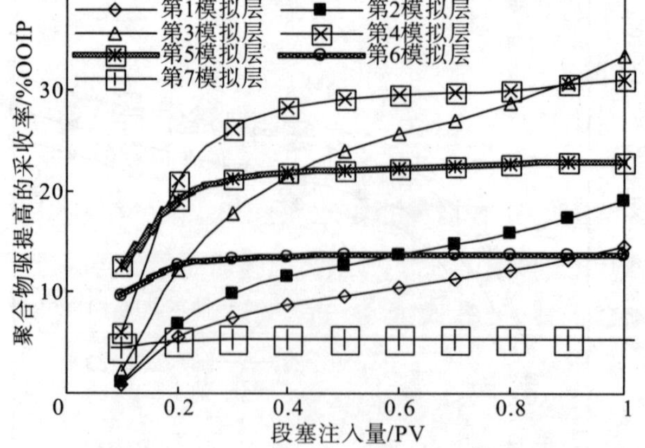

图 5-45　$V_k=0.74$ 时，聚合物溶液注入段塞对各模拟层提高采收率的影响

而对于聚合物驱，随着注入段塞的增加，各模拟层的最终采收率及提高的采收率

也增加。但当注入段塞增加至0.4PV时，各模拟层最终采收率分别为15.85%、26.68%、44.60%、58.71%、61.50%、62.42%和62.68%，其提高的采收率为8.74%OOIP、11.48%OOIP、21.43%OOIP、28.29%OOIP、21.83%OOIP、13.46%OOIP和5.33%OOIP，层间提高的采收率相差很大，为0%～23%。继续增加段塞，聚合物驱的采收率在4到第7模拟层基本保持在59%～63%，而第1模拟层采收率在19%～24%，第2模拟层采收率在28%～34%，第3模拟层采收率在44%～57%，小于其他几层。其原因与$V_k=0.72$时一致。

上述情况表明，当$V_k=0.74$时，单层的水驱驱油效果受其影响大，可用聚合物驱来提高驱油效率，并且驱油效果好。在此情况下，可以得到全区含水98%时各单层的含水率，如图5-46所示。在$V_k=0.74$时，各单层的含水率也为5%～100%，相差非常大。当全区含水率达到98%时，对于低渗层第1模拟层，随着段塞注入量的增加，含水率增加，但不论含水率随聚合物注入量如何变化，其变化均为5%～41%。且此时水驱含水率仅为5.6%，模拟层剩余油高达90%以上，所以对于此单层若用聚合物驱可以很大程度的驱出剩余油，有效地达到增产的目的。低渗透层第2模拟层有第1模拟层一样的变化趋势，其含水率变化为39%～53%，此时水驱含水率为39.16%，模拟层剩余油高达60%以上，所以对于此单层也可用聚合物驱来提高驱油效率。对于中低渗层的第3模拟层、第4模拟层，其含水率随聚合物注入段塞的增加先降低后增加再降低至稳定不变，且第3模拟层的含水率变化为41%～77%，第4模拟层的含水率变化为77%～92%，故也可用聚合物驱来达到提高采收率的效果。而对于中高渗层第5模拟层，在水驱时其含水率为95.93%，随着段塞的增加，含水率先降低后增加再降低再增加，但在0.1PV至0.7PV之间含水率始终低于98%，说明第1模拟层、第2模拟层、第3模拟层、第4模拟层余有大量原油，可选择用上述注入段塞的聚合物驱进一步进行驱油。而高渗层第6模拟层、第7模拟层，在水驱时，其含水率已经高达98%以上，其后用聚合物驱并不能到达提高采收率的目的。

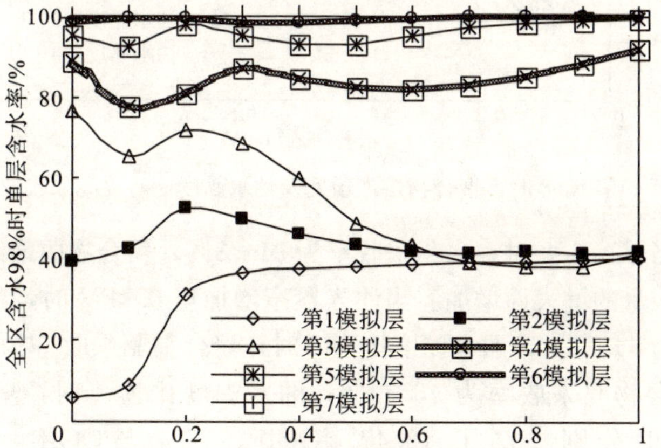

图5-46 $V_k=0.74$时，全区含水98%时各单层含水率

5.4.3.9 V_k=0.8 时对单层聚合物驱驱油效果的影响

当 V_k=0.8 时，x、y 方向各模拟层渗透率分别为 $26\times10^{-3}\mu m^2$、$60\times10^{-3}\mu m^2$、$126\times10^{-3}\mu m^2$、$295\times10^{-3}\mu m^2$、$676\times10^{-3}\mu m^2$、$1698\times10^{-3}\mu m^2$ 和 $4119\times10^{-3}\mu m^2$，z 方向渗透率为 x 方向渗透率值的十万分之一，此时油藏非均质性程度大，其模型如文后彩图 30～彩图 32。模拟模型计算结果如图 5-47 和图 5-48 所示。

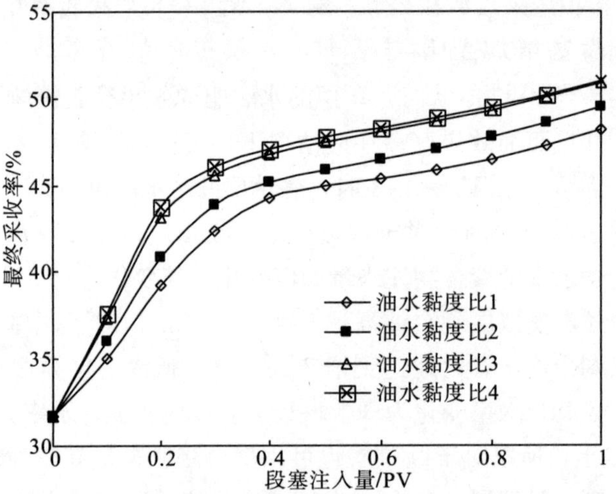

图 5-47 V_k=0.8 时，聚合物溶液段塞及油水黏度比对采最终收率的影响

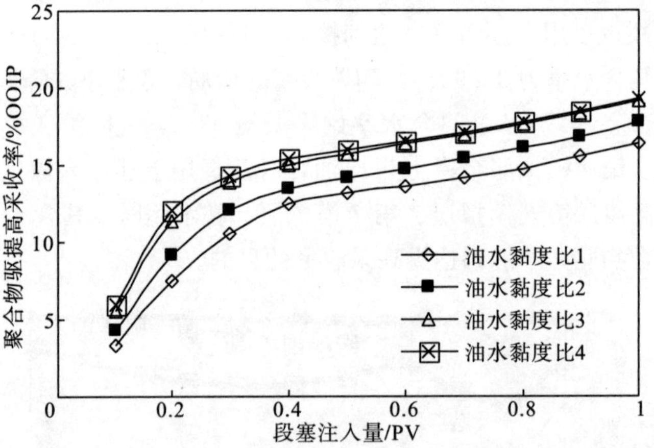

图 5-48 V_k=0.8 时，聚合物溶液段塞及油水黏度比对提高采收率的影响

结果表明，当 V_k=0.8 时，水驱采收率为 31.73%，聚合物驱最终采收率极提高的采收率随段塞注入量的增大而增加。当注入段塞增加至 0.4PV 时，油水黏度比为 1 时聚合物驱采收率为 44.21%；油水黏度比为 2 时，聚合物驱采收率为 45.17%；油水黏度比为 3 时，聚合物驱采收率为 46.72%；油水黏度比为 4 时，聚合物驱采收率为 47.0%。比水驱时分别提高了 12.48% OOIP，13.44% OOIP，14.99% OOIP 和 15.35%OOIP。继续增加注入段塞，聚合物驱最终采收率及比水驱提高的采收率值增加幅度变小，基本保持不变。此时，水驱采收率较高，聚合物提高的采收率值较高。

从图 5-47 和图 5-48 也可知，聚合物驱提高的采收率随油水黏度比的增加而增大，但当油水黏度比增加到 3 倍后继续增加油水黏度比，聚合物驱提高的驱油效率增加甚微。为此，选择油水黏度比为 3，分析各模拟层的采出情况，如图 5-49、5-50 所示。当 $V_k=0.8$ 时，各模拟层水驱时的采收率分别为 6.40%、12.40%、19.99%、28.69%、38.57%、48.95%和 57.09%，即随着纵向上渗透率的增加，各模拟层水驱采收率增加，且增加的幅度为 6%～51%。其原因与上述一致。

而对于聚合物驱，随着注入段塞的增加，各模拟层最终采收率及提高的采收率也增加。但当注入段塞增加至 0.4PV 时，各模拟层最终采收率分别为 14.23%、22.73%、36.70%、57.16%、61.33%、62.44%和 62.68%，提高的采收率为 7.83%OOIP、10.33%OOIP、16.71%OOIP、28.47%OOIP、22.76%OOIP、13.49%OOIP 和 5.59%OOIP，层间提高采收率相差大，为 2%～23%。继续增加段塞，聚合物驱的采收率在第 5 模拟层到第 7 模拟层基本保持在 61%～63%，而第 1 模拟层采收率在 14%～21%，第 2 模拟层采收率在 23%～31%，第 3 模拟层采收率在 36%～49%，第 4 模拟层采收率在 57%～61%，小于其他几层。

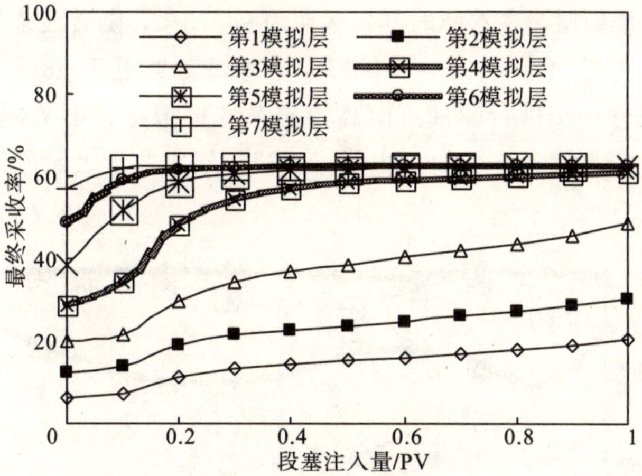

图 5-49　$V_k=0.8$ 时，聚合物溶液注入段塞对各模拟层最终采收率的影响

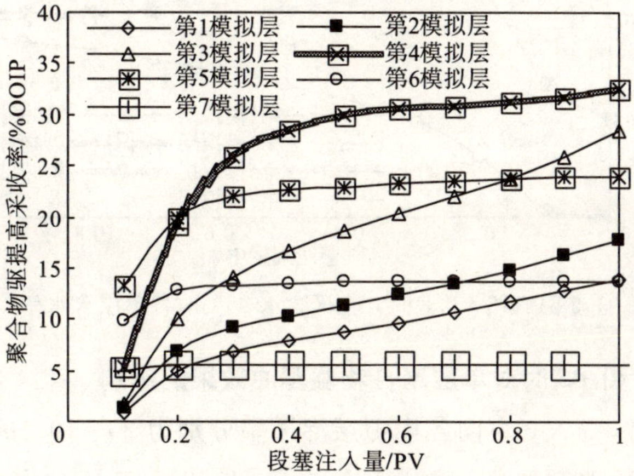

图 5-50　$V_k=0.8$ 时，聚合物溶液注入段塞对各模拟层提高采收率的影响

上述情况表明，当 $V_k=0.8$ 时，单层的水驱驱油效果受其影响大，可用聚合物驱

来提高驱油效率，并且驱油效果好。在此情况下，可以得到全区含水 98%时各单层的含水率，如图 5-51 所示。在 $V_k=0.8$ 时，各单层的含水率也为 0%～100%，相差非常大。当全区含水率达到 98%时，对于低渗层第 1 模拟层，随着段塞注入量的增加，含水率增加，其变化为 0%～40%。且此时水驱含水率仅为 0.65%，模拟层剩余油含量极高，高达 95%以上，所以对于此单层若用聚合物驱可以很大程度的驱出剩余油，有效地达到增产的目的。低渗透层第 2 模拟层含水率随聚合物注入量的增加先升高后降低至稳定，其含水率变化为 19%～42%，此时水驱含水率为 19.82%，模拟层剩余油高达 80%以上，所以对于此单层也可用聚合物驱来提高驱油效率。对于中低渗层的第 3 模拟层，其含水率随聚合物注入段塞的增加先降低后增加再降低至稳定不变，且第 3 模拟层的含水率变化为 39%～69%，水驱含水率为 66.82%，模拟层剩余油高达 30%以上，所以对于此单层也可用聚合物驱来提高驱油效率。中低渗层的第 4 模拟层，其含水率随聚合物注入段塞的增加先降低后增加再降低，且第 4 模拟层的含水率变化为 76%～90%，水驱含水率为 86.75%，故也可用聚合物驱来达到提高采收率的效果。而对于中高渗层第 5 模拟层，在水驱时其含水率为 94.73%，随着段塞的增加，含水率先降低后增加再降低再增加，但在 0.1～0.7PV 含水率始终低于 98%，可选择用上述注入段塞的聚合物驱进一步进行驱油。而高渗层第 6 模拟层、第 7 模拟层，在水驱时，其含水率已经高达 98%以上。此时，中低渗透模拟层中剩余大量原油，是进一步提高采收率的主力油层。

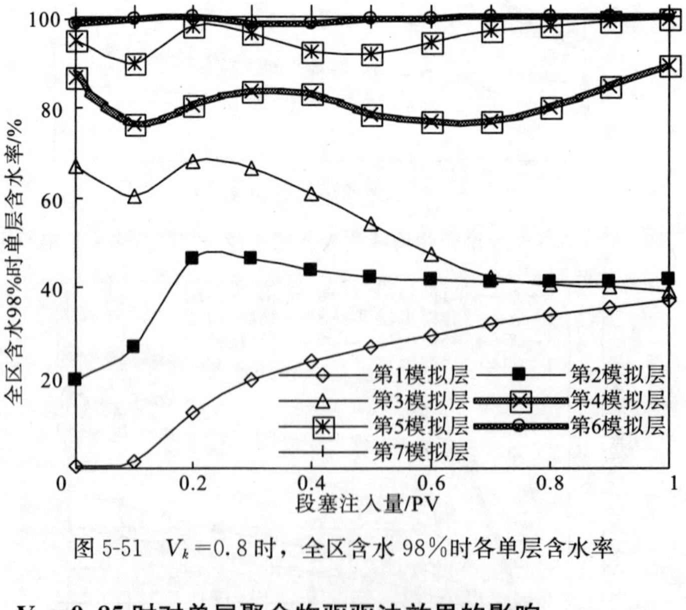

图 5-51 $V_k=0.8$ 时，全区含水 98%时各单层含水率

5.4.3.10 $V_k=0.85$ 时对单层聚合物驱驱油效果的影响

当 $V_k=0.85$ 时，x、y 方向各模拟层渗透率分别为 $20\times10^{-3}\mu m^2$、$49\times10^{-3}\mu m^2$、$130\times10^{-3}\mu m^2$、$318\times10^{-3}\mu m^2$、$820\times10^{-3}\mu m^2$、$1750\times10^{-3}\mu m^2$ 和 $3913\times10^{-3}\mu m^2$，z 方向渗透率为 x 方向渗透率值的十万分之一，此时油藏非均质性程度大，其模型如文后彩图 33～彩图 35。模拟模型计算结果如图 5-52 及图 5-53 所示。

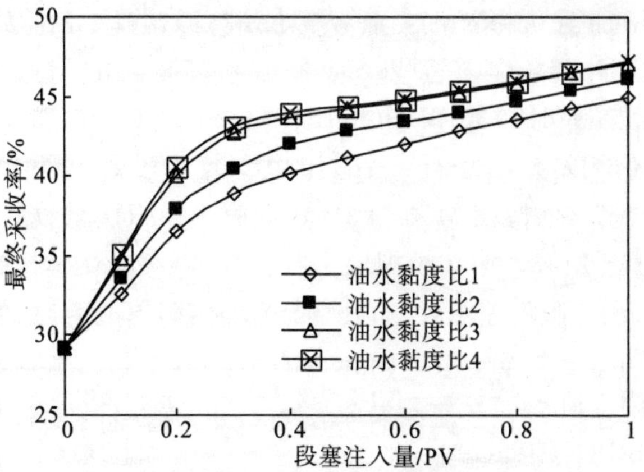

图 5-52　$V_k=0.85$ 时，聚合物溶液段塞及油水黏度比对最终采收率的影响

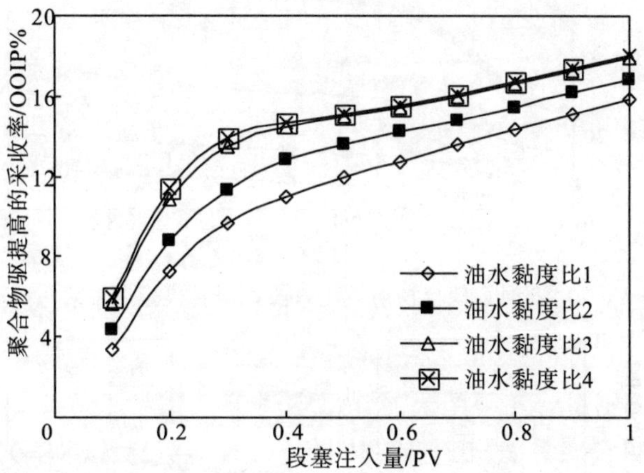

图 5-53　$V_k=0.85$ 时，不同段塞及油水黏度比对提高采收率的影响

结果表明，当 $V_k=0.85$ 时，水驱采收率为 29.18%，聚合物驱最终采收率及提高的采收率值随段塞注入量的增大而增加。当注入段塞增加至 0.5PV 时，油水黏度比为 1 时，聚合物驱采收率为 41.16%；油水黏度比为 2 时，聚合物驱采收率为 42.78%；油水黏度比为 3 时，聚合物驱采收率为 44.17%；油水黏度比为 4 时，聚合物驱采收率为 44.33%。比水驱时分别提高了 11.98%OOIP，13.60%OOIP，14.99%OOIP 和 15.15%OOIP。继续增加注入段塞，聚合物驱最终采收率及比水驱提高的采收率值增加幅度变小，基本保持不变。此时，水驱采收率较低，聚合物提高的采收率值较高。

从图 5-52 和图 5-53 也可知，聚合物驱提高的采收率随油水黏度比的增加而增大，但当油水黏度比增加到 3 倍后继续增加油水黏度比，聚合物驱提高的驱油效率增加甚微。为此，选择油水黏度比为 3，分析各模拟层的采出情况，如图 5-54 和图 5-55 所示。当 $V_k=0.85$ 时，各模拟层水驱时的采收率分别为 2.40%、6.23%、15.56%、25.70%、38.38%、48.73%及 56.189%，即随着纵向上渗透率的增加，各模拟层水驱采收率增加，且增加的幅度大，每层之间采收率相差为 3%～13%，第 1 模拟层与第 7 模拟层相差大至 53.79%。

而对于聚合物驱，随着注入段塞的增加，各模拟层最终采收率及提高采收率也增加。但当注入段塞增加至 0.4PV 时，各模拟层最终采收率分别为 6.49%、14.69%、30.01%、56.05%、61.58%、62.51%和 62.67%，提高的采收率为 4.09% OOIP、8.46%OOIP、14.45%OOIP、30.35%OOIP、23.20%OOIP、13.78%OOIP 和 6.49% OOIP，层间提高的值相差大，为 2%～26%。继续增加段塞，聚合物驱的采收率在第 5 模拟层到第 7 模拟层基本保持在 61%～63%，而第 1 模拟层采收率在 6%～11%，第 2 模拟层采收率在 14%～21%，第 3 模拟层采收率在 30%～40%，第 4 模拟层采收率在 56%～61%，各模拟层采收率差距大。其原因与上述渗透率变异系数一致。

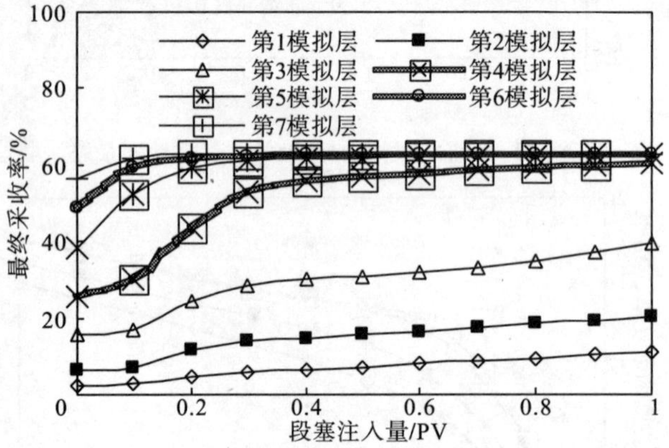

图 5-54　$V_k=0.85$ 时，聚合物溶液注入段塞对各模拟层最终采收率的影响

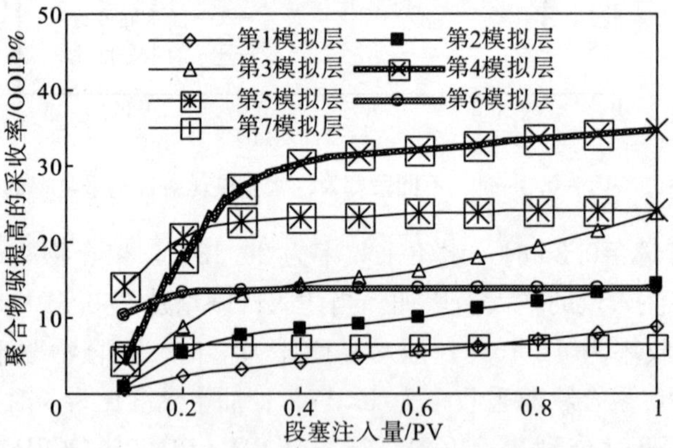

图 5-55　$V_k=0.85$ 时，聚合物溶液注入段塞对各模拟层提高采收率的影响

上述情况表明，当 $V_k=0.85$ 时，单层的水驱驱油效果受其影响大，可用聚合物驱来提高驱油效率，并且驱油效果好。在此情况下，可以得到全区含水 98%时各单层的含水率，如图 5-56。可知，在渗透率变异系数为 0.85 时，各单层的含水率也在 0～100%，相差非常大。当全区含水率达到 98%时，对于低渗层第 1 模拟层，随着段塞注入量的增加，含水率先增加后降低，其变化为 0%～54%。且此时水驱含水率仅为 0.16%，模拟层剩余油含量极高，高达 98%以上，所以对于此单层，若用聚合物驱可以很大程度的驱出剩余油，有效达到增产的目的。低渗透层第 2 模拟层含水量率随聚合物注入量的增加先升高后降低，其含水率变化为 0%～62%，此时水驱含水率为 0.86%，模拟层剩余油也高达 98%以上，所以对于此单层也可用聚合物驱来提高驱油

效率。对于中低渗层的第3模拟层，其含水率随聚合物注入段塞的增加先增加后降低再增加，且第3模拟层的含水率变化为41%～64%，水驱含水率为41.55%，模拟层剩余油高达40%以上，所以对于此单层也可用聚合物驱来提高驱油效率。中低渗层的第4模拟层，其含水率随聚合物注入段塞的增加先降低后增加再降低再升高，且第4模拟层的含水率变化为52%～86%，水驱含水率为81.94%，故也可用聚合物驱来达到提高采收率的效果。而对于中高渗层第5模拟层，在水驱时其含水率为94.64%，随着段塞的增加，含水率先降低后增加再降低再增加，但在0.1～0.7PV含水率始终低于98%，可选择用上述注入段塞的聚合物驱进一步进行驱油。而高渗层第6模拟层、第7模拟层，在水驱时，其含水率已经高达98%以上，其后用聚合物驱并不能到达到提高采收率的目的。此时，中低渗透模拟层中剩余大量原油，是进一步提高采收率的主力油层。

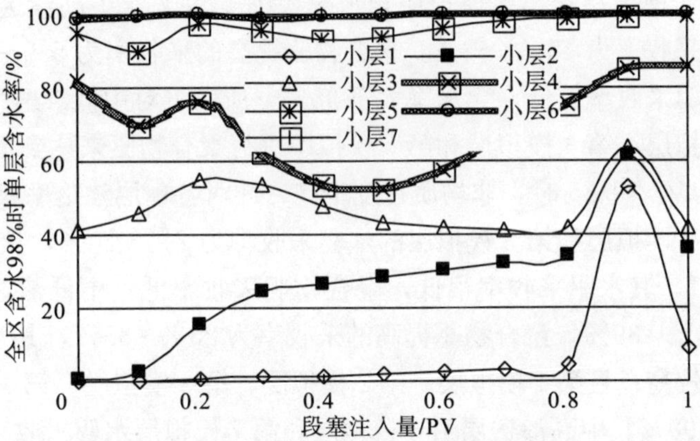

图5-56　$V_k=0.85$时，全区含水98%时各单层含水率

综合上述分析，可得如表5-7、表5-8和表5-9所示数据。其结果表明：

(1)当$0\leqslant V_k\leqslant 0.1$时，非均质程度低，此时各模拟层渗透率相差非常小，单层水驱采收率高为45%～48%，聚合物驱提高的采收率为13%～17%，含水率高均在98%左右。此时水驱采收率很高，聚合物驱提高的采收率较低，对此种变异系数油层进行聚合物驱可一定程度的达到增产的目的，但增产量不高。

(2)当$0.1<V_k<0.5$时，非均质程度较低，此时各模拟层渗透率相差较小，单层水驱程度较高。中低渗透第1模拟层、第2模拟层、第3模拟层及第4模拟层水驱采收率为38%～46%，聚合物驱提高的采收率为17%～23%，其水驱采收率高，聚合物驱采收率较低，含水率小于98%；中高渗透层第5模拟层、第6模拟层和第7模拟层水驱采收率为48%～52%，聚合物驱提高的采收率为11%～15%，其水驱采收率很高，聚合物驱采收率低，且含水率大于98%，此时进行聚合物驱可一定程度的达到增产的目的，但增产量不高。

(3)当$V_k=0.5$时，非均质程度适中，此时各单层渗透率相差较大，单层水驱程度较较低。低渗透第1模拟层和第2模拟层水驱采收率为25%～29%，聚合物驱提高的采收率为31%～32%，其水驱采收率适中，聚合物驱采收率高；中低渗透第3模拟层和第4模拟层水驱采收率为31%～43%，聚合物驱提高的采收率为24%～29%，其水驱采收率较高，聚合物驱采收率较高；且第 1 模拟层、第 2 模拟层、第 3 模拟层和第 4 模拟层含水率均小于 98%。中高渗透层第 5 模拟层、第 6 模拟层和第 7 模拟层水驱采收率为 42%～58%，聚合物驱提高的采收率为 5%～19%，其水驱采收率高，聚合物驱采收率较低，含水率大于 98%。所以可对中低渗透第 1 模拟层、第 2 模拟层、第 3 模拟层和第 4 模拟层行聚合物驱来达到增产的目的。

(4)当 $0.5<V_k\leqslant 0.74$ 时，非均质程度较高，此时各单层渗透率相差大，单层水驱程度较低。低渗透第 1 模拟层和第 2 模拟层水驱采收率为 9%～27%，聚合物驱提高的采收率为 14%～34%，其水驱采收率较低，聚合物驱采收率较高；中低渗透第 3 模拟层、第 4 模拟层及第 5 模拟层水驱采收率为 23%～45%，聚合物驱提高的采收率为 18%～34%，其水驱采收率较高，聚合物驱采收率较高；且第 1 模拟层、第 2 模拟层、第 3 模拟层、第 4 模拟层和第 5 模拟层含水率均小于 98%。中高渗透层第 6 模拟层和第 7 模拟层水驱采收率为 48%～58%，聚合物驱提高的采收率为 5%～14%，其水驱采收率高，聚合物驱采收率较低，含水率大于 98%。所以可对中低渗透第 1 模拟层、第 2 模拟层、第 3 模拟层、第 4 模拟层和第 5 模拟层进行聚合物驱来达到增产的目的。

(5)当 $0.74<V_k\leqslant 0.85$ 时，非均质程度很高，此时各单层渗透率相差很大。低渗透第 1 模拟层、第 2 模拟层和第 3 模拟层的水驱采收率为 2%～20%，聚合物驱提高的采收率为 8%～29%，其水驱采收率很低，聚合物驱采收率低；中低渗透第 4 模拟层、5 水驱采收率为 25%～39%，聚合物驱提高的采收率为 23%～35%，其水驱采收率较高，聚合物驱采收率较高；且第 1 模拟层、第 2 模拟层、第 3 模拟层、第 4 模拟层和第 5 模拟含水率均小于 98%。中高渗透层第 6 模拟层和第 7 模拟层水驱采收率为 48%～58%，聚合物驱提高的采收率为 5%～14%，其水驱采收率高，聚合物驱采收率低，含水率大于 98%。所以可对中低渗透第 1 模拟层、第 2 模拟层、第 3 模拟层、第 4 模拟层和第 5 模拟层进行聚合物驱来达到提高采收率的目的。

终上所述，可知当 $0\leqslant V_k<0.5$ 时，适宜使用水驱驱油；当 $V_k=0.5$ 时，适宜水驱后进行聚合物驱，且聚合物驱驱油效果非常好；当 $0.5<V_k\leqslant 0.74$ 时，对于中低渗层适宜使用聚合物驱，高渗层适宜于水驱后进行聚合物驱，聚合物驱驱油效果好；当 $0.74<V_k\leqslant 0.85$ 时，低和中低渗透模拟层水驱程度非常低，聚合物驱可以一定程度提高驱油效果，中高渗透模拟层水驱驱油效果好，但聚合物驱驱油效果差，估对此变异系数，水驱与聚合物驱都不适宜。

表 5-7 不同渗透率变异系数下，全区含水 98%时各模拟层水驱含水率 单位：%

V_k	第 1 模拟层	第 2 模拟层	第 3 模拟层	第 4 模拟层	第 5 模拟层	第 6 模拟层	第 7 模拟层
0	98.43	98.34	98.18	98.04	97.87	97.65	97.43
0.10	97.46	97.73	97.80	97.85	98.09	98.24	98.44
0.30	94.80	95.83	96.63	97.32	98.27	98.97	99.04
0.50	81.70	87.02	91.49	94.23	96.55	98.33	99.64
0.575	58.25	83.79	90.69	94.12	96.50	98.41	99.63
0.65	58.74	76.88	88.22	93.55	96.95	98.95	99.55

续表

V_k	第 1 模拟层	第 2 模拟层	第 3 模拟层	第 4 模拟层	第 5 模拟层	第 6 模拟层	第 7 模拟层
0.72	24.76	56.85	80.35	91.08	95.93	98.59	99.63
0.74	5.60	39.16	76.45	88.91	95.25	98.52	99.64
0.80	0.65	19.82	66.82	86.75	94.73	98.52	99.62
0.85	0.16	0.86	41.55	81.94	94.64	98.46	99.55

表 5-8　不同渗透率变异系数下，全区含水 98%时各模拟层水驱采出程度　单位:%

V_k	第 1 模拟层	第 2 模拟层	第 3 模拟层	第 4 模拟层	第 5 模拟层	第 6 模拟层	第 7 模拟层
0	48.66	48.33	47.81	47.35	46.83	46.17	45.50
0.10	45.60	46.41	46.63	46.78	47.51	47.99	48.67
0.30	38.75	41.03	43.12	45.17	48.10	50.90	51.31
0.50	25.56	28.87	33.12	37.56	42.84	48.29	57.32
0.575	18.08	26.70	32.16	37.34	42.71	48.57	57.19
0.65	18.18	23.36	29.82	36.30	44.01	50.79	56.17
0.72	13.12	17.83	24.89	32.61	41.24	49.21	57.19
0.74	9.31	15.20	23.17	30.42	39.67	48.96	57.35
0.80	6.40	12.40	19.99	28.69	38.57	48.95	57.09
0.85	2.40	6.23	15.56	25.70	38.38	48.73	56.18

表 5-9　不同渗透率变异系数下，全区含水 98%时各模拟层聚合物驱提高的采收率

单位:%OOIP

V_k	第 1 模拟层	第 2 模拟层	第 3 模拟层	第 4 模拟层	第 5 模拟层	第 6 模拟层	第 7 模拟层
0	13.84	14.15	14.63	15.05	15.53	16.13	16.70
0.10	16.63	15.90	15.70	15.56	14.90	14.45	13.82
0.30	22.75	20.97	19.15	17.27	14.49	11.77	11.36
0.50	31.90	31.16	28.40	24.71	19.74	14.39	5.38
0.575	20.17	32.54	28.85	24.98	19.89	14.11	5.50
0.65	23.37	33.51	31.20	26.03	18.64	11.90	6.52
0.72	16.53	21.91	33.67	29.31	21.36	13.47	5.49
0.74	14.50	19.07	33.36	31.10	22.90	13.72	5.33
0.80	13.87	17.85	28.52	32.43	23.99	13.72	5.58
0.85	8.68	14.36	23.90	34.79	24.23	13.94	6.49

5.5　段塞大小及油水黏度比对驱油效果的影响

众所周知，在聚合物驱油过程中，有多种因素影响其驱油效果，使得各个油田提高采收率幅度相差很大。为了在现有的聚合物驱基础上，获取最佳的经济效益和最大的采收率值，本节进一步研究油水黏度比和聚合物溶液段塞大小对聚合物驱效果的影响规律，并分析影响聚合物驱效果的重要因素。

5.5.1 段塞大小对全区驱油效果的影响

从以往的经验可知，聚合物驱中随着聚合物段塞的增加，聚合物驱的采收率提高值增加。经过室内实验评价筛选出聚合物浓度为1500mg/L、对应油水黏度比为3的聚合物体系。保持注入聚合物浓度不变，改变段塞大小，设计聚合物用量分别为0.1PV、0.2PV、0.3PV、0.4PV、0.5PV、0.6PV、0.7PV、0.8PV、0.9PV、1.0PV。水驱至全区含水达到90%时，注入聚合物保护段塞后，再后续水驱直到全区含水达到98%时止。由图5-57可以看出，相同注入量条件下，油层越均匀，非均质变异系数越小，聚合物驱的最终采收率越高。而由图5-58可知，在同一非均质变异系数条件下，随注入量的增加，聚合物驱提高的采收率增加，当增加到一定值时趋于平衡，此时的注入量为拐点注入量，即最佳注入量。当V_k在0～0.3时，聚合物拐点注入量为0.4PV，此时提高的采收率为15%OOIP；当V_k在0.5～0.74时，聚合物拐点注入量为0.5PV，提高的采收率为18%OOIP；当V_k在0.8～0.85时，聚合物拐点注入量为0.6PV，提高的采收率为17%OOIP。即随V_k的增加，聚合物拐点注入量增加。但提高的采收率值却在$V_k=0.5$时最高，其次是V_k为0.65、0.575、0.72、0.74、0.8、0.3、0.85、0.1、0。即油层均匀或是非常不均匀，聚合物驱提高采出程度效果均不好，只有当油层非均质程度适中时，聚合物驱提高采收率效果最好。

而图5-59是注入量达到拐点值后，继续增加注入量到1.0PV时不同变异系数提高的采收率变化规律。当V_k为0～0.3时即油层较均匀，达到拐点注入量后继续增加注入量，提高的采收率为0.38%OOIP～0.53%OOIP；V_k在0.5～0.72时，油层非均质程度一般，提高了1.72%OOIP～2.43%OOIP；当V_k在0.74～0.85时，油层非均质程度高，提高的采收率为2.47%OOIP～2.76%OOIP。所以采用聚合物驱时，当$V_k \geqslant 0.5$，达到最佳注入量后，增加段塞注入量可进一步小幅度提高采收率，实现提高最终采收率的目的。

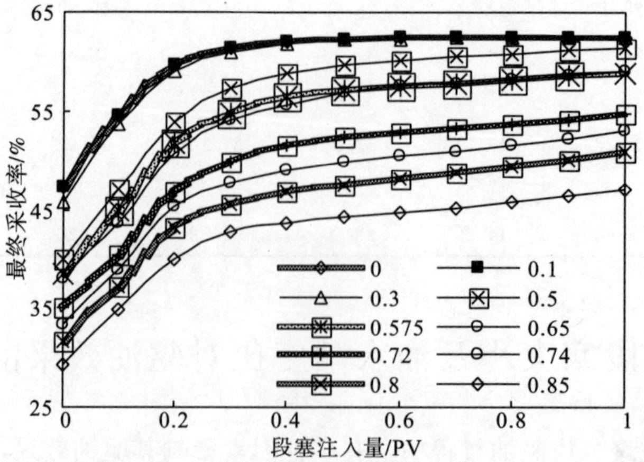

图5-57 油水黏度比为3时，聚合物溶液段塞大小对最终采收率的影响

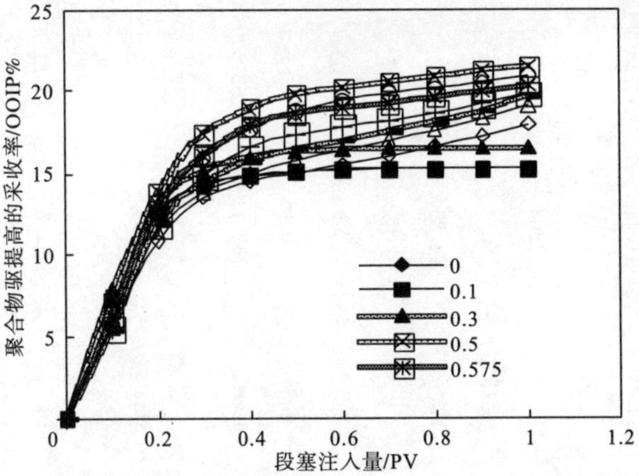

图 5-58　油水黏度比为 3 时，聚合物溶液段塞大小对提高的采收率的影响

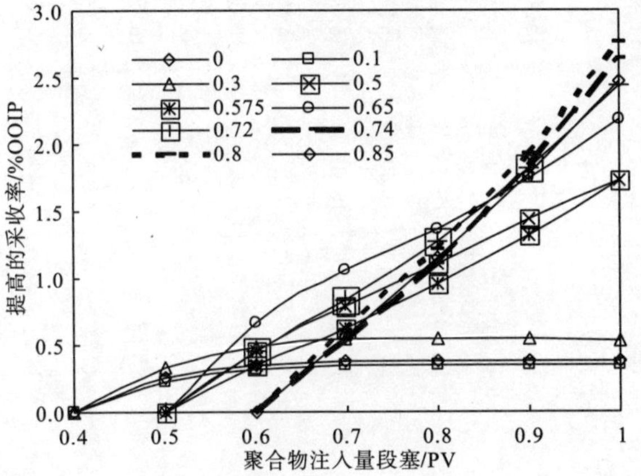

图 5-59　达到拐点后增加的段塞大小对提高采收率的影响

为进一步明确段塞注入量对聚合物驱提高采收率的影响，特分析如下（表 5-10）：①当段塞注入量为 0.1PV 时，聚合物驱提高采收率值（M）很低为 5%～8%，且 $M(0\leqslant V_k\leqslant 0.5)>M(V_k=0.575)>M(0.65\leqslant V_k\leqslant 0.85)$，其中在 $V_k=0.3$ 时提高的采收率最高。②当段塞注入量为 0.2PV 时，M 很低为 10%～14%，且 $M(0.3\leqslant V_k\leqslant 0.575)>M(0\leqslant V_k\leqslant 0.1)>M(0.65\leqslant V_k\leqslant 0.85)$，其中在 $V_k=0.5$ 时提高的采收率最高。③当段塞注入量为 0.3PV 时，M 低为 13%～18%，且 $M(0.3\leqslant V_k\leqslant 0.575)>M(0.72\leqslant V_k\leqslant 0.74)>M(0\leqslant V_k\leqslant 0.1)>M(0.8\leqslant V_k\leqslant 0.85)$，其中在 $V_k=0.5$ 时提高的采收率最高。④当段塞注入量为 0.4PV 时，M 较低为 14%～19%，且 $M(0.3\leqslant V_k\leqslant 0.8)>M(0\leqslant V_k\leqslant 0.1)>M(V_k=0.85)$，其中在 $V_k=0.5$ 时提高的采收率最高。⑤当段塞注入量为 0.5PV 时，M 较低为 15%～20%，且 $M(0.3\leqslant V_k\leqslant 0.8)>M(0\leqslant V_k\leqslant 0.1)>M(V_k=0.85)$，其中在 $V_k=0.5$ 时提高的采收率最高。⑥当段塞注入量为 0.6PV～0.8PV 时，M 较低为 15%～21%，且 $M(0.3\leqslant V_k\leqslant 0.85)>M(0\leqslant V_k\leqslant 0.1)$，其中在 $V_k=0.5$ 时提高的采收率最高。⑦当段塞注入量为 0.9PV～1PV 时，M 较低为 15%～22%，且 $M(0.3\leqslant V_k\leqslant 0.85)>M(0\leqslant V_k\leqslant 0.1)$，其中在 $V_k=0.5$ 时提高的采收率最高。

表 5-10　段塞大小对聚合物驱提高采收率的影响

段塞注入量	不同 V_k 的聚合物驱提高采收率									
0.1PV	0.30	0.10	0	0.5	0.575	0.65	0.85	0.80	0.72	0.74
	7.90	7.45	7.43	7.13	6.34	5.64	5.61	5.56	5.52	5.46
0.2PV	0.50	0.30	0.575	0	0.10	0.65	0.74	0.72	0.80	0.85
	13.87	13.24	13.11	12.60	12.59	12.55	11.88	11.86	11.41	10.84
0.3PV	0.50	0.575	0.65	0.30	0.72	0.74	0	0.10	0.80	0.85
	17.39	16.11	15.98	15.15	14.78	14.39	14.29	14.28	13.83	13.52
0.4PV	0.50	0.575	0.65	0.72	0.30	0.74	0.80	0.10	0	0.85
	18.95	17.87	17.67	16.57	15.96	15.69	14.99	14.86	14.85	14.49
0.5PV	0.50	0.65	0.575	0.72	0.74	0.30	0.80	0	0.10	0.85
	19.77	18.75	18.63	17.38	16.49	16.29	15.76	15.10	15.09	15.00
0.6PV	0.50	0.65	0.575	0.72	0.74	0.30	0.80	0.85	0	0.10
	20.23	19.41	18.98	17.83	17.01	16.45	16.37	15.47	15.21	15.18
0.7PV	0.50	0.65	0.575	0.72	0.74	0.80	0.30	0.85	0	0.10
	20.56	19.81	19.25	18.21	17.53	16.50	16.99	16.03	15.23	15.21
0.8PV	0.50	0.65	0.575	0.72	0.74	0.80	0.85	0.30	0	0.10
	20.87	20.12	19.59	18.66	18.12	17.59	16.63	16.51	15.23	15.21
0.9PV	0.50	0.65	0.575	0.72	0.74	0.80	0.85	0.30	0	0.10
	21.21	20.49	19.95	19.19	18.84	18.30	17.25	16.52	15.23	15.21
1.0PV	0.50	0.65	0.575	0.72	0.74	0.80	0.85	0.30	0	0.10
	21.51	20.94	20.35	19.81	19.64	19.13	17.64	16.49	15.23	15.21

5.5.2　段塞大小对单层驱油效果的影响

由 5.4 节可知，每个渗透率变异系数对应的 7 个模拟层，因层与层间渗透率的差异，聚合物驱时进入的注入量也不一样。可能存在聚合物溶液完全进入高渗透层时，却完全未进入低渗透层，因此影响聚合物驱时各模拟层的驱油效果。在 5.4 节中，分析了注入段塞对全区驱油效果的影响规律特征，但并未详细分析和描述各单层的驱油效果及动态反映特征。为更好地研究段塞注入量对聚合物驱的综合影响，本节分析各模拟层驱油情况及聚合物进入量与孔隙体积的比值。由上述分析可知，当 $V_k=0.5$ 时，不论是水驱驱油效果还是聚合物驱提高的驱油效果都很好，故选择变异系数为 0.5 时的模型进行研究。

5.5.2.1　0.1PV 时各单层的驱油效果

当 $V_k=0.5$、注入段塞为 0.1PV 时可得到模拟层单层采收率及提高的采收率，用此值比上全区采收率及提高的采收率得到各模拟单层的采收率贡献值，如图 5-60 所示。结果表明，各模拟层对水驱采收率和聚合物驱最终采收率的贡献值均随模拟层渗透率的增大而呈线性增加。且在两种驱油方法中，各模拟层对全区的贡献值基本一致，均为第 1 模拟层 60％左右、第 2 模拟层 70％左右、第 3 模拟层 80％左右、第 4 模拟层 90％左右、第 5 模拟层 100％左右、第 6 模拟层 120％左右、第 7 模拟层 140％左右。但单层对全区提高的采收率贡献值却相差很多，其曲线随渗透率的增加呈抛物线状变化。第 4 模拟层、第 5 模拟层贡献最大为 149.56％及 155.48％，其次是第 6 模拟层的 128.57％、第 3 模拟层的 98.53％、第 7 模拟层的 61.21％和第 2 模拟层的 60.10％，最小的是第 1 模拟层的 38.56％。对比上述数据可知，在水驱结束后依靠聚合物驱提高的采收率主要是靠渗透率适中的层位提供，而渗透率大与渗透率小的层位提供的非常小。为分析造成上述结果的原因，特分析各模拟层聚合物进入量和剩余油饱和度变化规律，如图 5-61 所示。

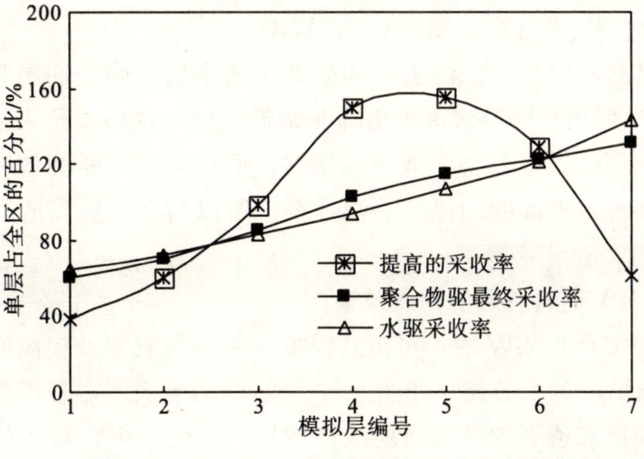

图 5-60　0.1PV 时，各模拟层采收率及提高的采收率占全区的百分比

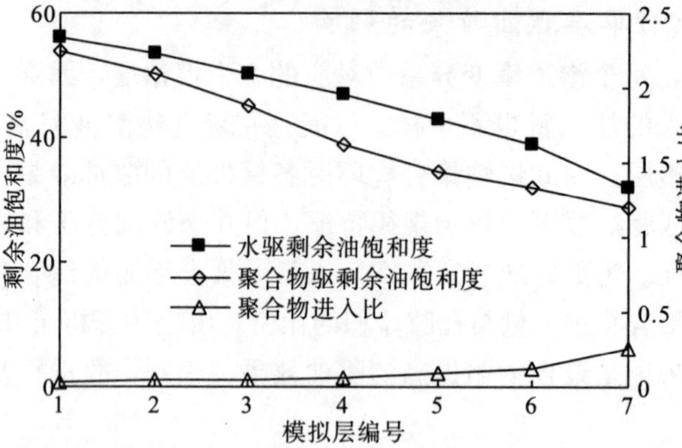

图 5-61　0.1PV 时，各模拟层水驱、聚合物驱后剩余油饱和度及聚合物进入比

由图 5-60、5-61 可知，水驱及注入段塞为 0.1PV 的聚合物驱结束时，各模拟层剩余油饱和度在越高的渗透率层越低，而聚合物溶液在渗透率越高的层位进入越多。第 1 模拟层由水驱剩余油饱和度的 55.89%降至 53.83%，扩大的波及效率不理想，聚合物进量非常低，仅为岩石孔隙体积的 0.031 倍。第 2 模拟层剩余油饱和度从 53.40%降至 50.19%，扩大波及效率的作用不明显，聚合物进量依然非常低为岩石孔隙体积的 0.037 倍。第 3 模拟层剩余油饱和度从 50.21%降至 44.94%，小幅度的扩大了波及体积，聚合物进入量小幅度增加至岩石孔隙体积的 0.049 倍。第 4 模拟层剩余油饱和度从 46.87%降至 38.87%，较大幅度扩大了油层的波及体积，聚合物溶液进入量进一步增加至岩石孔隙体积的 0.064 倍。第 5 模拟层剩余油饱和度从 42.91%降至 34.59%，较大幅度扩大了油层波及体积，聚合物进入量增加为岩石孔隙体积的 0.085 倍。第 6 模拟层剩余油饱和度从 38.82%降至 31.95%，小幅度地扩大了波及体积，聚合物进入量继续增大为岩石孔隙体积的 0.119 倍。第 7 模拟层剩余油饱和度的 32.04%降至 28.77%，扩大波及体积的作用很小，聚合物溶液的进入量快速增加为岩石孔隙体积的 0.261 倍(具体变化情况如文后彩图 36～彩图 58)。

所以经过上述分析可知，低渗透率和中低渗透率层位剩余油饱和度虽然高，但在注入段塞为 0.1PV 时聚合物溶液进入量却非常低，导致这些层位未能被动用，驱油效果差。而高渗透率层位虽聚合物溶液进入量多，但在水驱时驱油效率已经很高，剩余油饱和度低，也不能再大幅度的提高驱油效率。所以对全区提高的采收率主要是依靠中渗透率层和中高渗透率层。

5.5.2.2　0.2PV 时各单层的驱油效果

当注入段塞增加至 0.2PV 时，可得到模拟层单层采收率及提高的采收率各占全区采收率及提高的采收率的百分比，如图 5-62 所示。结果表明，各模拟层对全区水驱采收率贡献值随模拟层渗透率的增大而呈线性增加；对全区聚合物驱的最终采收率贡献值却随模拟层渗透率的增加而增加，但增加到第 4 模拟层时，渗透率继续增加，模拟层贡献值却保持不变。而单层对全区提高的采收率贡献值随渗透率的增加呈抛物线状变化。在第 3 模拟层、第 4 模拟层贡献最大，分别为 139.49%和 135.87%，其次是贡献 117.94%的第 5 模拟层、105.32%的第 2 模拟层、92.41%的第 6 模拟层和 80.61%

的第 1 模拟层，贡献最小的依然是第 7 模拟层为 37.43%。由此可知，即便段塞注入量增加至 0.2PV，提高的采收率依然主要是靠渗透率适中的层位提供，其原因如图 5-63 所示。

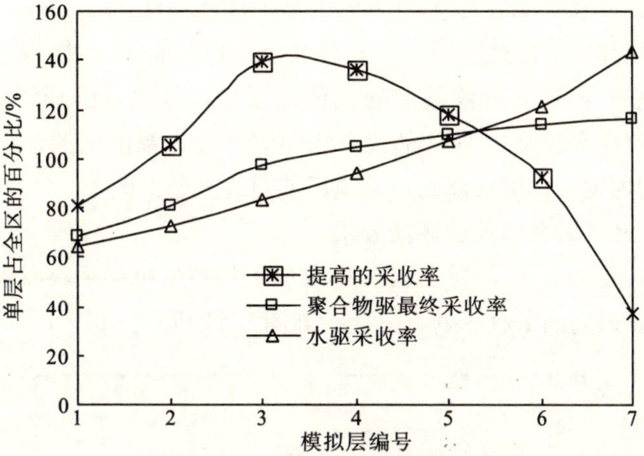

图 5-62　0.2PV 时，各模拟层采收率及提高的采收率占全区的百分比

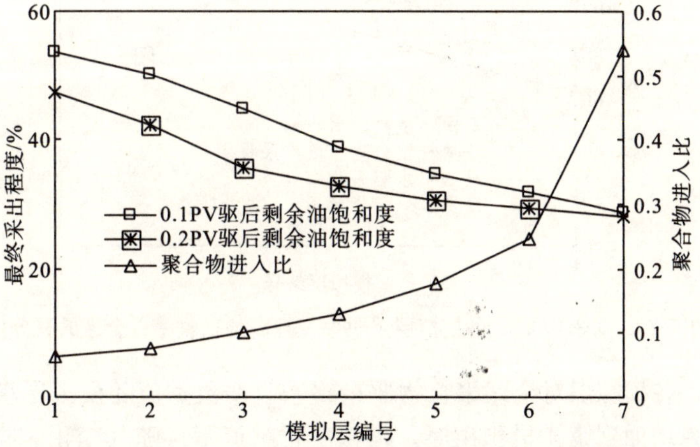

图 5-63　各模拟层聚合物驱后剩余油饱和度及聚合物进入比

当注入段塞从 0.1PV 增加至 0.2PV 后，各模拟层的剩余油饱和度继续降低，聚合物的进入量依然是渗透率越高的层位进入的越多，聚合物驱驱油效果提高。第 1 模拟层剩余油饱和度从 53.83%降至 47.51%，降低了 6 百分点，较小幅度地扩大了波及体积，聚合物进量低为岩石孔隙体积的 0.062 倍。第 2 模拟层剩余油饱和度从 50.19%降至 42.45%，降低了约 8 百分点，较大幅度地扩大了波及体积，聚合物进量比第 1 模拟层略多为岩石孔隙体积的 0.077 倍。第 3 模拟层剩余油饱和度从 44.94%降至 35.69%，降低了约 9 百分点，较大幅度地扩大了波及体积，聚合物进量增加为岩石孔隙体积的 0.100 倍。第 4 模拟层剩余油饱和度从 38.87%降至 32.73%，值降低了约 6 百分点，较小幅度的扩大了波及体积，聚合物进量进一步增加为岩石孔隙体积的 0.130 倍。第 5 模拟层剩余油饱和度从 34.59%降至 30.64%，降低的百分点更小只有约 4%，聚合物进量增加为岩石孔隙体积的 0.175 倍。第 6 模拟层剩余油饱和度从 31.95%降至

29.21%，只降低了约2百分点，聚合物进量高为岩石孔隙体积的0.245倍。第7模拟层剩余油饱和度从28.77%降至28.15%，基本上未见降低，聚合物进量却多为岩石孔隙体积的0.538倍(具体变化情况如文后彩图59~彩图74)。

由此可知，在段塞0.1PV的基础上继续增加注入段塞至0.2PV，全区提高的采收率依靠中渗透率层和中低渗透率层，主要是因为0.2PV的聚合物溶液虽然比0.1PV时进入中低渗透层多，但进入低渗透层的量依然很少，导致低渗透层驱油效果不理想。而渗透率高的层位在水驱及0.1PV的聚合物驱时已经大幅度出油，剩余油饱和度只有28.77%，即便增加聚合物溶液注入量，也不能再提高驱油效率。

5.5.2.3 0.3PV时各单层的驱油效果

当注入段塞从0.2PV增加到0.3PV时，得到模拟层单层采收率及提高的采收率分别占全区采收率及提高的采收率的百分比，如图5-64所示。

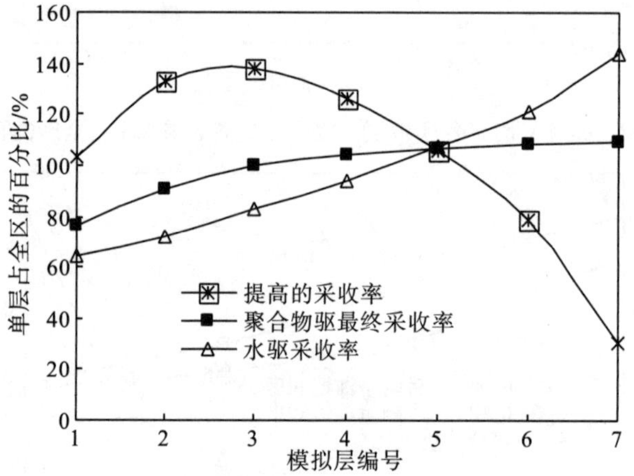

图5-64 0.3PV时，各模拟层采收率及提高的采收率占全区的百分比

结果表明，各模拟层对全区聚合物驱最终采收率贡献值随模拟层渗透率的增加而增加，当渗透率增加到第4模拟层时，模拟层贡献值不再随其变化。同样的，单层对全区提高的采收率贡献值仍然随渗透率的增加呈开口向下的抛物线状变化。而贡献最大是第2模拟层、第3模拟层，分别为133.20%和138.09%，其次是贡献为126.32%的第4模拟层、105.49%的第5模拟层、103.58%的第1模拟层和79.12%的第6模拟层，贡献最小的依然是第7模拟层为30.67%。由此可知，当段塞注入量增加至0.3PV时，渗透率较低的层位开始作用，但渗透率更低的第1模拟层依然效果不大。为此，继续分析聚合物进入量和聚合物驱后剩余油饱和度变化图，如图5-65所示。

当注入段塞从0.2PV增加至0.3PV后，各模拟层的剩余油饱和度继续降低，而聚合物的进入量依然是渗透率越高的层位进入的越多。第1模拟层剩余油饱和度从47.51%降至42.39%，只降低了约5%，聚合物进量低，为岩石孔隙体积的0.096倍。第2模拟层剩余油饱和度从42.45%降至36.03%，降低了约6%，聚合物进量增加为岩石孔隙体积的0.120倍。第3模拟层剩余油饱和度从35.69%降至32.20%，降低了约3%，聚合物进量增加为岩石孔隙体积的0.157倍。第4模拟层剩余油饱和度从

32.73%降至 30.40%，降低了 2%，聚合物进量增加为岩石孔隙体积的 0.20 倍。第 5 模拟层剩余油饱和度从 30.64%降至 29.16%，仅仅降低了约 1%，聚合物进量增加为岩石孔隙体积的 0.275 倍。第 6 模拟层剩余油饱和度从 29.21%降至 28.51%，只降低了约 0.7%，聚合物进量增加为岩石孔隙体积的 0.381 倍。第 7 模拟层剩余油饱和度从 28.15%降至 28.05%，基本上未变化，聚合物进量增加为岩石孔隙体积的 0.751 倍(具体变化情况如文后彩图 75～彩图 90)。

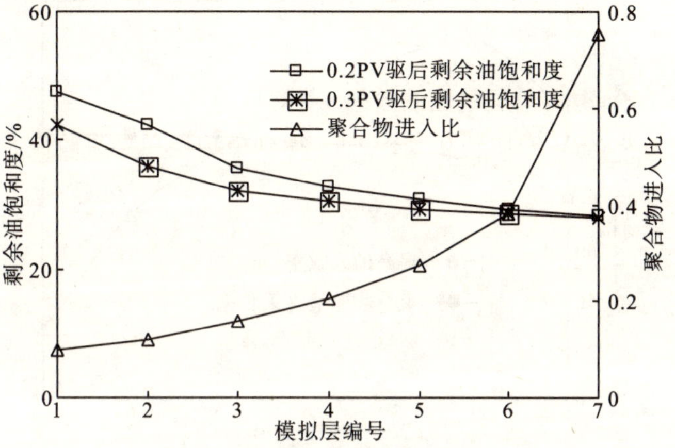

图 5-65　各模拟层聚合物驱后剩余油饱和度及聚合物进入比

所以经过上述分析可知，当注入段塞增加到 0.3PV 时，虽然聚合物溶液注入量增加但对全区提高的采收率贡献最大依然为中低渗透率的第 2 模拟层、第 3 模拟层，最低的依然是中高渗透率的第 6 模拟层、第 7 模拟层和低渗透率的第 1 模拟层。造成此的主要原因依然是 0.3PV 的聚合物溶液进入的依然是中低渗透率层，并不能有效地进入低渗透层。

5.5.2.4　0.4PV 时各单层的驱油效果

当注入段塞增加到 0.4PV 时，得到各模拟层单层采收率及提高的采收率分别占全区采收率的百分比，如图 5-66 所示。其结果表明，各模拟层对全区聚合物驱最终采收率贡献值随模拟层渗透率的增加而增加，当渗透率增加到第 4 模拟层时，模拟层贡献值不再随其变化。而单层对全区提高的采收率贡献值随渗透率的增加呈开口向下的抛物线状变化。贡献最大依然是第 2 模拟层、第 3 模拟层，分别为 143.10%和 137.20%，其次是贡献为 122.12%的第 4 模拟层、114.71%的第 1 模拟层、99.83%的第 5 模拟层和 73.70%的第 6 模拟层，贡献最小的依然是第 7 模拟层为 28.34%。由此可知，当段塞注入量增加至 0.4PV 时，虽然对全区提高采收率贡献最大的依然是中低渗透率层，但低渗透率模拟层 1 开始受其作用。为此，分析聚合物进入量和聚合物驱后剩余油饱和度变化图，如图 5-67 所示。

由图 5-66、5-67 可知，当注入段塞从 0.3PV 增加至 0.4PV 后，第 1 模拟层剩余油饱和度从 42.39%降至 39.60%，降低了约 3%，聚合物进量低，为岩石孔隙体积的 0.134 倍。第 2 模拟层剩余油饱和度从 36.03%降至 33.07%，也降低了约 3%，聚合物进量为岩石孔隙体积的 0.168 倍。第 3 模拟层剩余油饱和度从 32.20%降至 30.71%，仅降低了约 2%，聚合物进量为岩石孔隙体积的 0.219 倍。第 4 模拟层剩余油饱和度从 30.40%降 29.48%，降低了约 0.8%，聚合物进量为岩石孔隙体积的 0.284 倍。第 5 模拟层、第 6 模拟层和第 7 模拟层剩余油饱和度基本不变，但其聚合物溶液进入量却在增加，分别增加为岩石孔隙体积的 0.383 倍、0.525 倍、的 0.933 倍(具体变化情况如文后彩图 91～彩图 106)。

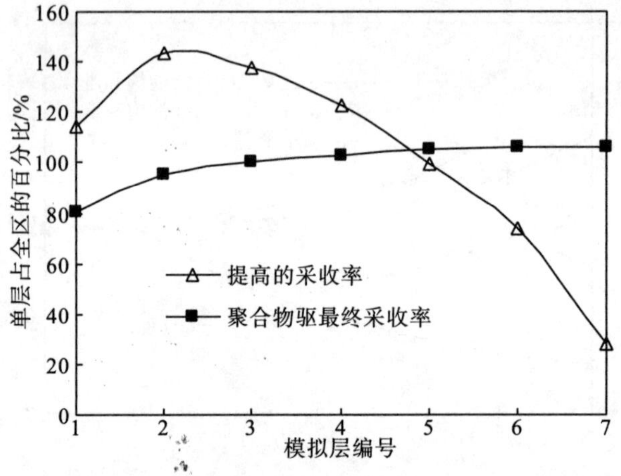

图 5-66　0.4PV 时，各模拟层采收率及提高的采收率占全区的百分比

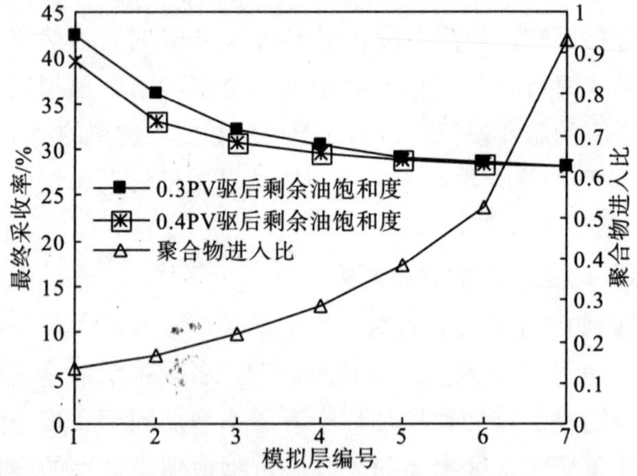

图 5-67　各模拟层聚合物驱后剩余油饱和度及聚合物进入比

所以当注入段塞继续增加到 0.4PV 时，聚合物溶液注入量增加，而对全区提高的采收率贡献最大为中低渗透率的第 2 模拟层、第 3 模拟层和中渗透率的第 4 模拟层，其次是低渗透率的第 1 模拟层，最低的依然是高渗透率的第 7 模拟层。这是因为段塞注入量增加到 0.4PV 时，聚合物溶液已经能有效地进入到低渗透率层进行驱油。

5.5.2.5　0.5PV 时各单层的驱油效果

继续增加注入段塞从 0.4PV 到 0.5PV 时，得到各模拟层单层采收率及提高的采收率分别占全区采收率的百分比，如图 5-68 所示。各模拟层对全区聚合物驱最终采收率贡献值也随模拟层渗透率的增加而增加，但当渗透率增加到第 3 模拟层时，模拟层贡献值随基本保持不变。而单层对全区提高的采收率贡献值最大的依然是第 2 模拟层、第 3 模拟层，分别为 146.08%和 135.95%，其次是第 1 模拟层贡献值为 124.55%、第 4 模拟层的 119.41%、第 5 模拟层的 96.39%和第 6 模拟层的 71.29%，贡献最小的依然是第 7 模拟层为 27.20%。所以此时对全区提高采收率贡献最大的依然是中低渗透率层，但低渗透率模拟层 1 对全区采收率的贡献值大大增加，仅次于第 2 和第 3 模拟层。反而中高渗透率的第 5 模拟层、第 6 模拟层的贡献值再大幅度的降低。此时可得到聚合物进入量和聚合物驱后剩余油饱和度变化图，如图 5-69 所示。

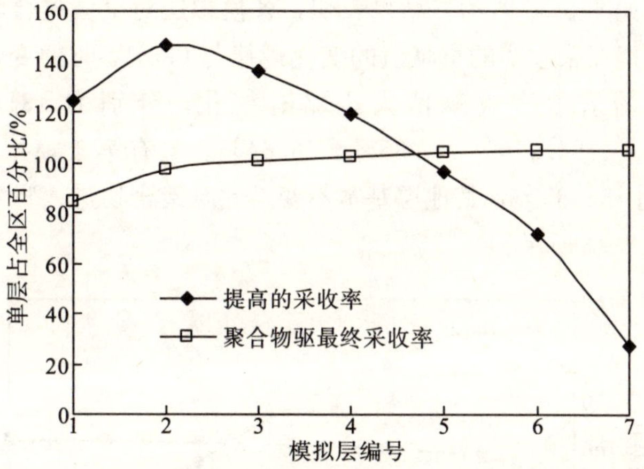

图 5-68　0.5PV 时，各模拟层采收率及提高的采收率占全区的百分比

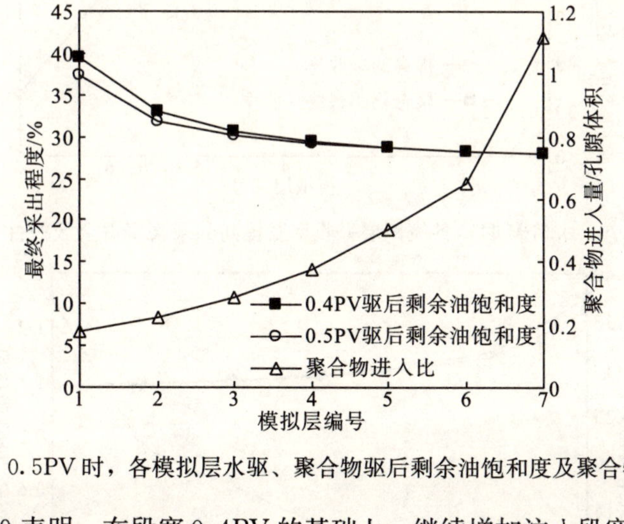

图 5-69　0.5PV 时，各模拟层水驱、聚合物驱后剩余油饱和度及聚合物进入比

图 5-68、5-69 表明，在段塞 0.4PV 的基础上，继续增加注入段塞到 0.5PV 进行聚合物驱后，各模拟层的剩余油饱和度依然随渗透率的增加依次递减，但相比 0.4PV 时下降幅度很小，基本保持不变。但相比 0.4PV，聚合物进入量随模拟层渗透率的增加而增加的量加大。此时，第 1 模拟层剩余油饱和度从 39.60%降至 37.42%，仅下降了约 2.2 百分点，聚合物进量为岩石孔隙体积的 0.178 倍。第 2 模拟层剩余油饱和度从 33.07%降至 31.73%，仅下降 1.5 百分点，聚合物进量为岩石孔隙体积的 0.222 倍。第 3 模拟层、第 4 模拟层、第 5 模拟层、第 6 模拟层、第 7 模拟层剩余油饱和度基本未

下降，聚合物进量分别为岩石孔隙体积的 0.289 倍、0.375 倍、0.503 倍、0.653 倍和 1.1 倍(具体变化情况如文后彩图 107~图 122)。

所以经过上述分析可知，当注入段塞增加到 0.5PV 后，低渗透率的第 1 模拟层开始大幅度的影响全区采收率，这说明此时的注入段塞量能有效的进入低渗透率层。但注入量的增加对中高渗透率层和高渗透率层影响很小。

5.5.2.6　0.6PV 时各单层的驱油效果

增加注入段塞到 0.6PV 时，得到各模拟层单层采收率及提高的采收率分别占全区采收率的百分比，如图 5-70 所示。结果表明，各模拟层对全区聚合物驱最终采收率贡献值和单层对全区提高采收率的贡献值的变化规律与 0.5PV 时的变化规律一致。只是单层对全区提高的采收率贡献值大小略有变化，分别为 131.26%、147.20%、134.80%、117.59%、94.99%、70.35%、26.64%。唯有第 1 模拟层有较大的变化，从 124.55%增加到 134.80%，其他层基本不变。此时聚合物进入量和聚合物驱后剩余油饱和度变化如图 5-71 所示。

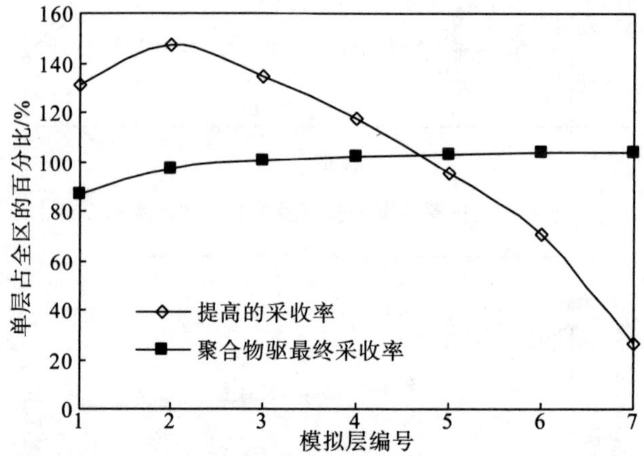

图 5-70　0.6PV 时，各模拟层采收率及提高的采收率占全区的百分比

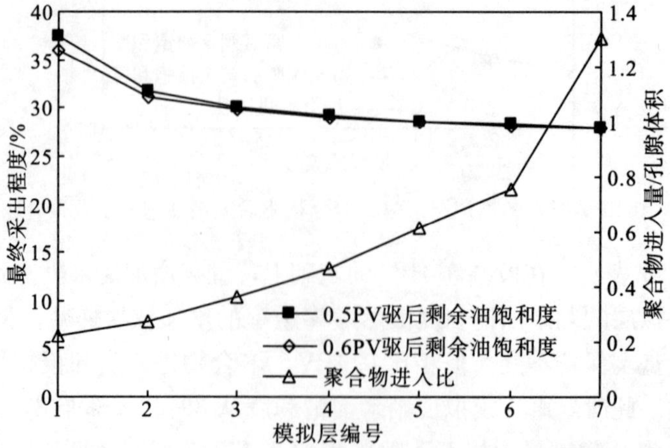

图 5-71　0.6PV 时，各模拟层水驱、聚合物驱后剩余油饱和度及聚合物进入比

由图 5-70、5-71 可知，注入段塞为 0.6PV 的聚合物驱各模拟层的剩余油饱和度与

0.5PV 时相一致，只在第 1 模拟层有微小差别从 37.42%降低到 36.00%。但聚合物进入量依然随段塞注入量的增加而增加，分别为岩石孔隙体积的 0.222 倍、0.277 倍、0.361 倍、0.468 倍、0.617 倍、0.756 倍和 1.304 倍(各模拟层具体变化情况如文后彩图 123～彩图 138)。所以，当注入段塞增加到 0.6PV 后，相比注入段塞为 0.5PV 时，仅有低渗透率的第 1 模拟层对全区采收率的贡献值有小幅度变化。这说明随段塞注入量的增加，进入单层的聚合物溶液增加，但聚合物驱的驱油效果提高很小。

5.5.2.7　0.7PV 时各单层的驱油效果

从上节可知，当注入段塞为 0.6PV 时，各模拟层对全区聚合物驱最终采收率贡献值随模拟层渗透率的增加而增加，但当渗透率增加到第 3 模拟层后，各单层贡献值基本一致。而继续增加聚合物溶液段塞到 0.7PV，其单层贡献值也呈上述变化趋势。而对于提高的采收率，各模拟层贡献值最大的依然是第 2 模拟层为 146.81%，其次却是第 1 模拟层的 135.67%、第 3 模拟层的 133.34%、第 4 模拟层的 116.37%、第 5 模拟层的 94.37%和第 6 模拟层的 69.52%，最差的还是 26.17%的第 7 模拟层(如图 5-72)。上述数据表明，在聚合物溶液段塞为 0.6PV 的基础上增加段塞量，除了第 1 模拟层对全区的贡献值增加，其他模拟层均小幅度地减小。此时分析聚合物进入量和聚合物驱后剩余油饱和度变化图，如图 5-73 所示。

图 5-72、5-73 表明，当聚合物溶液段塞从 0.6PV 增加至 0.7PV 时，各模拟层的剩余油饱和度基本保持不变，只在第 1 模拟层有微小差别，从 36.00%降低到 34.97%。但聚合物进入量继续增加，分别为岩石孔隙体积的 0.269 倍、0.336 倍、0.438 倍、0.566 倍、0.707 倍、0.853 倍和 1.504 倍(各模拟层具体变化情况如文后彩图 139～彩图 154)。所以，在聚合物溶液段塞为 0.6PV 的基础上增加段塞量仅有低渗透率的第 1 模拟层对全区采收率的贡献值有小幅度增加，而各模拟层的聚合物溶液进入量却大幅度增加。

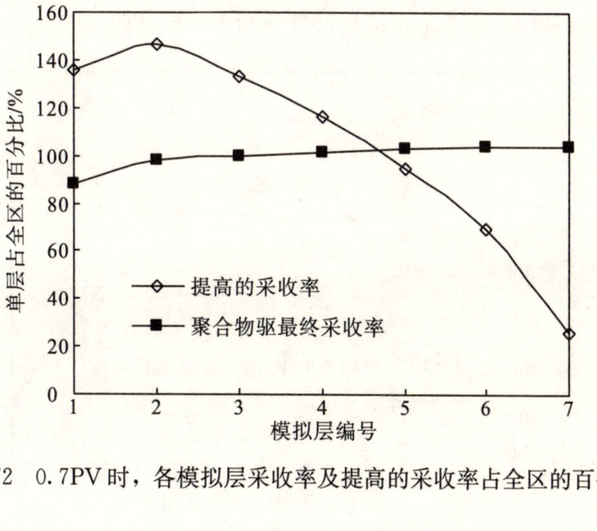

图 5-72　0.7PV 时，各模拟层采收率及提高的采收率占全区的百分比

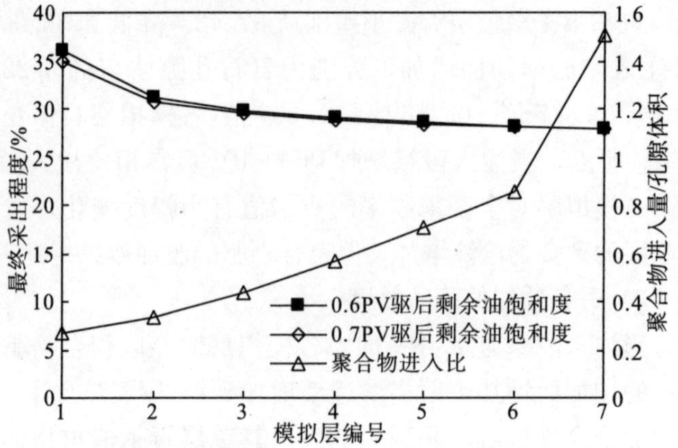

图 5-73 0.7PV 时，各模拟层水驱、聚合物驱后剩余油饱和度及聚合物进入比

5.5.2.8 0.8PV 时各单层的驱油效果

从图 5-74 可知，增加注入段塞到 0.8PV 时，得到的各模拟层单层采收率及提高的采收率分别占全区采收率的百分比变化规律与 0.7PV 时一致，均为渗透率越大的模拟层，其最终采收率越高，提高的采收率却越低。而各模拟层对全区提高的采收率贡献率依次为 139.97%、146.12%、132.46%、116.04%、93.72%、68.73%、25.78%。对比聚合物溶液段塞为 0.7PV 时的驱油效果，除了第 1 模拟层对全区的贡献值有所增加，其他模拟层均小幅度的减小。此时分析聚合物进入量和聚合物驱后剩余油饱和度变化图，如图 5-75 所示。

图 5-75 表明，当聚合物溶液段塞从 0.7PV 增加至 0.8PV，各模拟层的剩余油饱和度只在第 1 模拟层有微小差别，其他模拟层基本保持不变。但聚合物进入量继续增加，分别从岩石孔隙体积的 0.269 倍增至 0.321、0.336 倍增至 0.401、0.438 倍增至 0.522、0.566 倍增至 0.655、0.707 倍增至 0.791、0.853 倍增至 0.952 和 1.504 倍增至 1.725(各模拟层具体变化情况如文后彩图 155～彩图 170)。

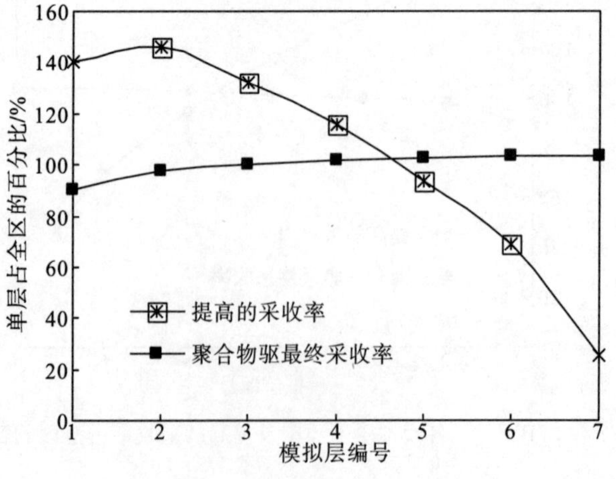

图 5-74 0.8PV 时，各模拟层采收率及提高的采收率占全区的百分比

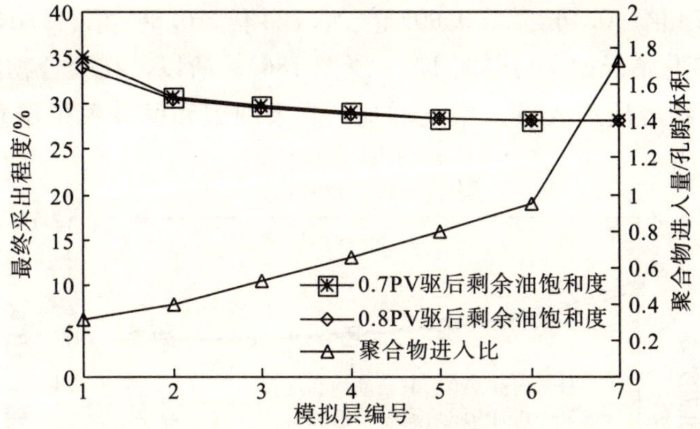

图 5-75　0.8PV 时，各模拟层水驱、聚合物驱后剩余油饱和度及聚合物进入比

所以，在聚合物溶液段塞增加至 0.8PV 时，只有聚合物溶液进入量大幅度增加，剩余油饱和度及模拟层贡献率基本保持不变。

5.5.2.9　0.9PV 时各单层的驱油效果

图 5-76 为增加注入段塞到 0.9PV 时得到的各模拟层单层采收率及提高的采收率占全区采收率的百分比变化规律图。渗透率越大的模拟层对全区最终采收率贡献率越高，但当渗透率增加至第 3 模拟层渗透率后，继续增加渗透率，单层贡献率变化很小。而各模拟层对全区提高的采收率贡献率随渗透率的增加而减小，分别为 144.72%、145.32%、131.86%、115.54%、92.73%、67.76%、25.36%。依然保持第 1 模拟层贡献率小幅度增加，其他模拟层贡献率小幅度减少的变化趋势。

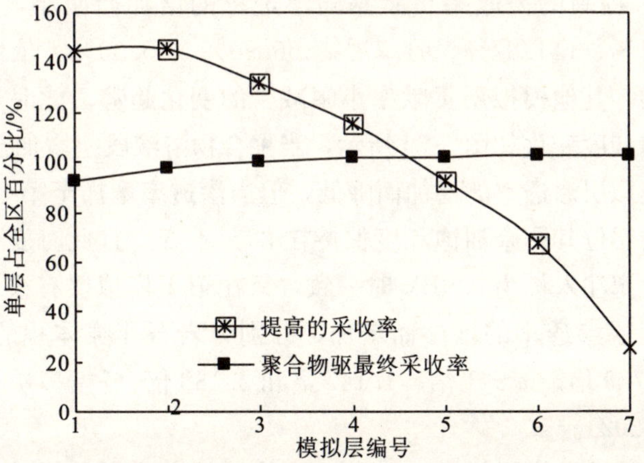

图 5-76　0.9PV 时，各模拟层采收率及提高的采收率占全区的百分比

此时聚合物进入量和聚合物驱后剩余油饱和度变化如图 5-77 所示。当聚合物溶液段塞增加至 0.9PV 时，模拟层剩余油饱和度随模拟层渗透率的增加而降低，但当渗透率增加至第 3 模拟层渗透率后，渗透率继续增加的层位其剩余油饱和度保持在 28%不变。此时变化规律和各模拟层剩余油饱和度与段塞注入量为 0.8PV 时一致，只在第 1 模拟层有很小差别。而聚合物进入量继续随模拟层渗透率的增加而增加，分别为岩石

孔隙体积的 0.373 倍、0.466 倍、0.603 倍、0.724 倍、0.867 倍、1.048 倍和 1.950 倍(各模拟层具体变化情况如文后彩图 171～彩图 186)。所以，在聚合物溶液段塞增加至 0.9PV 时，聚合物溶液进入量大幅度增加，剩余油饱和度及模拟层贡献率基本保持不变。

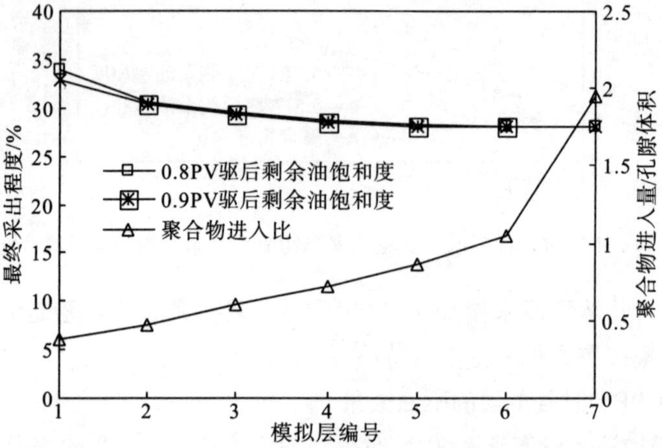

图 5-77　0.9PV 时，各模拟层水驱、聚合物驱后剩余油饱和度及聚合物进入比

5.5.2.10　1PV 时各单层的驱油效果

图 5-78 为增加注入段塞到 1PV 时，得到的各模拟层单层采收率及提高的采收率分别占全区采收率的百分比变化规律。渗透率越大的模拟层对全区最终采收率贡献率越高，但当渗透率增加至第 3 模拟层渗透率后，继续增加渗透率，单层贡献率变化很小。而各模拟层对全区提高的采收率贡献率随渗透率的增加而减小，分别为 148.31%、144.87%、132.01%、114.87%、91.77%、66.90%、25.00%，依然保持第 1 模拟层贡献率小幅度增加，其他模拟层贡献率小幅减少的变化趋势。此时聚合物进入量和聚合物驱后剩余油饱和度变化如图 5-79 所示，当聚合物溶液段塞增加至 1PV 时，模拟层剩余油饱和度随模拟层渗透率的增加而降低，但当渗透率增加至第 3 模拟层渗透率后，渗透率继续增加的层位其剩余油饱和度保持在 28%不变。且此时变化规律和各模拟层剩余油饱和度与段塞注入量为 0.9PV 时一致，只在第 1 模拟层有很小差别。而聚合物进入量继续随模拟层渗透率的增加而增加，分别为岩石孔隙体积的 0.427 倍、0.532 倍、0.669 倍、0.789 倍、0.941 倍、1.147 倍和 2.188 倍(各模拟层具体变化情况如文后彩图 187～彩图 202)。

所以在聚合物溶液段塞增加至 1PV 时，聚合物溶液进入量依然大幅度增加，但剩余油饱和度及模拟层贡献率还是保持不变。

根据上述分析可以得到各模拟层对全区提高的采收率贡献率随不同聚合物溶液段塞的变化规律，如表 5-11 和图 5-80 所示。结果表明，当聚合物溶液段塞从 0.1PV 增加至 1PV 时，第 1 模拟层贡献率随段塞注入量的增加而增加；第 2 模拟层贡献率随段塞注入量的增加而增加，但当注入量增加至 0.5PV 后，继续增加段塞量，此模拟层的贡献率保持在 145%左右不变；第 3 模拟层、第 4 模拟层和第 5 模拟层贡献率均随注入量的增加先增加后降低再保持不变，在 0.2PV 时保持达到最大，在 0.4PV 后基本保持不变；第 6 模拟层贡献率随注入量的增加而快速减小，在 0.3PV 后减小幅度变小基本保持不变；第 7 模拟层贡献率随注入量的增加先快速减小后在 0.5PV 时保持在 25% 不变。

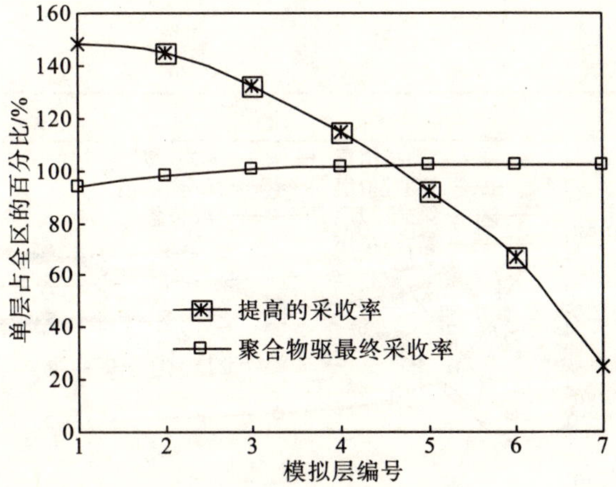

图 5-78　1PV 时，各模拟层采收率及提高的采收率占全区的百分比

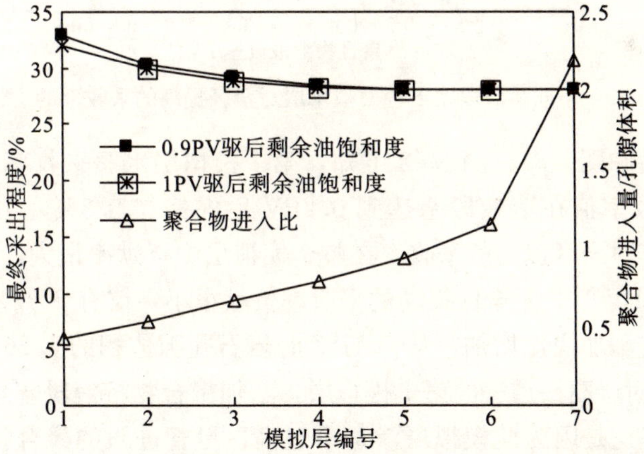

图 5-79　1PV 时，各模拟层水驱、聚合物驱后剩余油饱和度及聚合物进入比

表 5-11　不同聚合物溶液段塞下，各模拟单层对全区提高的采收率的贡献率

溶液段塞/PV	第 1 模拟层/%	第 2 模拟层/%	第 3 模拟层/%	第 4 模拟层/%	第 5 模拟层/%	第 6 模拟层/%	第 7 模拟层/%
0.0	64.00	72.30	82.94	94.07	107.29	120.93	143.54
0.1	60.15	70.45	85.30	102.48	114.59	122.09	131.07
0.2	80.62	105.33	139.50	135.88	117.94	92.42	37.43
0.3	103.59	133.21	138.09	126.33	105.49	79.12	30.68
0.4	114.71	143.11	137.20	122.42	99.83	73.71	28.34
0.5	124.56	146.08	135.96	119.42	96.40	71.30	27.21
0.6	131.26	147.21	134.81	117.60	95.00	70.36	26.64

续表

溶液段塞/PV	第 1 模拟层/%	第 2 模拟层/%	第 3 模拟层/%	第 4 模拟层/%	第 5 模拟层/%	第 6 模拟层/%	第 7 模拟层/%
0.7	135.68	146.81	133.34	116.38	94.38	69.53	26.17
0.8	139.98	146.13	132.46	116.05	93.72	68.73	25.78
0.9	144.73	145.33	131.86	115.54	92.73	67.77	25.37
1.0	148.32	144.87	132.01	114.87	91.78	66.91	25.01

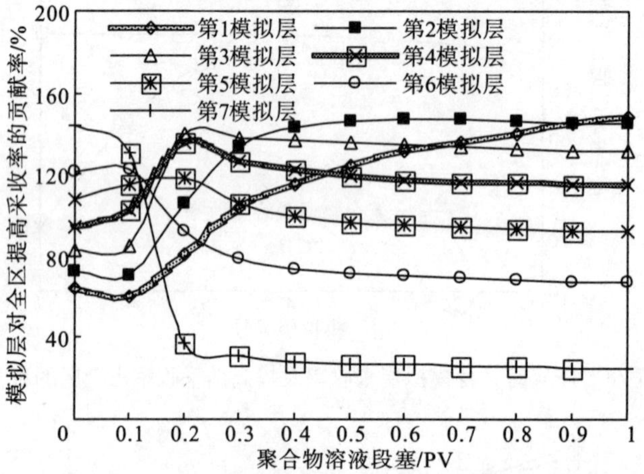

图 5-80　不同溶液段塞下各模拟单层对全区提高的采收率的贡献率

结合上述分析和图 5-81、图 5-82 可知，第 7 模拟层水驱采收率 57.32%，聚合物驱时其提高的采收率值在溶液段塞达到 0.2PV 后保持在 5.3%左右不变。当注入段塞<0.2PV 时，其对全区提高的采收率在整个模拟层中贡献率最大，为 130%～150%，但当注入段塞 0.2PV 时，对全区提高的采收率贡献很小，仅有 25%左右。而聚合物进入量却随注入量的增加快速增加，从 0.1PV 时岩石孔隙体积的 0.26 倍增加至 1PV 时的 2.19 倍。所以对于高渗透率的第 7 模拟层，增加聚合物溶液段塞量不能有效的提高聚合物驱油效率。这是因为此模拟层渗透率过高，尽管进入的聚合物溶液量多，并随注入段塞的增加不断增加。但其含水率在水驱时已高达 99.64%，水淹程度非常高，故后续进行的聚合物驱驱油效果并不好。

第 6 模拟层在水驱时采收率为 48.29%，比第 7 模拟层低 9.03%，而聚合物驱时提高的采收率随注入量的增加而增加，当溶液段塞达到 0.3PV 后保持在 14%不变。同时其对全区提高采收率的贡献值在注入量小于 0.2PV 时高，为 100%～120%，对全区提高的采收率有较大影响，但当注入量大于 0.2PV 后对全区贡献值小于 100%。虽然聚合物进入量也如高渗透第 7 模拟层随注入量的增加呈线性增加，但其在水驱时含水率已达 98.33%，达到含水经济极限，故聚合物驱提高的驱油效率较低。第 6 模拟层渗透率虽小于第 7 模拟层，但渗透率依然偏高，所以进行聚合物驱虽在一定程度能提高驱油效率，但并不能依靠聚合物溶液段塞的增加来进一步提高采收率。

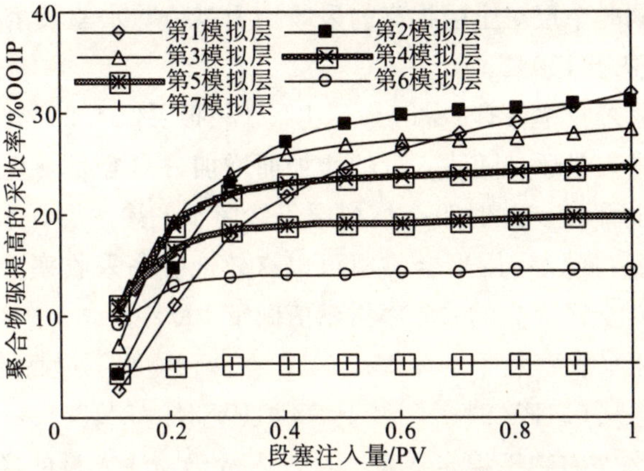

图 5-81　$V_k=0.5$ 时各单层聚合物驱提高的采收率

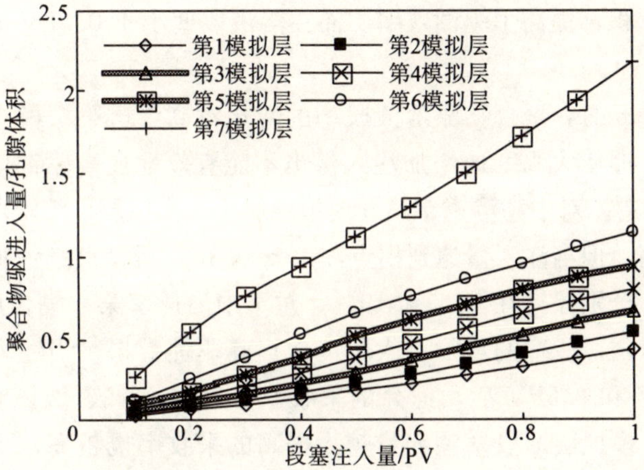

图 5-82　$V_k=0.5$ 时各单层聚合物进入量

第5模拟层水驱采收率42.84%，比第6模拟层低5.45%，聚合物驱时提高的采收率随注入量的增加而增加，在溶液段塞达到0.4PV后保持在19%不变。其对全区提高采收率的贡献值在溶液段塞<0.4PV时为100%~120%，在溶液段塞大于0.4PV时小于100%，而聚合物进入量也随注入量的增加而增加。因在水驱时含水率为96.55%，虽低于含水经济极限但也是高含水，所以通过聚合物驱来提高驱油效率的效果一般。

第4模拟层水驱采收率为37.56%，比第5模拟层低5.28%。聚合物驱时，提高的采收率及聚合物溶液均随注入量的增加而增加，但其提高的采收率在溶液段塞达到0.4PV后保持在23%左右不变。此模拟层对全区提高采收率的贡献值只有94.23%(水驱)，低于100%，而在聚合物驱时均高于100%。因水驱含水率为94.23%，有较大空间进行聚合物驱而其渗透率也适中，所以聚合物驱提高的驱油效率大。

第3模拟层水驱采收率33.12%，只比第4模拟层低4.42%。聚合物驱提高的采收率随注入量的增加而增加，溶液段塞达到0.5PV后在27%保持不变。聚合物进入量也如上述模拟层一样随注入量的增加呈线性增加，增加幅度小于第4模拟层。模拟层属于中低渗透层，水驱采出程度偏低，含水率也只有91.49%，所以利用聚合物驱可以提高水驱驱油效率。同时单层对全区提高的采收率贡献值除水驱及溶液段塞为 0.1PV 时低于 90%，其他均高于 130%。

第 2 模拟层水驱采收率仅有 28.87%，比第 3 模拟层低 4.25%。聚合物驱提高的采收率及聚合物溶液进入量还是随注入量的增加而增加，当溶液段塞达到 0.6PV 后提高的采收率在 30%保持不变。此时第 2 模拟层仍然属于低渗透层，水驱采出程度低，含水率也只有 87.02%，所以利用聚合物驱可以有效地提高采收率。但在注入段塞小于 0.3PV 时，模拟层对全区提高的采收率贡献值低于 100%。

第 1 模拟层水驱采收率最低只有 25.56%，在聚合物驱下提高的采收率随着注入量的增加而快速增加，从 0.1PV 时 2.74%上升到 1PV 时的 31.90%，但在 0.8PV 后增加趋势减缓逐渐在 30%左右趋于稳定。聚合物进入量仍随注入量的增加呈线性增加，但增加幅度小。因此时模拟层渗透率非常低，含水率也仅有 81.70%，所以聚合物驱大幅度地扩大了波及体积，提高了驱油效率。而在溶液段塞小于 0.3PV 时，模拟层贡献率低于 100%。

所以当 $V_k=0.5$ 时，聚合物驱溶液段塞的变化对高渗透第 7 模拟层的聚合物驱油效果影响不明显，即使大幅度地增加注入量也不能有效地提高驱油效果，其提高的采收率只有 5.3%左右。对中高渗透率第 5 模拟层和第 6 模拟层，溶液段塞的增加可小幅度地提高驱油效率，但当注入量达到拐点注入量 0.3PV 后，继续增加段塞对扩大驱油效果的影响很小，分别保持在 14%和 19%。对于中渗透率第 4 模拟层、中低渗透第 3 模拟层和第 2 模拟层，段塞的增加可大幅度地提高驱油效果，当注入量达到拐点注入量 0.4PV、0.5PV 和 0.6PV 后，提高的采收率分别在 23%、27%和 30%保持不变。而对低渗透率第 1 模拟层，段塞注入量越大提高的采收率也越高，当注入量达到拐点注入量 0.8PV 后，增加注入量对驱油效果影响减小，提高的采收率保持在 30%不变。由此可知，当进行聚合物笼统注入时，各小层达到拐点注入量的溶液段塞不一样，随模拟层渗透率的增加而减小，但提高的采收率却随渗透率的增加而增加。所以聚合物溶液段塞的增加对提高中、中低和低渗透率模拟层的驱油效率有较好的效果。

5.5.3 油水黏度比对全区驱油效果的影响

油水黏度比是影响聚合物驱增油效果的关键参数。聚合物驱的主要增油机理在于增大驱替液黏度，通过提高油水黏度比提高原油采收率。对于正韵律油层，聚合物驱效果较好，但油层非均质程度不同时，聚合物驱提高采收率达到峰值时的油水黏度比也有所不同。而确定聚合物驱中合理油水黏度比有两种方法：①以当前原油和聚合物的价格来确定经济极限采收率增值，从而确定合理油水黏度比区间的下限；②对图中的曲线拟合出相应的多次函数，对函数求导，求得各个数据点切线的斜率。当油水黏度比增大到一定程度后，切线的斜率会明显变小并且随着油水黏度比的增大切线斜率相差不大，把切线斜率明显变小的点定为合理油水黏度比区间的上限。当原油黏度为 10mPa·s 时，根据上述方法确定出的合理油水黏度比为 1~4。

在渗透率变异系数为 0.5 的条件下，通过改变聚合物溶液的质量浓度来改变油水黏度比，在水驱至含水 90%后进行聚合物驱(注入段塞为 0.4PV)，得到的实验结果如

图 5-83 所示。

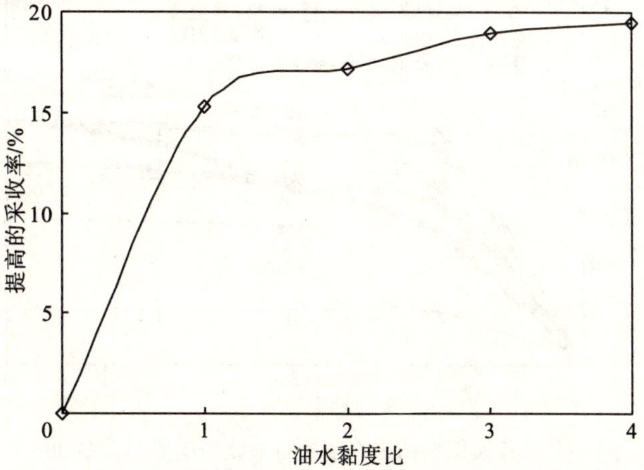

图 5-83　油水黏度比与采收率增值的关系曲线

由图 5-83 可知，在相同渗透率条件下，随着油水黏度比的增加，提高的采收率增加。当油水黏度比为 3 时，采收率的增加值趋于稳定。当油水黏度比从 1 倍增加到 3 倍时，聚合物驱提高的采收率从 15.26%增加到 18.95%；当油水黏度比从 3 倍增加到 4 倍时，提高的采收率从 18.95%增加到 19.44%，提高值很小。为此，可初步确定油水黏度比等于 3 时为聚合物驱全区最佳油水黏度比。对于指定油田来说，由于原油黏度为某一特定值，所以通过改变油水黏度比来改善聚合物驱油效果的主要途径依然是改变聚合物溶液的表观黏度。又因各模拟层层间差异，油水黏度比对各层的影响也有很大差异，为进一步深入研究特作以下分析。

5.5.4　油水黏度比对单层驱油效果的影响

图 5-84 是聚合物溶液段塞 0.4PV 时全区及各模拟层在不同油水黏度比下提高的采收率变化。结果表明，各模拟层提高的采收率随水油黏度的增加而增加，但各层增加幅度不同。第 1 模拟层、第 2 模拟层提高的采收率随油水黏度比的增加而快速增加，分别从油水黏度比为 1 时提高的 12.87%和 17.34%增加至油水黏度比为 4 时的 23.60%和 27.93%。第 3 模拟层、第 4 模拟层、第 5 模拟层及第 6 模拟层提高的采收率随黏度比的增加而小幅度的增加，每增加一倍黏度比，增加的采收率值在 0～2%。第 7 模拟层提高的采收率随黏度比的增加而增加地更缓慢，基本可视为保持在 5.3%不变。同时对比全区提高的采收率可知，不论油水黏度比如何改变，第 2 模拟层到第 5 模拟层提高的采收率均高于全区的；第 6 模拟层和第 7 模拟层却低于全区；而第 1 模拟层在油水黏度比小于 2 时，提高的采收率低于全区，油水黏度比大于 2 时，高于全区。数据结果表明，对于低渗透第 1 模拟层、中低渗透第 2 模拟通过增加油水黏度比可以大幅度提高采收率；中低渗透第 3 模拟层、中渗透第 4 模拟层、中高渗透第 5 模拟层和第 6 模拟层在油水黏度比小于 3 时，通过增大油水黏度比可小幅度提高采收率；而对于高渗透第 7 模拟层，增加油水黏度比对其提高采收率无效。

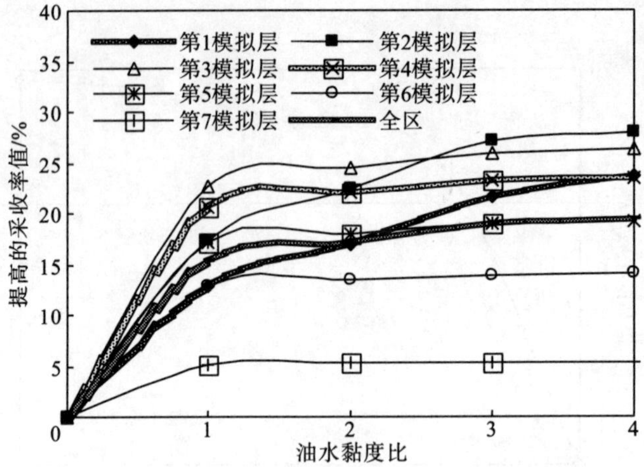

图 5-84　各模拟层油水黏度比与采收率增值的关系曲线

5.6　井网井距对聚合物驱油效果的影响

在聚合物驱提高采收率技术中，除了油层的渗透率变异系数、聚合物注入量和油水黏度比对驱油效果有直接影响外，油层砂体的分布状况和特点以及不同类型井网的控制程度对聚合物驱的驱油效果也有影响。因此，井网井距对聚合物驱驱油效果的影响是重要的研究内容。

5.6.1　不同井网对聚合物驱驱油效果的影响

根据第 4 章所述，选择 $V_k=0.575$ 的储层，在上述模型中改变注水井与油井数及其相对位置，在井距保持 220m 的基础上建立四点法、五点法、七点法、九点法、直列井网、斜列井网(井网命名以中心井为油井的方式命名)六种不同井网，模型如文后彩图 203～彩图 208。

其中四点法井网采用三注一采的排布方式，三口注水井呈等边三角形排布，生产井位于等边三角形中点处，日注入量 26.96m^3/d；五点法井网采用四注一采的排布方式，四口注水井呈正方形排布，生产井位于正方形中央，日注入量 17.378m^3/d；七点法井网采用六注一采的排布方式，六口注水井呈正六边形排布，生产井位于正六边形中央，日注入量 18.47m^3/d；九点法井网采用八注一采的排布方式，四口注水井分布在正方形顶角处，四口注水井分布在正方形中点处，一口生产井位于正方形中心处，日注入量 8.689m^3/d；直列法井网采用六注三采的排布方式，注水井与生产井均为直线排列，呈一排注水井一排生产井排列，日注入量 22.707m^3/d；斜列法井网采用六注三采的排布方式，注水井与生产井均为直线排列，呈一排注水井一排生产井排列，生产井在两口注水井之间，日注入量 18.588m^3/d。

5.6.1.1　不同井网对全区驱油效果的影响

本节在 $V_k=0.575$ 时分别计算四点法、五点法、七点法、九点法、直列法和斜列法六种不同井网的水驱驱油效果，并在全区含水达到 90%后注入不同段塞及不同油水黏度比的聚合物溶液进行聚合物驱，当全区含水 98%时停止。则不同井网、不同油水黏度比及不同段塞注入量情况下的全区最终采出程度如表 5-12～表 5-17 和图 5-85～图 5-90 所示。

表 5-12　四点法井网控制下不同油水黏度比与注入量对驱油效率的影响

注入量/PV	一倍		二倍		三倍		四倍	
	聚合物驱/%	提高的采收率/%	聚合物驱/%	提高的采收率/%	聚合物驱/%	提高的采收率/%	聚合物驱/%	提高的采收率/%
0.1	40.31	3.34	40.98	4.00	41.82	4.84	41.98	5.00
0.2	43.03	6.05	44.37	7.39	46.09	9.11	46.59	9.61
0.3	46.06	9.08	47.82	10.84	49.88	12.90	50.44	13.46
0.4	48.73	11.75	50.44	13.46	52.60	15.62	53.19	16.21
0.5	50.65	13.67	52.24	15.26	54.46	17.48	54.87	17.89
0.6	51.75	14.77	53.43	16.45	55.45	18.47	55.85	18.87
0.7	52.63	15.66	54.38	17.40	56.20	19.22	56.52	19.54
0.8	53.42	16.44	55.11	18.13	56.75	19.77	57.07	20.09
0.9	54.23	17.26	55.79	18.82	57.29	20.31	57.55	20.57
1.0	55.05	18.08	56.43	19.45	57.77	20.79	58.02	21.04

表 5-13　五点法井网控制下不同油水黏度比与注入量对驱油效率的影响

注入量/PV	一倍		二倍		三倍		四倍	
	聚合物驱/%	提高的采收率/%	聚合物驱/%	提高的采收率/%	聚合物驱/%	提高的采收率/%	聚合物驱/%	提高的采收率/%
0.1	42.02	3.47	42.97	4.43	44.88	6.34	45.59	7.04
0.2	47.43	8.88	49.41	10.86	51.66	13.11	52.27	13.73
0.3	51.17	12.63	52.63	14.08	54.65	16.11	55.37	16.82
0.4	52.74	14.20	54.11	15.57	56.42	17.88	56.95	18.41
0.5	53.50	14.96	55.10	16.56	57.17	18.63	57.64	19.10
0.6	54.12	15.58	55.73	17.19	57.52	18.98	58.00	19.46
0.7	54.66	16.12	56.22	17.68	57.80	19.26	58.27	19.73
0.8	55.24	16.70	56.71	18.17	58.13	19.59	58.54	20.00
0.9	55.88	17.34	57.27	18.73	58.49	19.95	58.86	20.32
1.0	56.61	18.07	57.81	19.27	58.89	20.35	59.19	20.65

表 5-14　七点法井网控制下不同油水黏度比与注入量对驱油效率的影响

注入量/PV	一倍		二倍		三倍		四倍	
	聚合物驱/%	提高的采收率/%	聚合物驱/%	提高的采收率/%	聚合物驱/%	提高的采收率/%	聚合物驱/%	提高的采收率/%
0.1	38.84	3.14	39.54	3.84	40.76	5.07	41.18	5.48

续表

注入量/PV	一倍		二倍		三倍		四倍	
	聚合物驱/%	提高的采收率/%	聚合物驱/%	提高的采收率/%	聚合物驱/%	提高的采收率/%	聚合物驱/%	提高的采收率/%
0.2	42.53	6.84	44.17	8.48	46.06	10.36	46.45	10.75
0.3	45.76	10.07	47.38	11.69	49.30	13.60	49.81	14.12
0.4	48.26	12.56	49.99	14.29	51.87	16.18	52.33	16.63
0.5	50.39	14.69	52.08	16.38	53.96	18.27	54.38	18.68
0.6	52.00	16.30	53.70	18.01	55.38	19.68	55.86	20.16
0.7	53.30	17.60	54.91	19.22	56.51	20.81	56.98	21.29
0.8	54.34	18.65	55.86	20.17	57.47	21.78	57.91	22.22
0.9	55.22	19.52	56.63	20.93	58.30	22.60	58.69	22.99
1.0	55.95	20.25	57.38	21.68	59.02	23.32	59.37	23.68

表 5-15　九点法井网控制下不同油水黏度比与注入量对驱油效率的影响

注入量/PV	一倍		二倍		三倍		四倍	
	聚合物驱/%	提高的采收率/%	聚合物驱/%	提高的采收率/%	聚合物驱/%	提高的采收率/%	聚合物驱/%	提高的采收率/%
0.1	40.16	2.96	41.22	4.02	43.14	5.94	43.65	6.45
0.2	45.94	8.74	47.96	10.76	50.53	13.33	51.30	14.10
0.3	48.96	11.76	50.98	13.78	53.67	16.47	54.19	16.99
0.4	50.57	13.37	52.67	15.47	55.12	17.92	55.78	18.58
0.5	52.27	15.07	54.11	16.91	56.35	19.15	56.89	19.69
0.6	53.69	16.49	55.42	18.22	57.35	20.15	57.79	20.59
0.7	55.00	17.80	56.66	19.46	58.42	21.22	58.83	21.63
0.8	56.11	18.91	57.70	20.50	59.29	22.09	59.61	22.41
0.9	57.07	19.87	58.51	21.31	59.96	22.76	60.24	23.04
1.0	57.88	20.68	59.24	22.04	60.57	23.37	60.84	23.64

表 5-16　直列法井网控制下不同油水黏度比与注入量对驱油效率的影响

注入量/PV	一倍		二倍		三倍		四倍	
	聚合物驱/%	提高的采收率/%	聚合物驱/%	提高的采收率/%	聚合物驱/%	提高的采收率/%	聚合物驱/%	提高的采收率/%
0.1	41.10	4.36	42.15	5.41	43.52	6.78	43.85	7.11
0.2	44.68	7.94	45.94	9.20	46.96	10.22	47.30	10.56
0.3	47.06	10.32	48.01	11.27	49.19	12.45	49.38	12.64
0.4	48.46	11.72	49.46	12.72	50.46	13.72	50.81	14.07
0.5	50.04	13.30	51.00	14.26	52.06	15.32	52.40	15.66

续表

注入量/PV	一倍		二倍		三倍		四倍	
	聚合物驱/%	提高的采收率/%	聚合物驱/%	提高的采收率/%	聚合物驱/%	提高的采收率/%	聚合物驱/%	提高的采收率/%
0.6	51.11	14.37	52.26	15.52	53.08	16.34	53.35	16.61
0.7	51.92	15.18	52.75	16.01	53.95	17.21	54.13	17.39
0.8	52.70	15.96	53.66	16.92	54.55	17.81	54.73	17.99
0.9	53.25	16.51	54.23	17.49	55.11	18.37	55.22	18.48
1.0	53.98	17.24	54.85	18.11	55.88	19.14	56.10	19.36

表 5-17　斜列法井网控制下不同油水黏度比与注入量对驱油效率的影响

注入量/PV	一倍		二倍		三倍		四倍	
	聚合物驱/%	提高的采收率/%	聚合物驱/%	提高的采收率/%	聚合物驱/%	提高的采收率/%	聚合物驱/%	提高的采收率/%
0.1	42.04	3.70	43.07	4.73	44.31	5.97	44.59	6.25
0.2	45.90	7.56	47.19	8.85	49.10	10.76	49.64	11.30
0.3	48.53	10.19	50.18	11.84	52.22	13.88	52.73	14.39
0.4	50.64	12.30	52.25	13.91	54.22	15.88	54.72	16.38
0.5	52.13	13.79	53.65	15.31	55.49	17.15	55.87	17.53
0.6	53.11	14.77	54.55	16.21	56.23	17.89	56.47	18.13
0.7	53.84	15.50	55.19	16.85	56.79	18.45	56.99	18.65
0.8	54.50	16.16	55.87	17.53	57.25	18.91	57.40	19.06
0.9	55.08	16.74	56.37	18.03	57.52	19.18	57.62	19.28
1	55.67	17.33	56.79	18.45	57.77	19.43	57.88	19.54

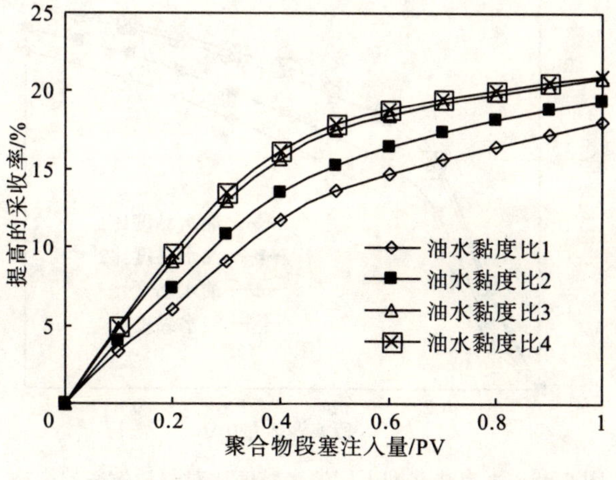

图 5-85　四点法井网不同油水黏度比对驱油效率的影响

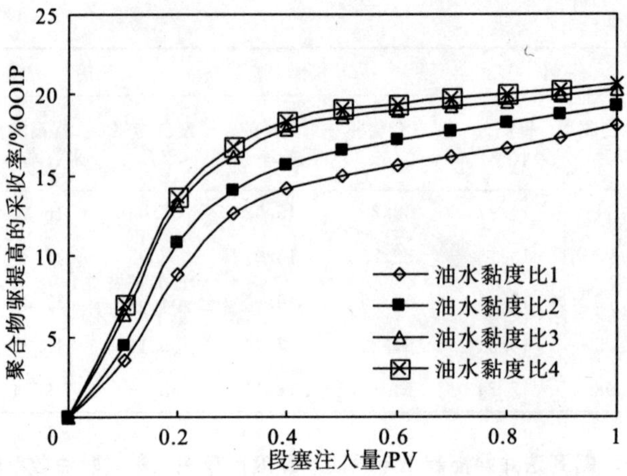

图 5-86　五点法井网不同油水黏度比对驱油效率的影响

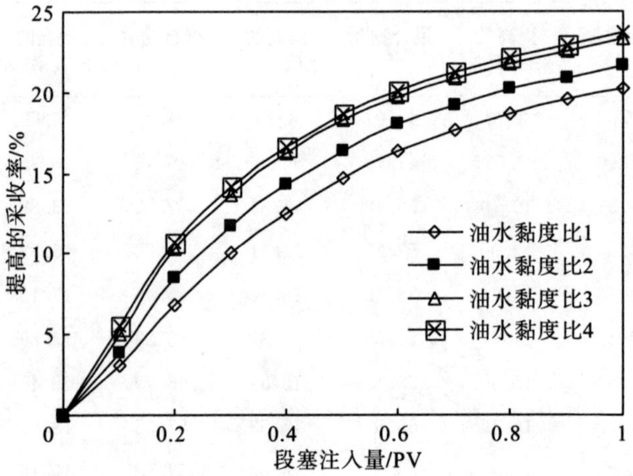

图 5-87　七点法井网不同油水黏度比对驱油效率的影响

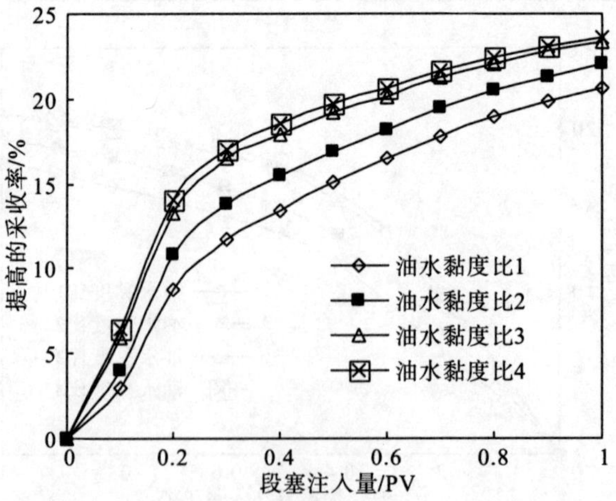

图 5-88　九点法井网不同油水黏度比对驱油效率的影响

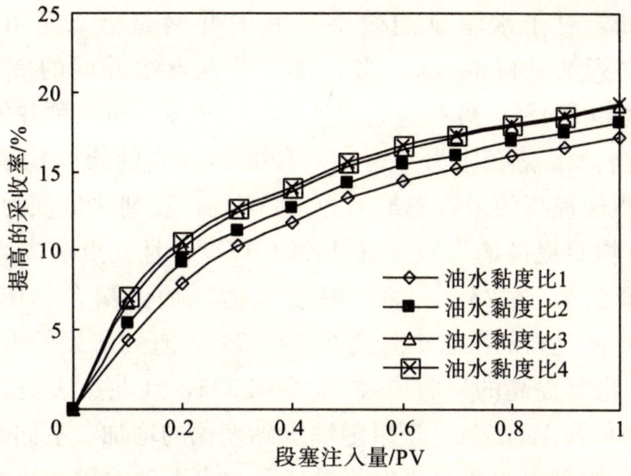

图 5-89　直列法井网不同油水黏度比对驱油效率的影响

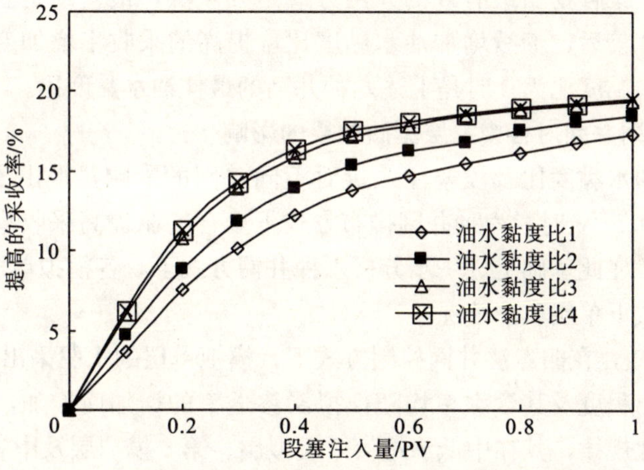

图 5-90　斜列法井网不同油水黏度比对驱油效率的影响

由表 5-12～表 5-17 及图 5-85～图 5-90 可知，上述六种井网在同一油水黏度比时随段塞注入量的增加，聚合物驱提高采出程度增加，但在注入段塞增加至 0.5PV 后，继续增加注入量，提高的采收率增加值减缓，最后趋于平衡。所以可认为聚合物溶液段塞注入量 0.5PV 为上述六种井网条件下的拐点注入量。此时不同油水黏度比对不同井网采出程度的影响如表 5-18 所示。

表 5-18　不同油水黏度比对不同井网采出程度的影响

井网方式	水驱采收率/%	一倍/%	二倍/%	三倍/%	四倍/%
四点法	36.98	13.67	15.26	17.48	17.89
五点法	38.54	14.96	16.56	18.63	19.10
七点法	35.69	14.69	16.38	18.27	18.68
九点法	37.20	15.07	16.91	19.15	19.69
直列法	36.74	13.30	14.26	15.32	15.66
斜列法	38.34	13.79	15.31	17.15	17.53

由表 5-18 可知，对于水驱驱油效果最好的井网是五点法井网，其采收率为 38.54%，其次是斜列法井网的 38.34%，接着是九点法井网的 37.20%，四点法的 36.98%，直列法的 36.74%，最差为七点法的 35.69%。而六种井网水驱驱油效率相差 0.20%～3%。当油水黏度比为 1 时，六种井网方式的聚合物驱提高的采收率在 13%～15%，且九点法提高的采收率最高为 15.07%，直列法最低为 13.30%。油水黏度比为 2 时，聚合物驱提高的采收率在 14%～17%，且九点法提高的采收率最高为 16.91%，直列法最低为 14.25%。油水黏度比为 3 时，聚合物驱提高的采收率在 15%～19%，且九点法提高的采收率最高为 19.15%，直列法最低为 17.15%。油水黏度比为 4 时，聚合物驱提高的采收率在 15%～20%，且九点法提高的采收率最高为 19.69%，直列法最低为 15.66%。所以随油水黏度比的增加，不同井网方式下提高的渗透率相差值增大。也就说明在聚合物驱提高采收率上油水黏度比对井网排布方式有一定影响。且对于聚合物驱最有效的井网方式是九点法，最差的是直列法。但是当油水黏度比增加至 3 倍后，继续增加油水黏度比，提高的采收率增加变缓，基本趋于平衡。所以认为油水黏度比为 3 时是上述六种井网的最佳油水黏度比。

5.6.1.2 不同井网对各模拟层驱油效果的影响

上节研究了油水黏度比及段塞注入量对不同井网的影响，得出了油水黏度比为 3 及段塞注入量为 0.5PV 时，六种井网排布方式下聚合物驱提高采收率的最佳油水黏度比及拐点注入量。在此基础上进一步分析六种井网方式下，各模拟单层受其的影响。

1. 四点法方式下单层驱油情况

如表 5-19 可知，在四点法井网控制方式下，模拟单层的水驱采出程度及其含水率、聚合物驱最终采出程度及其含水率均随模拟层渗透率的增加而增加，但聚合物驱提高的采收率并不呈此规律，其在中低渗透第 2 模拟层、第 3 模拟层及中渗透第 4 模拟层最高，为 22%～24%，中高渗透层第 5 模拟层、第 6 模拟层及低渗透层 1 次之，为 14%～20%，高渗透层第 7 模拟层最低，为 6.83%。因其在高渗透层及中高渗透层水驱驱油效率高，含水率已高达 98%以上，即使进行聚合物驱也不能再大幅度提高采出程度；而低渗透层虽水驱驱油效率低，含水率也低，但因其渗透率过低，聚合物溶液并不能完全的进入孔隙中进行驱替，所以提高的采收率并不高；而中低渗透层及中渗透层不论是水驱采出程度还是含水率都适中，所以聚合物驱提高的采收率高。

表 5-19　注入段塞 0.5PV，油水黏度比为 3 时各模拟层驱油情况(四点法)

模拟层	水驱/%	聚合物驱/%	提高的采收率/%	水驱含水率/%	聚合物驱含水率/%
第 1 模拟层	16.91	31.00	14.09	60.72	67.03
第 2 模拟层	25.20	47.50	22.29	84.30	79.17
第 3 模拟层	30.51	54.28	23.77	90.77	91.20
第 4 模拟层	35.59	58.21	22.61	94.18	95.39
第 5 模拟层	40.90	60.58	19.68	96.51	97.22
第 6 模拟层	46.89	61.96	15.08	98.31	98.24
第 7 模拟层	55.83	62.66	6.83	99.61	100.00

2. 五点法方式下单层驱油情况

当井网排布方式变为五点法时，各模拟层的驱油情况如表 5-20 所示。可以知道模拟层水驱采出程度及其含水率、聚合物驱最终采出程度及其含水率均随模拟层渗透率的增加而增加，但聚合物驱提高的采收率并不呈此规律。其在中低渗透第 2 模拟层、第 3 模拟层及中渗透第 4 模拟层最高，为 23%～29%，中高渗透第 5 模拟层、第 6 模拟层及低渗透第 1 模拟层次之，为 13%～20%，高渗透层第 7 模拟层最低，为 5.5%。因其在高渗透层及中高渗透层水驱驱油效率高，含水率已高于含水经济极限 98%，即使进行聚合物驱也不能再大幅度提高采出程度；而低渗透层虽水驱驱油效率低，含水率也低，但因其渗透率过低，聚合物溶液并不能完全的进入孔隙中进行驱替，所以提高的采收率并不高；而中低渗透层及中渗透层不论是水驱采出程度还是含水率都适中，所以聚合物驱后提高的采收率高。

表 5-20　注入段塞 0.5PV，油水黏度比为 3 时各模拟层驱油情况(五点法)

模拟层	水驱/%	聚合物驱/%	提高的采收率/%	水驱含水率/%	聚合物驱含水率/%
第 1 模拟层	18.08	32.60	14.52	58.25	52.67
第 2 模拟层	26.7	55.35	28.65	83.79	60.26
第 3 模拟层	32.16	59.87	27.71	90.69	66.76
第 4 模拟层	37.34	61.25	23.91	94.12	87.01
第 5 模拟层	42.71	61.95	19.24	96.50	91.69
第 6 模拟层	48.57	62.44	13.87	98.41	96.49
第 7 模拟层	57.19	62.69	5.5	99.63	99.99

3. 七点法方式下单层驱油情况

井网排布方式为七点法时，各模拟层的驱油情况见表 5-21。可以知道水驱采出程度及其含水率、聚合物驱最终采出程度及其含水率均随模拟层渗透率的增加而增加，但增加的采出程度并不呈此规律，其在中低渗透第 2 模拟层、第 3 模拟层及中渗透第 4 模拟层为 22%～25%，中高渗透第 5 模拟层、第 6 模拟层及低渗透第 1 模拟层次之，为 14%～21%，高渗透第 7 模拟层最低，为 7.53%。因其在高渗透层及中高渗透层水驱驱油效率高，含水率已高于含水经济极限 98%，即使进行聚合物驱也不能再大幅度提高采出程度；而低渗透层虽水驱驱油效率低，含水率也低，但因其渗透率过低，聚合物溶液并不能完全的进入孔隙中进行驱替，所以提高的采收率并不高；而中低渗透层及中渗透层不论是水驱采出程度还是含水率都适中，聚合物驱后提高的采收率高。

表 5-21　注入段塞 0.5PV，油水黏度比为 3 时各模拟层驱油情况(七点法)

模拟层	水驱/%	聚合物驱/%	提高的采收率/%	水驱含水率/%	聚合物驱含水率/%
第 1 模拟层	15.97	30.40	14.43	61.63	62.96
第 2 模拟层	23.88	46.72	22.84	83.98	80.42
第 3 模拟层	29.07	53.50	24.43	90.51	93.68

续表

模拟层	水驱/%	聚合物驱/%	提高的采收率/%	水驱含水率/%	聚合物驱含水率/%
第4模拟层	34.07	57.53	23.46	94.05	96.56
第5模拟层	39.35	60.12	20.77	96.40	96.23
第6模拟层	45.48	61.69	16.21	98.17	98.88
第7模拟层	55.09	62.62	7.53	99.61	99.98

4. 九点法方式下单层驱油情况

井网排布方式为九点法时，各模拟层的驱油情况见表5-22。可以知道水驱采出程度及其含水率、聚合物驱最终采出程度及其含水率均随模拟层渗透率的增加而增加，但增加的采出程度并不呈此规律，其在中低渗透第2模拟层、第3模拟层及中渗透第4模拟层为24%~27%，中高渗透第5模拟层、第6模拟层及低渗透第1模拟层次之，为15%~21%，高渗透层第7模拟层最低，为6.16%。因其在高渗透层及中高渗透层水驱驱油效率高，含水率已高于含水经济极限98%，即使进行聚合物驱也不能再大幅度提高采出程度；而低渗透层虽水驱驱油效率低，含水率也低，但因其渗透率过低，聚合物溶液并不能完全的进入孔隙中进行驱替，所以提高的采收率并不高；而中低渗透层及中渗透层不论是水驱采出程度还是含水率都适中，聚合物驱后提高的采收率高。

表5-22　注入段塞0.5PV，油水黏度比为3时各模拟层驱油情况（九点法）

模拟层	水驱/%	聚合物驱/%	提高的采收率/%	水驱含水率/%	聚合物驱含水率/%
第1模拟层	16.72	34.68	17.96	55.24	72.03
第2模拟层	25.15	51.22	26.07	83.07	90.48
第3模拟层	30.58	57.29	26.71	90.06	95.17
第4模拟层	35.76	60.11	24.35	94.00	97.24
第5模拟层	41.17	61.69	20.52	96.36	98.52
第6模拟层	47.33	62.50	15.17	98.19	98.44
第7模拟层	56.54	62.70	6.16	99.64	100.00

5. 直列法方式下单层驱油情况

井网排布方式为直列法时，各模拟层的驱油情况见表5-23。可以知道水驱采出程度及其含水率、聚合物驱最终采出程度及其含水率均随模拟层渗透率的增加而增加，但增加的采出程度并不呈此规律，其在中低渗透第2模拟层、第3模拟层及中渗透第4模拟层为23%~27%，中高渗透第5模拟层、第6模拟层及低渗透第1模拟层次之，为14%~22%，高渗透层第7模拟层最低，为6.95%。因其在高渗透层及中高渗透层水驱驱油效率高，含水率已高于含水经济极限98%，即使进行聚合物驱也不能再大幅度提高采出程度；而低渗透层虽水驱驱油效率低，含水率也低，但因其渗透率过低，聚合物溶液并不能完全的进入孔隙中进行驱替，所以提高的采收率并不高；而中低渗透层及中渗透层不论是水驱采出程度还是含水率都适中，聚合物驱后提高的采收率高。

表 5-23　注入段塞 0.5PV，油水黏度比为 3 时各模拟层驱油情况

模拟层	水驱/%	聚合物驱/%	提高的采收率/%	水驱含水率/%	聚合物驱含水率/%
第 1 模拟层	16.47	30.95	14.48	61.86	54.27
第 2 模拟层	25.07	48.55	23.48	84.80	73.56
第 3 模拟层	30.47	56.94	26.47	91.20	89.28
第 4 模拟层	35.51	60.03	24.52	94.53	95.76
第 5 模拟层	40.61	61.81	21.20	96.71	98.08
第 6 模拟层	46.32	62.56	16.24	98.29	99.22
第 7 模拟层	55.75	62.70	6.95	99.63	100.00

6. 直列法方式下单层驱油情况

井网排布方式为直列法时，油水黏度比及段塞注入量情况下研究各模拟层的驱油情况见表 5-24。可以知道水驱采出程度及其含水率、聚合物驱最终采出程度及其含水率均随模拟层渗透率的增加而增加，但增加的采出程度并不呈此规律，其在中低渗透第 2 模拟层、第 3 模拟层及中渗透第 4 模拟层为 21%～25%，中高渗透层第 5 模拟层、第 6 模拟层及低渗透第 1 模拟层次之，为 12%～20%，高渗透层第 7 模拟层最低，为 5.79%。因其在高渗透层及中高渗透层水驱驱油效率高，含水率已高于含水经济极限 98%，即使进行聚合物驱也不能再大幅度提高采出程度；而低渗透层虽水驱驱油效率低，含水率也低，但因其渗透率过低，聚合物溶液并不能完全的进入孔隙中进行驱替，所以提高的采收率并不高；而中低渗透层及中渗透层不论是水驱采出程度还是含水率都适中，聚合物驱后提高的采收率高。

表 5-24　注入段塞 0.5PV，油水黏度比为 3 时各模拟层驱油情况(直列法)

模拟层	水驱/%	聚合物驱/%	提高的采收率/%	水驱含水率/%	聚合物驱含水率/%
第 1 模拟层	17.98	30.95	12.97	59.93	54.27
第 2 模拟层	26.57	48.55	21.98	84.52	73.56
第 3 模拟层	32.04	56.94	24.90	91.04	89.28
第 4 模拟层	37.19	60.03	22.84	94.36	95.76
第 5 模拟层	42.50	61.81	19.31	96.60	98.08
第 6 模拟层	48.32	62.56	14.24	98.39	99.22
第 7 模拟层	56.91	62.70	5.79	99.63	100.00

经过上述分析可知，不同井网控制条件下，油水黏度比为 3 与段塞注入量为 0.5PV 均是其最佳油水黏度比和拐点注入量。此时油层条件及其他外在影响因素一致，对于水驱，各个井网排布方式下采出程度从高到低依次为五点法 38.54%、斜列法 38.34%、九点法 37.20%、四点法 36.89%、直列法 36.74%，七点法 35.69%，水驱

采收率值相差 2.85%；而六种井网聚合物驱提高的采收率相差 3.83%，九点法井网提高采收率最高为 19.15%，五点法 18.63%、七点法 18.27%、四点法 17.48%、斜列法 17.15%次之，但相差不大，直列法 15.32%，驱替效果最差(见表 5-25)。而在此条件下，不同井网对不同渗透率模拟层提高采收率影响不同。如图 5-91 可知，随模拟层渗透率的增加，六种井网控制条件下模拟层提高的采收率均先增加后降低，且都在中低渗透层 2、3 提高的采收率最高。对于低渗透第 1 模拟层，九点法井网提高的采收率最高为 17.96%，斜列法最低为 12.97%，其他四种井网驱替效果相差不大；中低渗透第 2 模拟层五点法井网提高的渗透率最高为 28.65%，九点法次之为 26.07%，其他几种井网驱替效果相差不大在 22%左右；中低渗透第 3 模拟层五点法井网提高的渗透率最高为 27.71%，九点法、直列法次之，其他几种井网驱替效果相差不大在 24%左右；中渗透层第 4 模拟层、中高渗透层第 5 模拟层、6 模拟层六种井网提高的采收率均相差不大在 24%、20%、15%左右；高渗透层第 7 模拟层七点法井网提高的渗透率最高为 7.53%，四点、直列法井网次之为 7%，其他几种井网驱替效果差但相差不大在 6%左右。所以聚合物驱提高采收率，九点法井网适用于低渗透层，五点法井网适用于中低渗透层，直列法井网适用于中、中高渗透层，七点法井网适用于高渗透层。

表 5-25　不同井网控制条件下的采出程度　　单位:%

井网排布	水驱	聚合物驱	全区及各模拟层提高的采收率							
			全区	1	2	3	4	5	6	7
四点法	36.98	54.46	17.48	14.09	22.29	23.77	22.61	19.68	15.08	6.83
五点法	38.54	57.17	18.63	14.52	28.65	27.71	23.91	19.24	13.87	5.50
七点法	35.69	53.96	18.27	14.43	22.84	24.43	23.46	20.77	16.21	7.53
九点法	37.20	56.35	19.15	17.96	26.07	26.71	24.35	20.52	15.17	6.16
直列法	36.74	52.06	15.32	14.48	23.48	26.47	24.52	21.2	16.24	6.95
斜列法	38.34	55.49	17.15	12.97	21.98	24.9	22.84	19.31	14.24	5.79

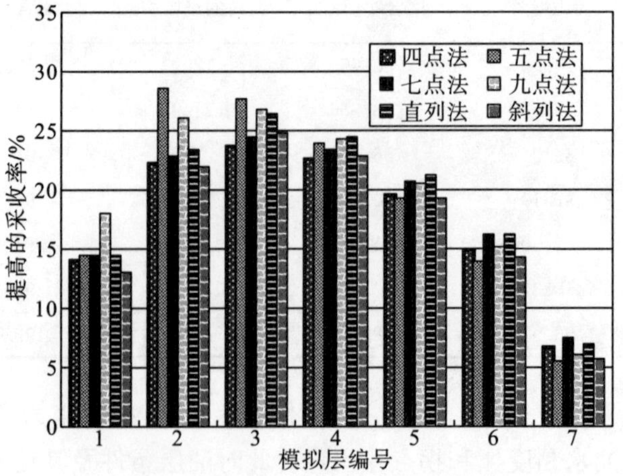

图 5-91　不同井网控制条件下各模拟层提高的采收率

5.6.2　不同井距对聚合物驱驱油效果的影响

本节在不同油水黏度比和不同注入段塞量下，采用五点法井网，在 $V_k=0.575$ 时分别计算 150m、175m、200m、220m 井距的聚合物驱驱油效果。注入方法是先进行水驱，当全区含水达到 90%后注入聚合物溶液进行聚合物驱，当全区含水 98%时停止驱油，计算不同井距、不同注入流体条件下全区和单层的最终采出程度，含水率和含油饱和度的变化。

5.6.2.1　150m 井距对驱油效率的影响

本节所用模拟模型是在地层条件、聚合物溶液、注入速度、井网方式等条件不变时，改变注水井与生产井之间的距离，使其在 150m 的基础上建立。此时日注入量依然为 17.378m^3/d，水驱采收率 32.39%，聚合物驱采收率及其提高值如表 5-26。

表 5-26　150m 井距条件下不同油水黏度比与注入量对驱油效率的影响

注入量/PV	一倍		二倍		三倍		四倍	
	聚合物驱/%	提高的采收率/%	聚合物驱/%	提高的采收率/%	聚合物驱/%	提高的采收率/%	聚合物驱/%	提高的采收率/%
0.1	36.77	4.38	37.50	5.11	38.39	6.00	38.54	6.15
0.2	39.48	7.09	40.52	8.13	41.56	9.17	42.08	9.69
0.3	42.67	10.28	44.24	11.85	46.29	13.90	46.89	14.50
0.4	46.00	13.61	47.66	15.27	49.60	17.21	50.17	17.78
0.5	48.24	15.85	50.01	17.62	51.84	19.45	52.34	19.95
0.6	50.05	17.66	51.51	19.12	53.40	21.01	53.87	21.48
0.7	51.18	18.79	52.75	20.36	54.65	22.26	55.08	22.69
0.8	52.02	19.63	53.67	21.28	55.60	23.21	55.98	23.59
0.9	52.83	20.44	54.55	22.16	56.37	23.98	56.71	24.32
1.0	53.69	21.30	55.38	22.99	57.16	24.77	57.49	25.10

由图 5-92 可知，在同一油水黏度比时随段塞注入量的增加，聚合物驱提高采出程度增加，但在注入段塞增加至 0.5PV 后，继续增加注入量，提高的采收率增加值减缓，最后趋于平衡。所以可认为聚合物溶液段塞注入量 0.5PV 为 150m 井距条件下的拐点注入量。而图 5-93 为在不同聚合物溶液注入段塞下，油水黏度比对聚合物驱提高采收率影响的曲线。由图可知，当注入段塞相同时，提高的采收率随油水黏度比的增加而增加，但当油水黏度比增加至 3 倍后，继续增加油水黏度比，提高的采收率增加变缓，基本趋于平衡，所以认为油水黏度比为 3 时是 150m 井距的最佳油水黏度比。此时聚合物驱最终采收率 51.84%，比水驱提高采收率为 19.45%。

在上述条件下研究各模拟层的驱油情况(表 5-27)。水驱采出程度及含水率、聚合物驱最终采出程度及其含水率均随模拟层渗透率的增加而增加，但聚合物驱提高的采收率并不呈此规律。其在中低渗透第 2 模拟层、第 3 模拟层及中渗透第 4 模拟层最高，为 24%～26%，中高渗透层第 5 模拟层、第 6 模拟层及低渗透层第 1 模拟层次之，为

13%~22%，高渗透层第 7 模拟层最低，为 10.00%。因为此时高渗透层及中高渗透层水驱驱油效率高，含水率已高达 96%以上，即使进行聚合物驱也不能再大幅度提高采出程度；而低渗透层虽水驱驱油效率低为 14.33%，含水率也仅有 68.32%，但因其渗透率过低，聚合物溶液并不能完全的进入孔隙中进行驱替，所以提高的采收率也不高；而中低渗透层及中渗透层不论是水驱采出程度还是含水率都适中，所以聚合物驱后提高的采收率高。

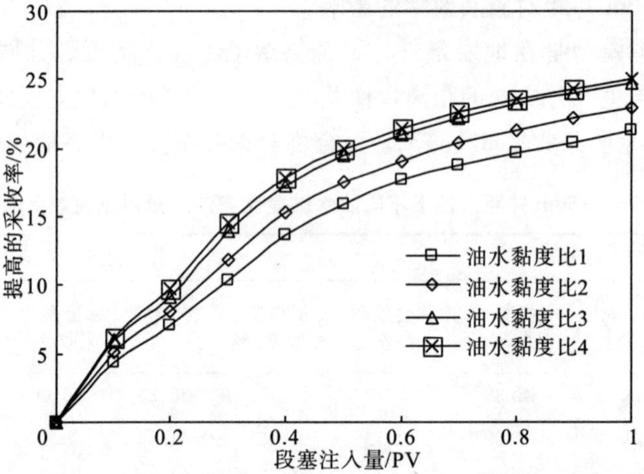

图 5-92　150m 井距时不同聚合物溶液段塞注入量比对驱油效率的影响

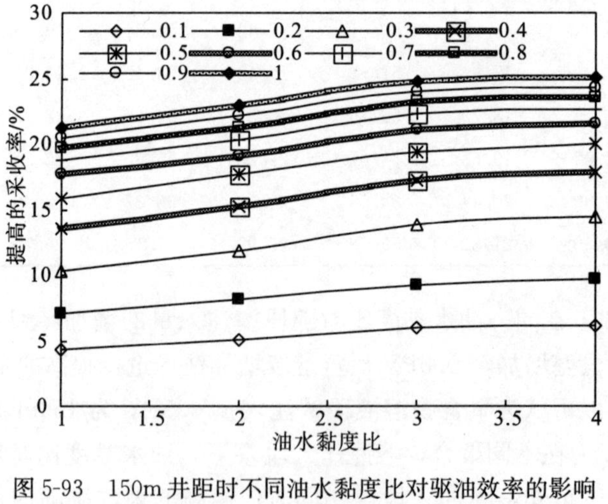

图 5-93　150m 井距时不同油水黏度比对驱油效率的影响

表 5-27　井距 150m 时各模拟层驱油情况

	水驱/%	聚合物驱/%	提高的采收率/%	水驱含水率/%	聚合物驱含水率/%
第 1 模拟层	14.33	27.68	13.36	68.32	49.67
第 2 模拟层	21.33	45.30	23.97	85.66	64.27
第 3 模拟层	26.10	51.50	25.39	91.20	86.66
第 4 模拟层	30.72	55.38	24.66	94.47	87.68

续表

	水驱/%	聚合物驱/%	提高的采收率/%	水驱含水率/%	聚合物驱含水率/%
第5模拟层	35.51	57.55	22.04	96.65	90.17
第6模拟层	41.06	59.08	18.03	98.20	95.84
第7模拟层	51.16	61.16	10.00	99.53	99.98

5.6.2.2　175m 井距对采收率的影响

本节所用模拟模型是在地层条件、聚合物溶液、注入速度、井网方式等条件不变时改变注水井与生产井之间的距离使其在175m的基础上建立。此时日注入量依然为17.378m^3/d，水驱采收率35.30%，聚合物驱采收率及其提高值如表5-28所示。

表5-28　175m 井距条件下不同油水黏度比与注入量对驱油效率的影响

注入量/PV	一倍		二倍		三倍		四倍	
	聚合物驱/%	提高的采收率/%	聚合物驱/%	提高的采收率/%	聚合物驱/%	提高的采收率/%	聚合物驱/%	提高的采收率/%
0.1	39.46	4.16	40.24	4.94	41.31	6.01	41.64	6.34
0.2	42.55	7.25	43.39	8.09	45.21	9.91	45.81	10.51
0.3	46.16	10.86	47.73	12.43	49.85	14.55	50.49	15.19
0.4	49.30	14.00	50.81	15.51	52.86	17.56	53.43	18.13
0.5	51.34	16.04	52.81	17.51	54.73	19.43	55.21	19.91
0.6	52.87	17.57	54.43	19.13	55.98	20.68	56.36	21.06
0.7	54.03	18.73	55.28	19.98	56.88	21.58	57.20	21.90
0.8	54.74	19.44	55.97	20.67	57.52	22.22	57.80	22.50
0.9	55.17	19.87	56.60	21.30	58.04	22.74	58.28	22.98
1	55.85	20.55	57.21	21.91	58.58	23.28	58.82	23.52

由图5-94可知，在同一油水黏度比时随段塞注入量的增加，聚合物驱提高采出程度增加，但在注入段塞增加至0.5PV后，继续增加注入量，提高的采收率增加值减缓，最后趋于平衡，可以认为聚合物溶液段塞注入量0.6PV为150m井距条件下的拐点注入量。而图5-95为在不同聚合物溶液注入段塞下，油水黏度比对聚合物驱提高采收率影响的曲线。当注入段塞相同时，提高的采收率随油水黏度比的增加而增加，但当油水黏度比增加至3倍后，继续增加油水黏度比，提高的采收率增加变缓，基本趋于平衡，所以认为油水黏度比为3时是150m井距的最佳油水黏度比。此时聚合物驱最终采收率54.73%，比水驱提高采收率为19.43%。

在上述条件下研究各模拟层的驱油情况见(表5-29)。可以知道水驱采出程度及含水率、聚合物驱最终采出程度及其含水率均随模拟层渗透率的增加而增加，但聚合物驱提高的采收率并不呈此规律。其在中低渗透第2模拟层、第3模拟层及中渗透第4模拟层最高为25%~27%，中高渗透层5、6及低渗透层1次之为14%~22%，高渗透层第7模拟层最低为7.79%。因为此时高渗透层及中高水驱驱油效率高，含水率已高达96%以上，即使进行聚合物驱也不能再大幅度提高采出程度；而低渗透层虽水驱驱油效率低为15.95%，含水率也仅有63.60%，但因其渗透率过低，聚合物溶液并不能完全地进入孔隙中进行驱替，所以提高的采收率也不高；而中低渗透层及中渗透层不论是水驱采出程度还是含水率都适中，所以聚合物驱后提高的采收率高。

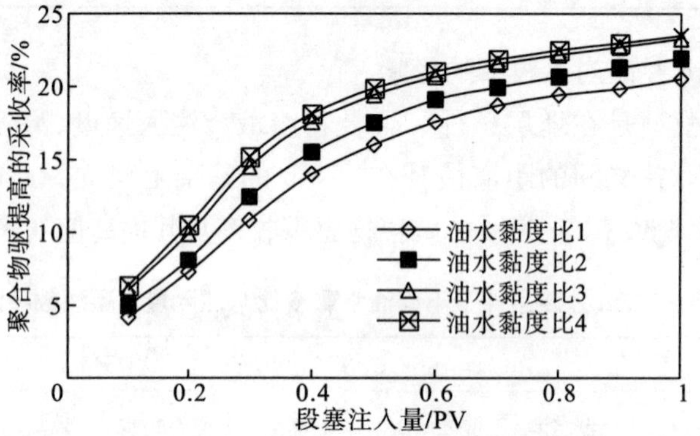

图5-94　175m井距时不同聚合物溶液段塞注入量比对驱油效率的影响

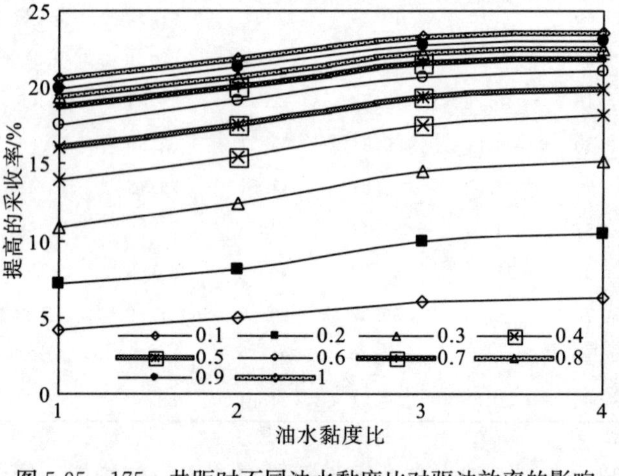

图5-95　175m井距时不同油水黏度比对驱油效率的影响

表5-29　井距175m时各模拟层驱油情况

模拟层	水驱/%	聚合物驱/%	提高的采收率/%	水驱含水率/%	聚合物驱含水率/%
第1模拟层	15.95	30.62	14.68	63.60	58.97
第2模拟层	23.73	49.47	25.74	84.36	70.04
第3模拟层	28.85	55.79	26.94	90.73	89.37
第4模拟层	33.77	58.83	25.06	94.18	91.04
第5模拟层	38.89	60.26	21.36	96.50	92.92
第6模拟层	44.68	61.25	16.56	98.25	97.24
第7模拟层	54.37	62.15	7.79	99.59	99.99

5.6.2.3　200m 井距对驱油效率的影响

本小节所用模拟模型是在地层条件、聚合物溶液、注入速度、井网方式等条件不变时改变注水井与生产井之间的距离(使其为 200m)的基础上建立。此时日注入量依然为 17.378m^3/d，水驱采收率 37.25%，聚合物驱采收率及其提高值如表 5-30。

5-30　200m 井距条件下不同油水黏度比与注入量对驱油效率的影响

注入量/PV	一倍		二倍		三倍		四倍	
	聚合物驱/%	提高的采收率/%	聚合物驱/%	提高的采收率/%	聚合物驱/%	提高的采收率/%	聚合物驱/%	提高的采收率/%
0.1	40.84	3.59	41.42	4.17	42.40	5.15	42.72	5.47
0.2	44.60	7.35	46.18	8.93	48.48	11.23	49.09	11.84
0.3	48.71	11.46	50.53	13.28	52.69	15.44	53.27	16.02
0.4	51.24	13.99	52.86	15.61	55.09	17.84	55.53	18.28
0.5	52.65	15.40	54.38	17.13	56.36	19.11	56.70	19.45
0.6	53.65	16.40	55.46	18.21	57.13	19.88	57.39	20.14
0.7	54.58	17.33	56.24	18.99	57.64	20.39	57.86	20.61
0.8	55.30	18.05	56.74	19.49	57.96	20.71	58.12	20.87
0.9	56.01	18.76	57.24	19.99	58.33	21.08	58.52	21.27
1	56.61	19.36	57.66	20.41	58.77	21.52	58.95	21.70

由图 5-96 可知，在同一油水黏度比时，随段塞注入量的增加，聚合物驱提高采出程度增加，但在注入段塞增加至 0.5PV 后，继续增加注入量，提高的采收率增加值减缓，最后趋于平衡，可认为聚合物溶液段塞注入量 0.6PV 为 150m 井距条件下的拐点注入量。而图 5-97 为在不同聚合物溶液注入段塞下，油水黏度比对聚合物驱提高采收率影响的曲线。当注入段塞相同时，提高的采收率随油水黏度比的增加而增加，但当油水黏度比增加至 3 倍后，继续增加油水黏度比，提高的采收率增加变缓，基本趋于平衡。所以认为油水黏度比为 3 时是 150m 井距的最佳油水黏度比。此时聚合物驱最终采收率 56.36%，比水驱提高采收率为 19.11%。

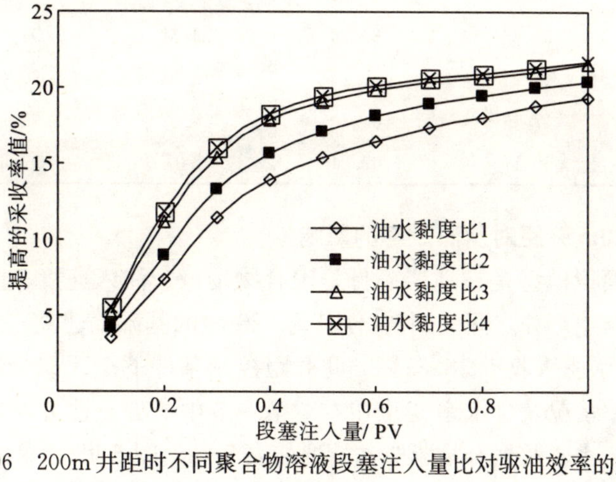

图 5-96　200m 井距时不同聚合物溶液段塞注入量比对驱油效率的影响

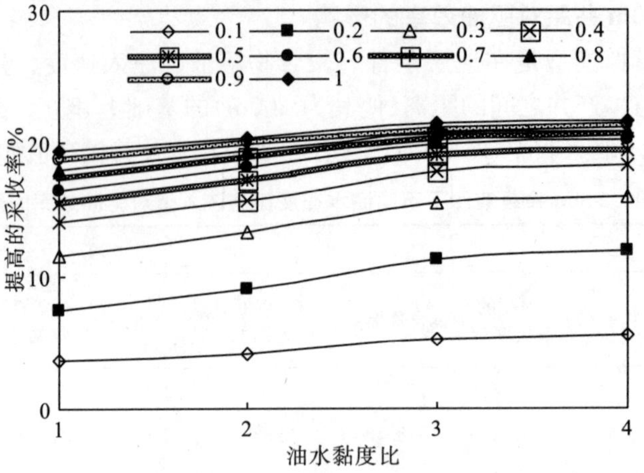

图 5-97　200m 井距时不同油水黏度比对驱油效率的影响

在上述条件下研究各模拟层的驱油情况见表 5-31。可以知道水驱采出程度及含水率、聚合物驱最终采出程度及其含水率均随模拟层渗透率的增加而增加，但聚合物驱提高的采收率并不呈此规律。其在中低渗透第 2 模拟层、第 3 模拟层及中渗透第 4 模拟层最高为 24%～29%，中高渗透层 5、6 及低渗透层 1 次之为 16%～20%，高渗透层第 7 模拟层最低为 6.07%。因为此时高渗透层及中高水驱驱油效率高，含水率已高达 96%以上，即使进行聚合物驱也不能再大幅度提高采出程度；而低渗透层虽水驱驱油效率低为 17.13%，含水率也仅有 59.87%，但因其渗透率过低，聚合物溶液并不能完全的进入孔隙中进行驱替，所以提高的采收率也不高；而中低渗透层及中渗透层不论是水驱采出程度还是含水率都适中，所以聚合物驱后提高的采收率高。

表 5-31　井距 175m 时各模拟层驱油情况

模拟层	水驱/%	聚合物驱/%	提高的采收率/%	水驱含水率/%	聚合物驱含水率/%
第 1 模拟层	17.13	33.15	16.02	59.87	59.84
第 2 模拟层	25.44	53.59	28.15	83.67	65.01
第 3 模拟层	30.77	58.34	27.57	90.50	88.91
第 4 模拟层	35.89	60.26	24.37	94.00	91.84
第 5 模拟层	41.21	61.15	19.94	96.42	94.87
第 6 模拟层	47.13	61.79	14.67	98.32	98.34
第 7 模拟层	56.17	62.24	6.07	99.62	100.00

5.6.2.4　220m 井距对驱油效率的影响

本小节所用模拟模型是在地层条件、聚合物溶液、注入速度、井网方式等条件不变时改变注水井与生产井之间的距离(使其为 220m)的基础上建立。此时日注入量依然为 17.378m^3/d，水驱采收率 38.54%。此井距控制条件下全区聚合物驱驱油情况、各模拟层提高采收率情况及含水率变化在本章第一节中的五点法井网部分已分析。上述四种井距条件下，水驱及聚合物驱驱油情况如表 5-32、图 5-98 所示。

表 5-32　不同井距控制条件下的采出程度及其含水率变化

井距/m	水驱/%	聚合物驱/%	全区及各模拟层提高的采收率和含水率/%							
			全区	1	2	3	4	5	6	7
150	32.39	51.84	19.45	13.36	23.97	25.39	24.66	22.04	18.03	10.00
				49.67	64.27	86.66	87.68	90.17	95.84	99.98
175	35.30	54.73	19.43	14.68	25.74	26.94	25.06	21.36	16.56	7.79
				58.97	70.04	89.37	91.04	92.92	97.24	99.99
200	37.25	56.36	19.11	16.02	28.15	27.57	24.37	19.94	14.67	6.07
				59.84	65.01	88.91	91.84	94.87	98.34	100.00
220	38.54	57.17	18.63	14.52	28.65	27.71	23.91	19.24	13.87	5.50
				52.67	60.26	66.76	87.01	91.69	96.49	99.99

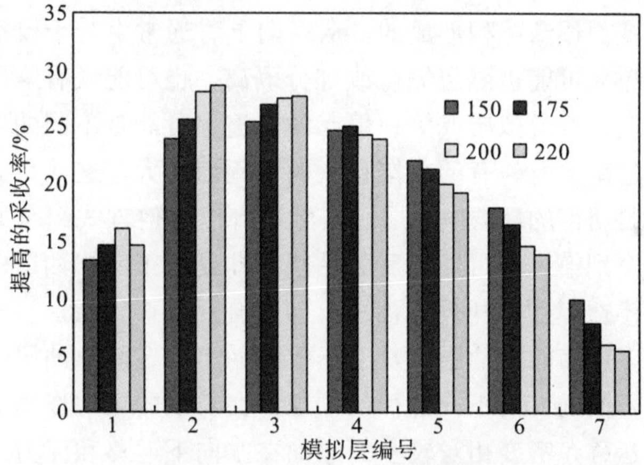

图 5-98　不同井距控制条件下各模拟层提高的采收率

经过上述小节分析可知，不同井距控制条件下，油水黏度比为 3 与段塞注入量为 0.5PV 均是其最佳油水黏度比和拐点注入量。当油层条件及其他外在影响因素一致时，水驱采出程度随井距的增加而增加，从 150m 的 32.39%增加至 220m 时的 38.54%，说明在 $V_k=0.575$ 的条件下，当井网和其他条件一致时，井距越小水驱采出程度越好。而聚合物驱最终采出程度也随井距的增加而增加，从 150m 时的 51.84%增加至 220m 时的 57.17%，但提高的采出程度却从 150m 时的 19.45%降至 220m 时的 18.63%。虽然相差不大，但说明了在此种模拟模型条件下，井距越小，聚合物驱的提高采收率的效果越好。此时注采井距与地层压力变化的关系如图 5-99 所示。

图 5-99 表明，在井距为 150m、175m、200m 和 220m 时，地层压力从 26.5MPa 降低到 24MPa 左右保持平衡。所以在上述井距控制条件下，保持了压力的平衡。

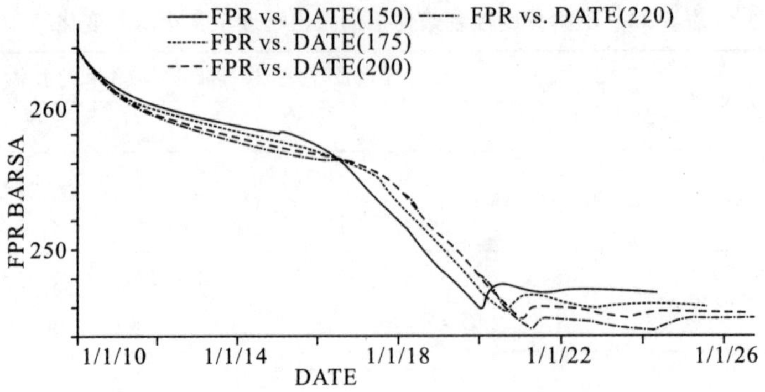

图 5-99　不同井距控制条件下的地层压力变化图

5.7　油层条件对驱油效果的影响

油藏是长期演变而逐渐沉积形成的，从纵向上看通常由若干模拟层或沉积单元构成。这些模拟层或单元可能被隔层完全或部分隔离，也可能没有隔层。不管是否存在隔层或隔层是否稳定，各模拟层或沉积单元的渗透率可能是不同的，因此从纵向上看存在各种形式的渗透率组合。有的是按自上而下逐渐增大，这就是通常所说的正韵律油层；反之，则就是所谓的反韵律油层。当然还有以其他方式组合的油层，例如总体上以正韵律为主但个别模拟层可能相反的油层，即复合正韵律油层；总体上以反韵律为主但个别模拟层渗透率顺序相反的油层，即复合反韵律油层。显然，油层韵律可能还存在上反下正的多段多韵律油层以及上正下反的多段多韵律油层。油层韵律是指不同的油层其韵律是不同的。而不同韵律的油层，在长期的重力作用下，密度较大的水会自然地逐渐向下运移，密度相对较小的原油在水向下运移和浮力作用，使原油逐渐向上运移。这样，有可能油层底部的含油饱和度低、中高部油层的含油饱和度高的特点。此外，在长期的水驱开发过程中，除注入水沿高渗透层渗流外，同样由于水柱压力的作用和水本身密度比原油大的重力作用下，有自动流向油层底部的趋势。因此，油层韵律特点对水驱开发效果和聚合物驱提高采收率的效果有重要影响。

5.7.1　油层韵律对驱油效果的影响

5.7.1.1　油层韵律对全区驱油效率的影响

图 5-100 给出了上述聚合物体系注入段塞为 0.1～1.0PV、油水黏度比为 1～4，油层平均空气渗透率为 $1000\times10^{-3}\mu m^2$、$V_k=0.575$ 时油层正反韵律对水驱采收率、聚合物驱最终采收率结果的影响。

结果表明，在上述给出的正反韵律中，不论油水黏度比及注入段塞如何变化，两者水驱采收率、聚合物驱最终采收率都相差很小。所以对于韵律变化，聚合物注入段塞及油水黏度比对其基本不起作用，即使略有差异也是受重力作用。表 5-33 给出了韵律对水驱采收率，油水黏度比为 3、注入段塞为 0.5PV 的聚合物驱最终采收率及提高的采收率的结果影响。可以知道，正韵律油层的水驱采出程度为 38.54%，而聚合物驱比水驱提高的采收率为 18.63%，聚合物驱后的最终采收率为 57.15%。反韵律油层的水驱采出程度比正韵律略高为 38.63%，而聚合物驱比水驱提高的采收率却低于正韵律为 18.57%，聚合物驱后的最终采收率也高于正韵律为 57.20%。以此可知道反韵律水驱效果虽然优于正韵律，但聚合物驱效果却差。

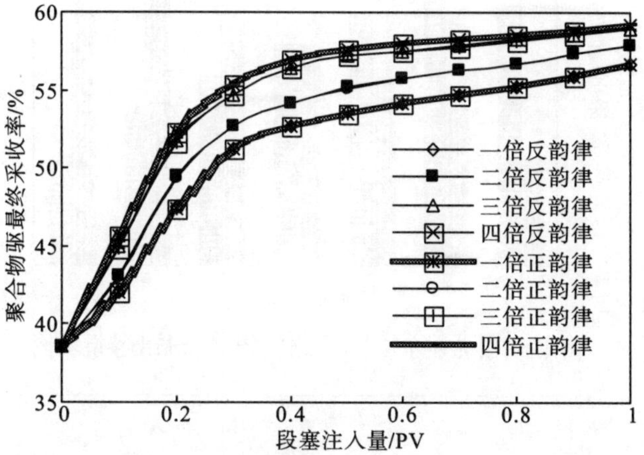

图 5-100 不同注入段塞及水油比对韵律层的影响

表 5-33 油层韵律对水驱和聚合物驱驱油效果的影响

韵律特征	渗透率/$10^{-3}\mu m^2$	水驱采收率/%	聚合物驱提高采收率/%	聚合物驱最终采收率/%
	120			
	252			
	394			
正韵律	580	38.54	18.63	57.15
	854			
	1350			
	3450			
	3450			
	1350			
	854			
反韵律	580	38.63	18.57	57.20
	394			
	252			
	120			

5.7.1.2 油层韵律对单层驱油效率的影响

前一节讨论了正反韵律条件下水驱及聚合物驱的驱油效果，可知聚合物溶液的注入段塞及油水黏度比对两者影响不大。为此，选择段塞注入量 0.5PV，油水黏度比为 3 的聚合物驱，计算在正反韵律条件下的各模拟单层的最终采出程度、聚合物进入量、含水率及剩余油饱和度。其结果见图 5-101、5-102。

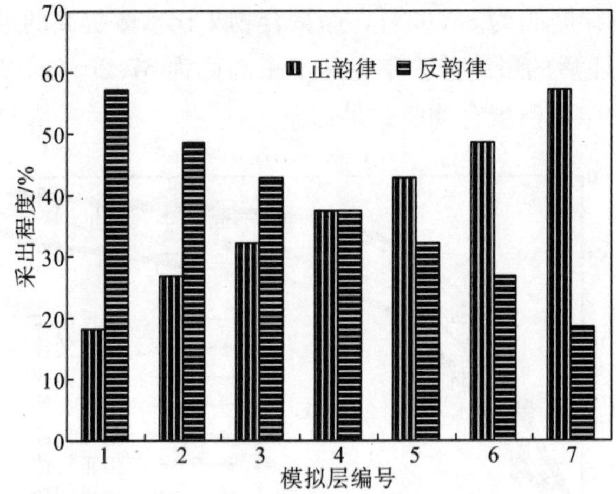

图 5-101　水驱正反韵律情况下各模拟单层采收率

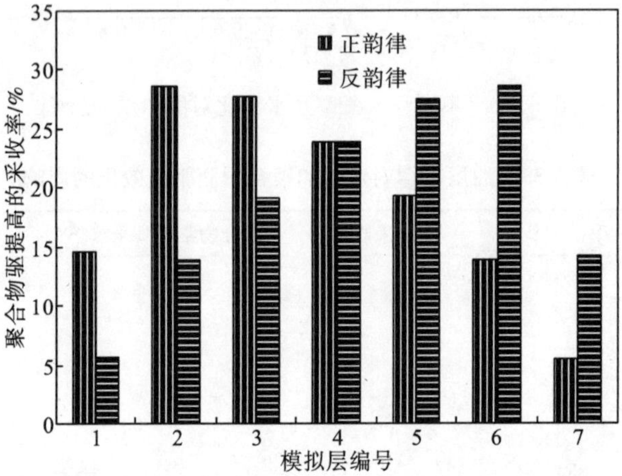

图 5-102　水驱正反韵律下各模拟单层的含水率

图 5-101 和图 5-102 表明，正韵律油层水驱时各模拟单层的采收率及含水率均随渗透率的增加而依次增加，反韵律油层与此相同，但在正反韵律相同渗透率层时采收率及含水率却不完全相同。如正韵律层的第 1 模拟层与反韵律层的第 7 模拟层模拟层，均为 $120\times10^{-3}\mu m^2$，属低渗透油层，但其采收率分别为 18.08%与 18.42%，反韵律比正韵律高 0.34%；含水率分别为 58.25%与 60.02%，反韵律油层比正韵律高 1.77%。正韵律层的第 2 模拟层与反韵律层的第 6 模拟层，均为 $252\times10^{-3}\mu m^2$，属中低渗透油层，其采收率分别为 26.70%与 26.93%，反韵律比正韵律高 0.23%；含水率分别为 83.79%与 84.17%，反韵律油层比正韵律高 0.38%。正韵律层的第 3 模拟层与反韵律层的第 5 模拟层，均为 $394\times10^{-3}\mu m^2$，属中低渗透油层，其采收率分别为 32.16%与 32.31%，反韵律比正韵律高 0.15%；含水率分别为 90.69%与 90.83%，反韵律油层比正韵律高 0.14%。正韵律层的第 4 模拟层与反韵律层的第 4 模拟层，均为 $580\times10^{-3}\mu m^2$，属中渗透油层，其采收率分别为 37.34%与 37.42%，反韵律比正韵律高 0.08%；含水率分别为 94.12%与 94.16%，反韵律油层比正韵律高 0.04%。正韵律层的第 5 模

拟层与反韵律层的第 3 模拟层，均为 $854\times10^{-3}\mu m^2$，属中渗透油层，其采收率却分别为 42.71%与 42.73%，反韵律比正韵律高 0.02%；含水率分别为 96.50%与 96.51%，反韵律油层比正韵律高 0.01%。正韵律层的第 6 模拟层与反韵律层的第 2 模拟层均为 $1350\times10^{-3}\mu m^2$，属中高渗透油层，其采收率分别为 48.57%与 48.55%，正韵律比反韵律高 0.02%；含水率分别为 98.41%与 98.40%，正韵律油层比反韵律高 0.01%。正韵律层的第 7 模拟层与反韵律层的第 1 模拟层均为 $3450\times10^{-3}\mu m^2$，属中高渗透油层，其采收率分别为 57.19%与 57.10%，正韵律比反韵律高 0.09%，含水率分别为 99.63%与 99.62%。这主要是由于正韵律油层下部层段的渗透率高，受重力作用和影响，水驱时，在水柱压力和注入水本身重力的影响，注入水有向下运移的趋势，加之油层底部渗透率高，因此注入水主要沿着底部高渗透层流动。一旦水突破并形成通道后，注入水很难进入油层上部且渗透率低的部位，所以采油量减少，水驱采收率低于反韵律的采收率。

图 5-103、5-104 是正反韵律油层聚合物驱时各模拟单层提高的采收率及其含水率均的变化图。结果表明，注入高黏度的聚合物溶液后，尽管也存在重力作用，但由于注入压力升高，特别是高于油层的启动压力后，驱油体系将逐渐渗流进入那些原来水驱不能进入的层位，或者随着注入压力的升高，原来水驱进入量少的层位因进入的驱油体系或后续水驱进入的水量增加，都因提高了油层的波及体积以及提高了这部分油层的驱油效率而使得采收率有提高。如正韵律层的第 1 模拟层与反韵律层的第 7 模拟层，其提高的采收率分别为 14.52%与 14.30%，含水率分别为 52.67%与 49.86%，正韵律油层比反韵律高 2.81%。正韵律层的第 2 模拟层与反韵律层的第 6 模拟层提高的采收率分别为 28.65%与 28.54%，含水率分别为 60.26%与 66.76%，反韵律油层比正韵律高 6.50%。正韵律层的第 3 模拟层与反韵律层的第 5 模拟层提高的采收率分别为 27.71%与 27.57%，含水率分别为 66.76%与 86.34%，反韵律油层比正韵律高 9.58%。正韵律层的第 4 模拟层与反韵律层的第 4 模拟层提高的采收率分别为 23.91%与 23.84%，含水率分别为 87.01%与 90.97%，反韵律油层比正韵律高 3.96%。正韵

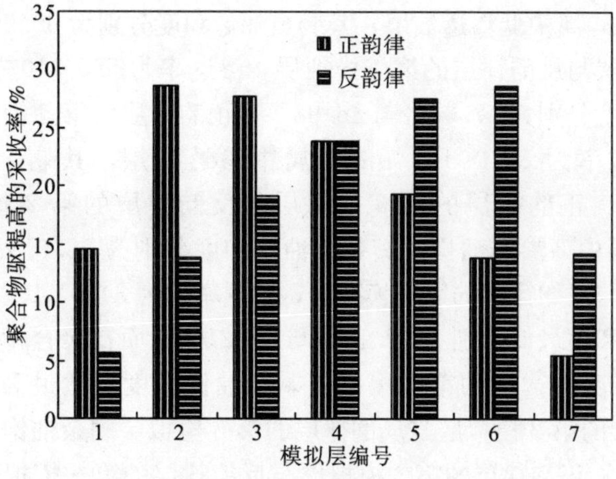

图 5-103　聚合物驱正反韵律情况下各模拟单层采收率

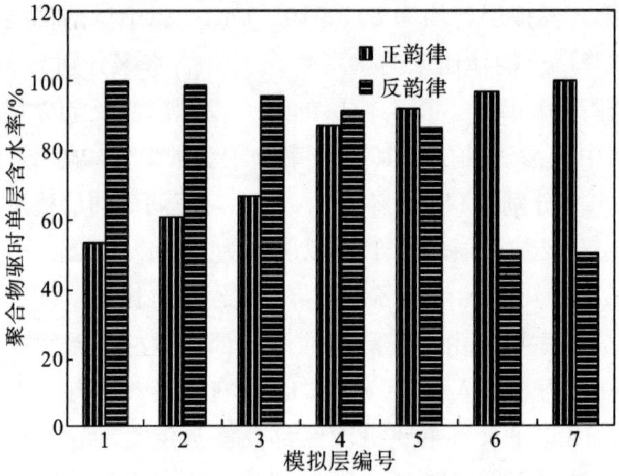

图 5-104 聚合物驱正反韵律下各模拟单层含水率变化情况

律层的第 5 模拟层与反韵律层的第 3 模拟层提高的采收率为 19.24%与 19.23%，含水率分别为 91.69%与 95.21%，反韵律油层比正韵律高 3.52%。正韵律层的第 6 模拟层与反韵律层的第 2 模拟层提高的采收率分别为 13.87%与 13.89%，含水率分别为 96.49%与 98.58%，反韵律油层比正韵律高 2.09%。正韵律层的第 7 模拟层与反韵律层的第 1 模拟层提高的采收率分别为 5.50%与 5.59%，含水率分别为 100%与 100%。

图 5-105 是正反韵律油层聚合物驱时，各模拟单层聚合物进入量的的变化图。结果表明，聚合物进入量随渗透率的增加而增加，对于正反韵律油层的相同渗透率层进入的聚合物量也相同，所以聚合物进入量主要受单层渗透率大小的影响。而图 5-106、5-107 分别是正反韵律层在水驱及聚合物驱结束时的单层剩余油饱和度。从图中可知，水驱结束时正反韵律油层均是渗透率越大的单层其剩余油饱和度越低。如正韵律层的第 1 模拟层与反韵律层的第 7 模拟层，其渗透率均为 $120\times10^{-3}\mu m^2$，属低渗透油层，但其剩余油饱和度最高分别为 61.50%与 61.25%。正韵律层的第 2 模拟层与反韵律层的第 6 模拟层，其渗透率均为 $252\times10^{-3}\mu m^2$，属中低渗透油层，其剩余油饱和度次之分别为 55.03%与 54.86%。正韵律层的第 3 模拟层与反韵律层的第 5 模拟层，其渗透率为 $394\times10^{-3}\mu m^2$，属中低渗透油层，其剩余油饱和度分别为 50.90%与 50.82%。正韵律层的第 4 模拟层与反韵律层的第 4 模拟层，渗透率为 $580\times10^{-3}\mu m^2$，属中渗透油层，其剩余油饱和度分别为 47.04%与 46.98%。正韵律层的第 5 模拟层与反韵律层的第 3 模拟层，渗透率为 $854\times10^{-3}\mu m^2$，属中渗透油层，其剩余油饱和度分别为 43.01%与 43.00%。正韵律层的第 6 模拟层与反韵律层的第 2 模拟层，渗透率为 $1350\times10^{-3}\mu m^2$，属中高渗透油层，其剩余油饱和度分别为 38.61%与 38.63%。正韵律层的第 7 模拟层与反韵律层的第 1 模拟层，渗透率均为 $3450\times10^{-3}\mu m^2$，属中高渗透油层，其剩余油饱和度最低分别为 32.14%与 32.21%。而在聚合物驱结束时，正韵律层的第 1 模拟层与反韵律层的第 7 模拟层剩余油饱和度依然最高分别为 50.63%与 50.53%；正韵律层的第 2 模拟层与反韵律层的第 6 模拟层剩余油饱和度次之，分别为 33.53%与 28.21%；正韵律层的第 3 模拟层与反韵律层的第 5 模拟层剩余油饱和度分别为 30.14%与 30.13%；正韵律层的第 4 模拟层与反韵律层的第 4 模拟层剩余油饱和

度分别为 29.10%与 29.09%；正韵律层的第 5 模拟层与反韵律层的第 3 模拟层剩余油饱和度分别为 28.58%与 28.57%；正韵律层的第 6 模拟层与反韵律层的第 2 模拟层剩余油饱和度分别为 28.21%与 28.21%。正韵律层的第 7 模拟层与反韵律层的第 1 模拟层剩余油饱和度最低，分别为 28.02%与 50.53%。

经过上述分析可知，正反韵律油层在水驱及聚合物驱时，影响其采出程度的主要是溶液的重力作用，但影响较小。若忽略溶液的重力作用，在相同渗透率层，其水驱采收率及其含水率、聚合物驱采收率及其含水率在正反韵律油层中相同。而聚合物驱提高采收率效果最好的依然是中渗透第 2 模拟层和第 3 模拟层，其提高采收率为 28%左右；其次是中渗透第 4 模拟层，其提高的采收率为 24%左右；接着是中高渗透第 5 模拟层，其提高渗透率为 20%；然后是中高渗透第 6 模拟层及低渗透第 1 模拟层，其提高渗透率为 14%左右；最差的是高渗透层，其提高采收率 5.5%左右。平面上各模拟层水驱后剩余油饱和度及聚合物进入量分布图如文后彩图 209～彩图 236。

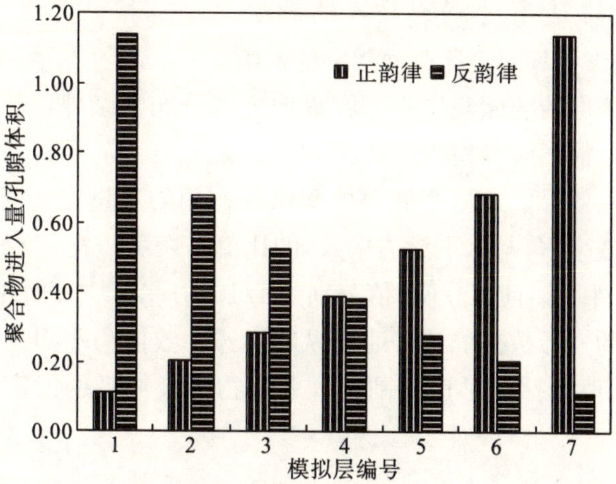

图 5-105　正反韵律下各模拟单层聚合物进入量变化情况

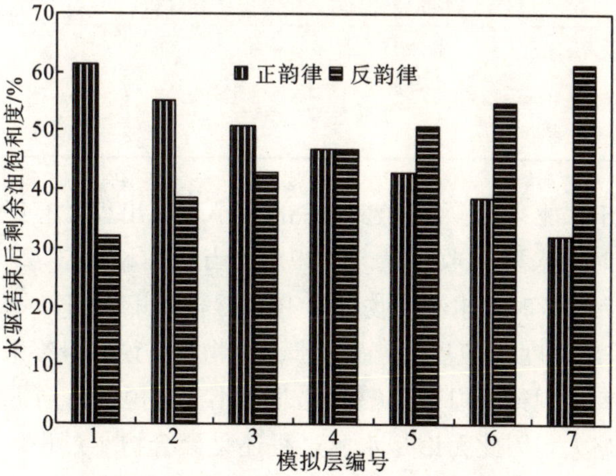

图 5-106　正反韵律在水驱结束后剩余油饱和度

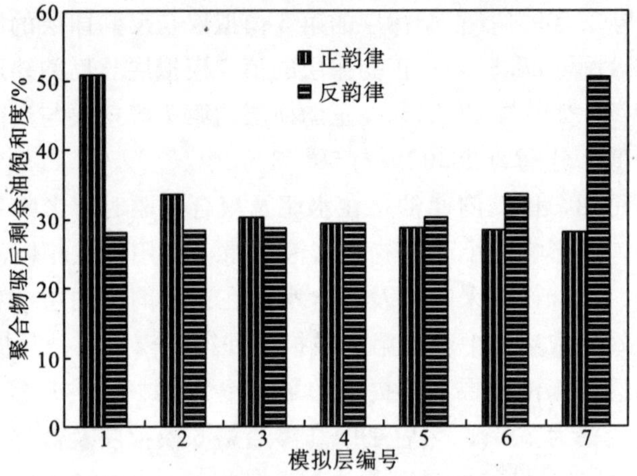

图 5-107 正反韵律在聚合去驱结束后剩余油饱和度

5.7.2 油层纵向渗透率对驱油效果的影响

5.7.2.1 纵向渗透率对全区驱油效率的影响

前面提到，储集原油的储集层除了在纵向上的分布复杂外，即使在相同的非均质变异系数条件下，可能还因各模拟层或沉积单元之间有无隔层以及隔层的稳定性，都将影响复合驱的驱油效果。这里开展了层间窜流作用的定量化研究。油层纵向渗透性通常用油层纵向渗透率 K_z 与水平渗透率 K_x 的比值来表示。表 5-34 给出了非均质变异系数 V_k 为 0.575 条件下，且 K_z/K_x 值分别为 1/10、1/5 和 1/3 时正韵律油层的数值模拟结果。根据大量的实际数据统计，油层纵向渗透率数值为平面渗透数据的 1/10～1/3。因此，上述三个值包括在了该范围内。聚合物溶液体系的段塞注入量为 0.30PV、油水黏度比为 3。

表 5-34 纵向渗透性对水驱及聚合物驱油效果的影响

K_z/K_x	水驱/%	聚合物驱/%	提高的采收率/%
0.1	40.29	56.26	15.97
0.2	40.56	56.57	16.01
0.33	40.74	56.78	16.04

结果表明，对于水驱来说，纵向渗透率的大小对采出程度有影响，但非常小。例如，$K_z/K_x=0.1$ 时，水驱采收率为 40.29%；当 $K_z/K_x=0.2$ 时，水驱采收率为 40.56%；$K_z/K_x=0.33$ 时，水驱采收率为 40.74%。即随着 K_z/K_x 值的增大(纵向渗透性增加)，水驱采出程度略有上升。而对于聚合物驱来说，最终采收率和聚合物驱提高采收率都有上述变化规律，但变化幅度都非常小。这说明，当 $K_z/K_x=0.1$ 时，油藏各层之间隔绝性略大，因此无论是水驱过程还是聚合物驱过程，重力作用对采出程度的影响小。随着 K_z/K_x 的增大，即纵向渗透率的增加，对于水驱来说，即使注入水进入了油层深部，在重力作用下，油层上部的注入水也会逐渐向油层下部窜流。尽管窜流量相对于平面方向要小得多，但也可以小幅影响水驱采出程度，而对于聚合物驱

来讲却不同。因为聚合物溶液增加了溶液黏度，当聚合物溶液体系注入油层并在油层深部运移时，尽管驱油溶液在进入油层的初期，主要沿着高渗透层渗流和运移，但随着注入量的增加，溶液在油层中的渗流阻力也逐渐增高。当阻力高于上部低渗透率层的启动压力时，驱油体系在压力的作用下逐渐向低渗透率的上部窜流，随着层间渗透性的增大，这种作用越明显。因此聚合物驱比水驱提高的采收率幅度越大，尽管也存在重力作用，但它的影响已经变得非常小，几乎对采收率没有影响。

5.7.2.2　纵向渗透率对单层驱油效率的影响

在油层不同纵向渗透率条件下水驱及聚合物驱的驱油效果受其影响都不大。在此基础上研究模拟单层受其影响，图 5-108、5-109 是在 $K_z/K_x=0.1$、0.2 和 0.33 条件下的各模拟单层的水驱采出程度及水驱结束时剩余油饱和度图、聚合物驱采出程度及其含水率。

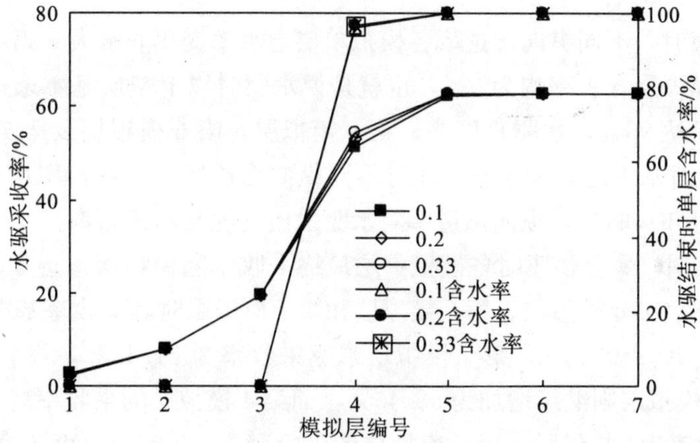

图 5-108　纵向渗透性对水驱采收率及水驱结束后剩余油饱和度的影响

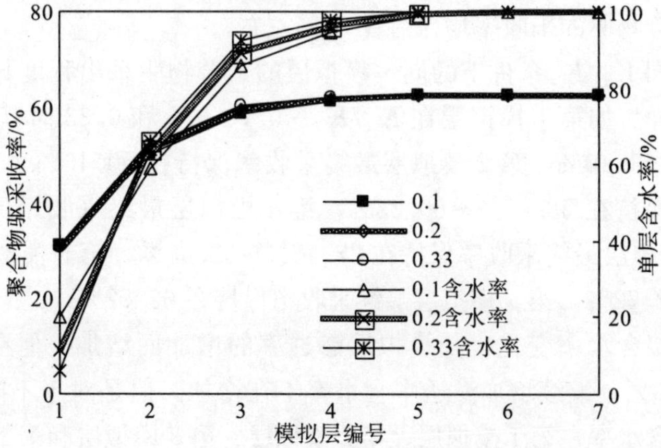

图 5-109　纵向渗透性对聚合物驱采收率及其含水率的影响

图 5-108 表明，水驱时各模拟单层采收率随模拟层渗透率的增加而增加，但在第 5、6、7 模拟层时，其采收率基本保持平衡，不再增加。如 $K_z/K_x=0.1$ 时，第 1 模拟层水驱采收率仅为 2.86%，第 2 模拟层增加至 7.93%，第 3 模拟层则继续增加为

19.25%，而第4模拟层的采收率高达51.06%，第5模拟层的采收率为62.41%，第6模拟层的采收率为62.70%，第7模拟层的采收率为62.71%。可以知道第5、6、7模拟层的采收率均保持在62%左右。同时对于不同K_z/K_x条件下的同一模拟层的水驱采出程度却相同，只有第4模拟层有微量差异。如第1模拟层在K_z/K_x=0.1、0.2和0.33时，其水驱采收率分别为2.86%、2.41%和2.34%，三者只相差0.07%～0.53%；第2模拟层水驱采收率分别为7.93%、7.80%和7.93%，三者只相差0%～0.13%；第3模拟层水驱采收率分别为19.25%、19.27%和19.39%，三者只相差0.02%～0.12%；第4模拟层水驱采收率分别为51.06%、53.08%和54.23%，三者相差1.15%～3.17%；第5模拟层水驱采收率分别为62.41%、62.70%和62.71%，三者相差0.01%～0.30%；第6模拟层水驱采收率分别为62.70%、62.72%和62.72%，三者相差0%～0.02%；第7模拟层水驱采收率分别为62.71%、62.74%和62.74%，三者相差0%～0.03%；

而水驱结束时，不同纵向渗透率各模拟单层含水率变化非常大。第1模拟层、第2模拟层和第3模拟层含水率均为0%，也就是说水驱时以上三层基本未进水；而在第4模拟层含水率已达96%，水驱程度高；第5模拟层、第6模拟层及第7模拟层含水率高达100%，此时基本已完全水淹。此时不同纵向渗透率的同一模拟层含水率却一致。结合以上分析可知水驱时，纵向渗透率对水驱采出程度基本无影响。

图5-109表明，聚合物驱时各模拟单层最终采收率随模拟层渗透率的增加而增加，但在第4模拟层、第5模拟层、第6模拟层和第7模拟层时其采收率基本保持平衡，不再增加。如K_z/K_x=0.1时，第1模拟层水驱采收率为31.10%，第2模拟层增加至50.46%，第3模拟层则继续增加为58.45%，而第4模拟层的采收率高达61.34%，第5模拟层的采收率为32.42%，第6模拟层的采收率为62.68%，第7模拟层的采收率为62.72%。可以知道，第4模拟层、第5模拟层、第6模拟层及第7模拟层随其渗透率相差大但其聚合物驱的采收率均保持在62%左右。

同时对于不同K_z/K_x条件下的同一模拟层的聚合物驱采出程度却相同，只有第3模拟层有微量差异。如第1模拟层在K_z/K_x=0.1、0.2和0.33时其聚合物驱采收率保持在31.06%～31.10%，第2模拟层最终采收率保持在50.46%～51.90%，第3模拟层最终采收率保持在58.45%～60.22%，第4模拟层最终采收率保持在61.34%～62.15%，第5模拟层最终采收率保持在62.42%～62.65%，第6模拟层最终采收率保持在62.68%～62.72%，第7模拟层最终采收率保持在62.72%。

此时模拟单层含水率变化也随模拟层渗透率的增加而增加，但在第5模拟层时，含水率已高达100%，继续增加渗透率含水率不在增加。但是对于不同K_z/K_x条件下的同一模拟层的含水率在第1模拟层、第2模拟层、第3模拟层和第4模拟层相差却很大。如第1模拟层在K_z/K_x=0.1、0.2和0.33时含水率分别为20.00%、11.25%和6.00%，而第2模拟层分别为58.88%、64.10%和65.88%，第3模拟层分别为85.89%、89.13%和92.41%，第4模拟层分别为94.75%、96.39%和97.86%。

主要参考文献

付天郁，邵振波，毕艳昌.2001.注入速度对聚合物驱油效果的影响［J］.大庆石油地质与开发，20(02)：63—65.

郭兰磊，李振全，李树荣，等.2008.一次和二次聚合物驱驱替液与原油黏度比优化研究［J］.石油学报，29(5)：739—740.

侯吉瑞，刘中春，岳湘安，等.2003.低碱ASP三元复合驱技术的适用界限分析［J］.石油大学学报(自然科学版)，27(3)：45—49.

侯健，杜庆军，束青林，等.2010.聚合物驱宏观剩余油受效机制及分布规律［J］.石油学报，1(31)：95—99.

蒋明煊.1996.确定渗透率变异系数方法的分析和讨论［J］.石油钻采工艺，18(6)：89—93.

金佩强.2006.高流度比水驱动态预测：挑战和新认识［J］.中外科技情报，19：51—55.

康万利，董喜贵.1997.二次采油化学原理［M］.北京：化学工业出版社.

兰玉波，杨清彦，李斌会，等.2006.聚合物驱油效率和波及系数的研究与识［J］.石油学报.27(1)：64—68.

李士奎，李宜强，李景岩，等.2007.聚合物及胶态分散凝胶体系驱在大庆杏南油田的研究及应用［M］.北京：石油工业出版社.

刘益兵，沙宗伦，辛宇宏.2002.聚合物驱优化布井及其适应性研究［J］.大庆石油地质与开发，21(4)：71—73.

刘玉章，吕西辉.1994.胜利油田用化学法提高原油采收率达探索与实践［J］.油气采收率技术，1(1)；25—28.

刘振宇，许元泽，翟云芳.1996.聚合物微观驱油机理的实验方法研究［J］.大庆石油地质与开发，15(01)：47—50.

卢祥国，高振环，闫文华，等.1995.聚合物驱油效果及其影响因素的实验研究［J］.油气采收率技术，2(04)：1—5.

罗健辉，卜若颖，白风鸾，等.2001.调剖用RSP3抗盐聚合物弱凝胶研制［J］.油田化学，18(3)：251—254.

罗健辉，卜若颖，王平美，等.2000.国内外水溶性抗温抗盐聚合物研究方向分析［M］.2000年工业表面活性剂技术经济文集.大连：大连出版社.

罗健辉，卜若颖，王平美，等.2002.驱油用抗盐聚合物KYPAM的应用性能［J］.油田化学，19(1)：64—67.

宋考平，杨二龙，王锦梅，等.2004.聚合物驱提高驱油效率机理及驱油效果分析［J］.石油学报，25(03)：71—74.

隋军，廖广志，牛金刚.1999.大庆油田聚合物驱油动态特征及驱油效果影响因素分析［J］.大庆石油地质与开发，18(05)：17—20.

孙焕泉，张以根，曹绪龙.2002.聚合物驱油技术［M］.东营：石油大学出版社.

孙玉丽，钱晓琳，吴文辉.2006.聚合物驱油技术的研究进展［J］.精细石油化工进展，7(02)：26—29.

唐国庆.1994.大港油田港西四区井组聚合物驱油机理研究［J］.油气采收率技术，1(01)：19—24.

田根林，鞠岩，孙广煜，等.1997.交联聚合物驱油机理研究［J］.油气采收率技术，4(02)：8—11.

王德民，程杰成，吴文祥.2006.缩小井距结合聚合物驱提高边际油层采收率研究［J］.特种油气藏，03(12)：49—52.

王德民，程杰成，吴军政，等.2005.聚合物驱油技术在大庆油田的应用［J］.石油学报，26(1)：74—78.

王冬梅，郝悦兴，朱雷.1999.三元复合驱合理井网、井距分析［J］.大庆石油地质与开发，18(3)：22-26.

王新海，韩大匡，郭尚平.1994.聚合物驱油机理和应用［J］.石油学报，15(01)：83—91.

王玉普，罗健辉，卜若颖，等.2003.三次采油用抗温抗盐聚合物研究方向分析［M］.化工进展，22(3)：271—274.

杨付林. 2004. 聚合物驱油机理及高质量浓度聚合物驱油方法的研究 [D]. 大庆：大庆石油学院.
杨怀军. 2005. 缔合聚合物结构溶液驱油有效性研究 [D]. 西南石油学院学位论文.
杨希志. 2008. 聚合物驱降压增注技术及机理研究 [D]. 大庆石油学院学位论文.
岳湘安，张立娟，刘中春，等. 2002. 物溶液在油藏孔隙中的流动及微观驱油机理 [J]. 油气地质与采收率，9(03)：4—6.
曾显香，，徐建玉，郑健，等. 2003. 交联聚合物驱油技术研究及应用 [J]. 断块油气田，10(06)：36—38.
张衍军，毛卫荣，都学民，等. 2002. 七点法井网聚合物驱数值模拟及矿场实验 [J]. 油气田地面工程，21(2)：47—48.
赵福鹏. 2000. 油田化学 [M]. 东营：石油大学出版社.
赵金省，张星，马天态，等. 2010. 聚合物驱提高采收率实验研究 [J]. 石油与天然气化工，39(1)：55—64.
祝仰文，安志杰，王业飞，等. 2010. 一次和二次聚合物驱驱替液与原油黏度比优化研究 [J]. 油气田地面工程，9(29)：22—24.

索　引

彩　图

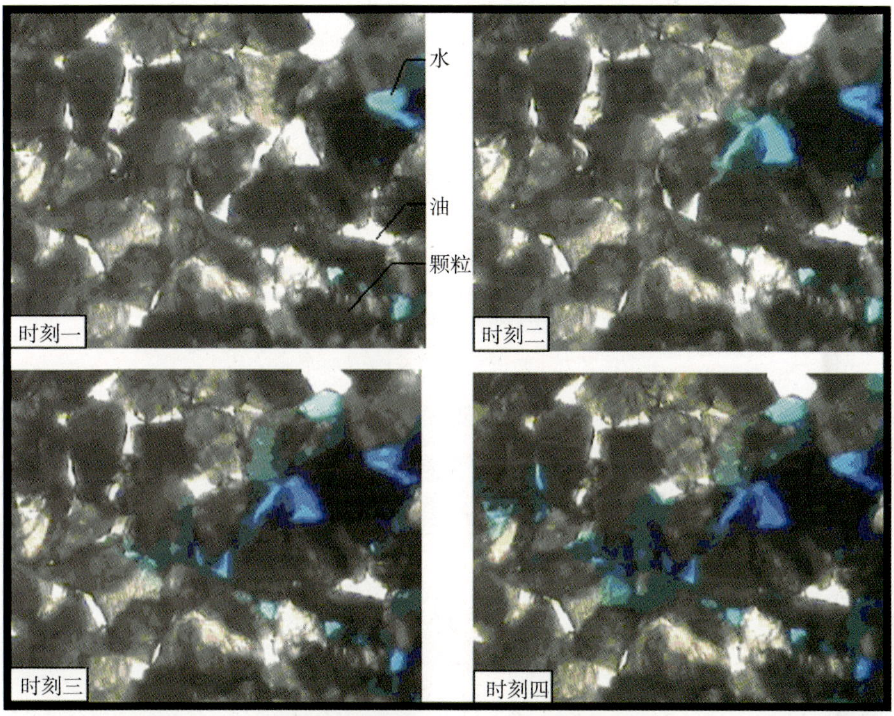

彩图 1　水驱油过程流体微观分布图

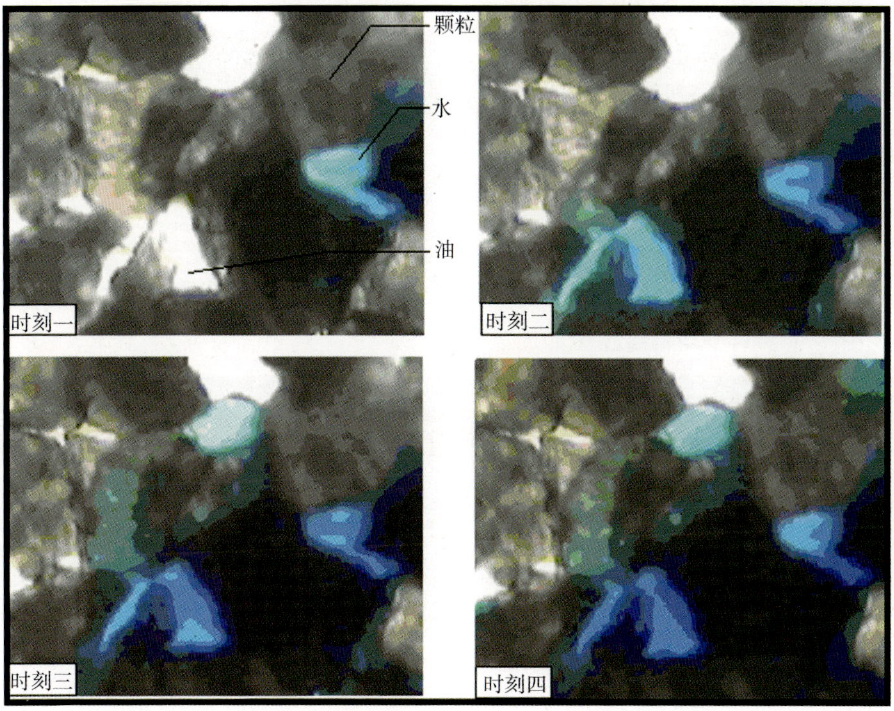

彩图 2　水驱油过程流体微观分布局部放大图

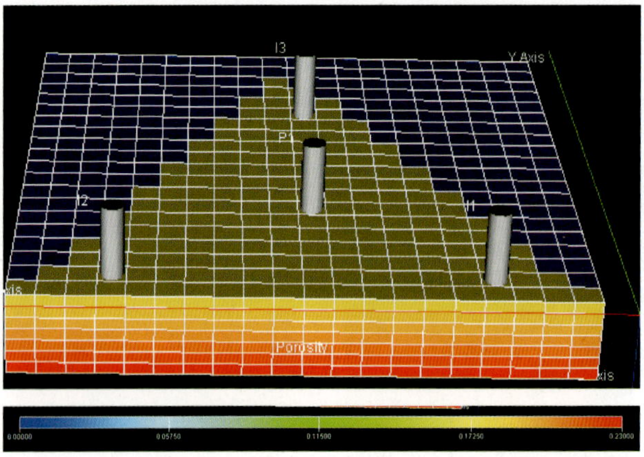

彩图 3　四点法井网孔隙度分布图

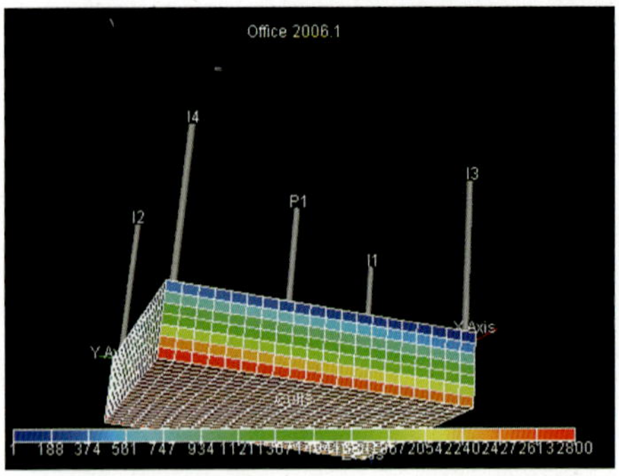

彩图 4　模型单元格

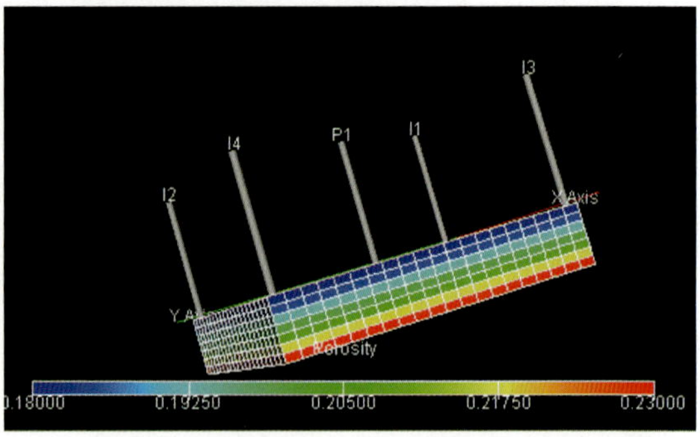

彩图 5　单元格孔隙度

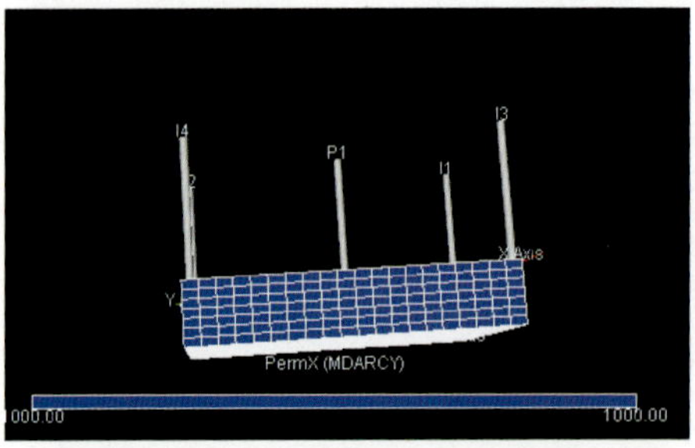

彩图 6　$V_k=0$，x 方向渗透率 3D 图

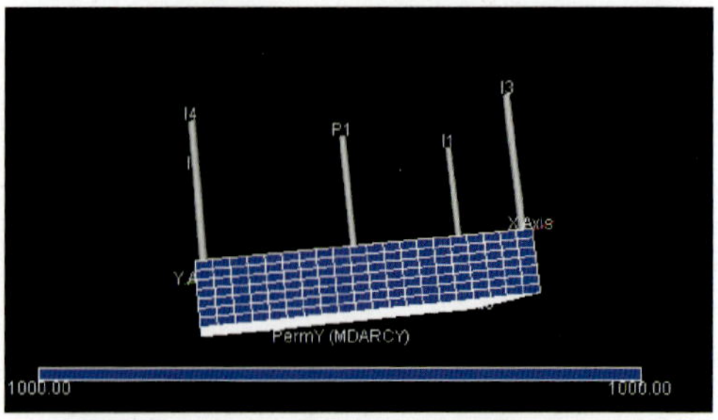

彩图 7　$V_k=0$，y 方向渗透率 3D 图

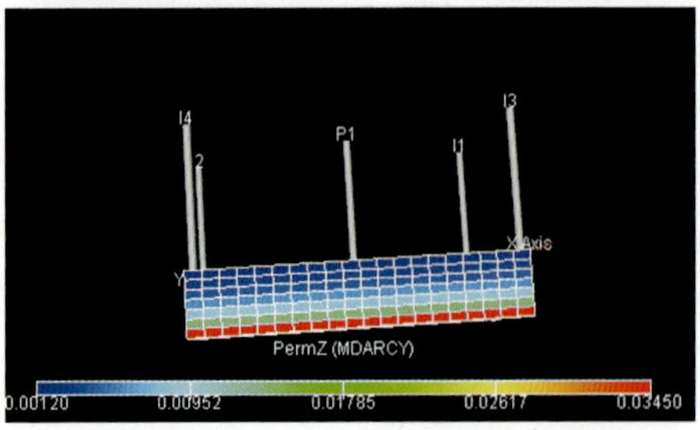

彩图 8　$V_k=0$，z 方向渗透率 3D 图

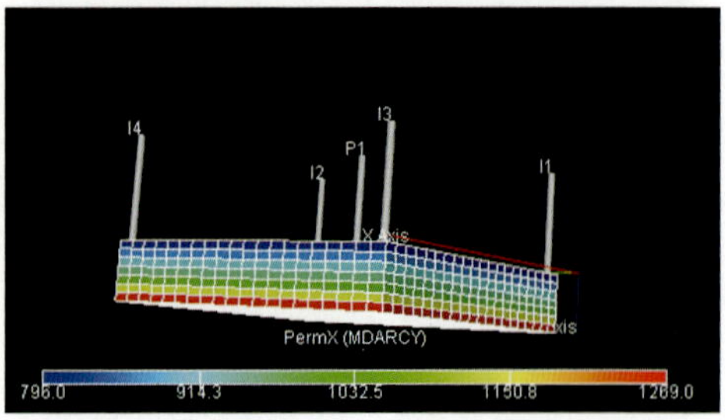

彩图 9　$V_k=0.1$，x 方向渗透率 3D 图

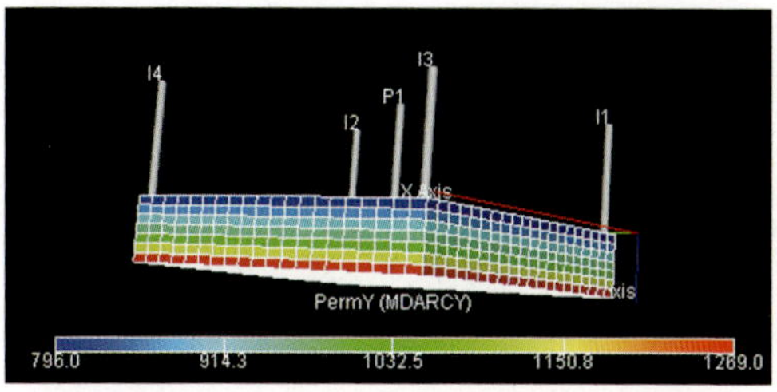

彩图 10　$V_k=0.1$，y 方向渗透率 3D 图

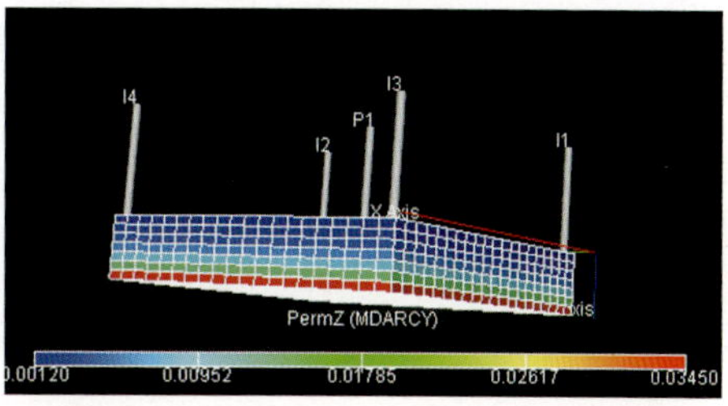

彩图 11　$V_k=0.1$，z 方向渗透率 3D 图

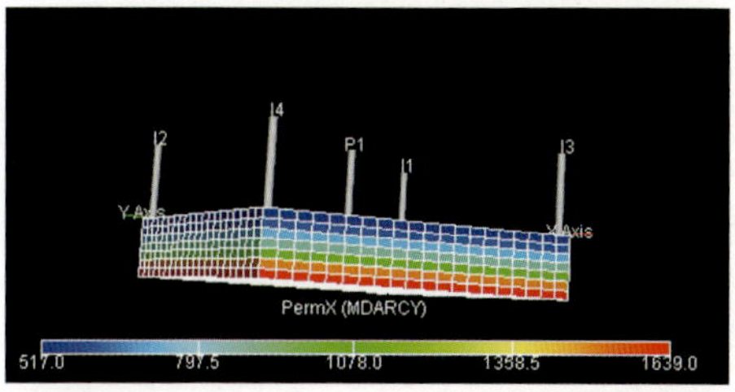

彩图 12　$V_k=0.3$，x 方向渗透率 3D 图

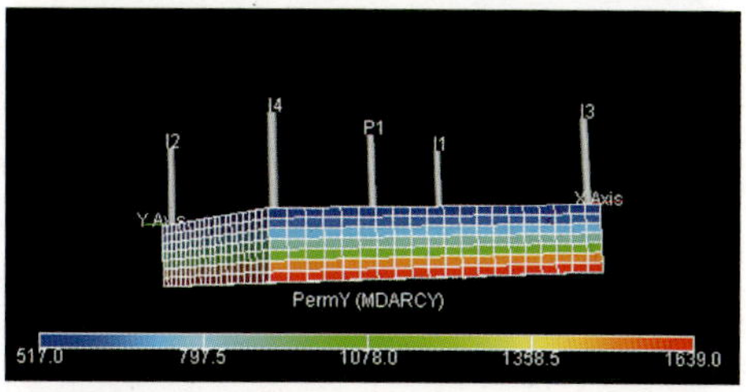

彩图 13　$V_k=0.3$，y 方向渗透率 3D 图

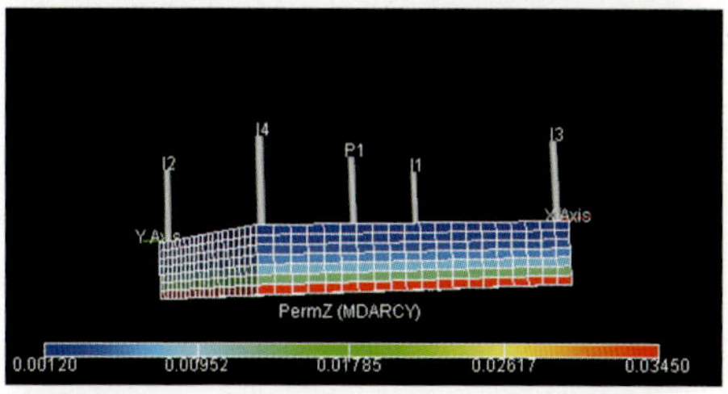

彩图 14　$V_k=0.3$，z 方向渗透率 3D 图

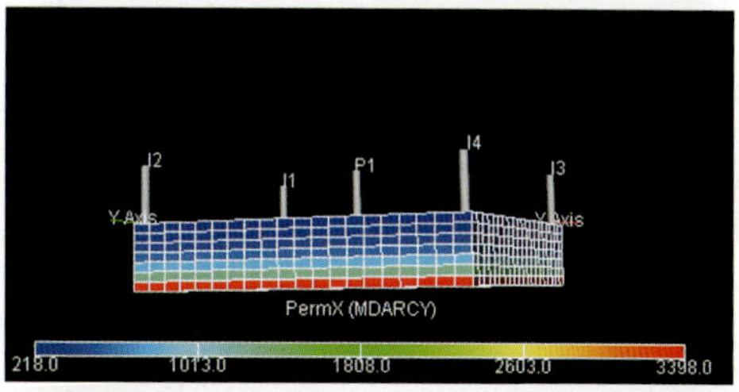

彩图 15　$V_k=0.5$，x 方向渗透率 3D 图

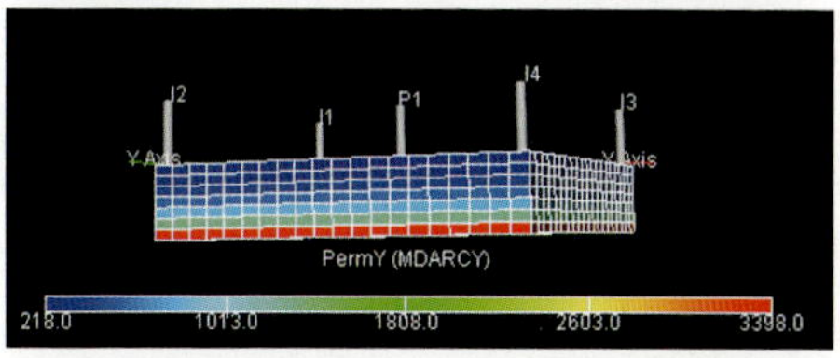

彩图 16　$V_k=0.5$，y 方向渗透率 3D 图

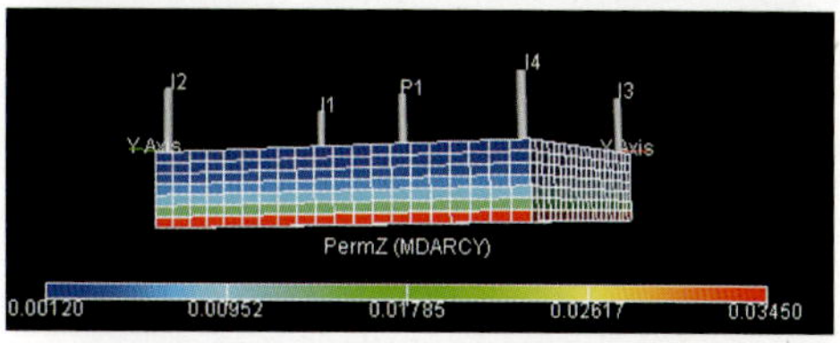

彩图 17　$V_k=0.5$，z 方向渗透率 3D 图

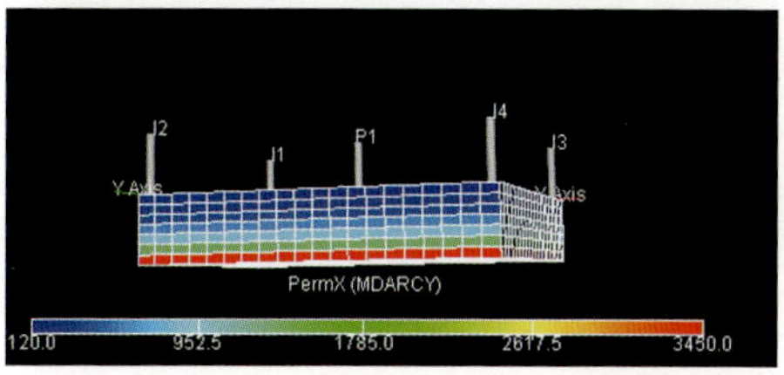

彩图 18　$V_k=0.575$，x 方向渗透率 3D 图

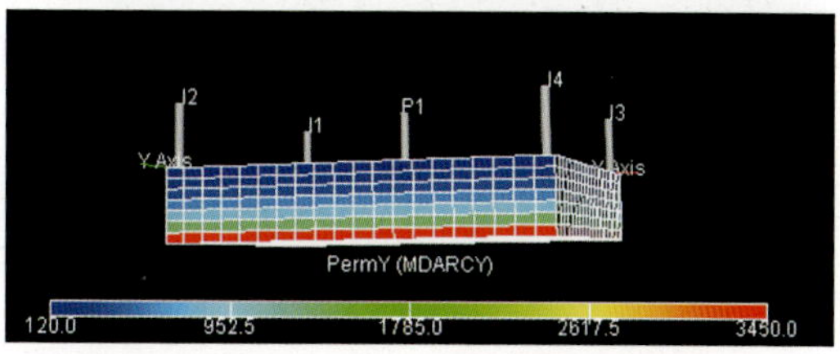

彩图 19　$V_k=0.575$，y 方向渗透率 3D 图

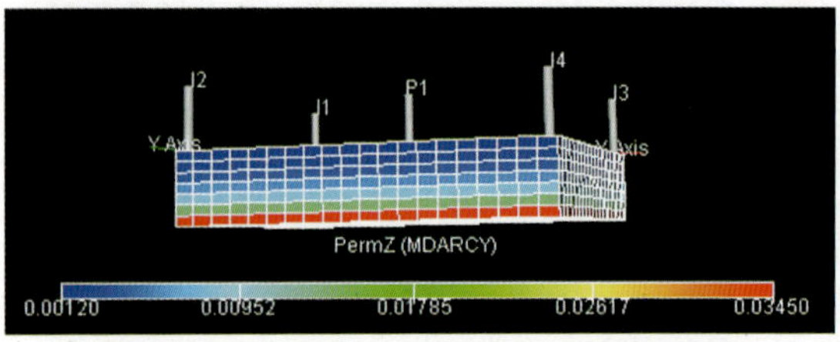

彩图 20　V_k =0.575，z 方向渗透率 3D 图

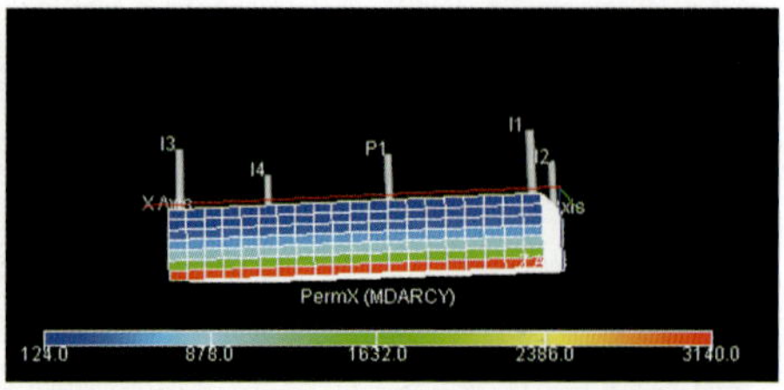

彩图 21　V_k =0.65，x 方向渗透率 3D 图

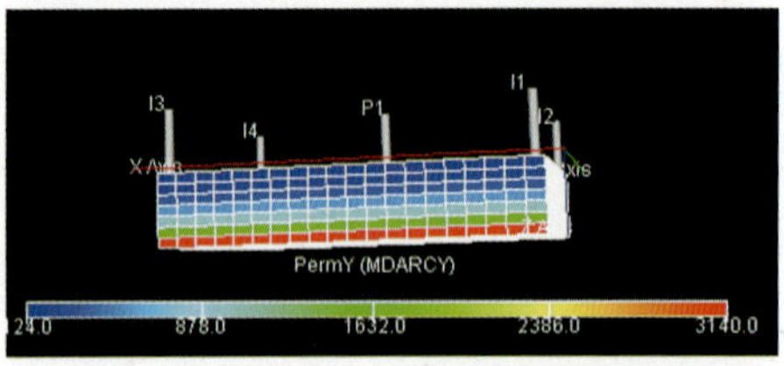

彩图 22　V_k =0.65，y 方向渗透率 3D 图

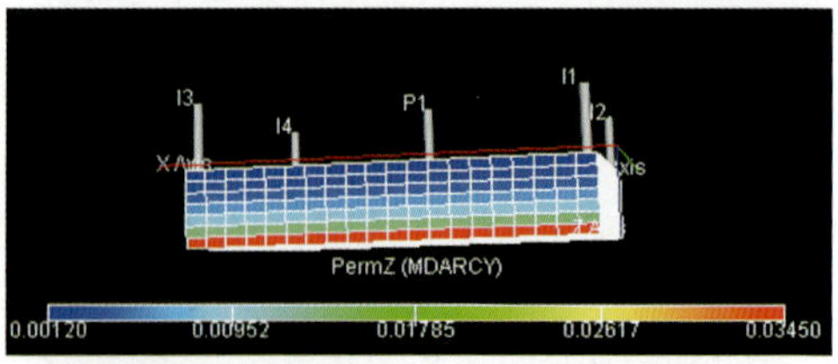

彩图 23　V_k =0.65，z 方向渗透率 3D 图

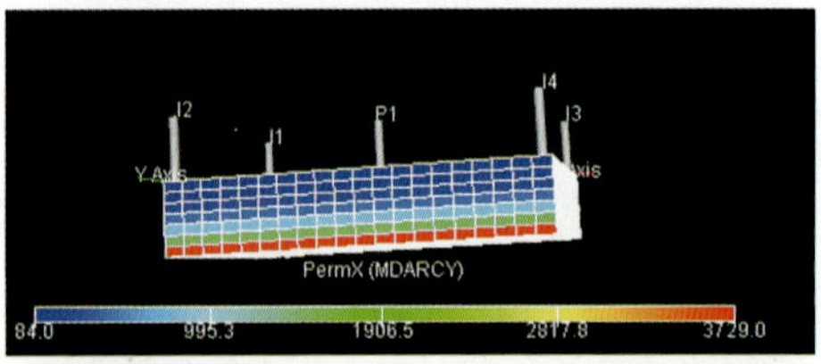

彩图 24　V_k =0.72，x 方向渗透率 3D 图

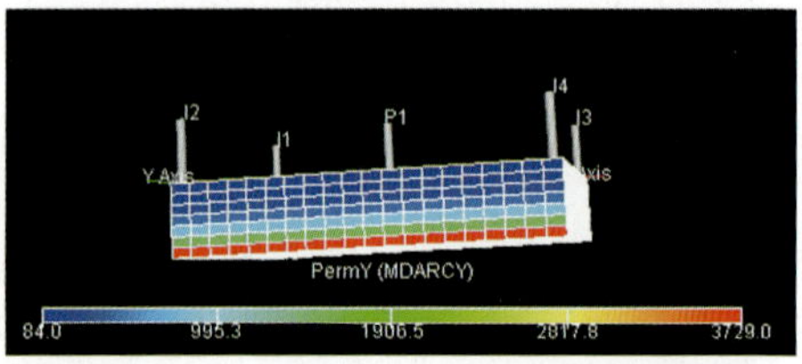

彩图 25　V_k =0.72，y 方向渗透率 3D 图

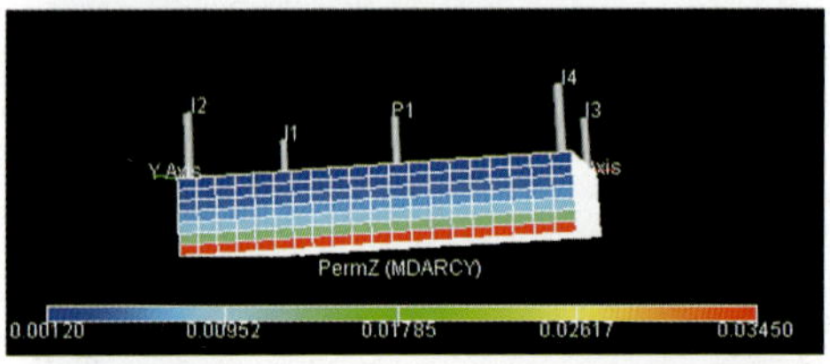

彩图 26　V_k =0.72，z 方向渗透率 3D 图

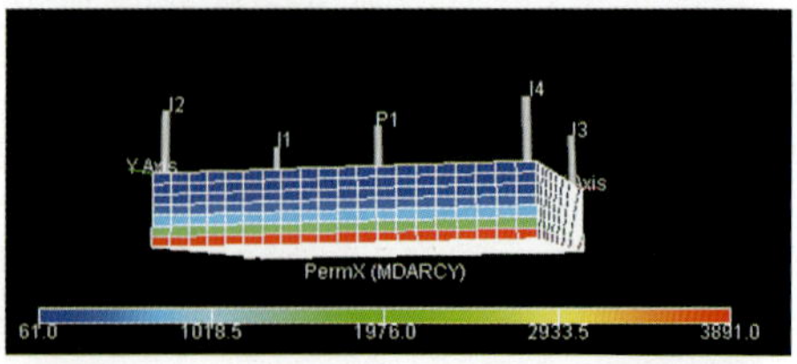

彩图 27　V_k =0.74，x 方向渗透率 3D 图

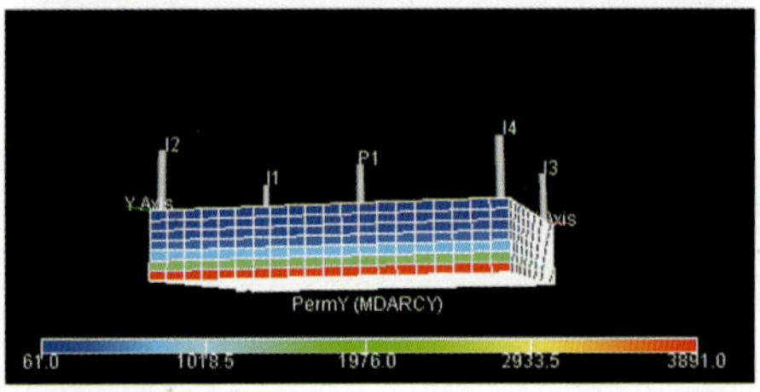

彩图 28　V_k =0.74，y 方向渗透率 3D 图

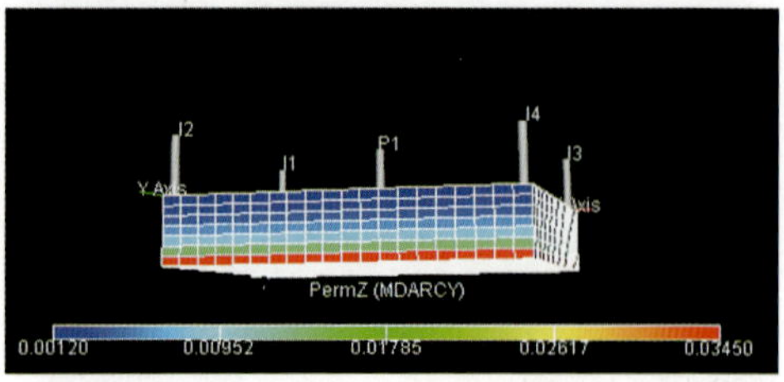

彩图 29　V_k =0.74，z 方向渗透率 3D 图

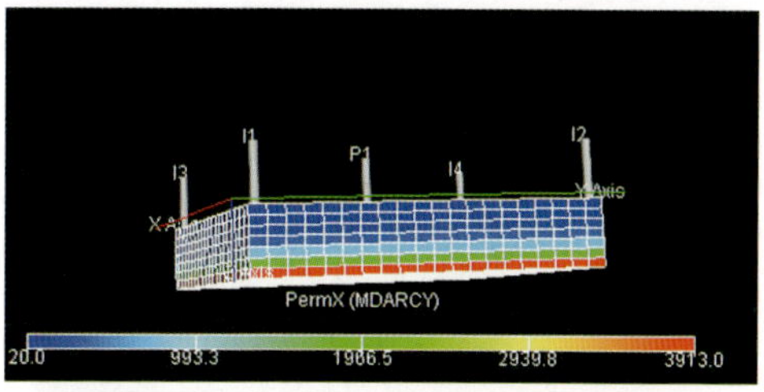

彩图 30　$V_k=0.8$，x 方向渗透率 3D 图

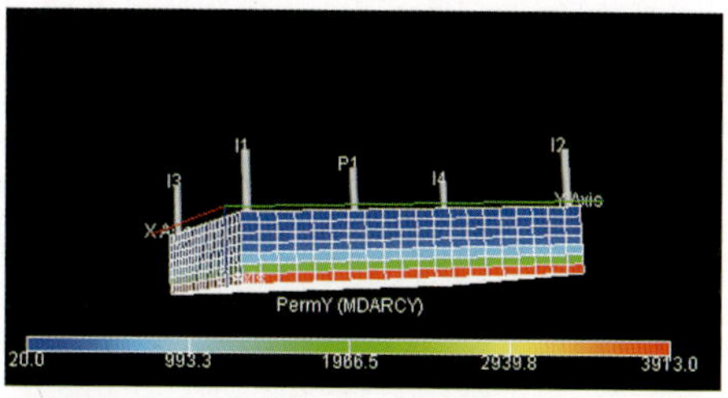

彩图 31　$V_k=0.8$，y 方向渗透率 3D 图

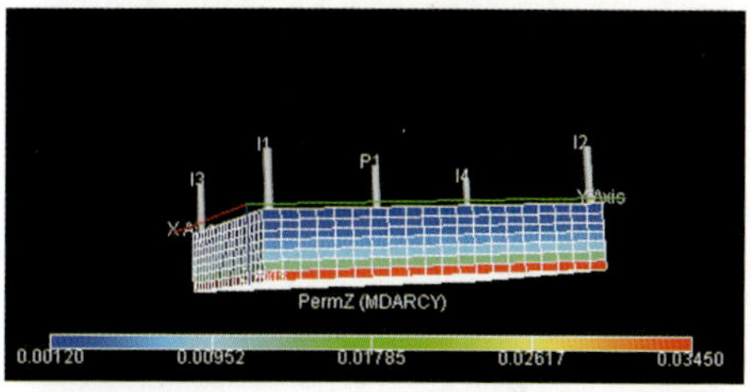

彩图 32　$V_k=0.8$，z 方向渗透率 3D 图

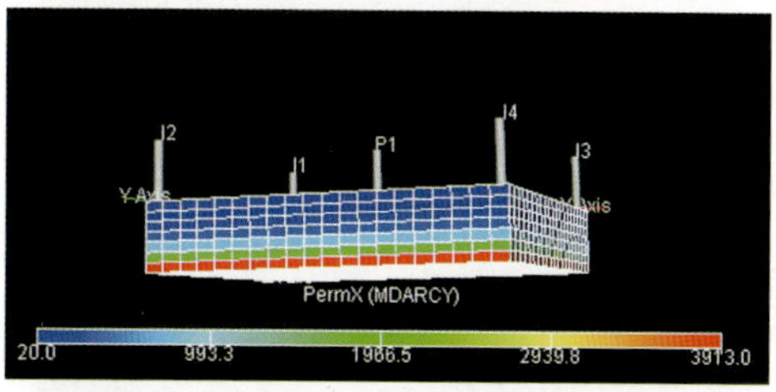

彩图 33　$V_k=0.85$，x 方向渗透率 3D 图

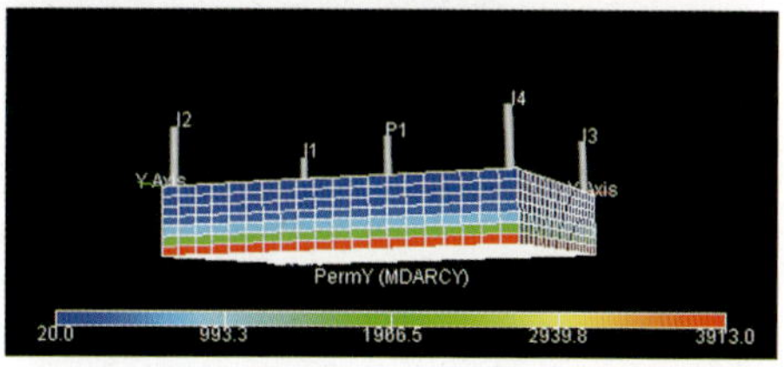

彩图 34　$V_k=0.85$，y 方向渗透率 3D 图

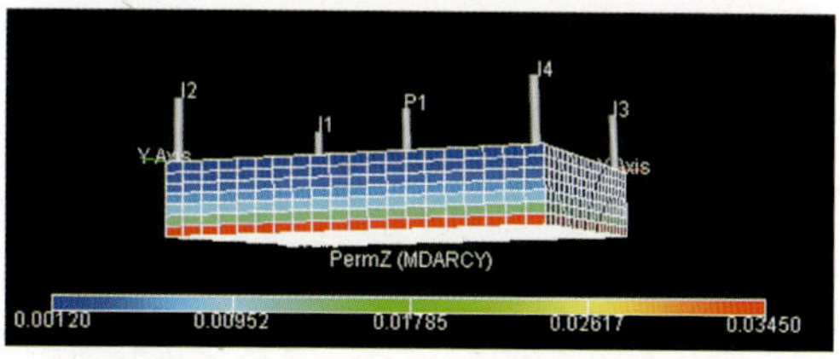

彩图 35　$V_k=0.85$，z 方向渗透率 3D 图

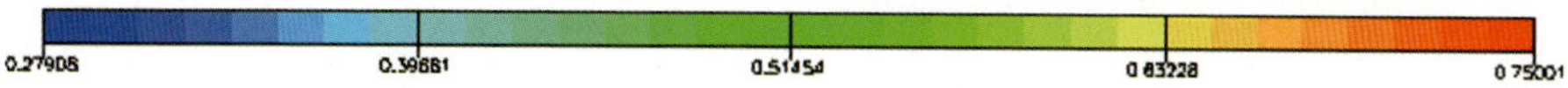

彩图 36　剩余油饱和度图例

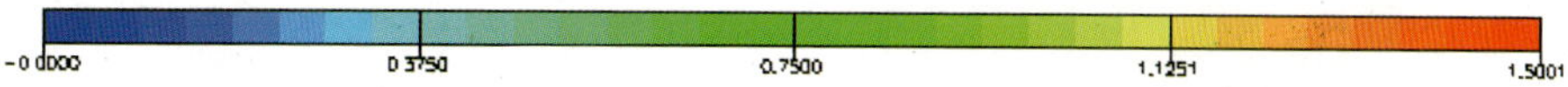

彩图 37　聚合物进入量/孔隙体积图例

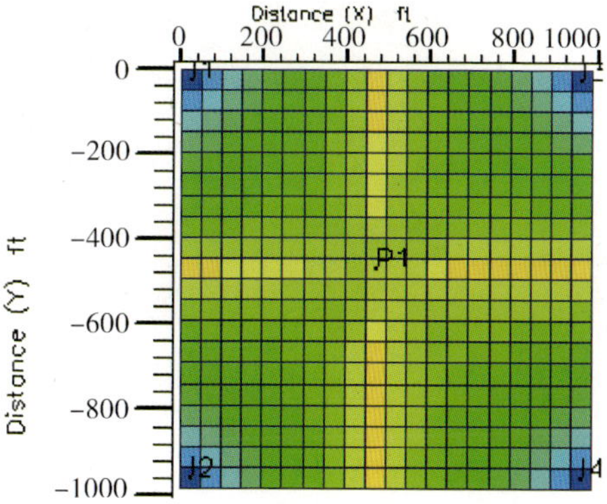

彩图 38　水驱第 1 模拟层剩余油分布图

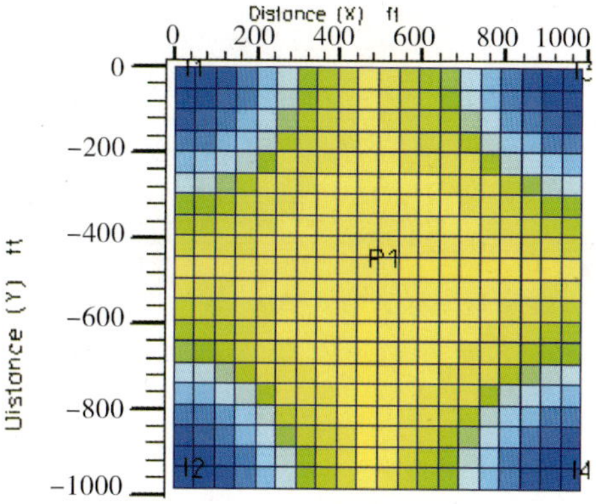

彩图 39　聚合物驱第 1 模拟层剩余油分布图

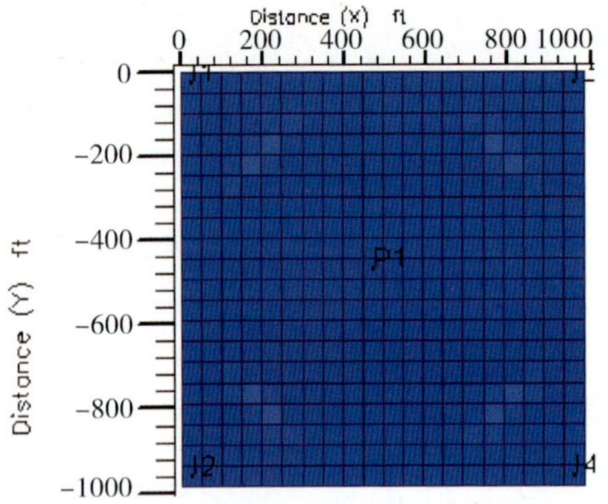

彩图 40　聚合物驱第 1 模拟层的聚合物分布图

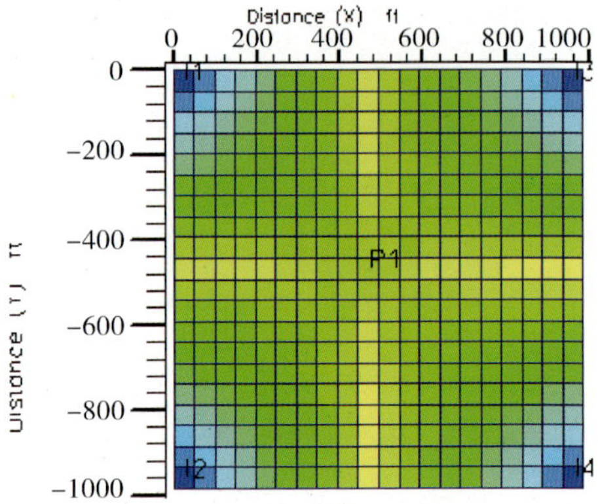

彩图 41　水驱第 2 模拟层剩余油分布图

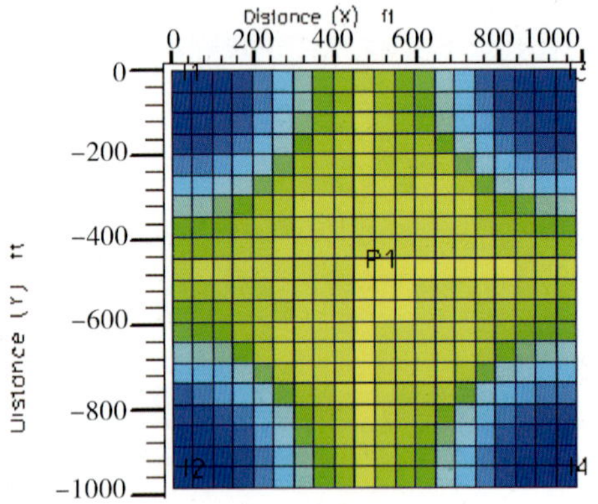

彩图 42　聚合物驱第 2 模拟层剩余油分布图

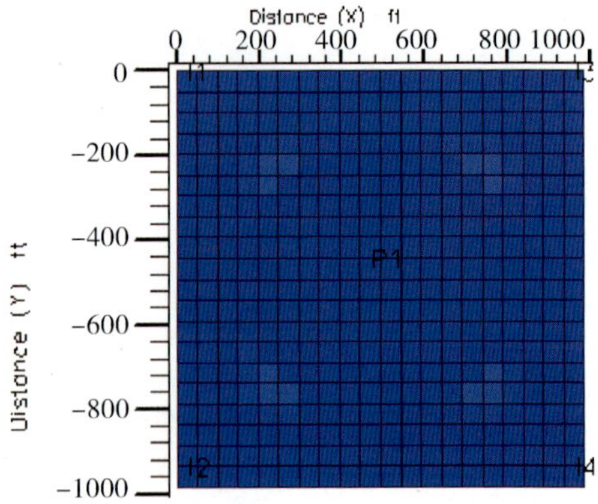

彩图 43　聚合物驱第 2 模拟层的聚合物分布图

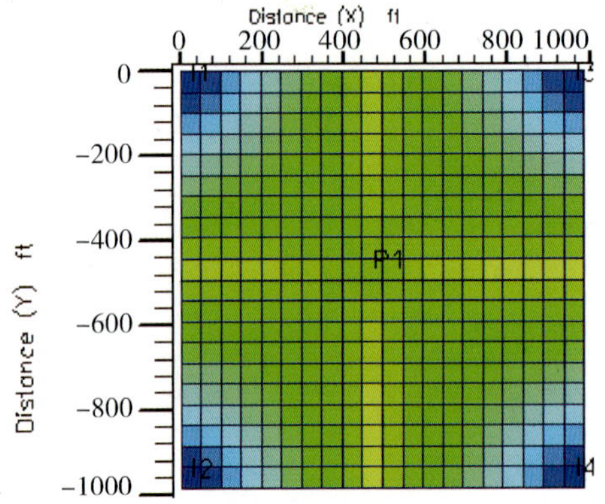

彩图 44　水驱第 3 模拟层剩余油分布图

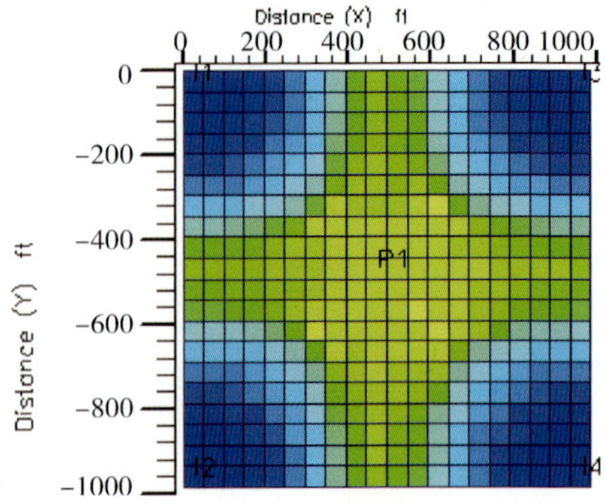

彩图 45　聚合物驱第 3 模拟层剩余油分布图

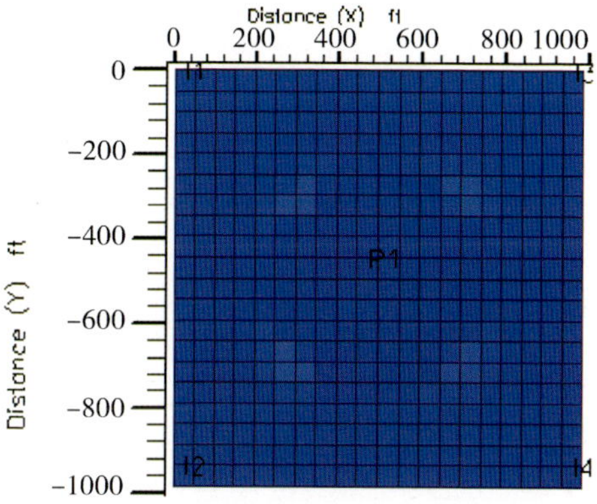

彩图 46 聚合物驱第 3 模拟层的聚合物分布图

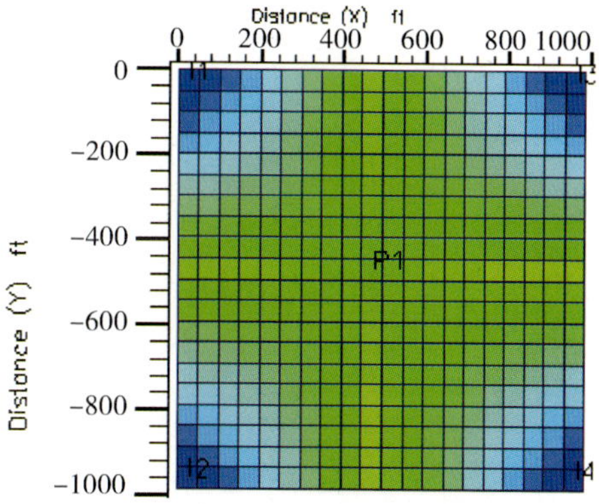

彩图 47 水驱第 4 模拟层剩余油分布图

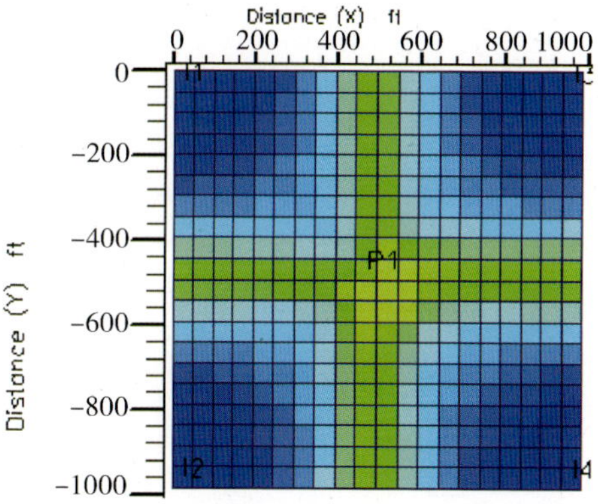

彩图 48 聚合物驱第 4 模拟层剩余油分布图

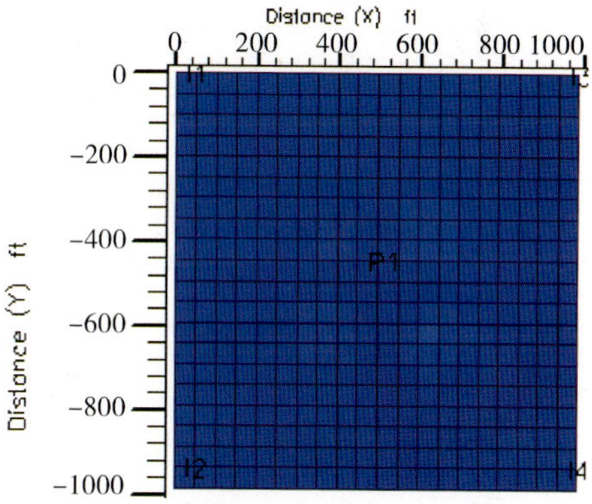

彩图 49 聚合物驱第 4 模拟层的聚合物分布图

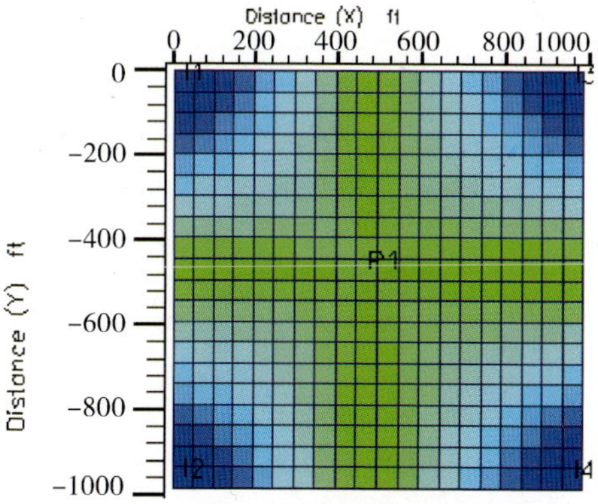

彩图 50 水驱第 5 模拟层剩余油分布图

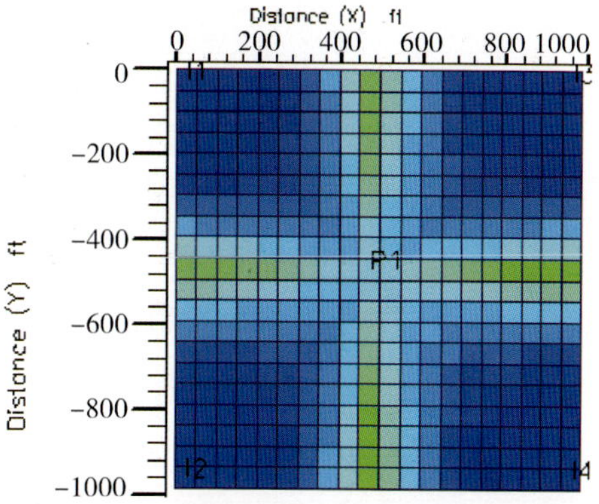

彩图 51 聚合物驱第 5 模拟层剩余油分布图

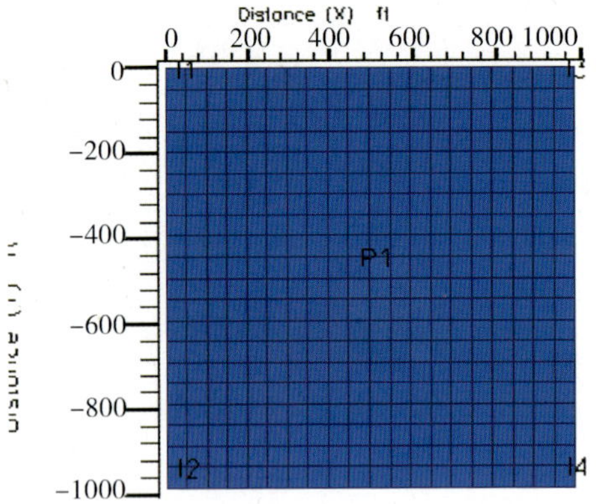

彩图 52　聚合物驱第 5 模拟层的聚合物分布图

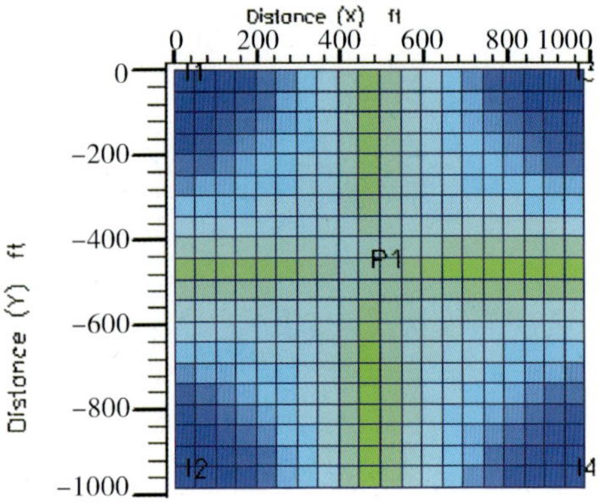

彩图 53　水驱第 6 模拟层剩余油分布图

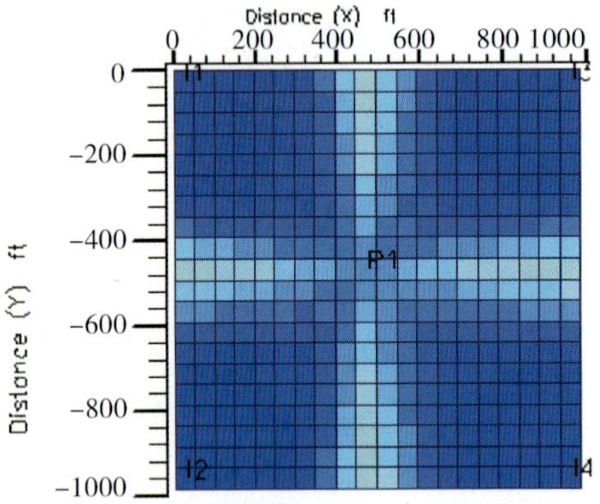

彩图 54　聚合物驱第 6 模拟层剩余油分布图

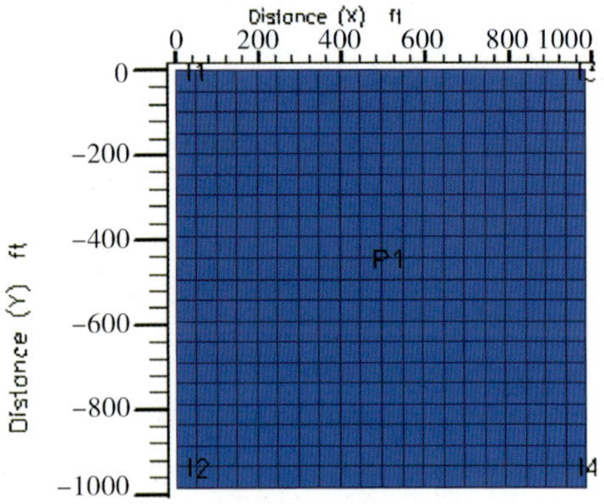

彩图 55　聚合物驱第 6 模拟层的聚合物分布图

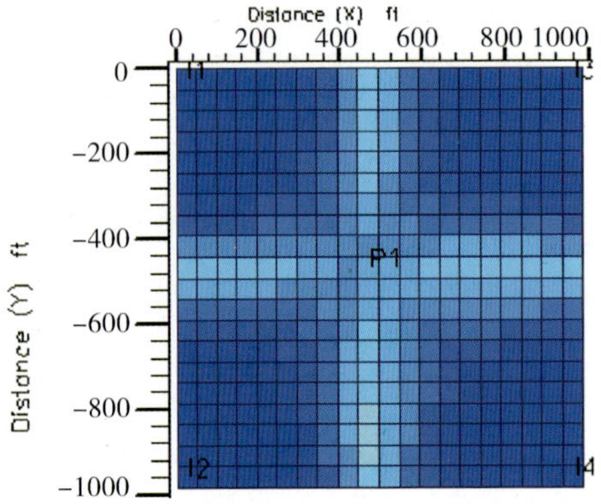

彩图 56　水驱结束时第 7 模拟层剩余油分布图

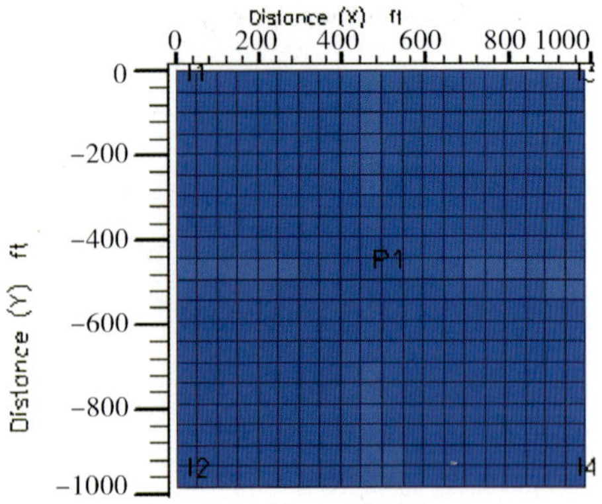

彩图 57　聚合物驱第 7 模拟层剩余油分布图

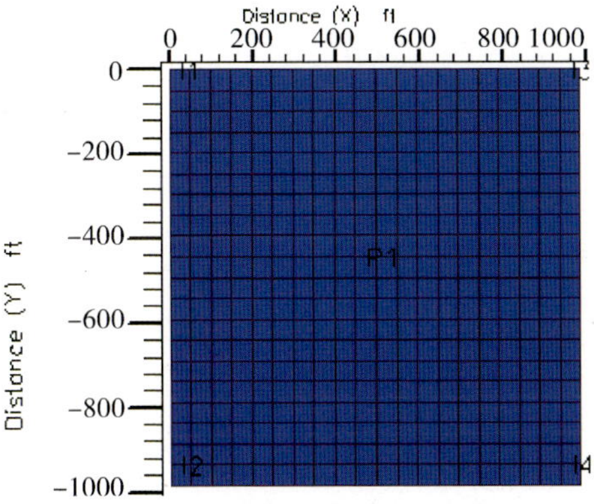

彩图 58　聚合物驱第 7 模拟层的聚合物分布图

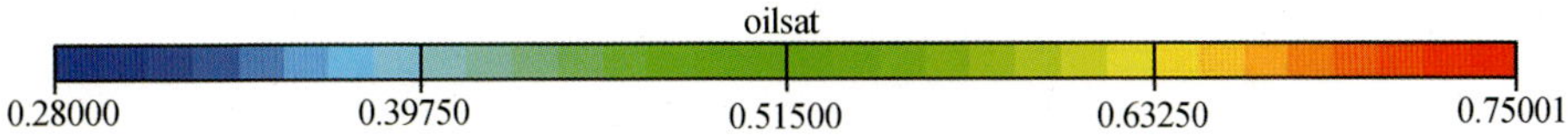

彩图 59　剩余油饱和度图例

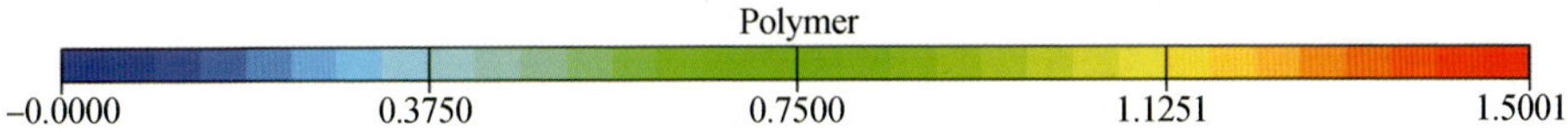

彩图 60　聚合物溶液体积/岩石孔隙体积图例

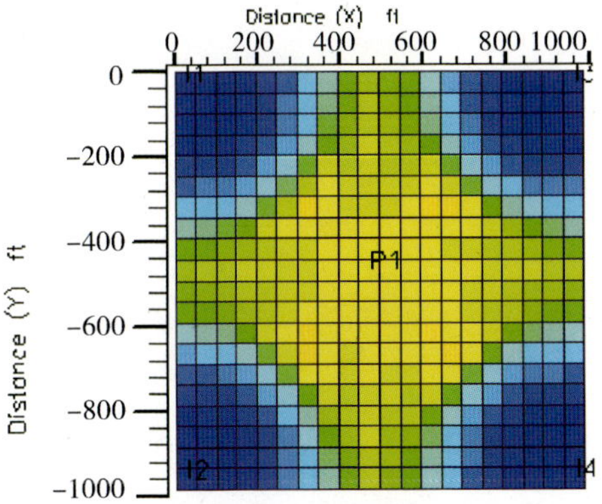

彩图 61　聚合物驱第 1 模拟层剩余油分布图

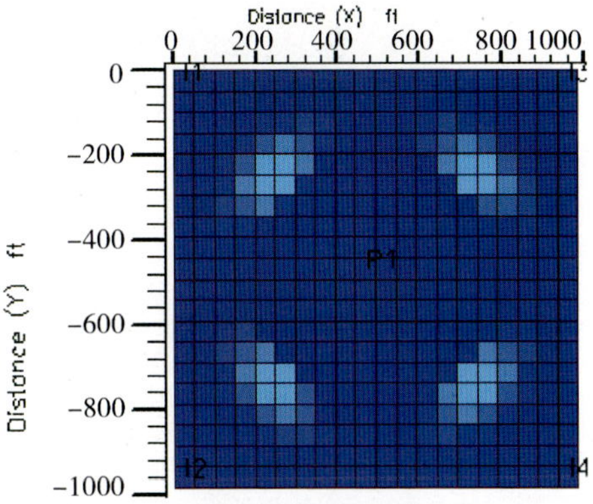

彩图 62　聚合物驱第 1 模拟层的聚合物分布图

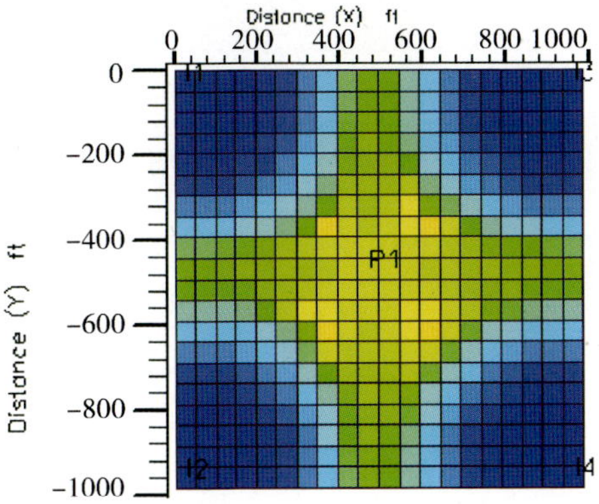

彩图 63　聚合物驱第 2 模拟层剩余油分布图

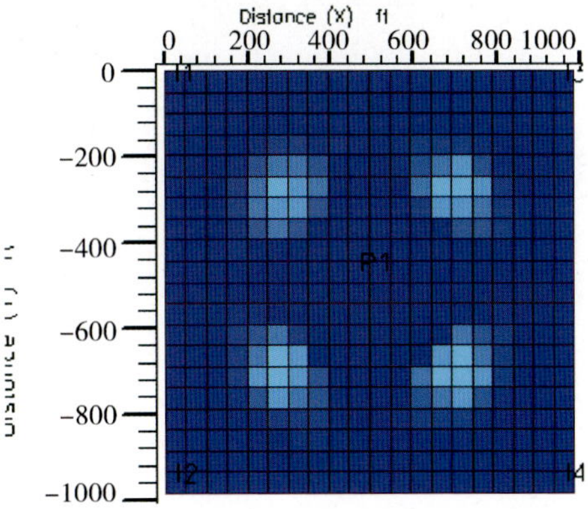

彩图 64　聚合物驱第 2 模拟层的聚合物分布图

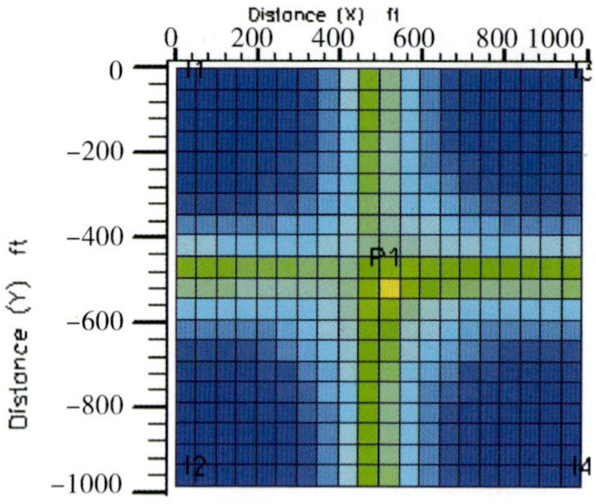

彩图 65　聚合物驱第 3 模拟层剩余油分布图

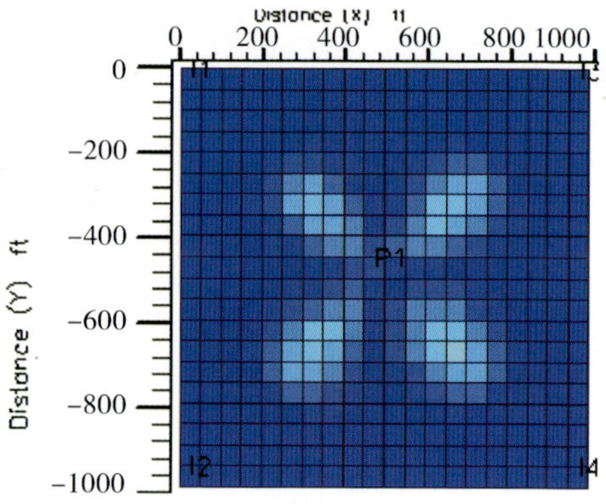

彩图 66　聚合物驱第 3 模拟层的聚合物分布图

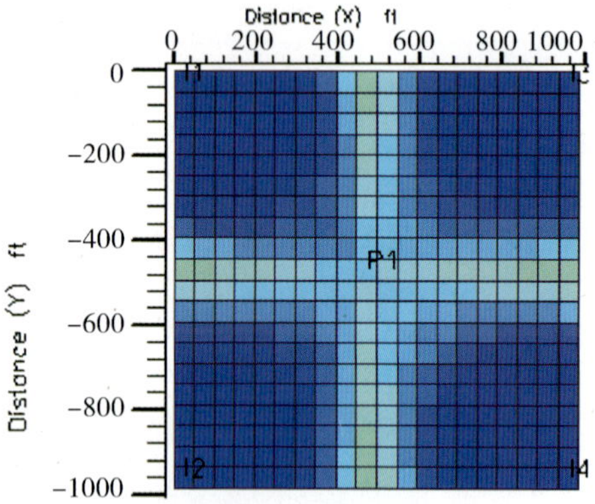

彩图 67　聚合物驱第 4 模拟层剩余油分布图

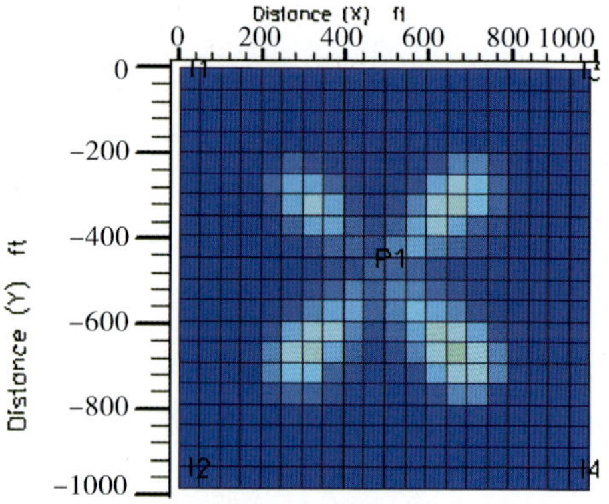

彩图 68　聚合物驱第 4 模拟层的聚合物分布图

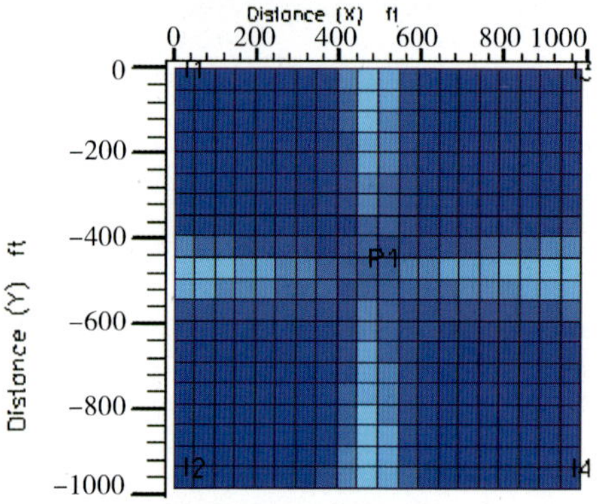

彩图 69　聚合物驱第 5 模拟层剩余油分布图

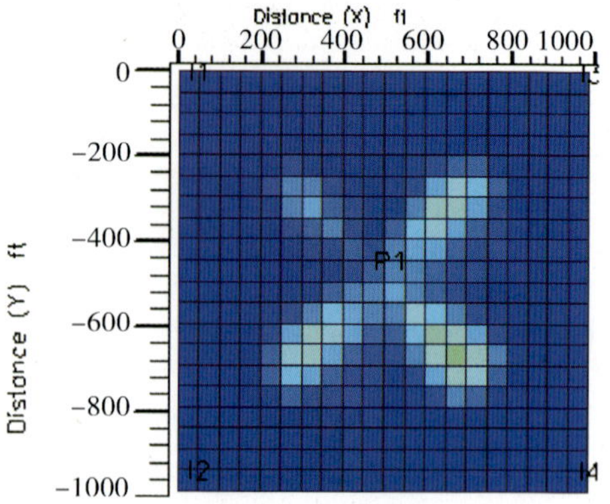

彩图 70　聚合物驱第 5 模拟层的聚合物分布图

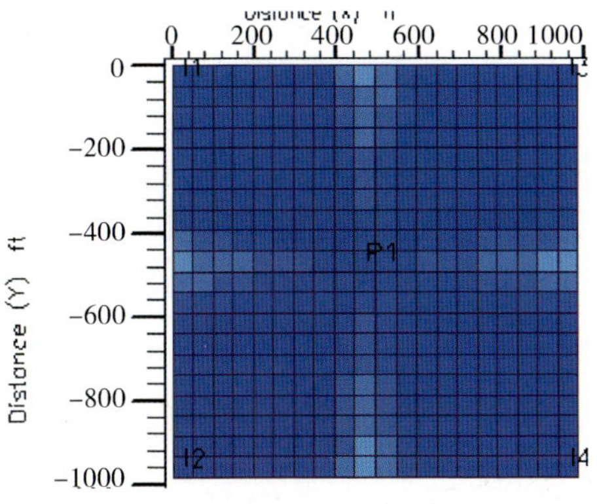

彩图 71　聚合物驱第 6 模拟层剩余油分布图

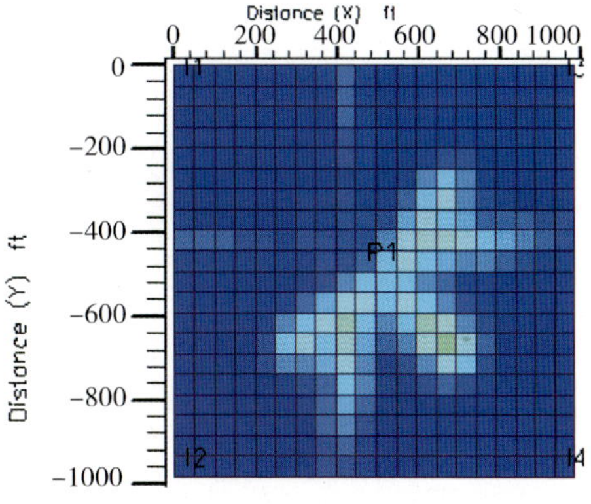

彩图 72　聚合物驱第 6 模拟层的聚合物分布图

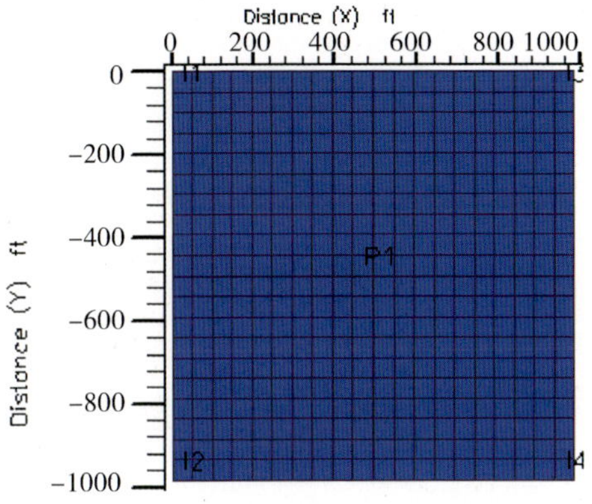

彩图 73　聚合物驱第 7 模拟层剩余油分布图

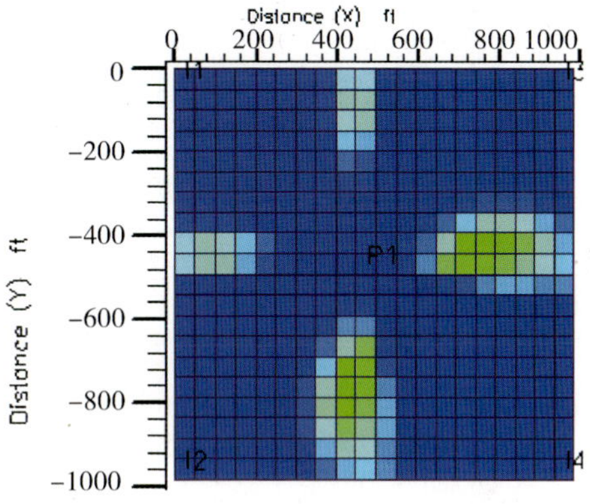

彩图 74　聚合物驱第 7 模拟层的聚合物分布图

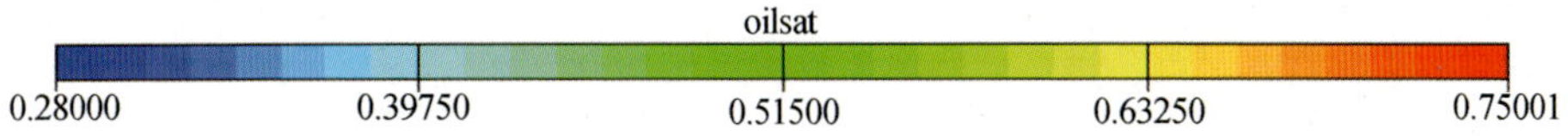

彩图 75　剩余油饱和度图例

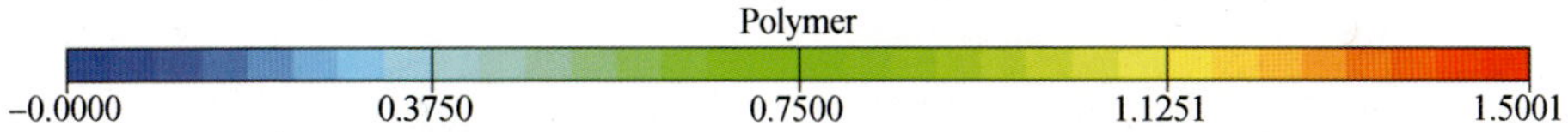

彩图 76　聚合物溶液体积/岩石孔隙体积图例

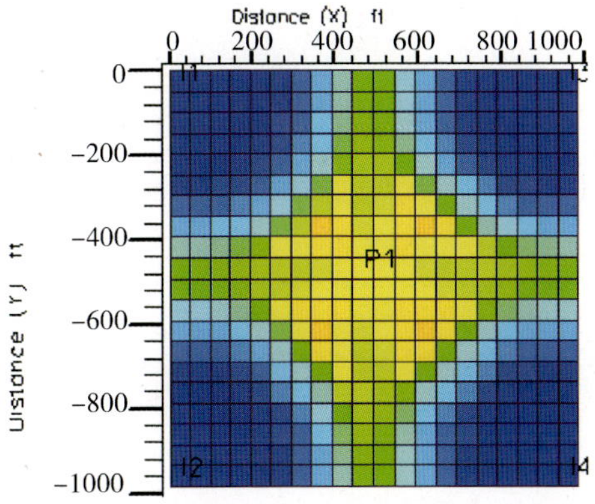

彩图 77　聚合物驱第 1 模拟层剩余油分布图

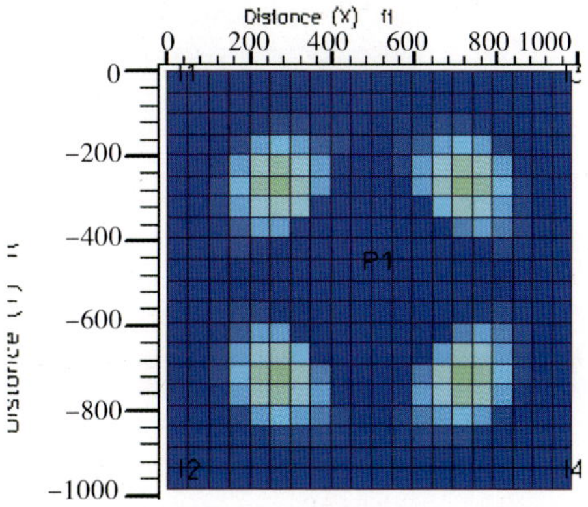

彩图 78　聚合物驱第 1 模拟层的聚合物分布图

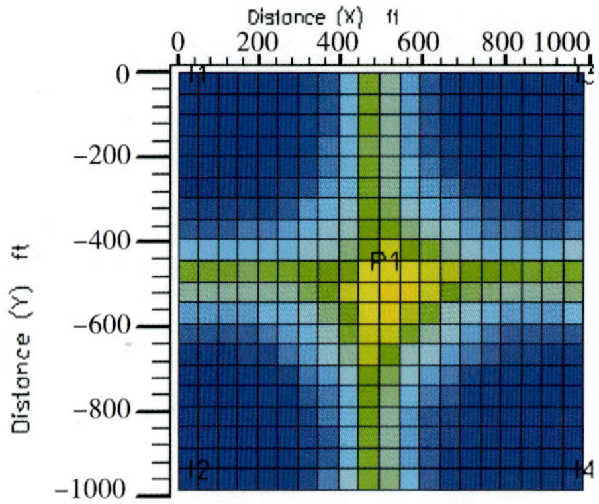

彩图 79　聚合物驱第 2 模拟层剩余油分布图

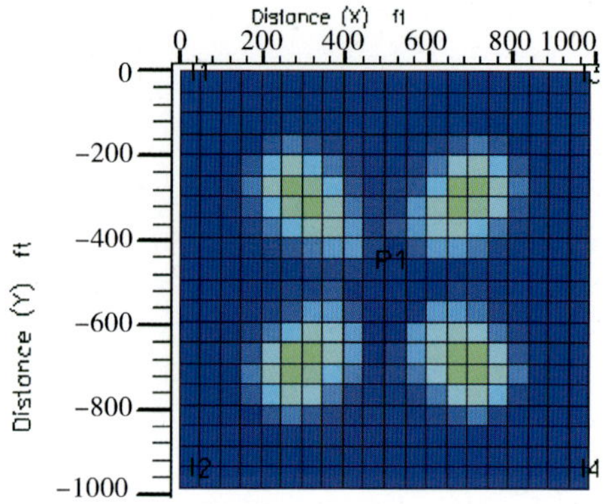

彩图 80　聚合物驱第 2 模拟层的聚合物分布图

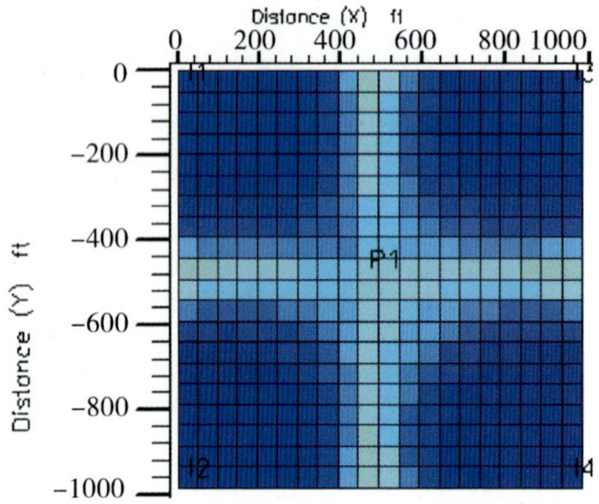

彩图 81　聚合物驱第 3 模拟层剩余油分布图

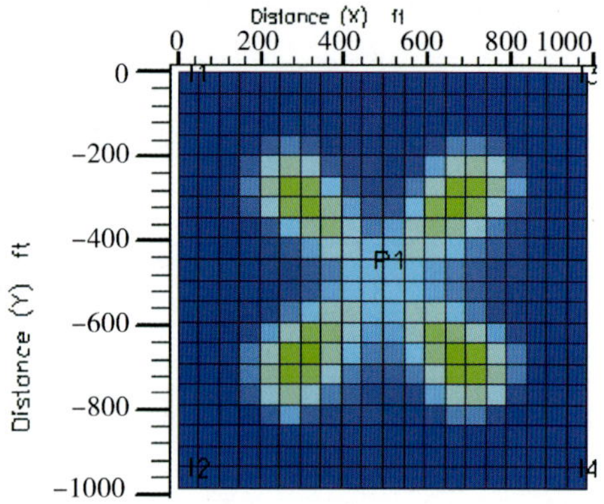

彩图 82　聚合物驱第 3 模拟层的聚合物分布图

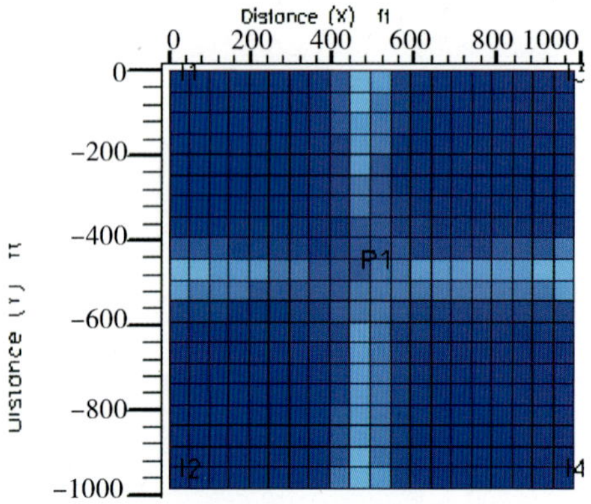

彩图 83　聚合物驱第 4 模拟层剩余油分布图

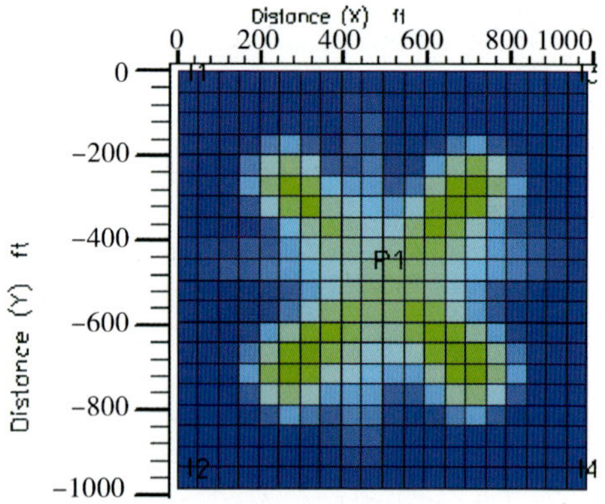

彩图 84　聚合物驱第 4 模拟层的聚合物分布图

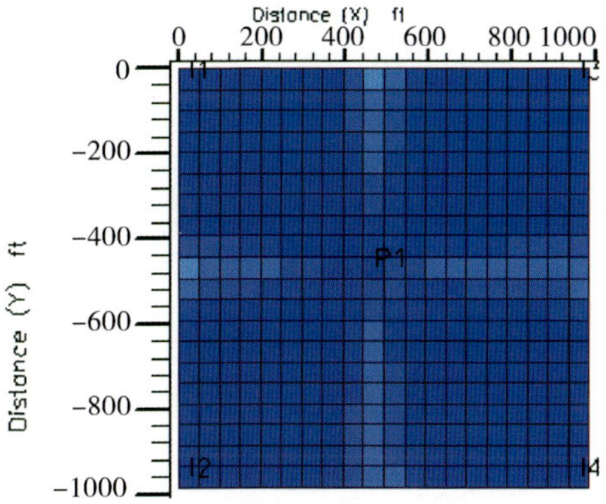

彩图 85 聚合物驱第 5 模拟层剩余油分布图

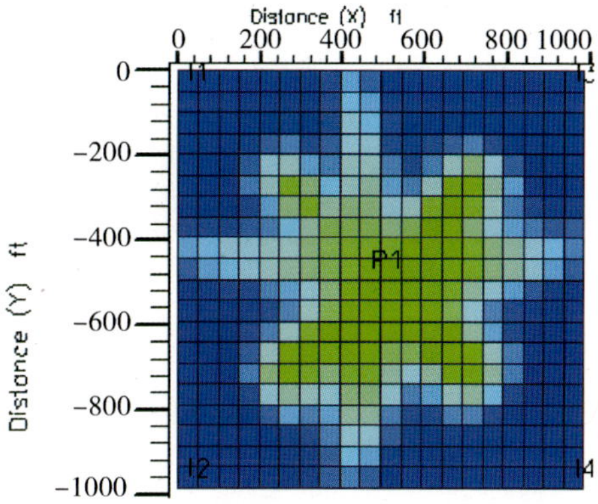

彩图 86 聚合物驱第 5 模拟层的聚合物分布图

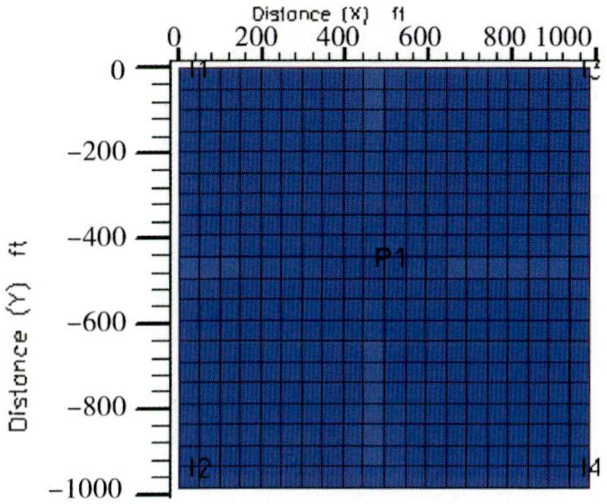

彩图 87 聚合物驱第 6 模拟层剩余油分布图

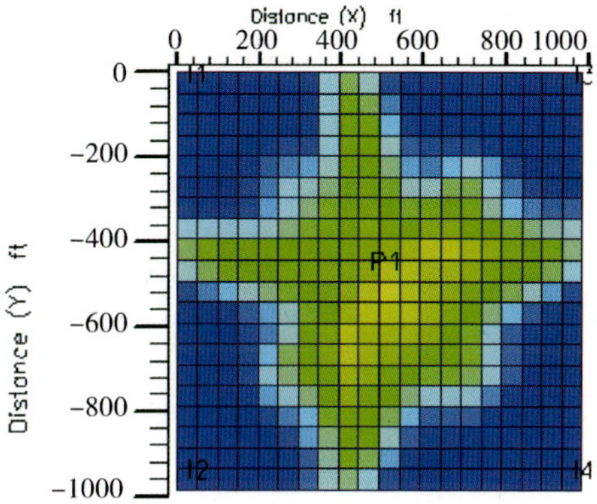

彩图 88 聚合物驱第 6 模拟层的聚合物分布图

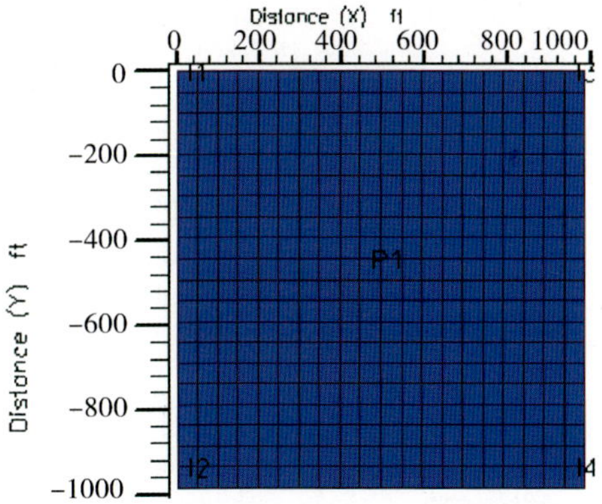

彩图 89 聚合物驱第 7 模拟层剩余油分布图

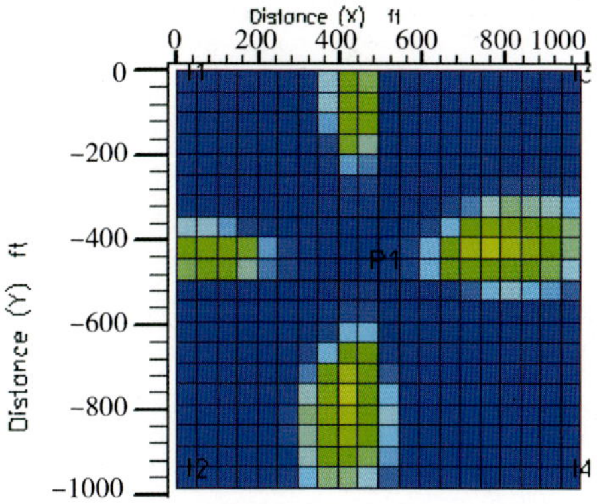

彩图 90 聚合物驱第 7 模拟层的聚合物分布图

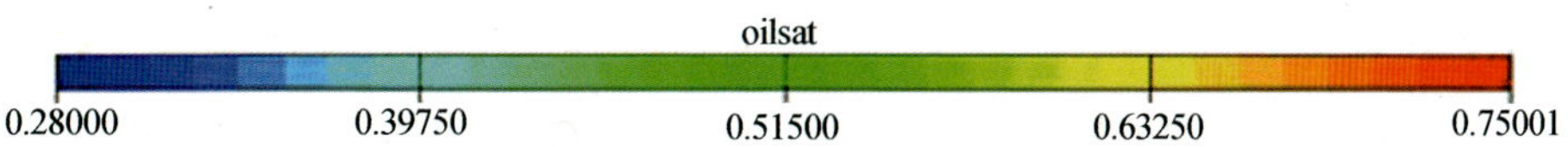

彩图 91 剩余油饱和度图例

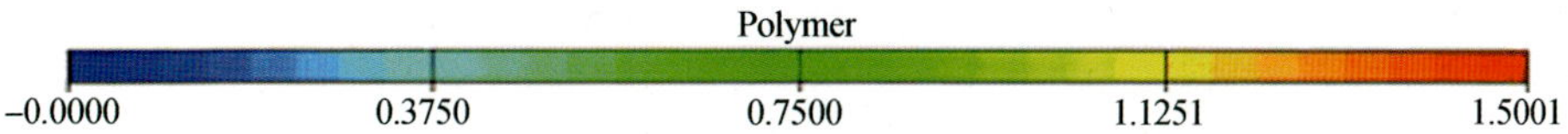

彩图 92 聚合物溶液体积/岩石孔隙体积图例

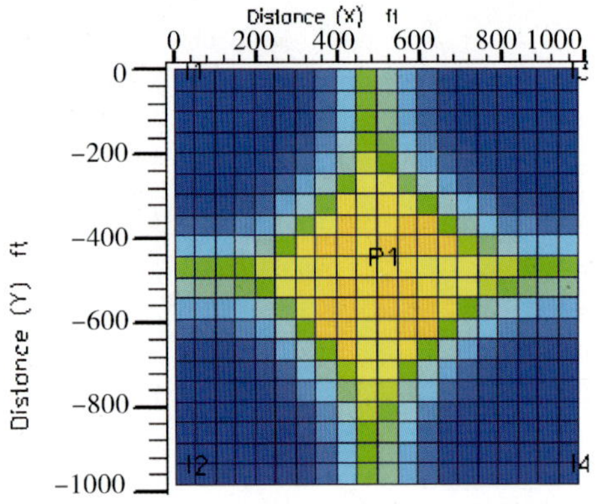

彩图 93　聚合物驱第 1 模拟层剩余油分布图

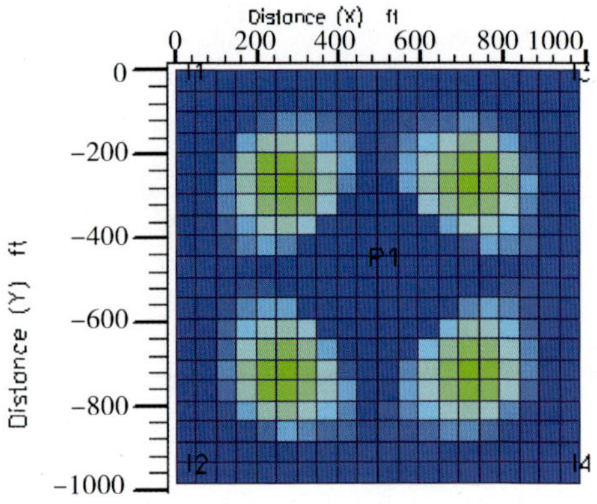

彩图 94　聚合物驱第 1 模拟层的聚合物分布图

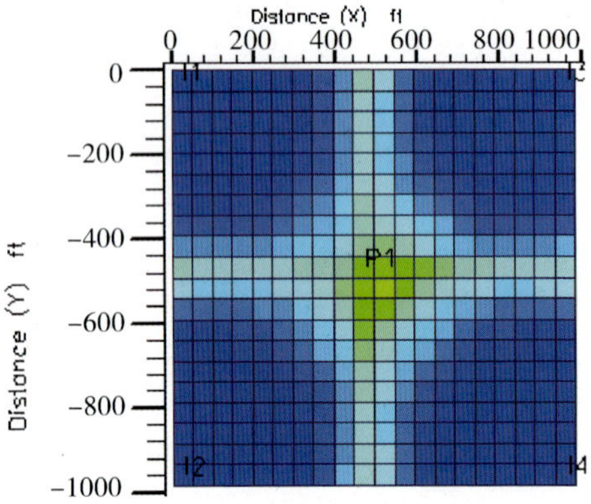

彩图 95　聚合物驱第 2 模拟层剩余油分布图

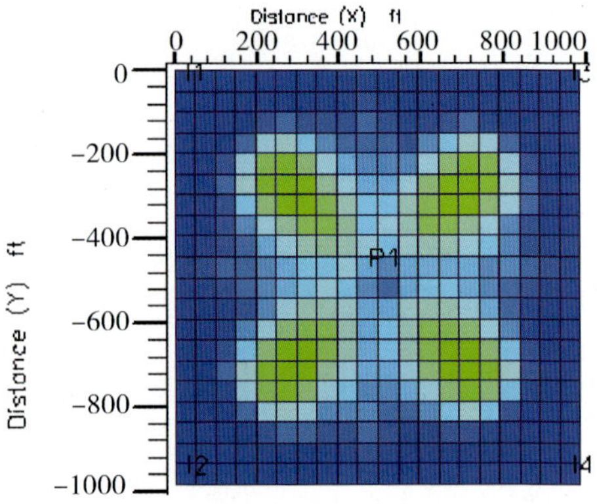

彩图 96　聚合物驱第 2 模拟层的聚合物分布图

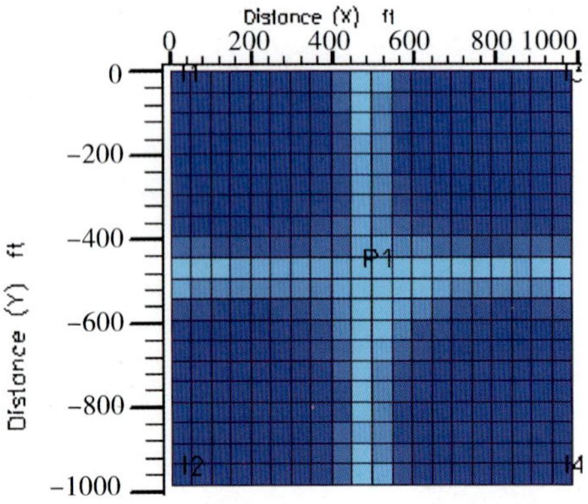

彩图 97　聚合物驱第 3 模拟层剩余油分布

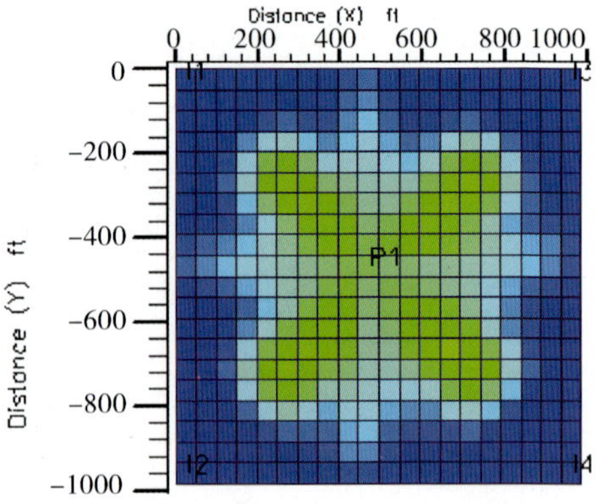

彩图 98　聚合物驱第 3 模拟层的聚合物分布图

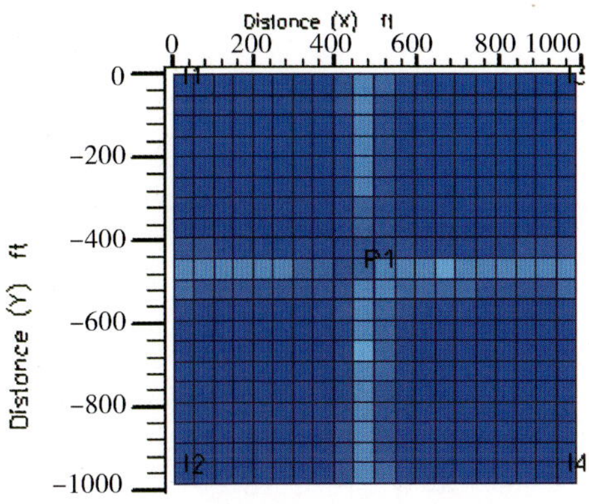

彩图 99　聚合物驱第 4 模拟层剩余油分布图

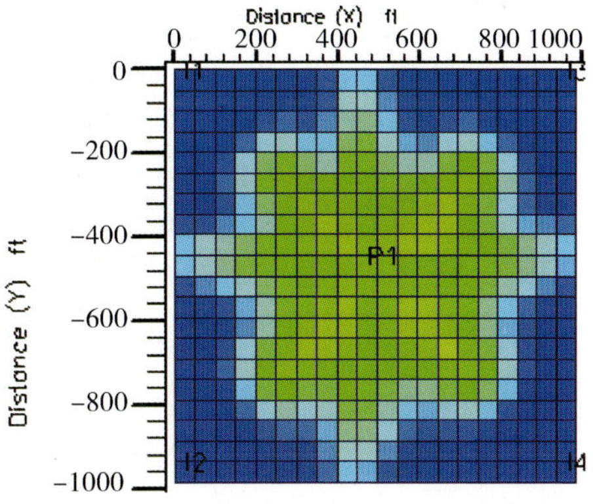

彩图 100　聚合物驱第 4 模拟层的聚合物分布图

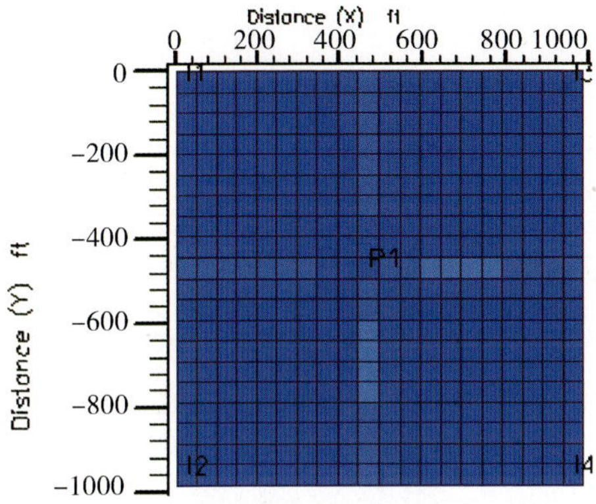

彩图 101　聚合物驱第 5 模拟层剩余油分布图

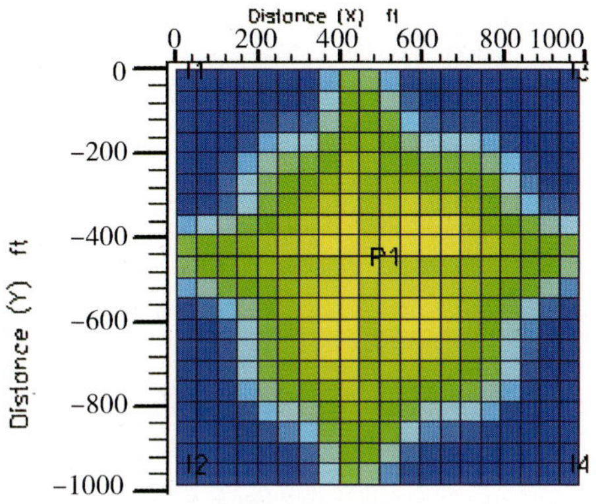

彩图 102　聚合物驱第 5 模拟层的聚合物分布图

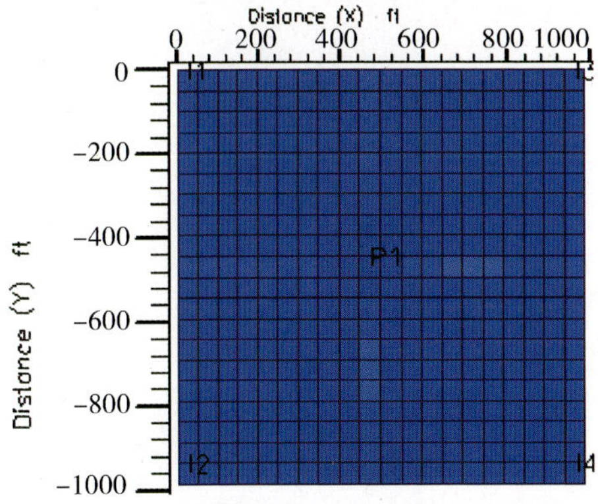

彩图 103　聚合物驱第 6 模拟层剩余油分布图

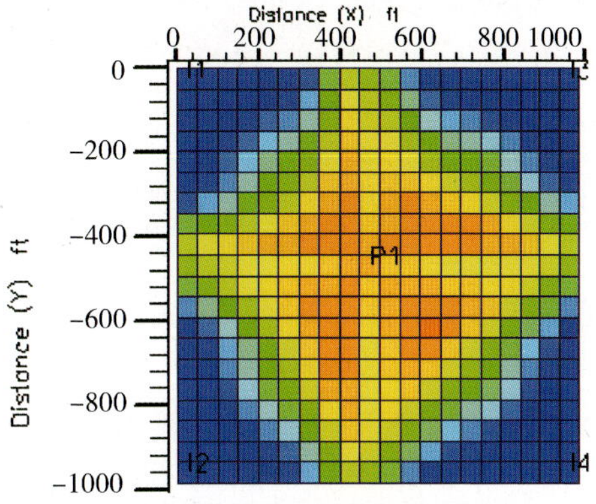

彩图 104　聚合物驱第 6 模拟层的聚合物分布图

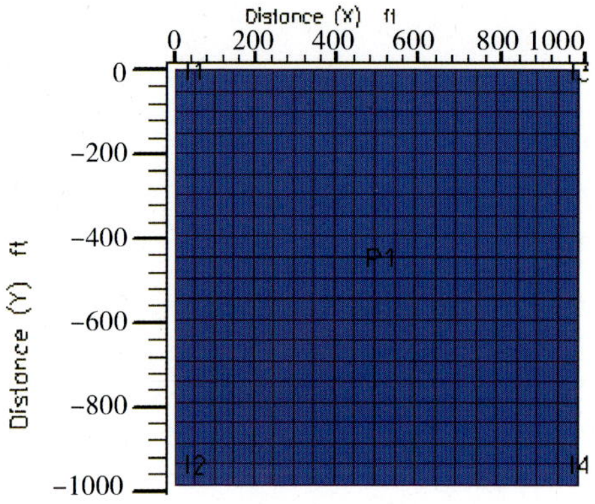

彩图 105　聚合物驱第 7 模拟层剩余油分布图

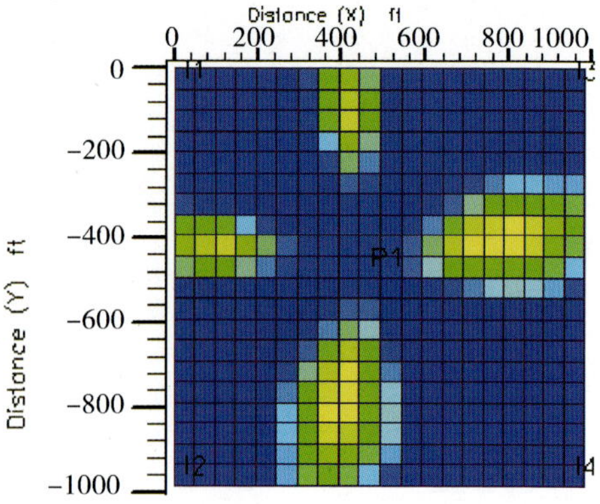

彩图 106　聚合物驱第 7 模拟层的聚合物分布图

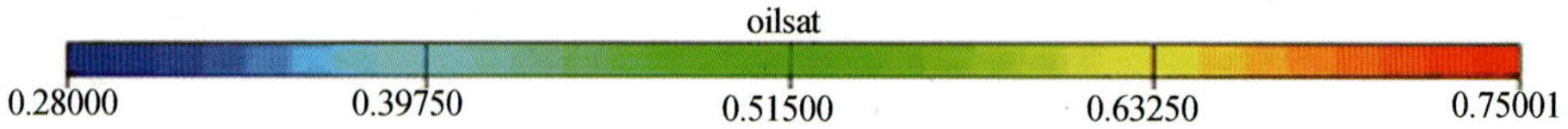

彩图 107　剩余油饱和度图例

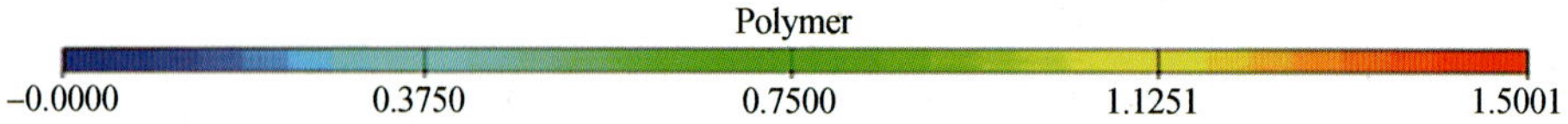

彩图 108　聚合物溶液体积/岩石孔隙体积图例

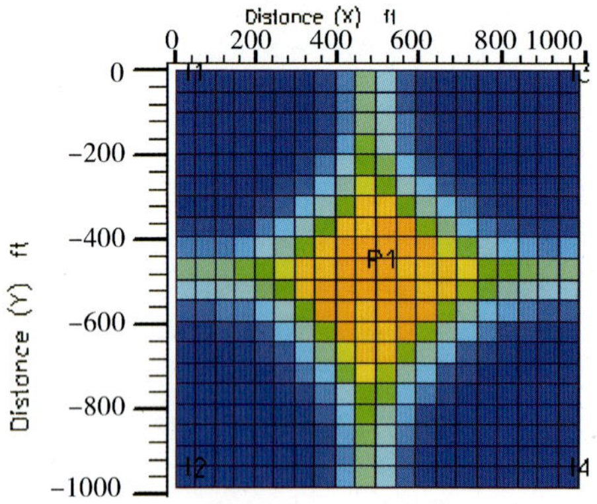

彩图 109　聚合物驱第 1 模拟层剩余油分布图

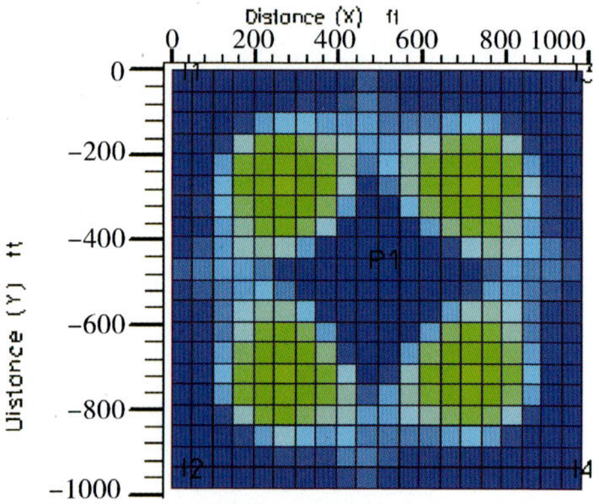

彩图 110　聚合物驱第 1 模拟层的聚合物分布图

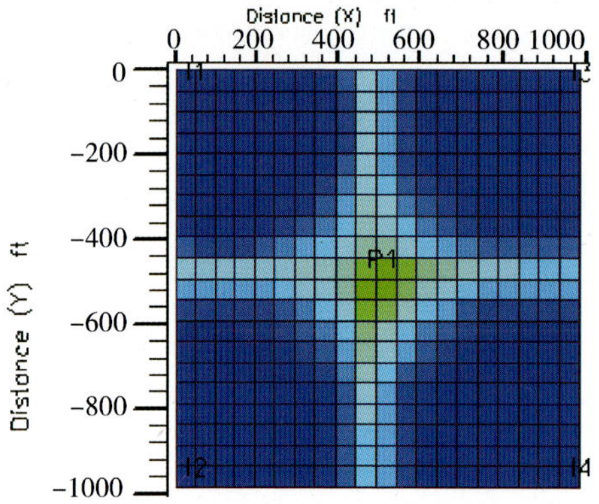

彩图 111　聚合物驱第 2 模拟层剩余油分布图

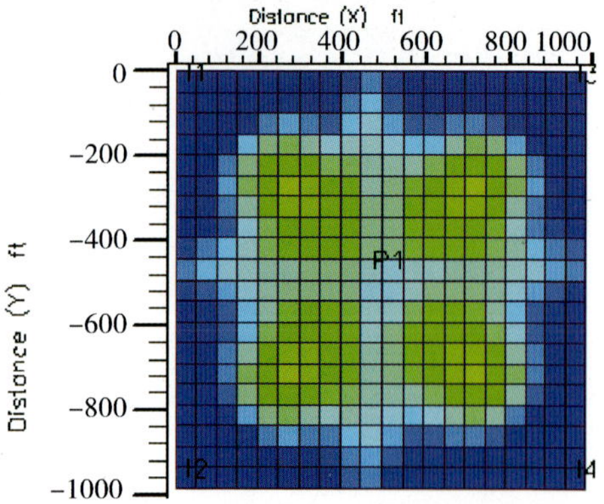

彩图 112　聚合物驱第 2 模拟层的聚合物分布

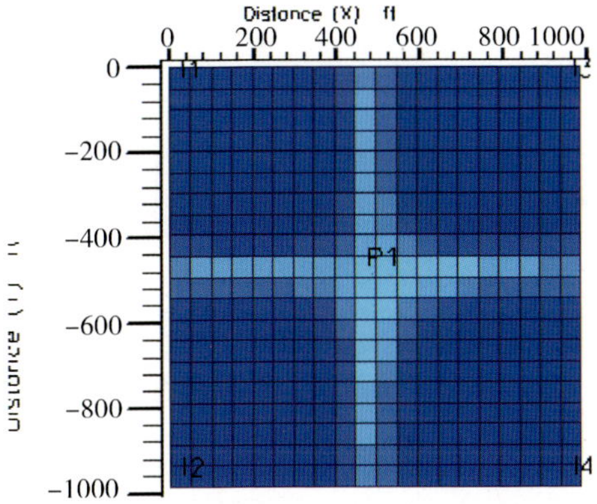

彩图 113　聚合物驱第 3 模拟层剩余油分布图

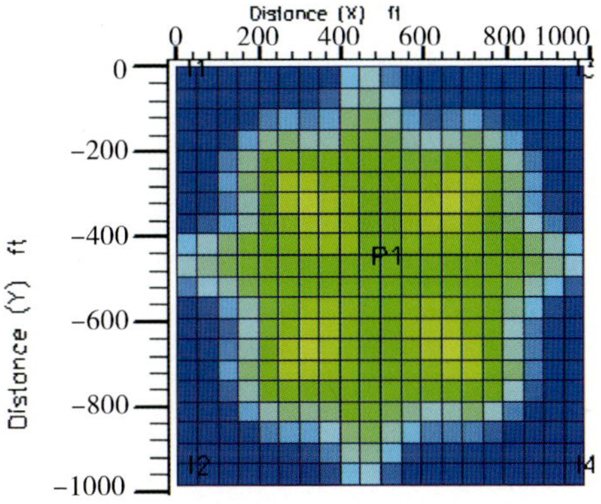

彩图 114　聚合物驱第 3 模拟层的聚合物分布图

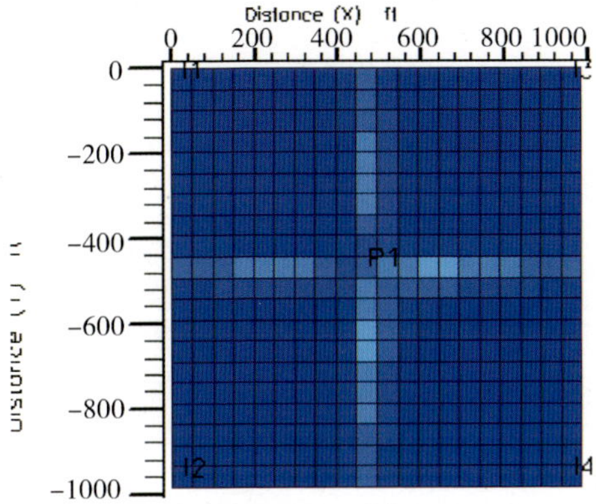

彩图 115　聚合物驱第 4 模拟层剩余油分布图

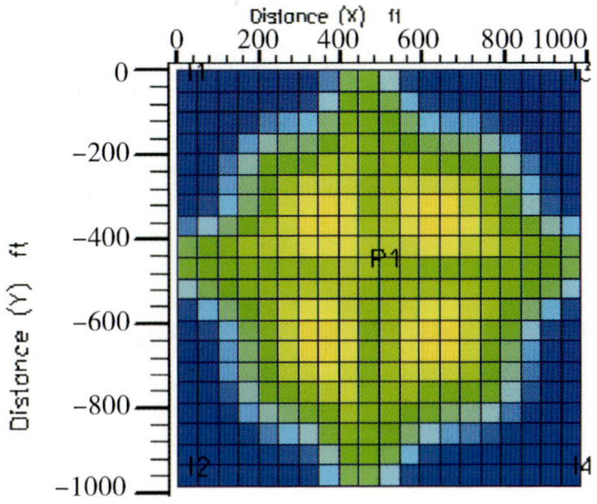

彩图 116　聚合物驱第 4 模拟层的聚合物分布图

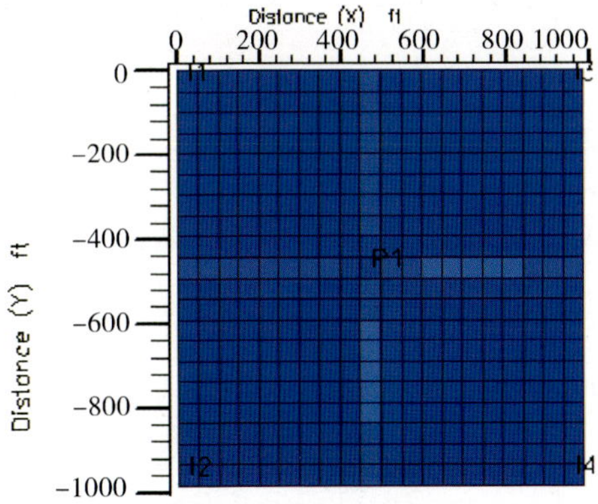

彩图 117　聚合物驱第 5 模拟层剩余油分布图

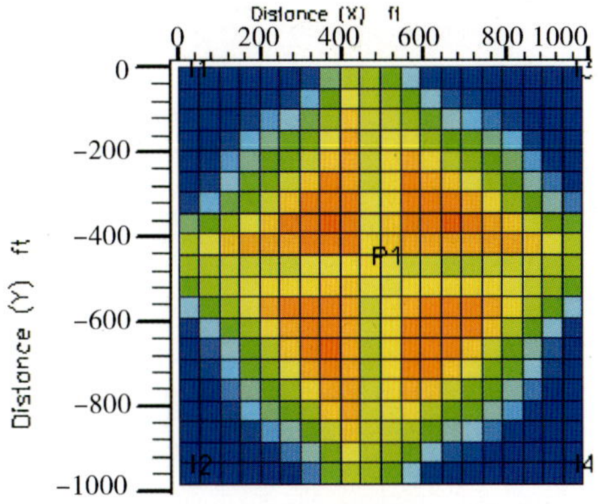

彩图 118　聚合物驱第 5 模拟层的聚合物分布图

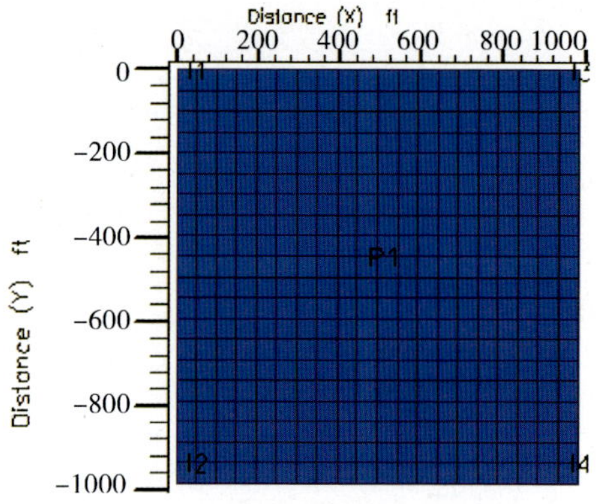

彩图 119　聚合物驱第 6 模拟层剩余油分布图

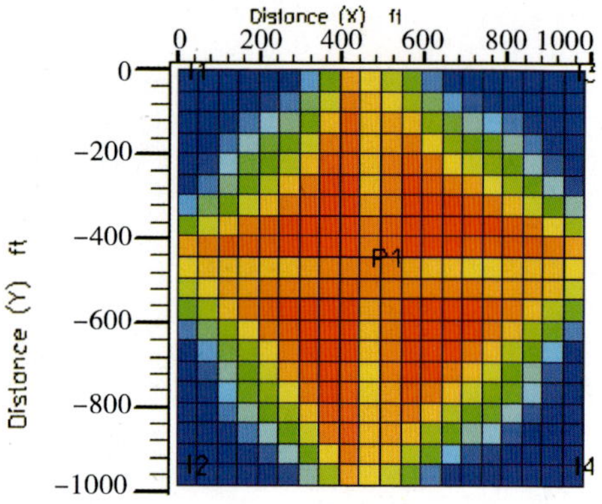

彩图 120　聚合物驱第 6 模拟层的聚合物分布图

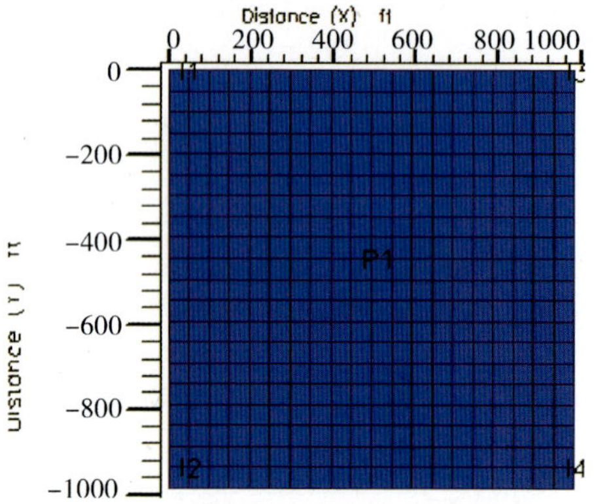

彩图 121　聚合物驱第 7 模拟层剩余油分布图

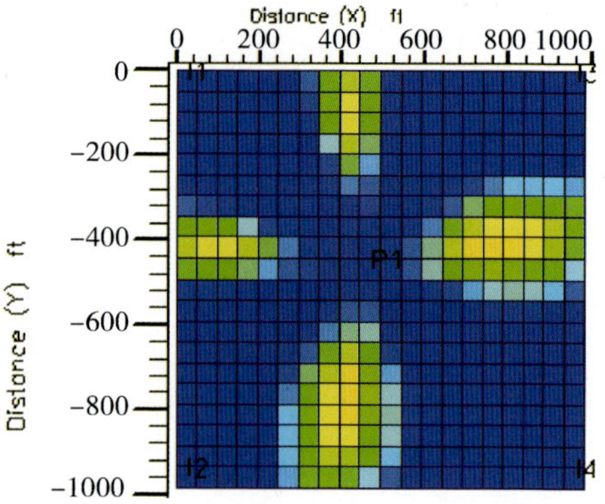

彩图 122　聚合物驱第 7 模拟层的聚合物分布图

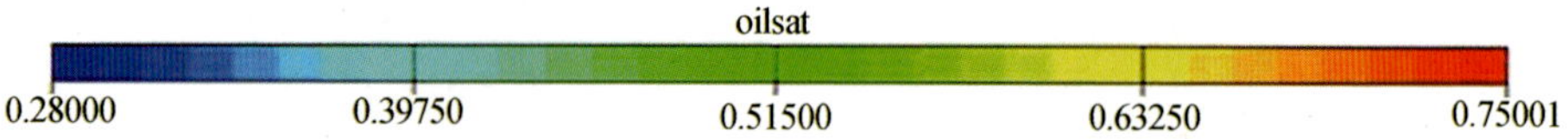

彩图 123　剩余油饱和度图例

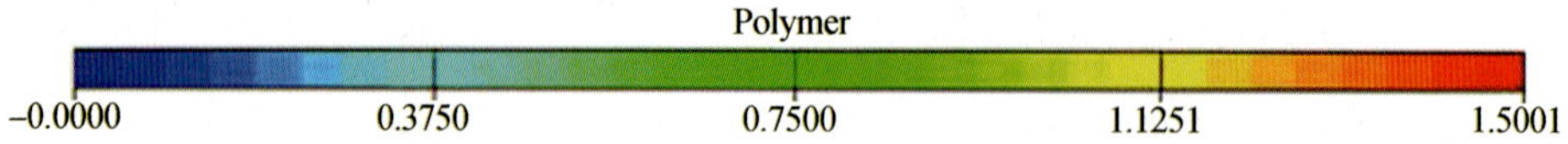

彩图 124 聚合物溶液体积/岩石孔隙体积图例

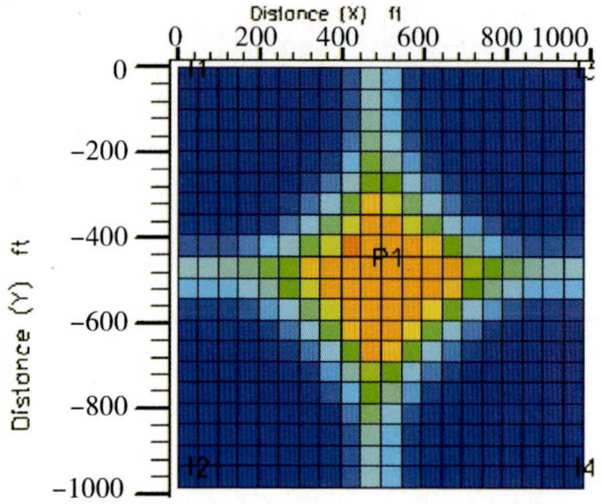

彩图 125　聚合物驱第 1 模拟层剩余油分布图

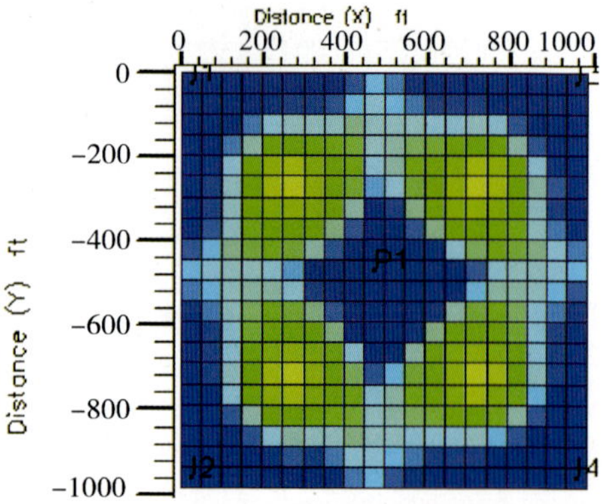

彩图 126　聚合物驱第 1 模拟层的聚合物分布图

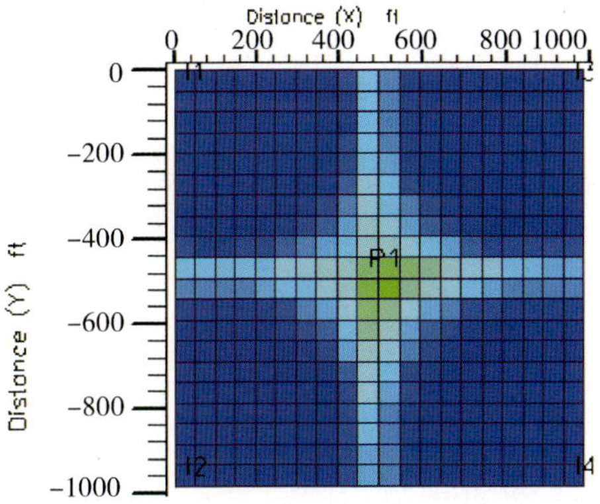

彩图 127　聚合物驱第 2 模拟层剩余油分布图

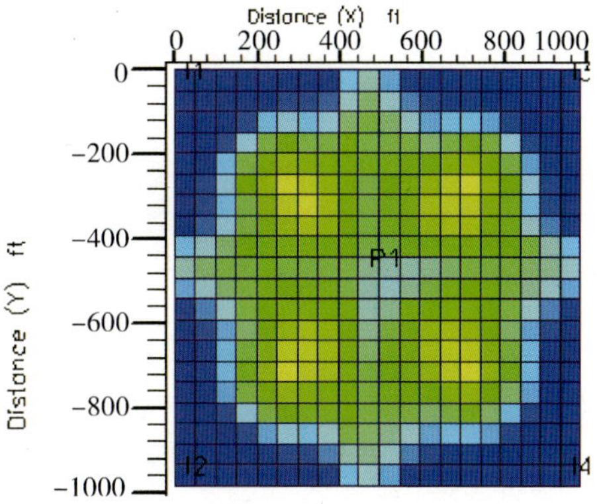

彩图 128　聚合物驱第 2 模拟层的聚合物分布图

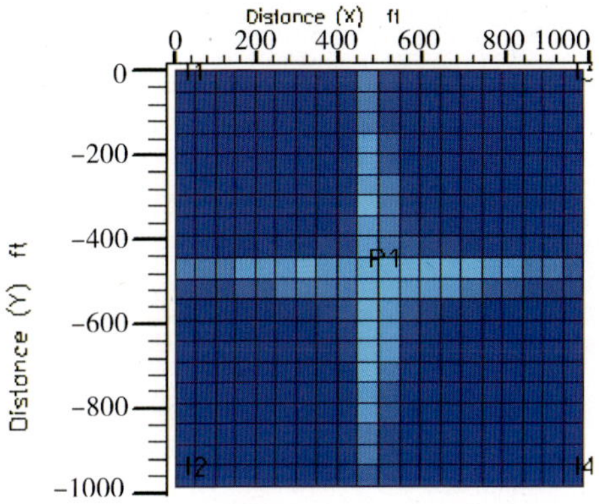

彩图 129　聚合物驱第 3 模拟层剩余油分布图

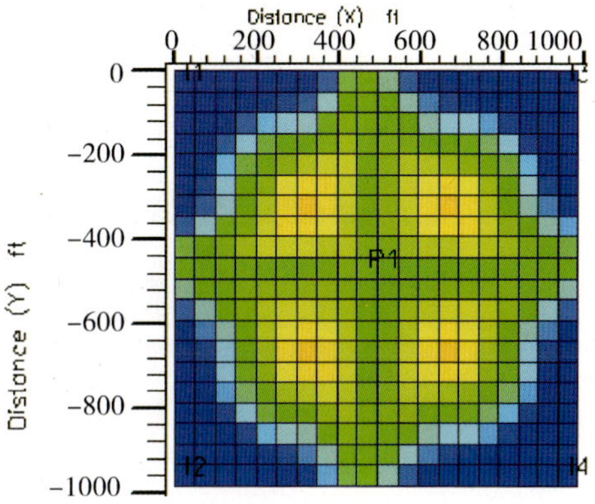

彩图 130　聚合物驱第 3 模拟层的聚合物分布图

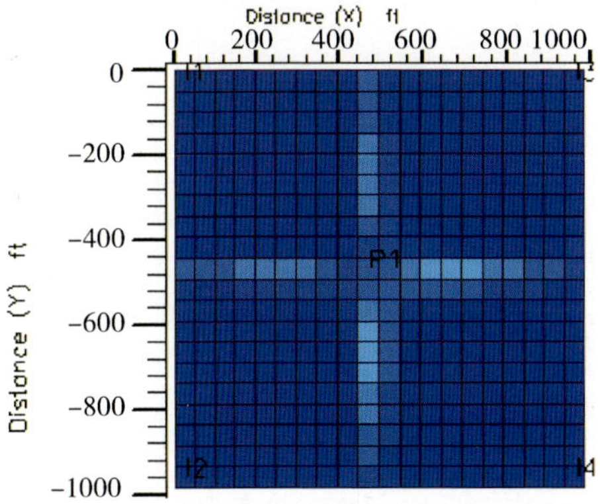

彩图 131　聚合物驱第 4 模拟层剩余油分布图

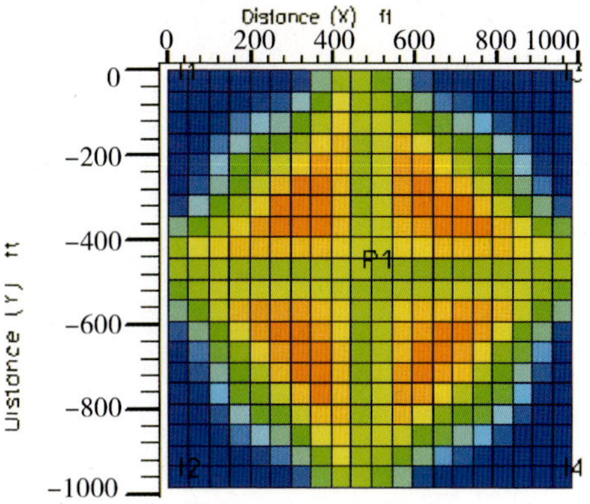

彩图 132　聚合物驱第 4 模拟层的聚合物分布图

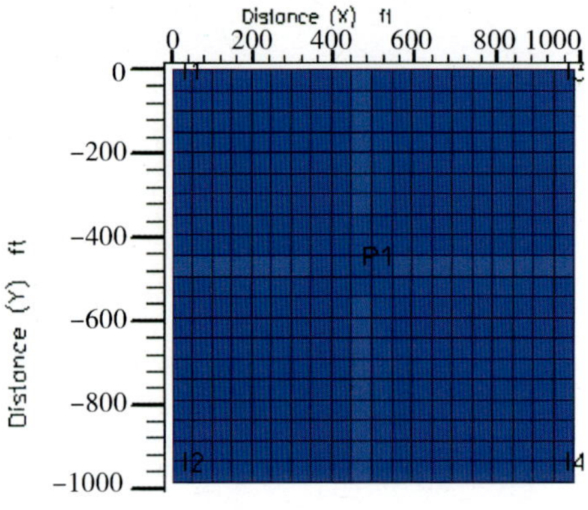

彩图 133 聚合物驱第 5 模拟层剩余油分布图

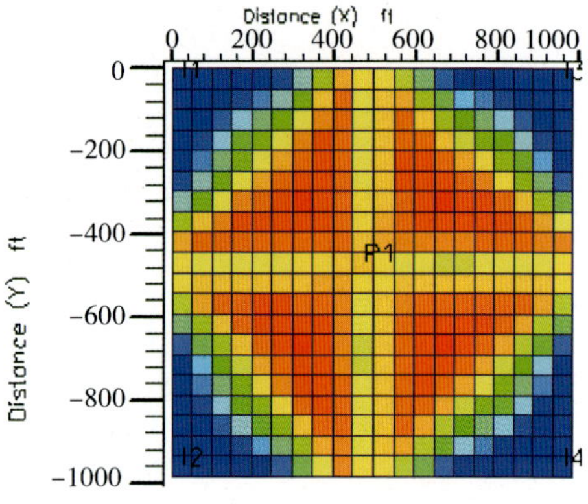

彩图 134 聚合物驱第 5 模拟层的聚合物分布图

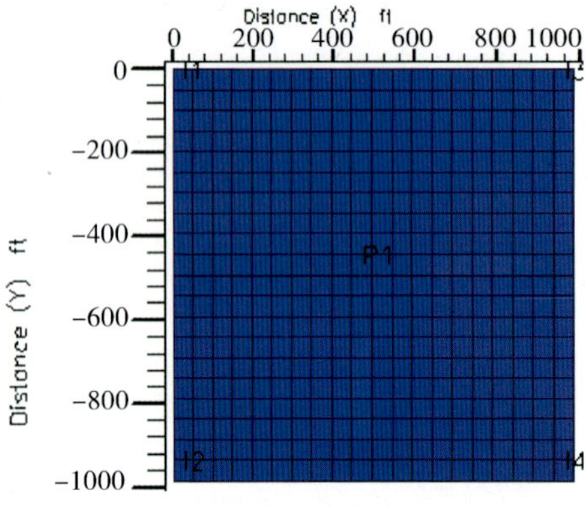

彩图 135 聚合物驱第 6 模拟层剩余油分布图

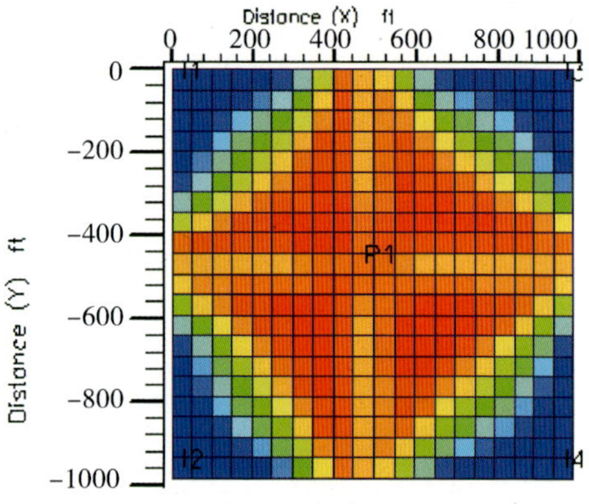

彩图 136 聚合物驱第 6 模拟层的聚合物分布图

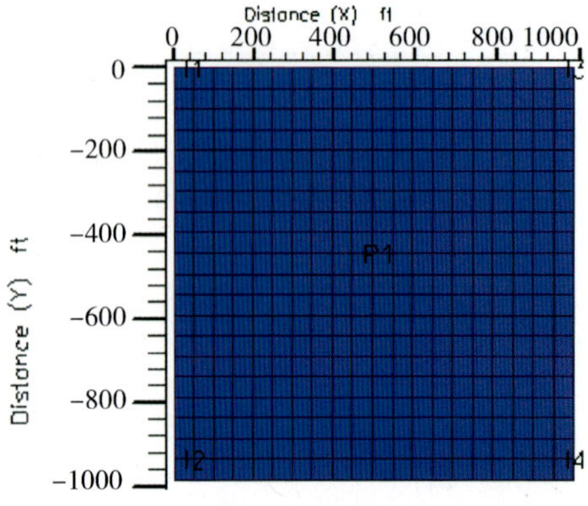

彩图 137 聚合物驱第 7 模拟层剩余油分布图

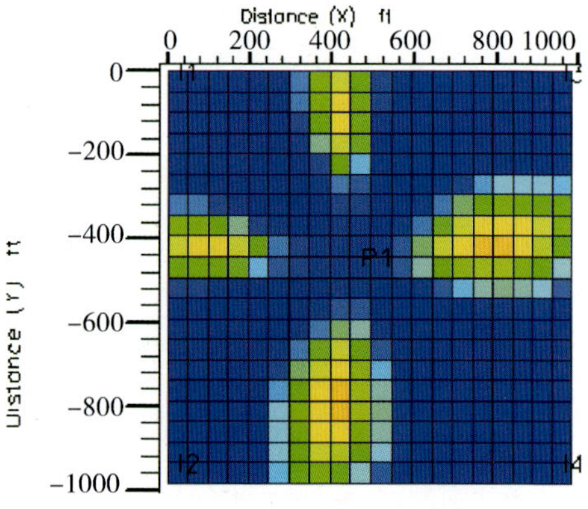

彩图 138 聚合物驱第 7 模拟层的聚合物分布图

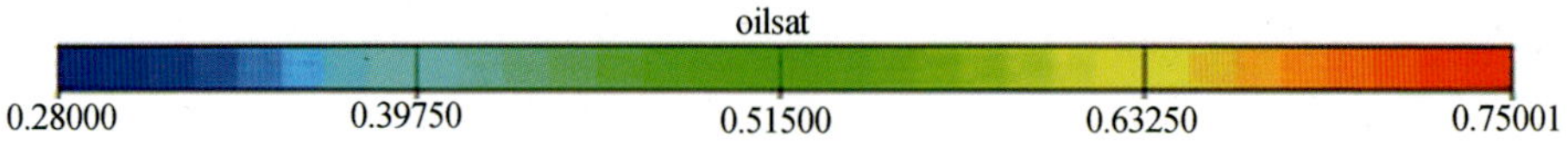

彩图 139 剩余油饱和度图例

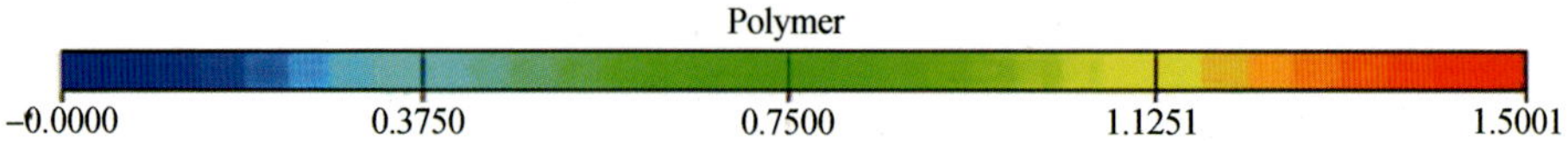

彩图 140 聚合物溶液体积/岩石孔隙体积图例

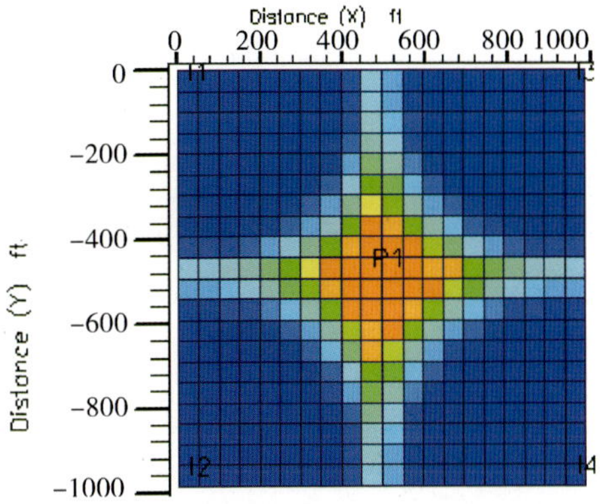

彩图 141　聚合物驱第 1 模拟层剩余油分布图

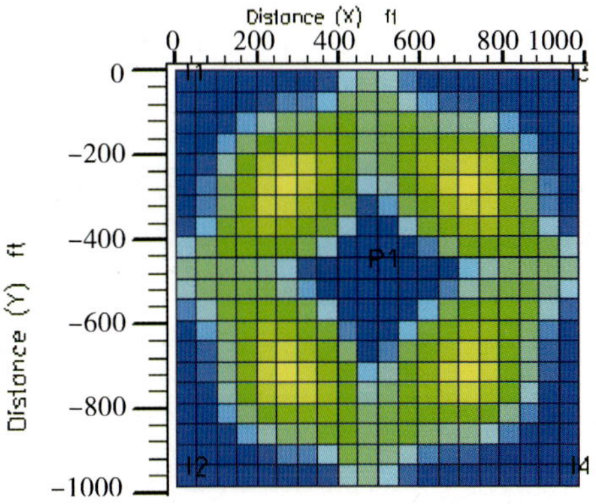

彩图 142　聚合物驱第 1 模拟层的聚合物分布图

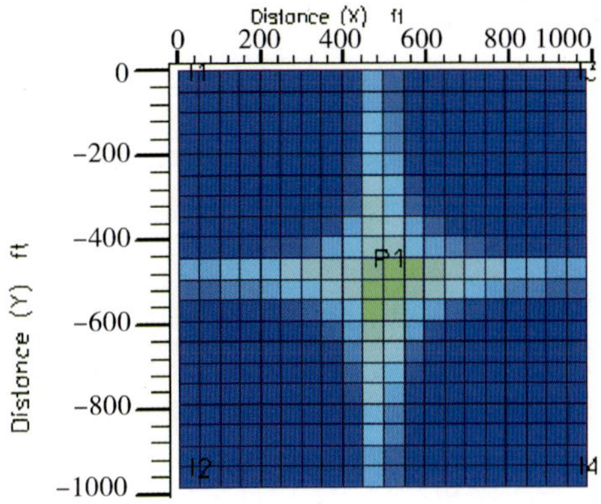

彩图 143　聚合物驱第 2 模拟层剩余油分布图

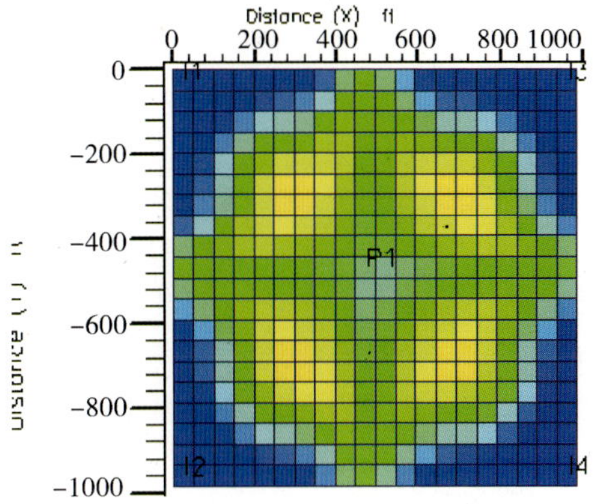

彩图 144　聚合物驱第 2 模拟层的聚合物分布图

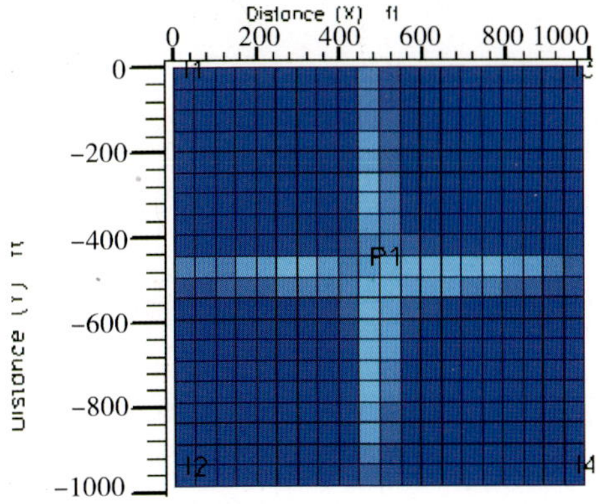

彩图 145　聚合物驱第 3 模拟层剩余油分布图

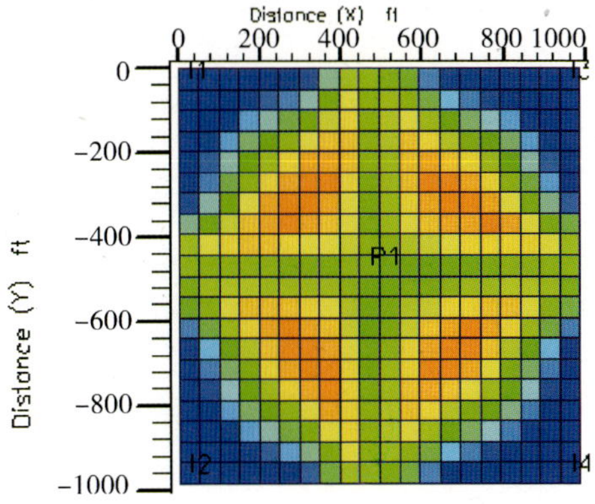

彩图 146　聚合物驱第 3 模拟层的聚合物分布图

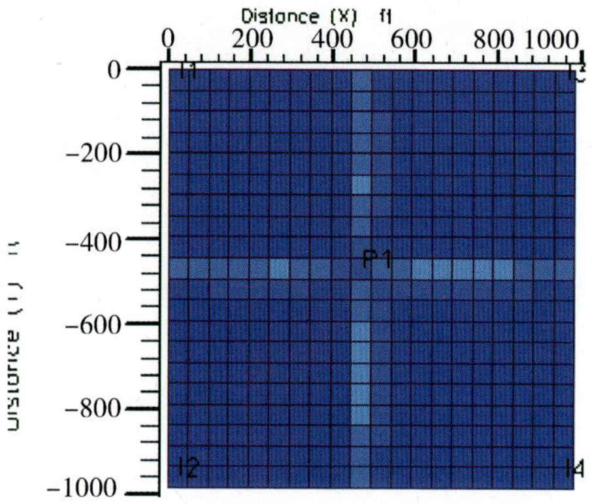

彩图 147　聚合物驱第 4 模拟层剩余油分布图

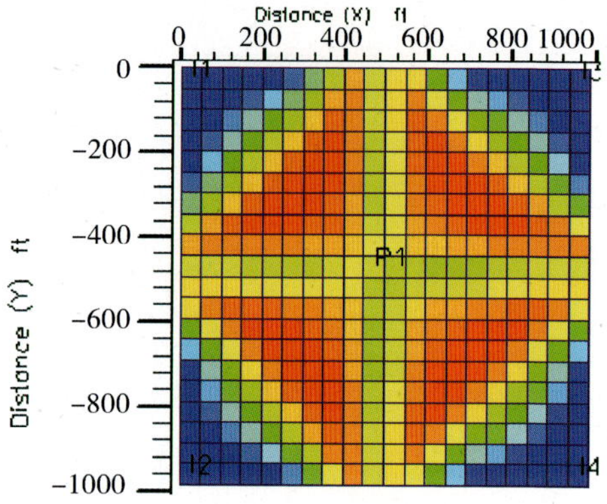

彩图 148　聚合物驱第 4 模拟层的聚合物分布图

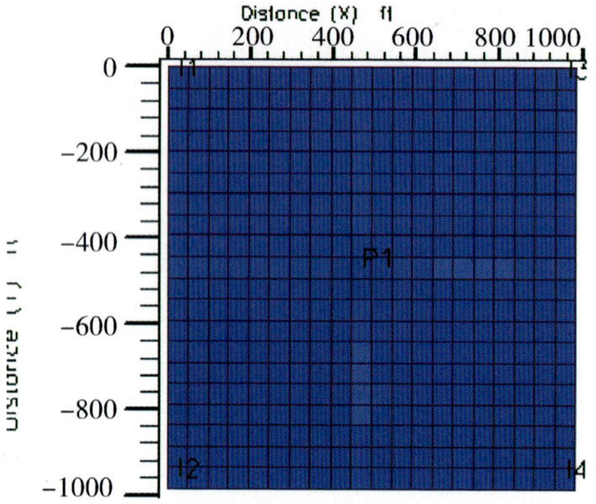

彩图 149　聚合物驱第 5 模拟层剩余油分布图

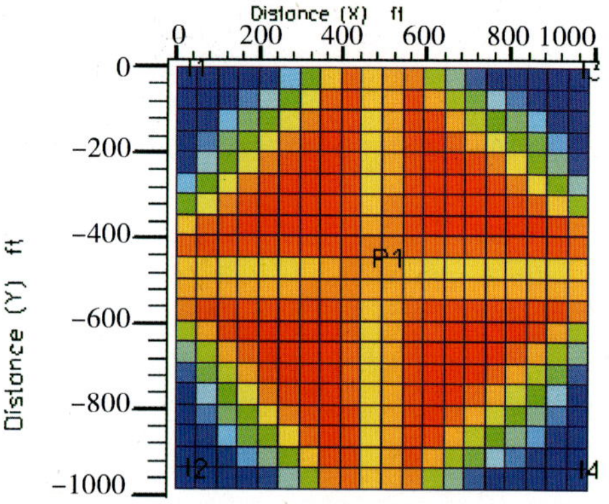

彩图 150　聚合物驱第 5 模拟层的聚合物分布图

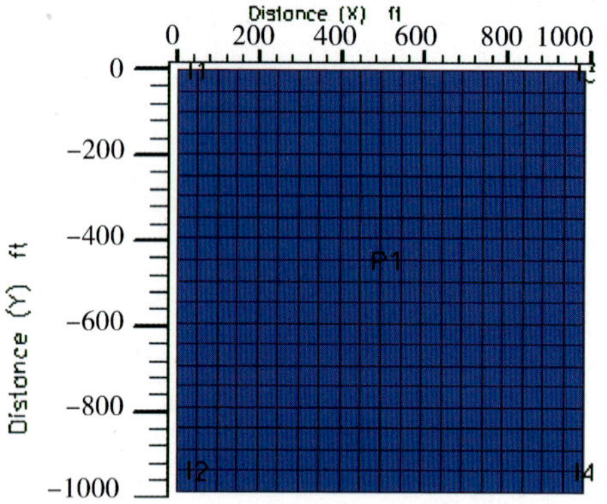

彩图 151　聚合物驱第 6 模拟层剩余油分布图

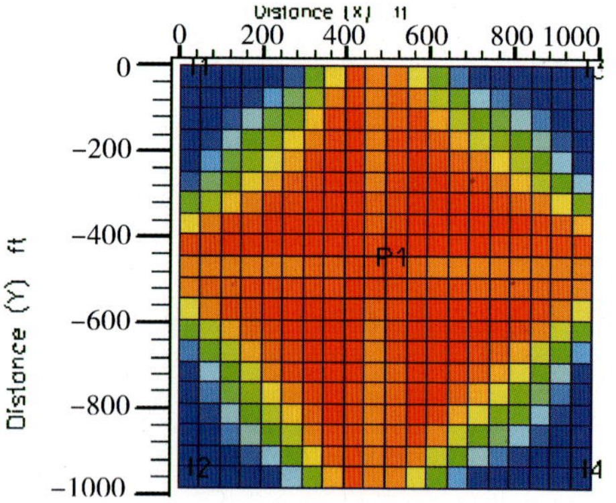

彩图 152　聚合物驱第 6 模拟层的聚合物分布图

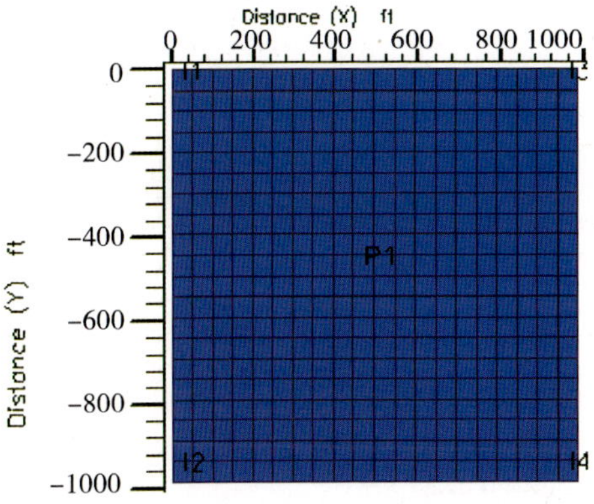

彩图 153　聚合物驱第 7 模拟层剩余油分布图

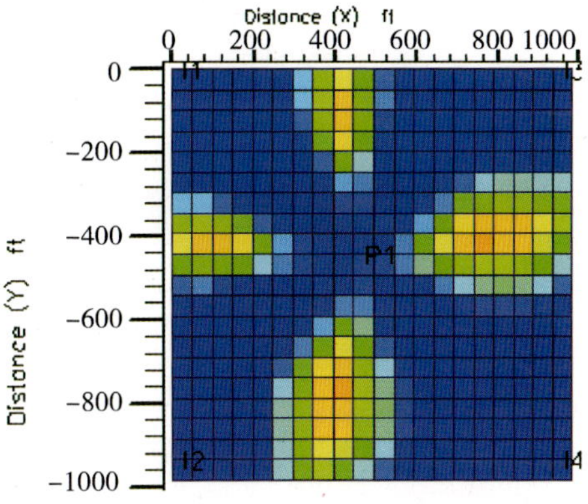

彩图 154　聚合物驱第 7 模拟层的聚合物分布图

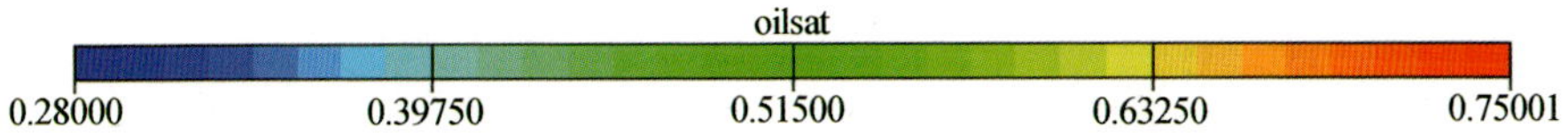

彩图 155　剩余油饱和度图例

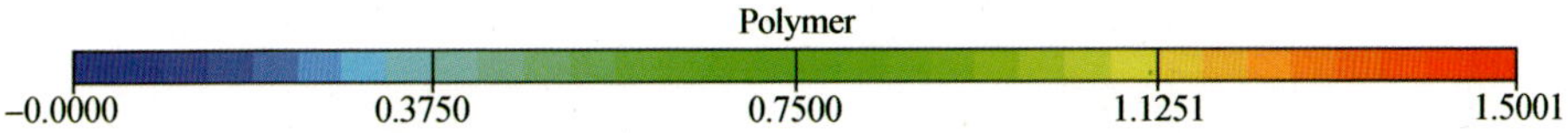

彩图 156　聚合物溶液体积/岩石孔隙体积图例

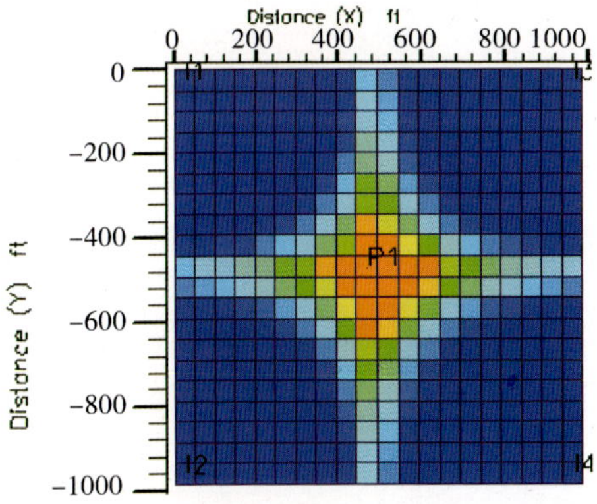

彩图 157　聚合物驱第 1 模拟层剩余油分布图

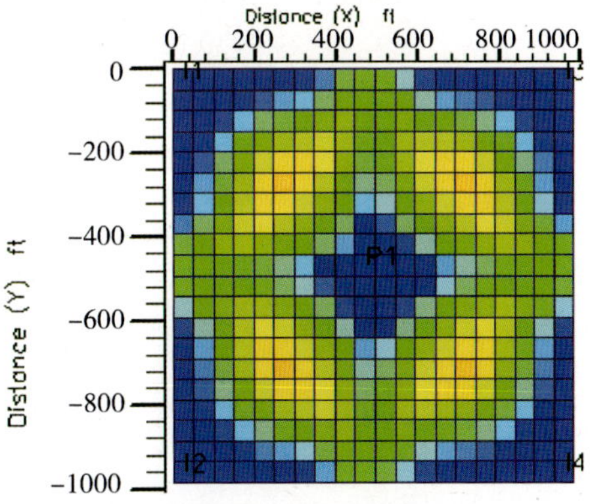

彩图 158　聚合物驱第 2 模拟层的聚合物分布图

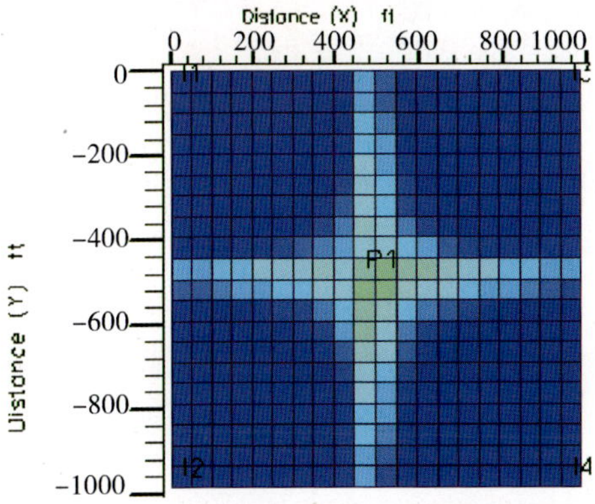

彩图 159　聚合物驱第 2 模拟层剩余油分布图

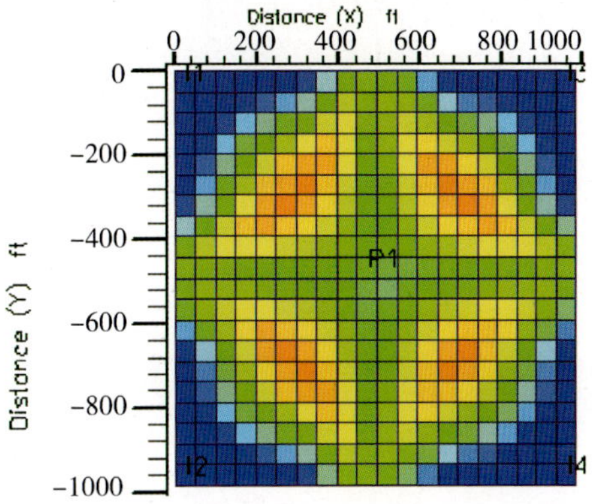

彩图 160　聚合物驱第 2 模拟层的聚合物分布图

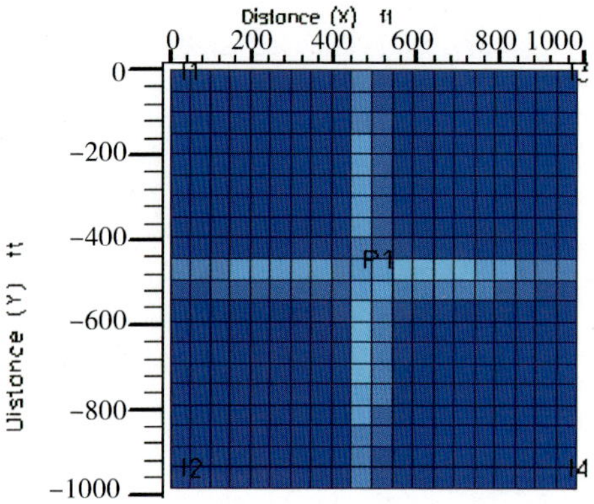

彩图 161　聚合物驱第 3 模拟层剩余油分布图

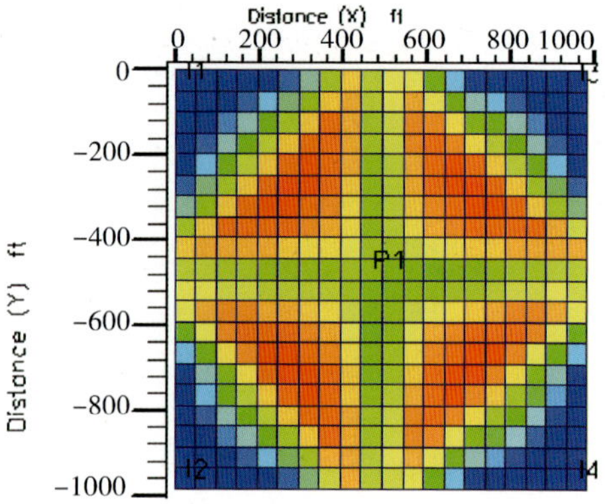

彩图 162　聚合物驱第 3 模拟层的聚合物分布图

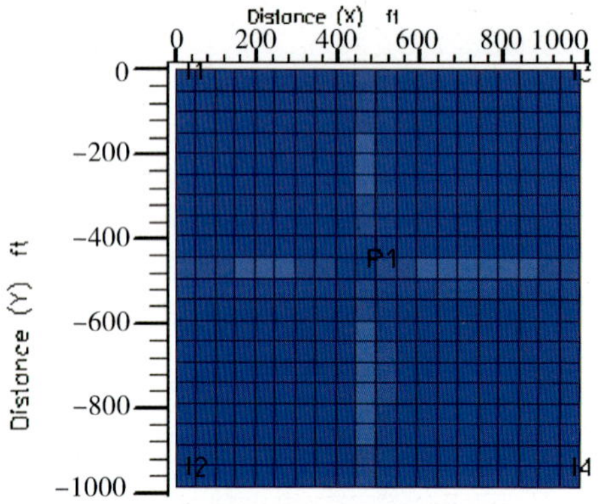

彩图 163　聚合物驱第 4 模拟层剩余油分布图

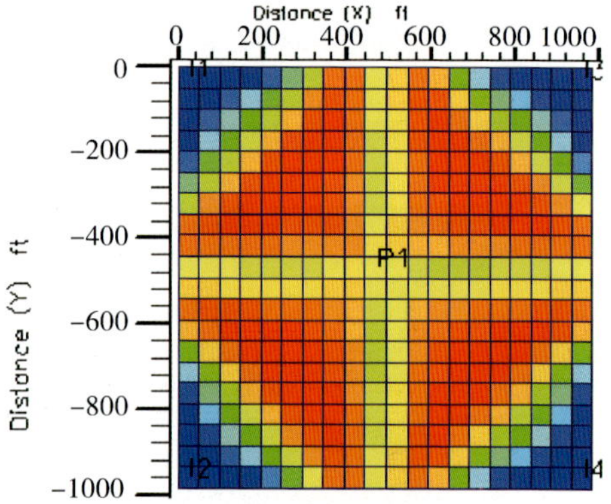

彩图 164　聚合物驱第 4 模拟层的聚合物分布图

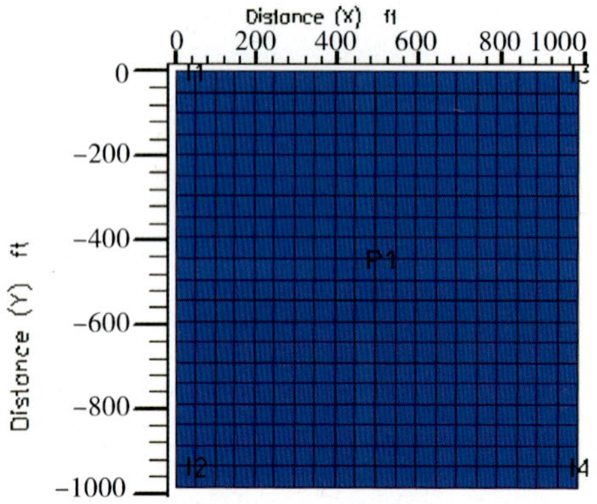

彩图 165　聚合物驱第 5 模拟层剩余油分布图

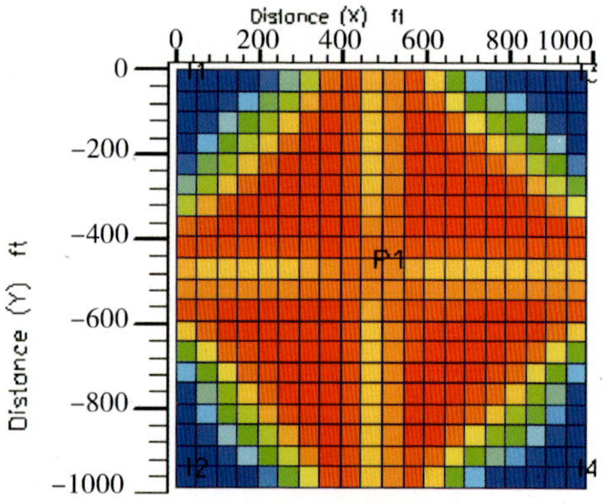

彩图 166　聚合物驱第 5 模拟层的聚合物分布图

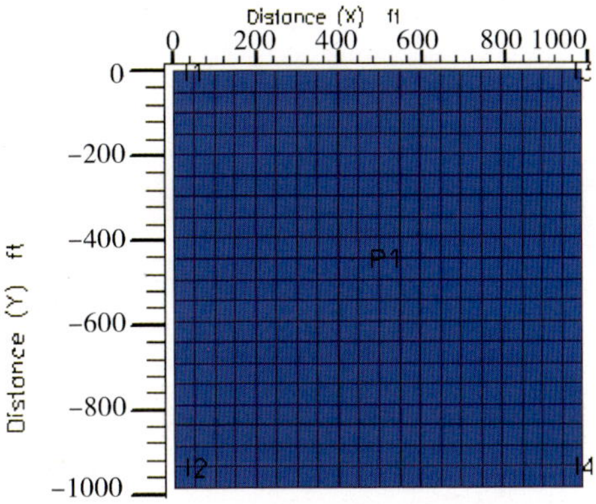

彩图 167　聚合物驱第 6 模拟层剩余油分布图

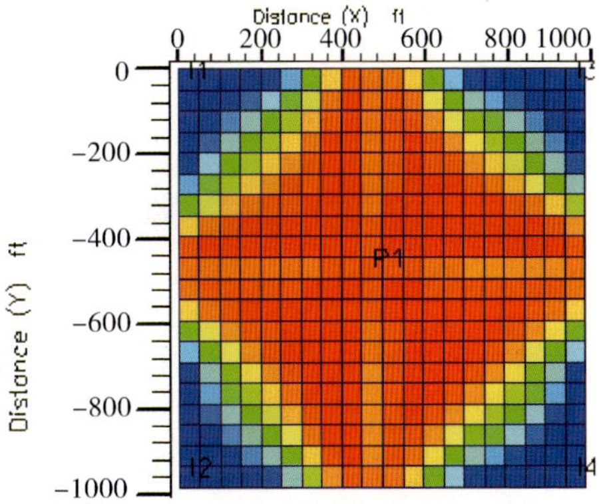

彩图 168　聚合物驱第 6 模拟层的聚合物分布图

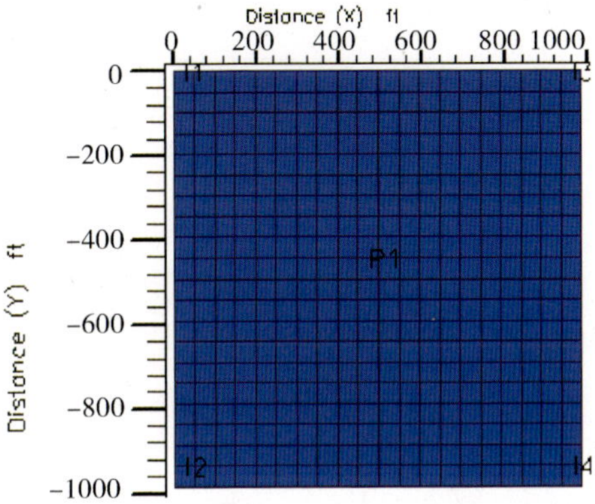

彩图 169　聚合物驱第 7 模拟层剩余油分布图

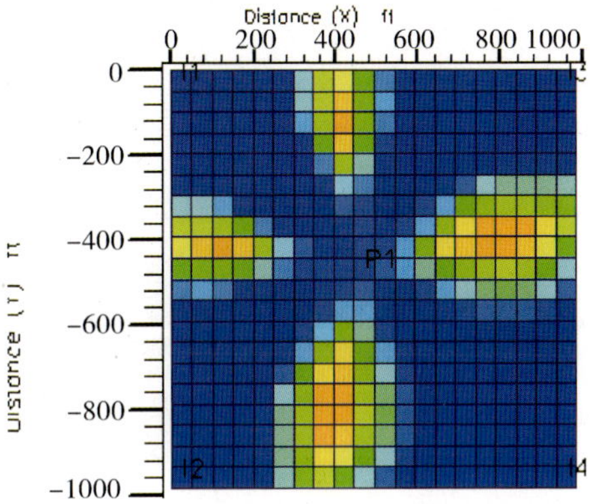

彩图 170　聚合物驱第 7 模拟层的聚合物分布图

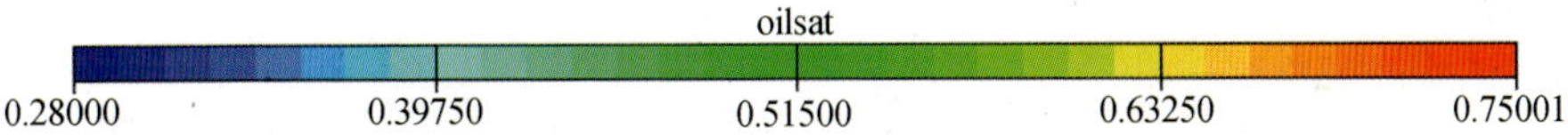

彩图 171　剩余油饱和度图例

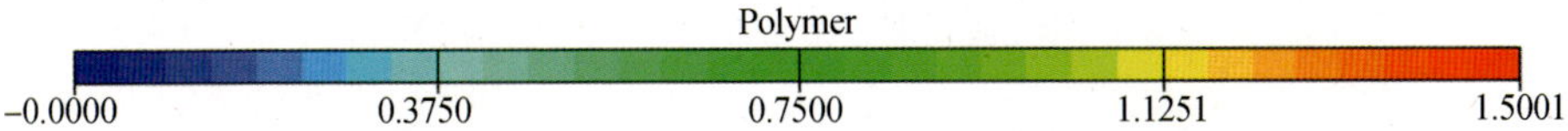

彩图 172　聚合物溶液体积/岩石孔隙体积图例

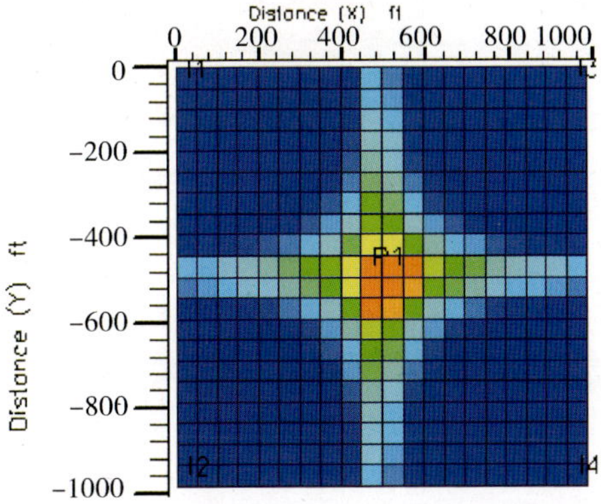

彩图 173　聚合物驱第 1 模拟层剩余油分布图

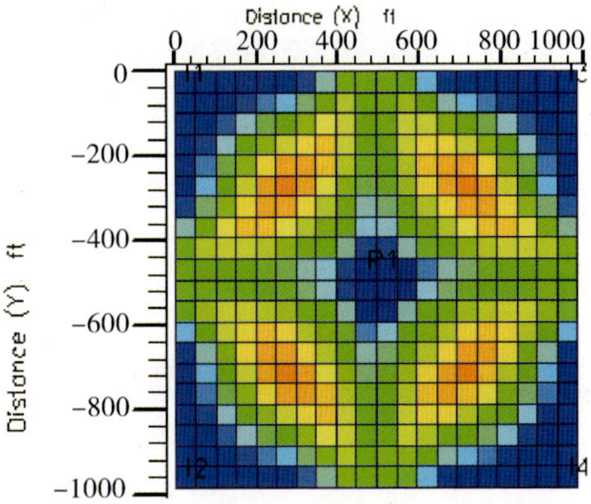

彩图 174　聚合物驱第 1 模拟层的聚合物分布图

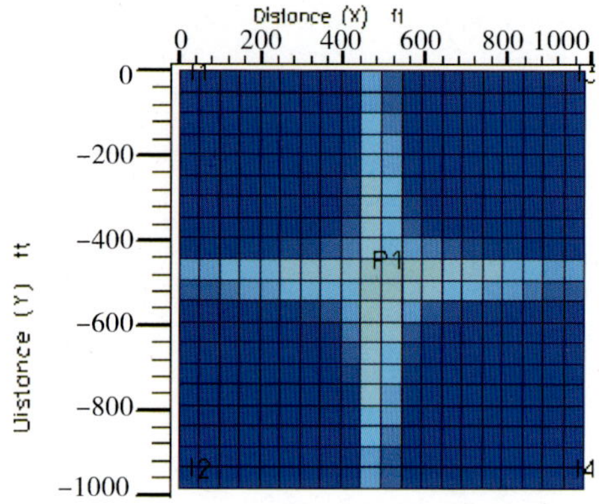

彩图 175　聚合物驱第 2 模拟层剩余油分布图

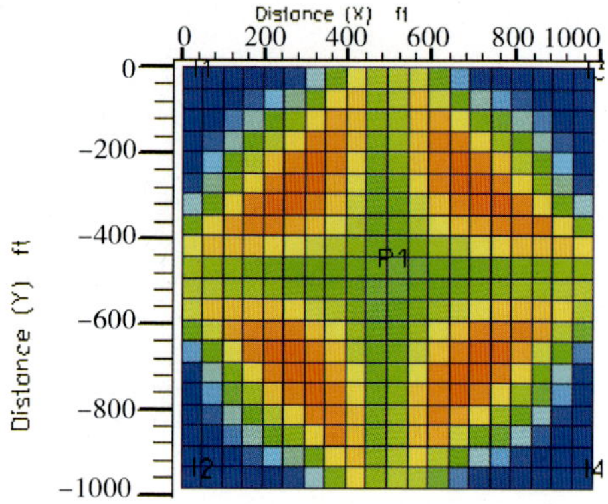

彩图 176　聚合物驱第 2 模拟层的聚合物分布图

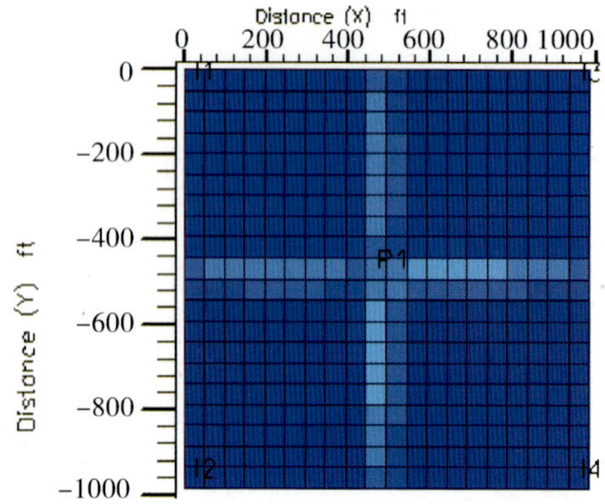

彩图 177　聚合物驱第 3 模拟层剩余油分布图

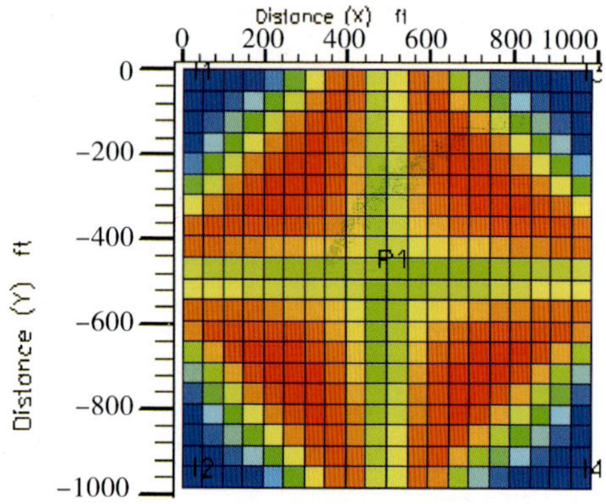

彩图 178　聚合物驱第 3 模拟层的聚合物分布图

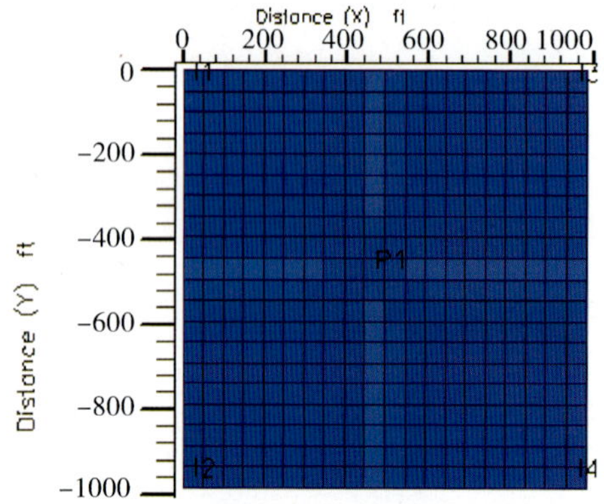

彩图 179　聚合物驱第 4 模拟层剩余油分布图

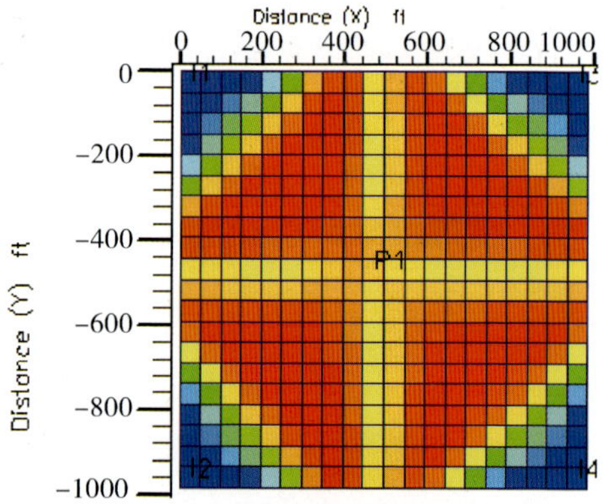

彩图 180　聚合物驱第 4 模拟层的聚合物分布图

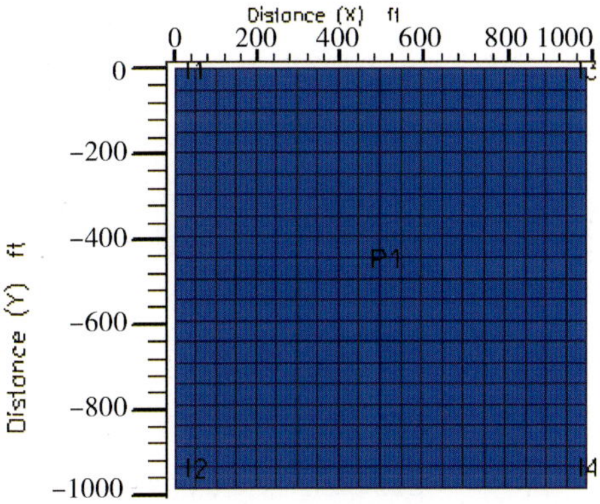

彩图 181　聚合物驱第 5 模拟层剩余油分布图

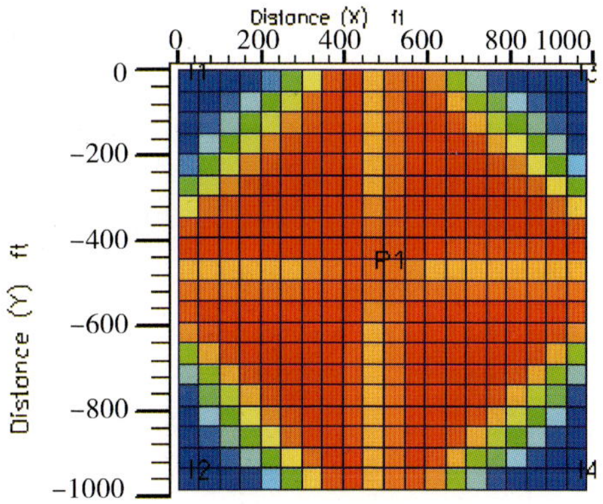

彩图 182　聚合物驱第 5 模拟层的聚合物分布图

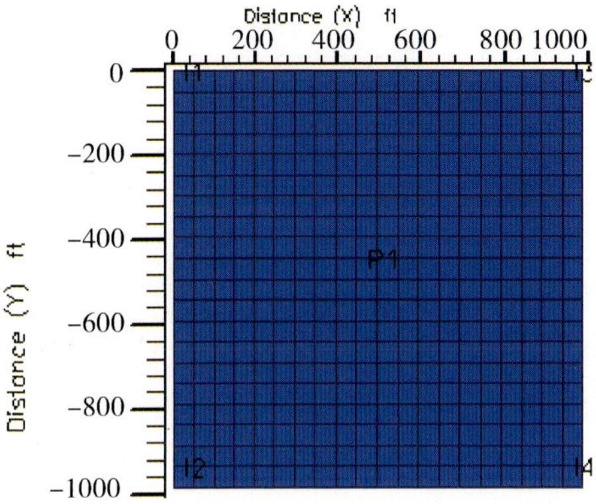

彩图 183　聚合物驱第 6 模拟层剩余油分布图

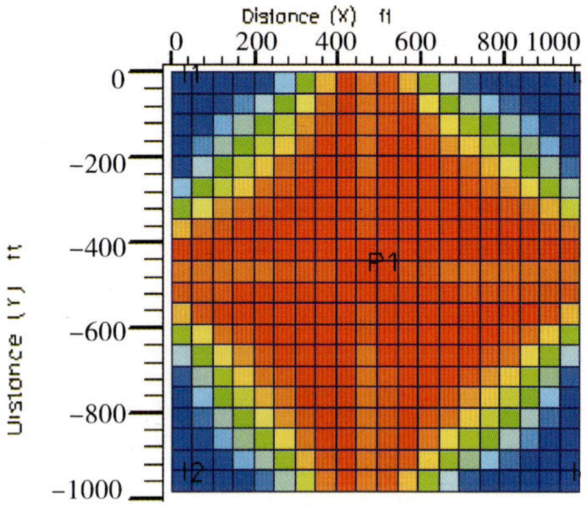

彩图 184　聚合物驱第 6 模拟层的聚合物分布图

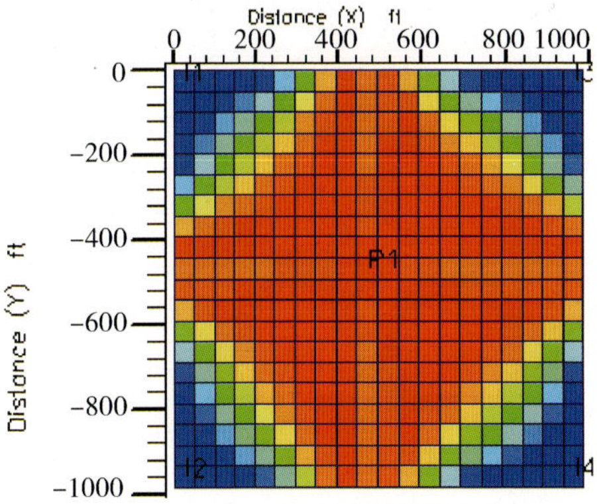

彩图 185　聚合物驱第 7 模拟层剩余油分布图

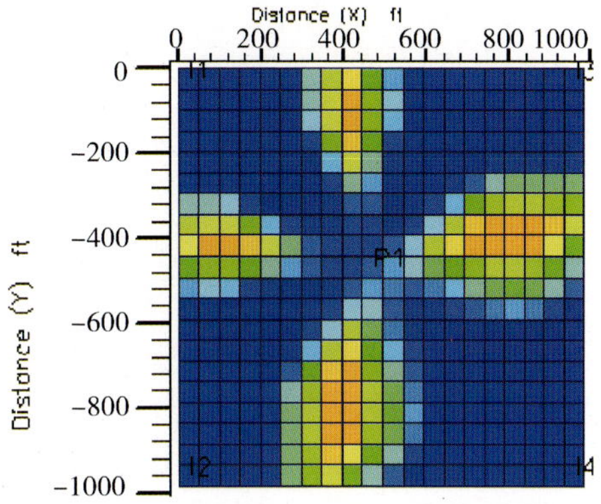

彩图 186　聚合物驱第 7 模拟层的聚合物分布图

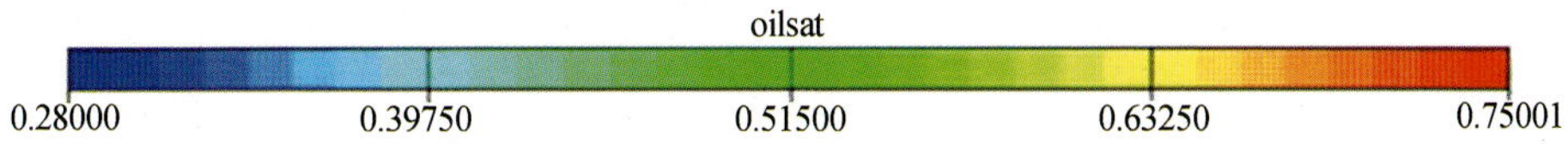

彩图 187　剩余油饱和度图例

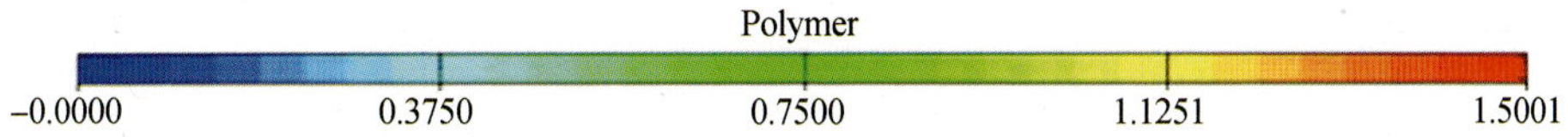

彩图 188　聚合物溶液体积/岩石孔隙体积图例

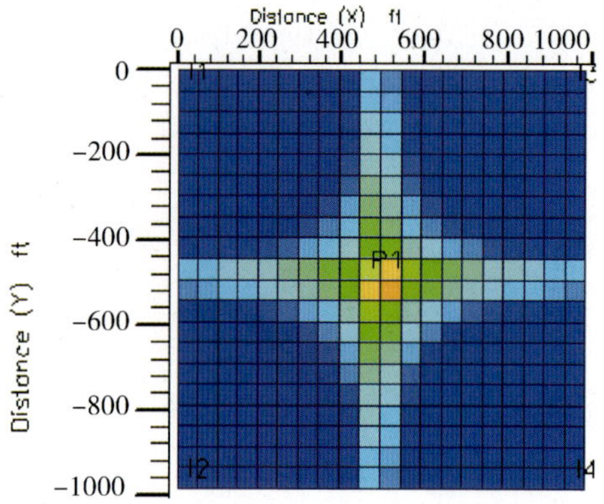

彩图 189　聚合物驱第 1 模拟层剩余油分布图

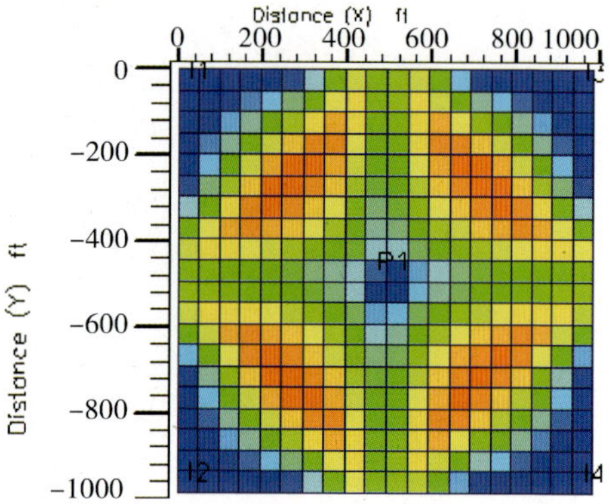

彩图 190　聚合物驱第 1 模拟层的聚合物分布图

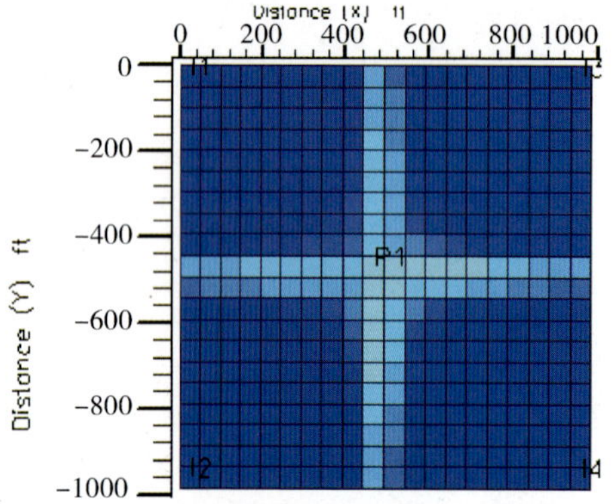

彩图 191　聚合物驱第 2 模拟层剩余油分布图

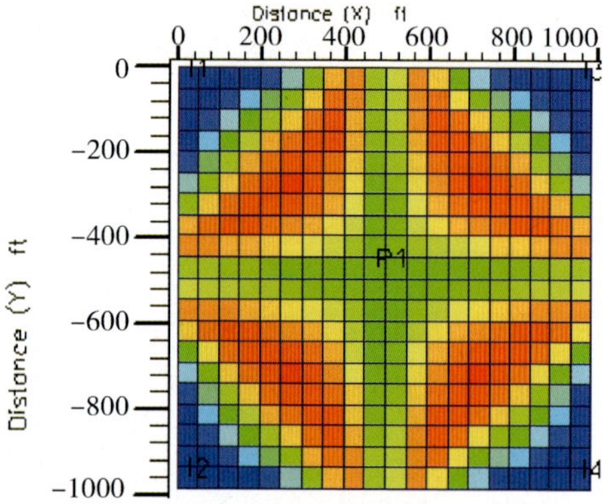

彩图 192　聚合物驱第 2 模拟层的聚合物分布图

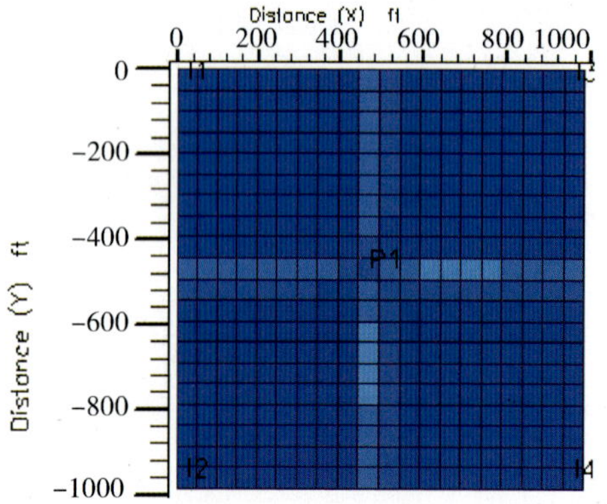

彩图 193　聚合物驱第 3 模拟层剩余油分布图

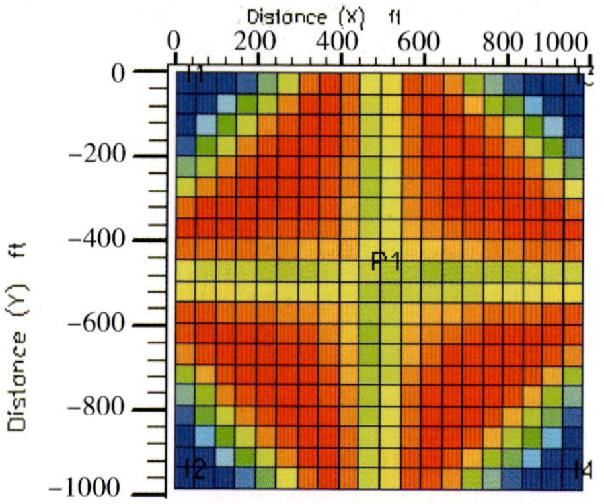

彩图 194　聚合物驱第 3 模拟层的聚合物分布图

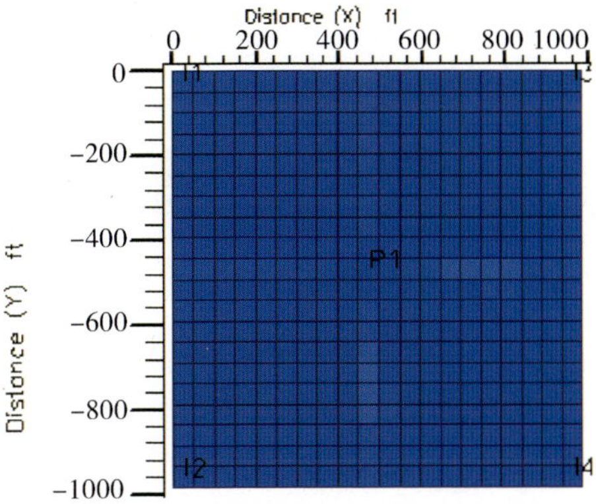

彩图 195 聚合物驱第 4 模拟层剩余油分布图

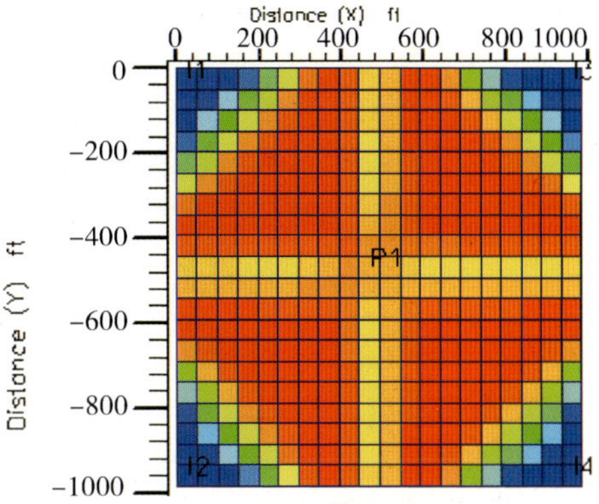

彩图 196　聚合物驱第 4 模拟层的聚合物分布图

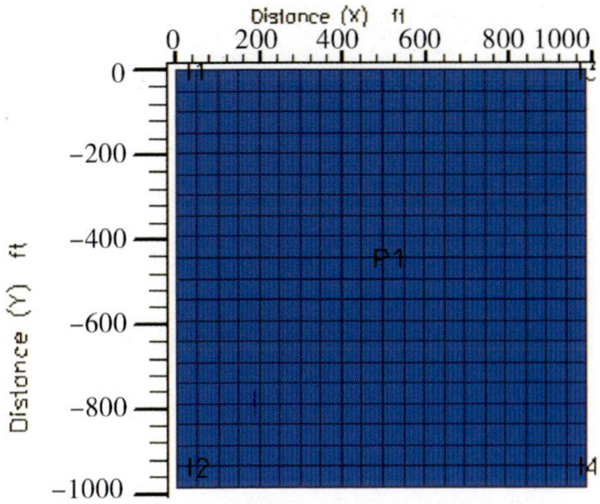

彩图 197　聚合物驱第 5 模拟层剩余油分布图

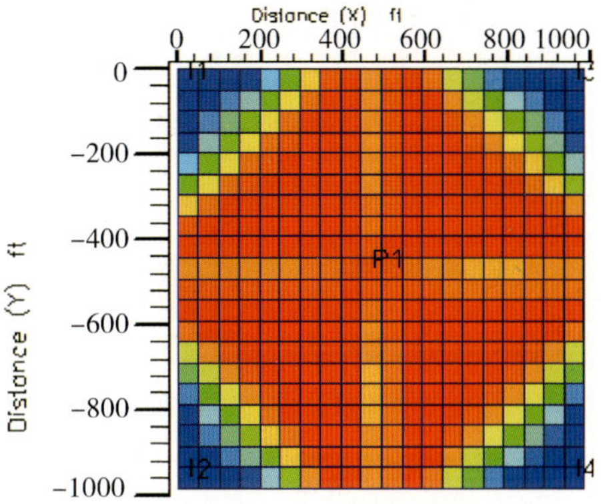

彩图 198　聚合物驱第 5 模拟层的聚合物分布图

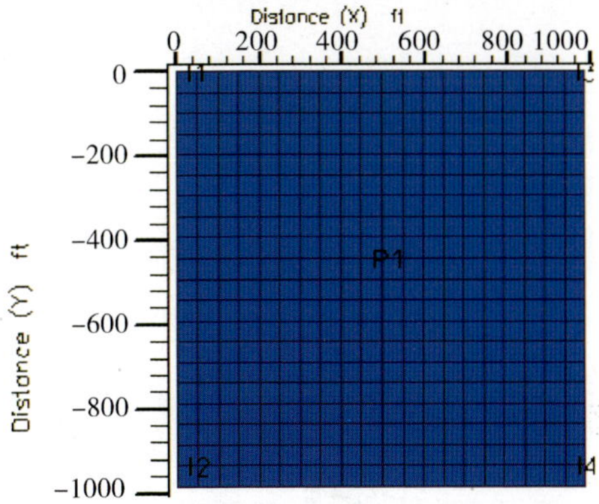

彩图 199　聚合物驱第 6 模拟层剩余油分布图

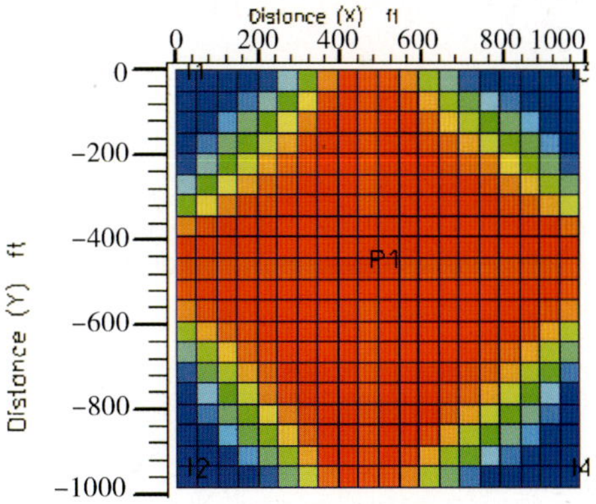

彩图 200　聚合物驱第 6 模拟层的聚合物分布图

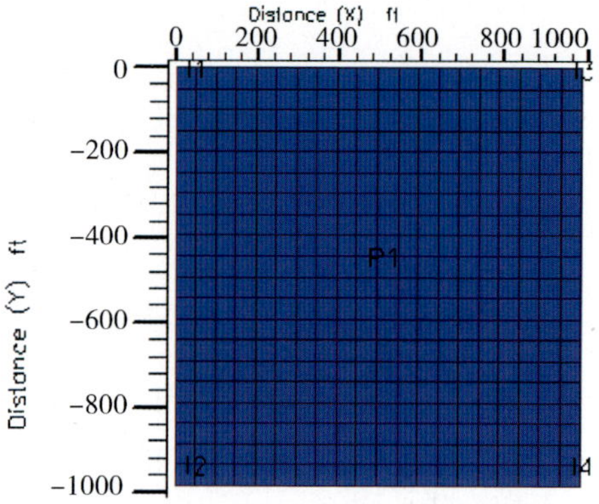

彩图 201　聚合物驱第 7 模拟层剩余油分布图

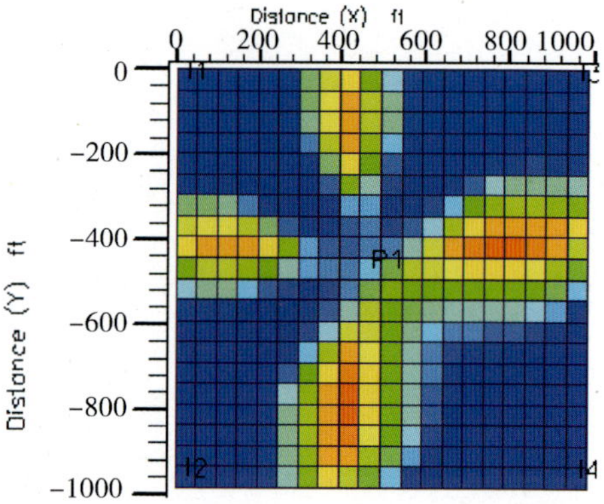

彩图 202　聚合物驱第 7 模拟层的聚合物分布图

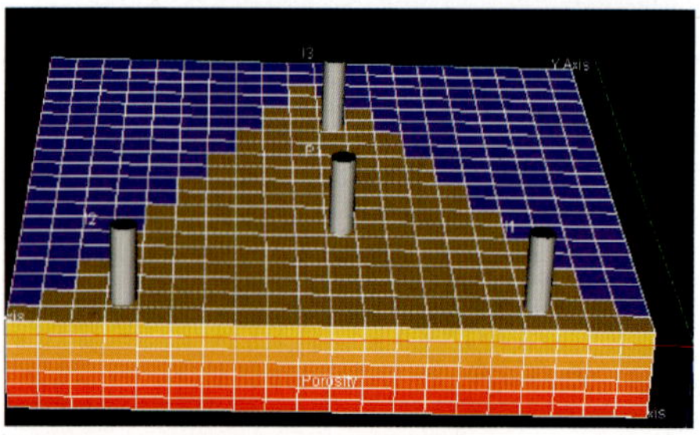

彩图 203　四点法井网

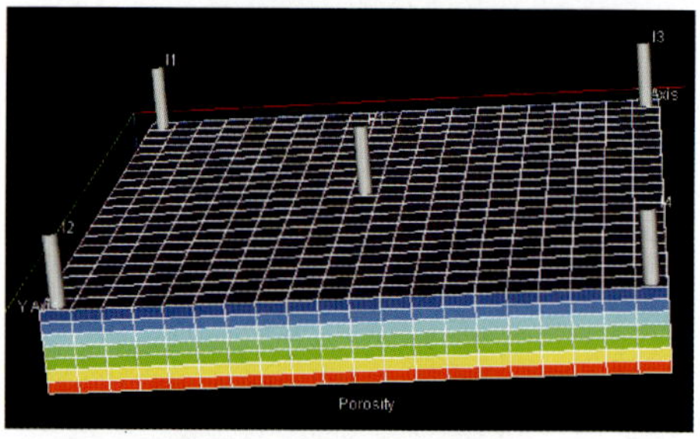

彩图 204　五点法井网

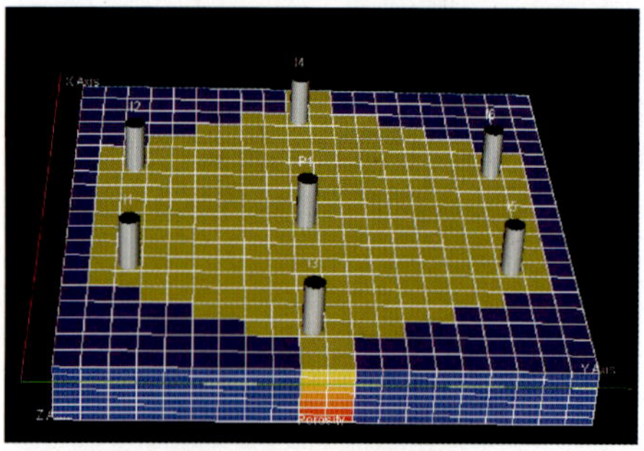

彩图 205　七点法井网

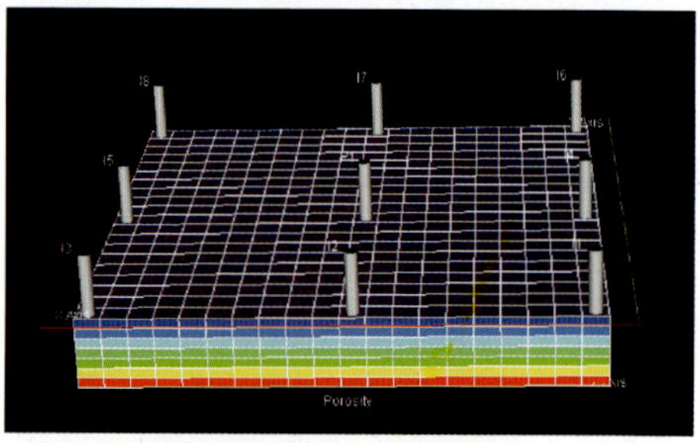

彩图 206　九点法井网

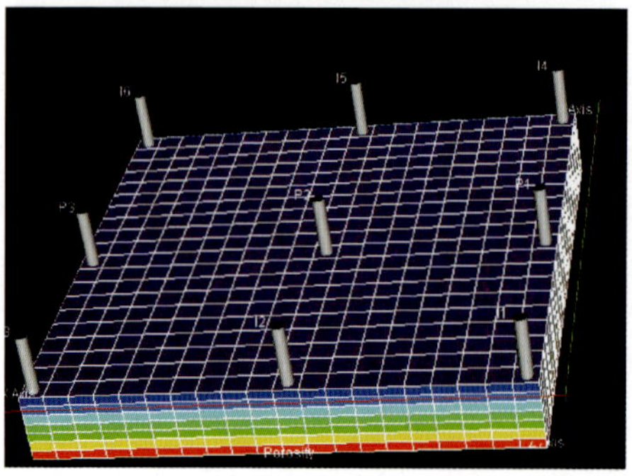

彩图 207　直列法井网

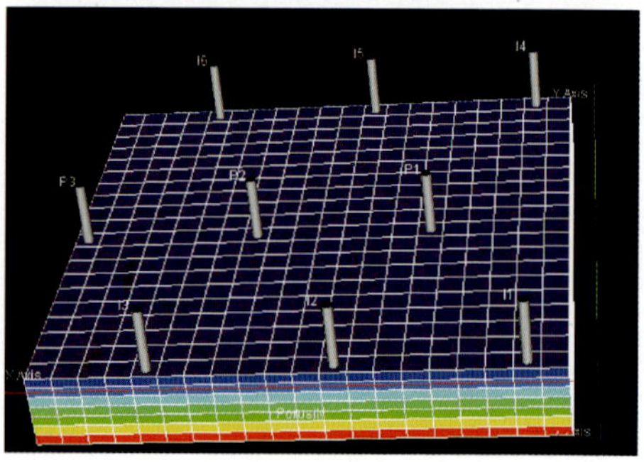

彩图 208　斜列法井网

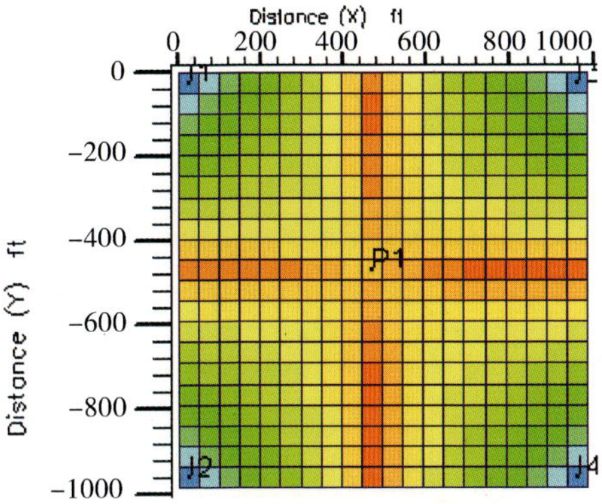

彩图 209　正韵律油层第 1 层剩余油饱和度

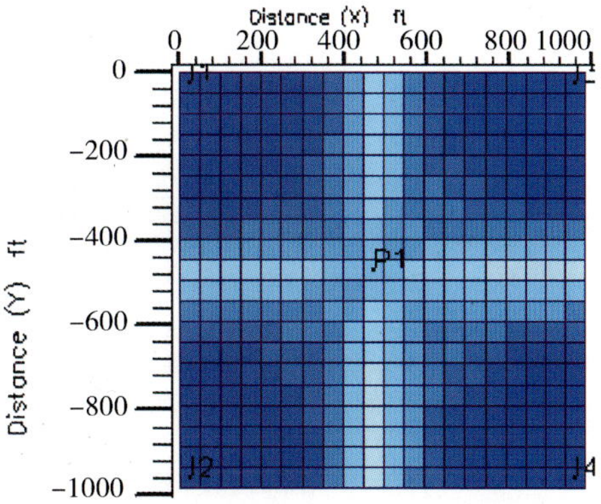

彩图 210　反韵律油层第 1 层剩余油饱和度

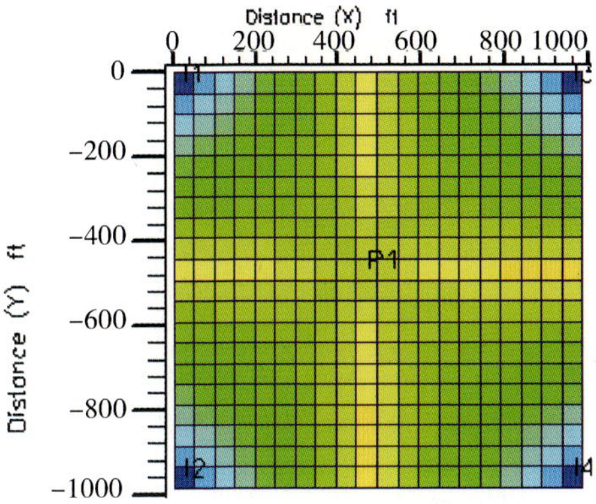

彩图 211　正韵律油层第 2 层剩余油饱和度

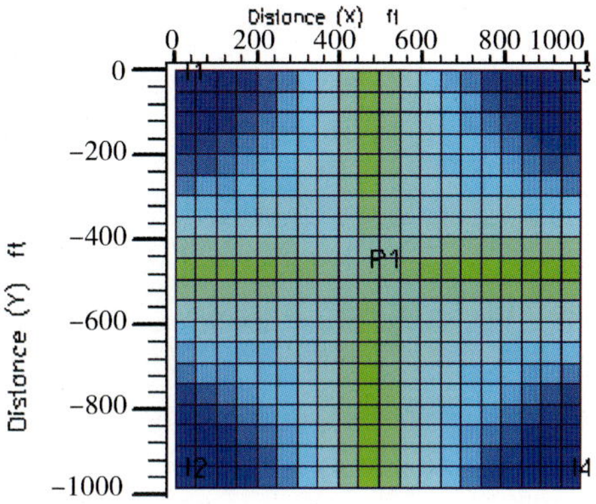

彩图 212　反韵律油层第 2 层剩余油饱和度

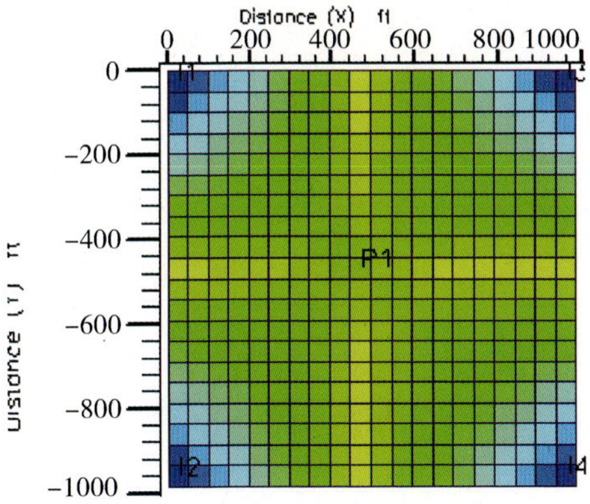

彩图 213　正韵律油层第 3 层剩余油饱和度

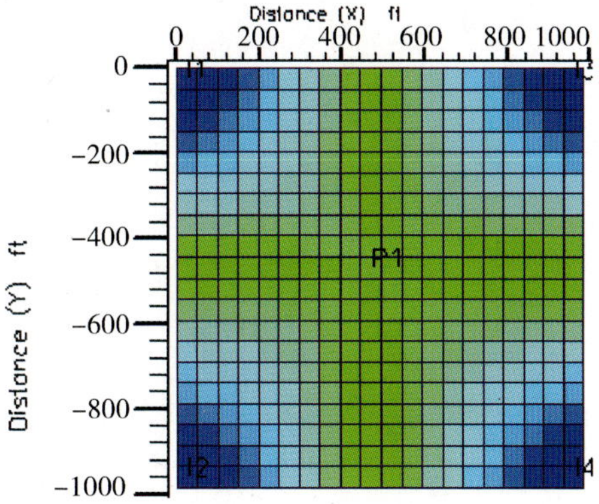

彩图 214　反韵律油层第 3 层剩余油饱和度

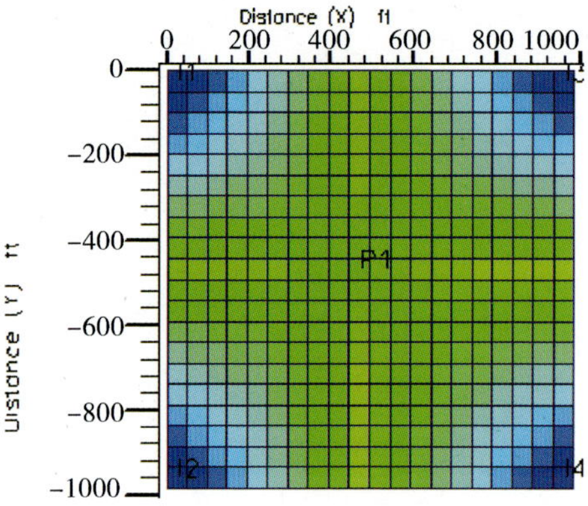

彩图 215　正韵律油层第 4 层剩余油饱和度

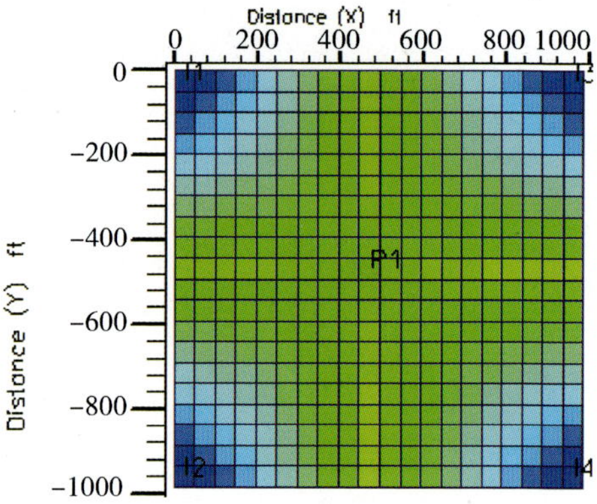

彩图 216　反韵律油层第 4 层剩余油饱和度

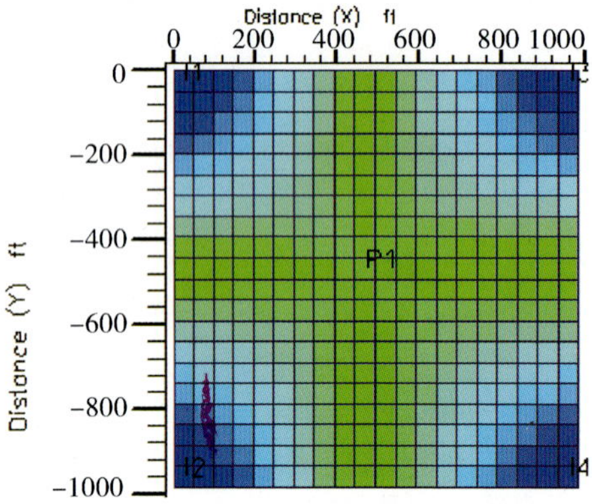

彩图 217　正韵律油层第 5 层剩余油饱和度

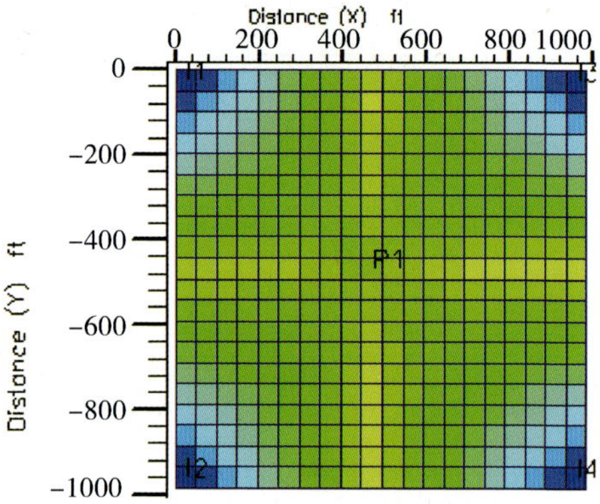

彩图 218　反韵律油层第 5 层剩余油饱和度

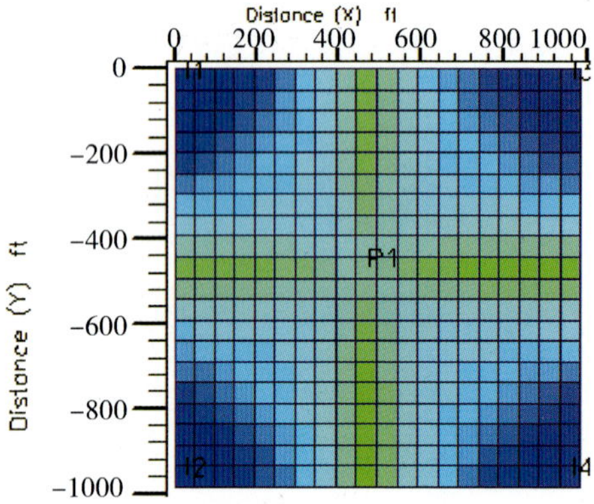

彩图 219　正韵律油层第 6 层剩余油饱和度

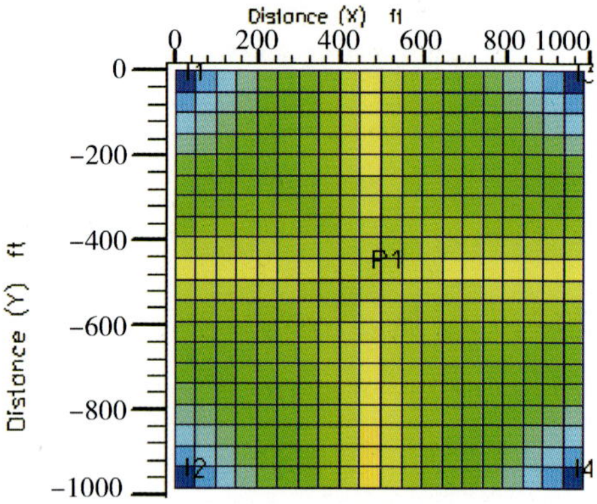

彩图 220　反韵律油层第 6 层剩余油饱和度

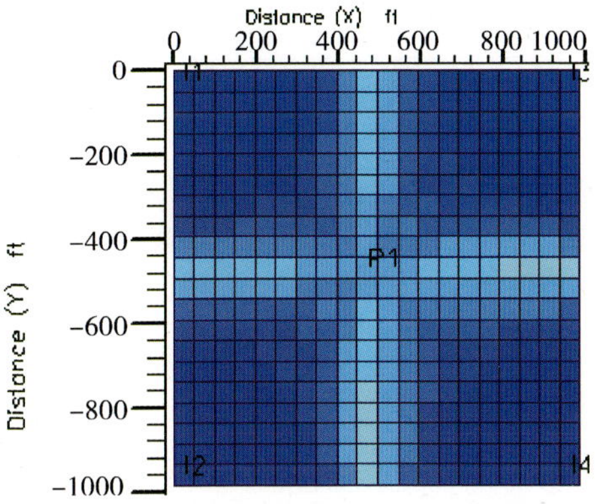

彩图 221　正韵律油层第 7 层剩余油饱和度

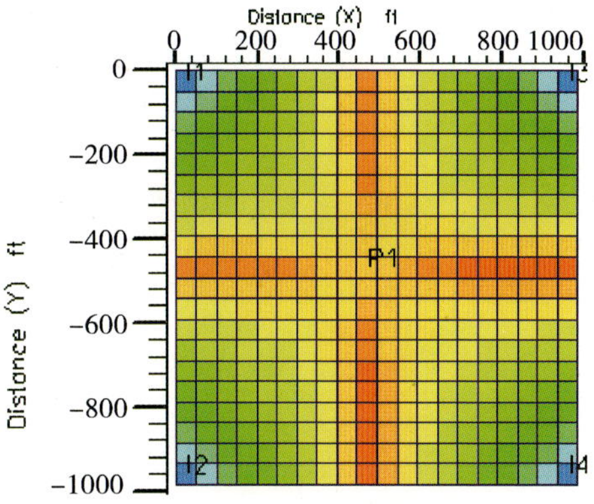

彩图 222　反韵律油层第 7 层剩余油饱和度

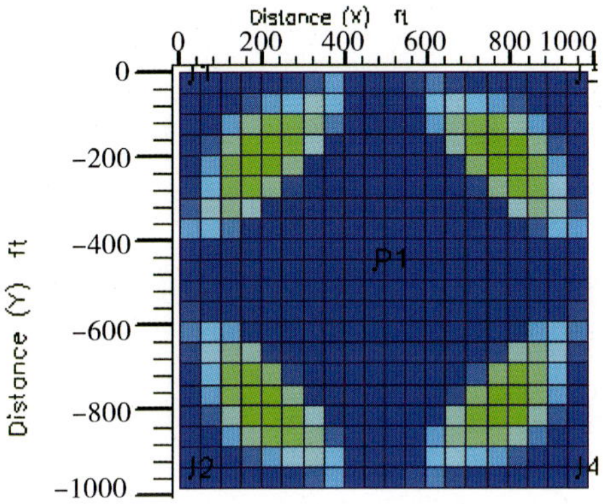

彩图 223　正韵律油层第 1 层聚合物进入量

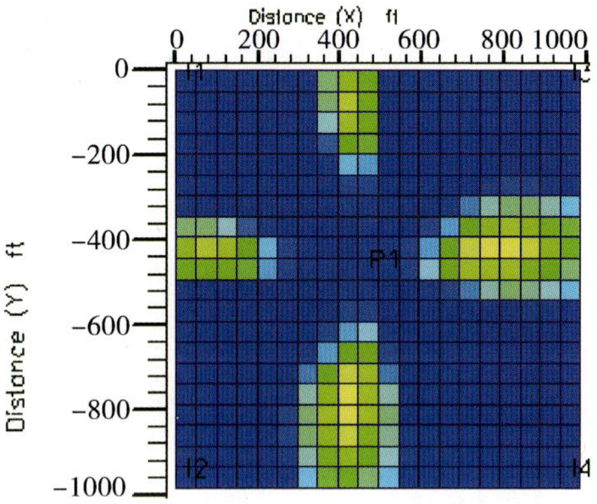

彩图 224　反韵律油层第 1 层聚合物进入量

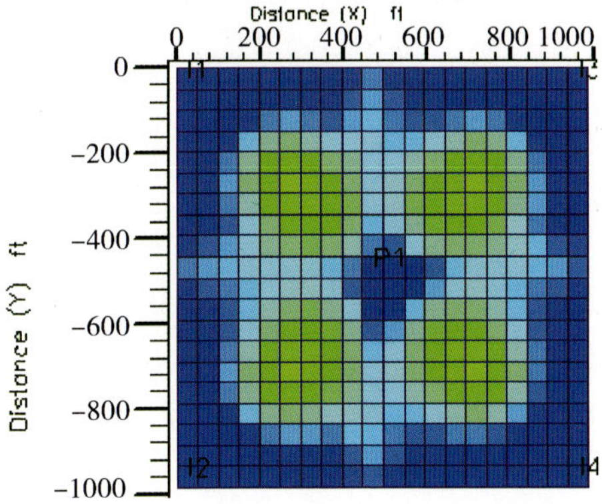

彩图 225　正韵律油层第 2 层聚合物进入量

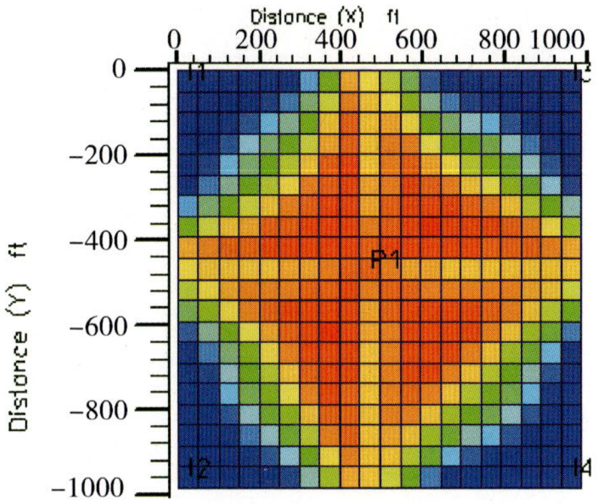

彩图 226　反韵律油层第 2 层聚合物进入量

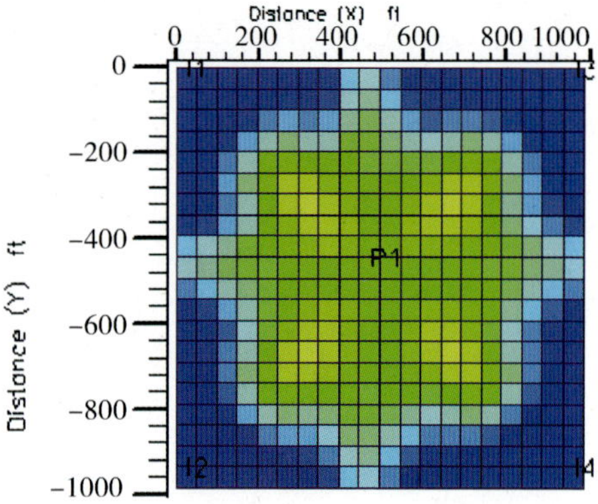

彩图 227　正韵律油层第 3 层聚合物进入量

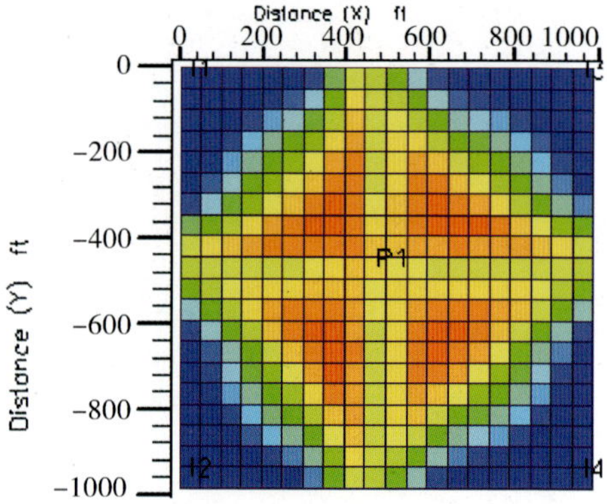

彩图 228　反韵律油层第 3 层聚合物进入量

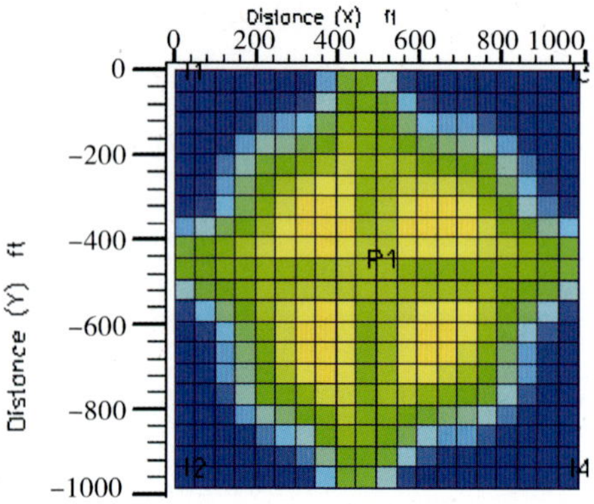

彩图 229　正韵律油层第 4 层聚合物进入量

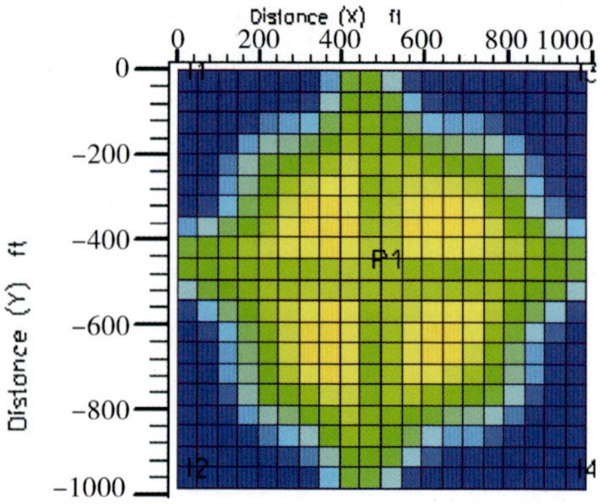

彩图 230　反韵律油层第 4 层聚合物进入量

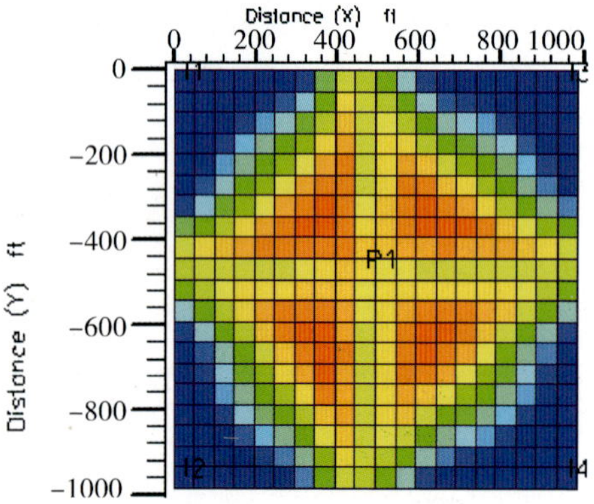

彩图 231　正韵律油层第 5 层聚合物进入量

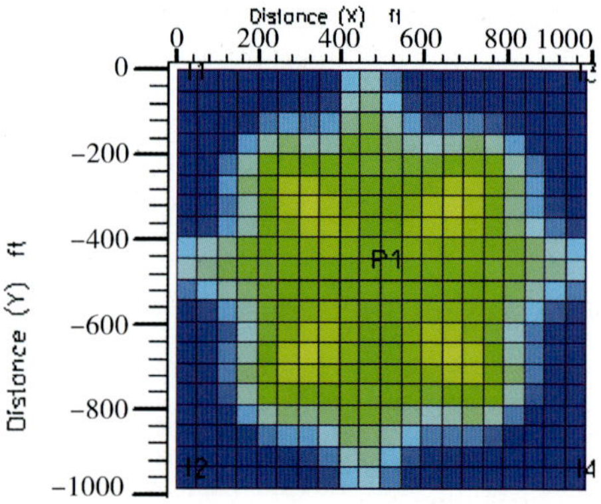

彩图 232　反韵律油层第 5 模拟层聚合物进入量

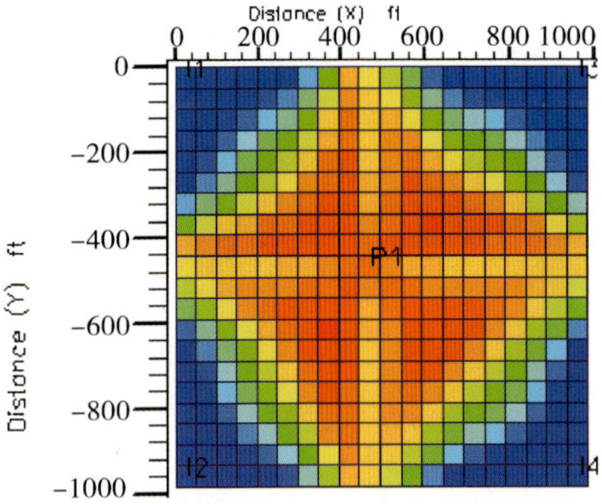

彩图 233　正韵律油层第 6 层聚合物进入量

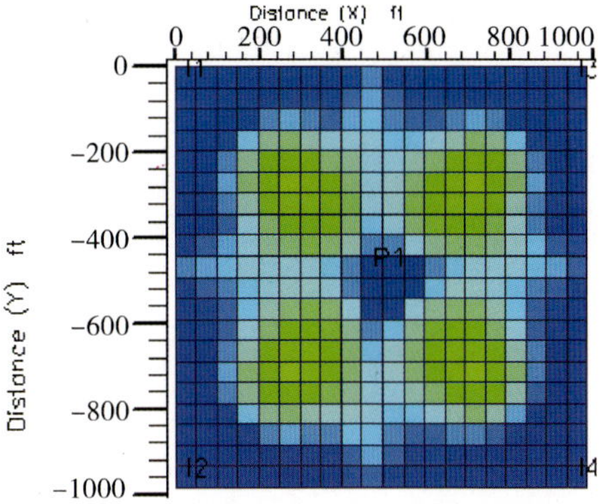

彩图 234　反韵律油层第 6 层聚合物进入量

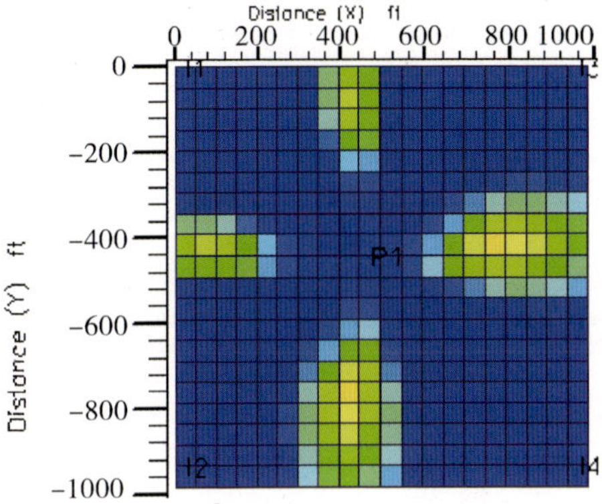

彩图 235　正韵律油层第 7 层聚合物进入量

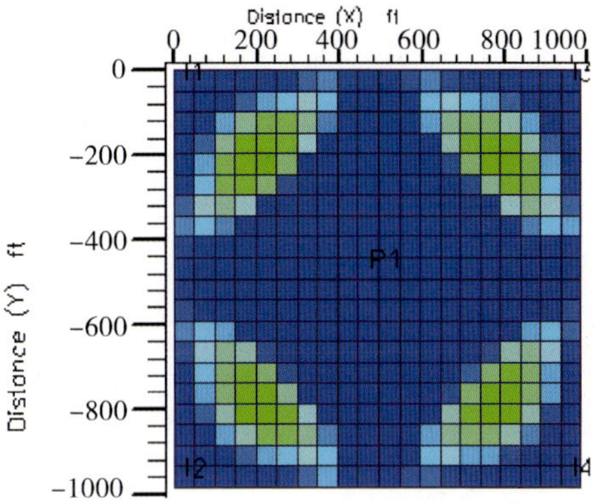

彩图 236　反韵律油层第 7 层聚合物进入量